复杂流体力学

国丽萍　编著

中国石化出版社
·北京·

内 容 提 要

该书全面介绍了包括多相流体、非牛顿流体在内的复杂流体流动基础理论，其中包括多相流的基本术语与定义、多相管流的基本方程、常用多相混输水力计算模型、非牛顿流体力学导论、非牛顿流体的流动特性、非牛顿流体力学基本方程、非牛顿流体在圆管中的轴向流动等内容。此外对于复杂流体力学实验内容也有详实介绍。本书适合本科学生毕业设计等实践环节参考，也可作为硕士研究生参考用书。

图书在版编目(CIP)数据

复杂流体力学／国丽萍编著. —北京：中国石化出版社，2015.7(2024.8 重印)
ISBN 978-7-5114-3436-4

Ⅰ.①复… Ⅱ.①国… Ⅲ.①流体力学-高等学校-教材 Ⅳ.①O35

中国版本图书馆 CIP 数据核字(2015)第 148558 号

中国石化出版社出版发行

地址：北京市东城区安定门外大街 58 号
邮编：100011　电话：(010)57512500
发行部电话：(010)57512575
http://www.sinopec-press.com
E-mail:press@sinopec.com
北京科信印刷有限公司印刷
全国各地新华书店经销

*

787毫米×1092 毫米 16 开本 22.25 印张 532 千字
2015 年 7 月第 1 版　2024 年8月第3次印刷
定价：78.00 元

前　言

随着石油工业的不断发展，在钻井、采油、油气集输、长距离管道输送等过程中经常遇到流动介质复杂的力学问题。这些介质一部分是不符合牛顿内摩擦定律的非牛顿流体，还有一部分流体不是以单相液体或气体相态存在，而是气液两相甚至多相一起流动，运用工程流体力学理论无法解决这些复杂流动问题。为此，我们在多年的教学和科研经验的基础上编著此教材。

本教材结合复杂流体力学和相关专业的特点，从解决生产实际中所涉及的复杂流体流动问题出发，研究多相流体力学和非牛顿流体力学的基本理论和基本方法，以提高学生分析问题和解决问题的能力。各院校在使用时可根据需要选择讲授，这些章节在书中标有*号。目前，这方面的教科书和参考书还不多，编者希望本书能对有关专业的本科生、研究生及工程技术人员有所裨益。

全部内容经编者共同讨论，分工执笔。共包括多相管流基本概念和术语，多相流管流的基本方程，多相管流的流型、判别和测定方法，各种多相混输管路水力计算常用方法，非牛顿流体的基本概念及流动特性，非牛顿流体力学基本方程，非牛顿流体在圆管和环形空间中的轴向流动，非牛顿流体流变参数的测定等八章。具体分工为：第一章~第五章、第八章由国丽萍编写；第七章和附录由杨晶编写；第六章由刘丽丽编写；全书由杨树人教授主审；另外，在本书编写过程中，研究生于晓洋、时爽、王宇和陈旭做了大量辅助工作。

由于编者水平有限，本书在内容选择和编写上难免有疏漏谬误之处，敬请读者批评指正。

编者

2015 年 5 月

目　　录

第一章　多相管流导论

第一节　多相流动的定义及其分类

一、多相流体的定义

在自然界中，物体的形态是多种多样的，最常见的有固态、液态和气态，处于固态的物体称为固体，处于液态的物体称为液体，处于气态的物体称为气体。

“相”概念通常是指某一系统中具有相同成分及相同物理、化学性质的均匀物质部分，各相之间有明显可分的界面。因此，各部分均匀的固体、液体和气体分别称为固相物质、液相物质和气相物质，或统称为单相物体。例如：空气是一相，水和水蒸气共处于某一系统时属于两相，含盐水溶液是一相。

由于液体和气体具有流动的特性，两者一般统称为流体。因此，各部分均匀的气体或液体的单相物质的流动称为单相流。所谓两相流或多相流，是指同时存在两种或多种不同相的物质流动，例如，气体和液体的混合流动、气体和固体的混合流动、液体和固体的混合流动以及气体、液体、固体的混合流动。

要属于两相或多相流动，必须满足以下两个条件：一是必须存在相的界面；二是相界面必须是运动的。例如，气体在管道内流动时，气体是气相，管道是固相，它们之间也存在相界面，但相界面不是运动的，故它们不是两相流；气体和固体颗粒的混合流动也存在相界面，但相界面随固体颗粒的运动而运动，所以这种气体和固体颗粒混合流动是气固两相流。又如，水夹带着气泡在管道中流动，水和每个气泡之间都存在分界面，但是在流动过程中，每个气泡在水中的形状和位置随时在变化，小气泡有时还会合并成大气泡，因而水和气泡的分界面随着流动是在不断变化的，属于气液两相流。所以，一般可将多相流定义为存在变动分界面的多种独立物质组成的流动。

固体、液体和气体的性质明显不同。固体具有一定的形状和体积；液体没有一定的形状，但有一定的体积且具有流动性；气体总是均匀充满整个容器，其形状和体积是由容器的形状和体积决定的，同时具有流动性。由上述可见，固体是无法与气体或液体混合成均匀的单相流体的，因此固体颗粒和气体或液体的混合流动均属多相流。各种液体混合在一起，有时可能成为一种单相流体，如水与酒精的混合物；有时则不能，如水和水银的混合。因此，各种液体的混合可能是单向流，也可能是多相流。各种气体混合时都能混合均匀，成为一种单相气体，因此各种气体的混合流动均属单相流。

二、多相流的分类

多相流在自然界、工程设备乃至日常生活中都是广泛存在的。自然界中常见的夹着灰粒、尘埃或雨滴的风，夹着泥沙奔流的河水以及湖面或海面上带雾上升的气流等均为多相流的实例。在日常生活中常见的烟雾、啤酒夹着气泡从瓶中注入杯子的流动过程以及沸腾的水壶中水的循环也属于多相流的范畴。严格地说，即使在一般认为是单相流体的液体和气体中也往往含有另一相的成分在内。例如，当温度降低时，含于气体中的水蒸气就会凝结，使气体带有微量水分。又如在水流中几乎也总是含有少量空气。但是，在这些情况下，由于气体或液体中所含另一相数量微小，所以仍可看作单相流。

多相流根据参与流动各相的数目一般可分为两相流和三相流两类，其中尤以两相流最为常见。

在两相流研究中，把物质分为连续介质和分散介质。气体和液体可作为连续介质或连续相，也可作为分散介质或和分散相。如：液滴和气泡属分散相。固体颗粒只能作为分散介质。按连续介质和分散介质不同的组合方式，两相流动可分为以下 4 类：

(1) 气体—固体颗粒的两相流动，称气—固两相流动。气固两相流工况在工程中也是常见的。在动力、水泥、冶金、粮食加工和化工等工业中广泛应用的管道气力输送就是一种气固两相流。气力输送中应用气体输送的固体颗粒是多种多样的，有煤粉、水泥、矿石、盐类、谷类以及面粉等。虽然气力输送的固体颗粒品种和颗粒尺寸不同，但从本质上看都属于气固两相流的范畴。此外，气体除尘，天然气以固体水合物状态的输送，在采用流化床燃烧的锅炉中，炉膛流化床上空气和燃烧颗粒的流动工况以及煤粉锅炉炉膛中的流动工况也都是气固两相流工况。

(2) 气体—液体两相流动，称气—液两相流动。在动力、核能、化工、石油、制冷、冶金等工业中就存在各种气液两相流工况。例如加热炉燃料油喷雾雾化，石油天然气开采以及集输，在核电站、火力发电站中的各种沸腾管、各式气液混合器、气液分离器、各种热交换设备、精馏塔、化学反应设备、各式冷凝器及蒸发器等都广泛存在气液两相流体的流动和传热现象。

(3) 液体—固体颗粒两相流动，称液—固两相流动。液固两相流在工程中的典型例子为水力输送。水力输送广泛用于动力、化工、造纸以及建筑等工业。在这些工业中，用水力沿管道输送的有各种固体颗粒，如烟煤、泥煤、矿料、矿石、盐类等；也有用水和各种细颗粒混合成浆状输送物进行输送的，如水泥浆、纸浆及建筑材料浆等。此外，像水加砂高速喷射金属切割，火力发电厂锅炉的水力除渣管道中流动的水渣混合物也属于液固两相流的范畴。

(4) 液体—液滴两相流动，称液—液两相流动，如石油乳状液的运动，油田含油污水处理工艺流程的运动等。

在上述 4 类两相流动中，气液两相流是最复杂的，这是由于：

1) 气液共流中，其交界面的形状不断改变，无规律可循；

2) 气相具有可压缩性；

3) 随输送条件(压力，温度)的变化，气液相间产生蒸发、冷凝，即相间有质量传递。

按物质组分的不同，气液两相流又可分为两类，即：单组分气液两相流和多组分气液两相流。水和水蒸气共流属于典型的单组分气液两相流。从油井流至地面的石油常为伴生气和液态原油两相，它是烃类和非烃类的复杂混合物，属于多组分气液两相流。

在工程中还存在不少三相流的工况。例如，在浆状流体中，除存在固相和液相外，有时还含有气相(空气)。化工工程中采用的各种气液固三相流化床工况中有气体、液体和固体颗粒一起流动。油井产物中常含有水，有时还存在砂子。因此石油沿管道的流动，尽管主要属于气液两相流，实际还包括液液(油—水)甚至液固(油—水—砂)的流动。应该说是最复杂的多相流动。三相和三相以上的流动称为多相流。

还可以根据参与流动的各组分对多相流进行分类。以气液两相流为例，可以为单组分气液两相流和双组分气液两相流。例如，水蒸气和水的组分是相同的，所以气水混合物的流动属于单组分气液两相流；空气和水的组分是不同的，所以空气和水混合物的流动属于双组分气液两相流。单组分气液两相流在流动时根据压力的变化可发生质量传递，即部分液体能汽化为蒸汽或部分蒸汽凝结为液体；双组分气液两相流则一般在流动时不会发生质量交换。

根据换热情况的不同，多相流动还可以分为与外界无加热或冷却等热量交换过程的绝热多相流和有热量交换的多相流。在有热量交换的多相流中，伴随着流动过程常会发生单组分物质的相变(即液体汽化成蒸汽或蒸汽凝结成液体)。

第二节　多相流的基本术语与定义

一、流量

1. 质量流量

单位时间内流过管路横截面积的流体质量称为质量流量。对气液两相管路，混合物质量流量为：

$$M = M_l + M_g \tag{1-1}$$

式中　M——混合物质量流量；

M_l——液相质量流量；

M_g——气相质量流量。

2. 体积流量

单位时间内流过管路横截面积的流体体积(管输压力、温度条件下)称为体积流量。混合物体积流量为：

$$Q = Q_l + Q_g \tag{1-2}$$

式中　Q——混合物体积流量；

Q_l——液相体积流量；

Q_g——气相体积流量。

二、流速

1. 气相和液相速度

若气相所占管路横截面积为 A_g，液相所占截面面积为 A_l，则管路总面积为：

$$A = A_l + A_g$$

气相速度：

$$u_g = \frac{Q_g}{A_g} = \frac{M_g \boldsymbol{v}_g}{A_g} \tag{1-3}$$

液相速度：

$$u_l = \frac{Q_l}{A_l} = \frac{M_l \boldsymbol{v}_l}{A_l} \tag{1-4}$$

式中　$\boldsymbol{v}_g$、$\boldsymbol{v}_l$——气、液相比体积；

u_g、u_l——气、液相真实速度。

2. 气相和液相的折算速度

假设管路中只有气体和液体单独流动时所具有的速度，也就是混合物中的任一相单独流过整个管路截面时的速度称为该相的折算速度。

气相折算速度：

$$u_{sg} = \frac{Q_g}{A} = \frac{M_g \boldsymbol{v}_g}{A} \tag{1-5}$$

液相折算速度：

$$u_{sl} = \frac{Q_l}{A} = \frac{M_l \boldsymbol{v}_l}{A} \tag{1-6}$$

由式(1-3)～式(1-6)看出：$u_g > u_{sg}$，$u_l > u_{sl}$，其相互间的关系在后面讨论。

3. 气液两相混合物速度

混合物体积流量与流通截面积之比称为气液两相混合物速度。

$$u = \frac{Q}{A} = \frac{Q_l}{A} + \frac{Q_g}{A} = u_{sl} + u_{sg} \tag{1-7}$$

4. 匀质流速

气液混合均匀，气相、液相流速相同时的混合物速度为匀质流速。即 $u_l = u_g$ 时，混合物的流速 $u_H = u_l = u_g$。

5. 气相和液相的质量流速

气相、液相的质量流速即气相、液相质量流量与管路流通截面之比。

气相质量流速：

$$G_g = \frac{M_g}{A} = \frac{Q_g \rho_g}{A} = u_{sg} \rho_g \tag{1-8}$$

液相质量流速：

$$G_l = \frac{M_l}{A} = \frac{Q_l \rho_l}{A} = u_{sl} \rho_l \tag{1-9}$$

混合物质量速度：

$$G = \frac{M}{A} = \frac{M_g + M_l}{A} = G_g + G_l = u_{sg} \rho_g + u_{sl} \rho_l \tag{1-10}$$

式中，ρ_g 、ρ_l 分别为气相和液相密度。

三、滑脱(移)速度、滑动比和漂移速度

1. 滑脱速度 u_s

气相速度与液相速度之差。

$$u_s = u_g - u_l \tag{1-11}$$

2. 滑动比 s

气相速度与液相速度之比。

$$s = \frac{u_g}{u_l} \tag{1-12}$$

3. 漂移速度 u_{gD}

气相速度与匀质混合物流速之差。

$$u_{gD} = u_g - u_H \tag{1-13}$$

四、含气率与含液率

1. 质量含气率与质量含液率

质量含气率：气相质量流量与混合物质量流量之比。在水-蒸汽系统中也称干度，在核反应堆工程中称空泡份额或空泡率(voidfraction)。

$$x = \frac{M_g}{M} = \frac{G_g}{G} \tag{1-14}$$

质量含液率：

$$1 - x = \frac{M_l}{M} = \frac{G_l}{G} \tag{1-15}$$

2. 体积含气率与体积含液率

体积含气率：表示气相体积流量与混合物体积流量之比。

$$\beta = \frac{Q_g}{Q} \tag{1-16}$$

体积含液率：

$$1 - \beta = \frac{Q_l}{Q} \tag{1-17}$$

3. 截面含气率与截面含液率

截面含气率：气相流通面积与管路总流通面积之比。

$$\varphi = \frac{A_g}{A} \tag{1-18}$$

类似，截面含液率表示为：

$$1 - \varphi = \frac{A_l}{A} \tag{1-19}$$

在文献中，截面含液率也常用 H_L 表示。

截面含气率(或截面含液率)有时也指某一管段内气体(或液体)所占流道的体积份额。

4. 三种含气率间的关系

三种含气率以不同的方式表示管流混合物内气体所占混合物的份额。求出三者的关系，可了解它们之间的联系和区别。在设计两相流管路时，常已知欲输送的气、液质量流量，即质量含气率常为已知数。

(1) 质量含气率与体积含气率之间的关系：

$$\beta = \frac{Q_g}{Q_g + Q_l} = \frac{xMv_g}{xMv_g + (1-x)Mv_l} = \frac{xv_g}{xv_g + (1-x)v_l} \tag{1-20}$$

相应的，有：
$$1 - \beta = \frac{(1-x)v_l}{xv_g + (1-x)v_l}$$

若已知质量含气率和管输条件下的气、液相比体积(或密度)，可由 x 求 β。

(2) 质量含气率与截面含气率的关系：

因为
$$\varphi = \frac{A_g}{A_g + A_l},\ M_g = A_g u_g \rho_g = xM$$

$$A_g = \frac{xM}{u_g\rho_g} = \frac{xMv_g}{u_g}$$

$$A_l = \frac{(1-x)M}{u_l\rho_l} = \frac{(1-x)Mv_l}{u_l}$$

所以
$$\varphi = \frac{xM/u_g\rho_g}{\dfrac{xM}{u_g\rho_g} + \dfrac{(1-x)M}{u_l\rho_l}} = \frac{x}{x + \dfrac{(1-x)u_g\rho_g}{u_l\rho_l}} = \frac{x}{x + (1-x)s\dfrac{\rho_g}{\rho_l}}$$

$$= \frac{x\rho_l}{x\rho_l + (1-x)s\rho_g} = \frac{xv_g}{xv_g + (1-x)sv_l} \tag{1-21}$$

相应的，有：

$$1 - \varphi = \frac{(1-x)s\rho_g}{x\rho_l + (1-x)s\rho_g} = \frac{v_g}{xv_g + (1-x)sv_l} \tag{1-22}$$

(3)体积含气率与截面含气率的关系：

$$\beta = \frac{Q_g}{Q_g + Q_l} = \frac{1}{1 + \dfrac{A_l u_l}{A_g u_g}},\ \varphi = \frac{A_g}{A_g + A_l} = \frac{1}{1 + \dfrac{A_l}{A_g}}$$

由上可知：

① 当 $u_g = u_l$ 时，$\beta = \varphi$，即匀质流动时，$\beta = \varphi$；

② 当 $u_g > u_l$ 时，$\varphi < \beta$，即气相流速大时，气体在管路中占流动截面减小，液相所占流动截面增多，这种现象称为持液现象，故此时的截面含液率也称持液率，可用 H_L 表示；

③ 当 $u_l > u_g$ 时，$\varphi > \beta$，水平和上倾管不会发生这种情况。

$$\varphi=\frac{1}{\left(1+\frac{A_l}{A_g}\right)\frac{u_l}{u_g}\frac{u_g}{u_l}}=\frac{1}{\left(\frac{u_l}{u_g}+\frac{A_l}{A_g}\frac{u_l}{u_g}+1-1\right)\frac{u_g}{u_l}}$$
$$=\frac{1}{1+\frac{s}{\beta}-s}=\frac{1}{1+s\left(\frac{1}{\beta}-1\right)} \tag{1-23}$$

由于 $\frac{u_g}{u_l}=s$，很难确定，故很难由 x 或 β 求得 φ。

五、用质量含气率表示的各种流速

1. 气相流速

按定义，并由式(1-21)得：

$$u_g=\frac{xM}{\rho_g A\varphi}=\frac{xG}{\frac{x\rho_g\rho_l}{x\rho_l+(1-x)\rho_g s}}=G[xv_g+(1-x)v_l s] \tag{1-24}$$

$$u_g=\frac{xM}{\rho_g A\varphi}=\frac{Q_g}{A\varphi}=\frac{u_{sg}}{\varphi} \tag{1-25}$$

2. 液相速度

按定义，并由式(1-22)得：

$$u_l=\frac{(1-x)M}{(1-\varphi)A\rho_l}=\frac{G(1-x)}{\frac{(1-x)s\rho_g\rho_l}{x\rho_l+(1-x)s\rho_g}}=\frac{G}{s}[xv_g+(1-x)sv_l] \tag{1-26}$$

$$u_l=\frac{(1-x)M}{(1-\varphi)A\rho_l}=\frac{Q_l}{A(1-\varphi)}=\frac{u_{sl}}{1-\varphi} \tag{1-27}$$

3. 匀质流速

匀质流动时，$s=1$，$u_g=u_l=u_H$，由式(1-24)或式(1-26)得：

$$u_H=G[xv_g+(1-x)v_l]$$
$$=xGv_g+(1-x)Gv_l=\frac{M_g v_g}{A}+\frac{M_l v_l}{A}=u_{sl}+u_{sg}=u \tag{1-28}$$

所以，匀质流动速度=气液混合物的速度。

4. 漂移速度

$$u_D=u_g-u_H=G[xv_g+(1-x)v_l s]-G[xv_g+(1-x)v_l]$$
$$=G(1-x)v_l(s-1)=u_{sl}(s-1) \tag{1-29}$$
$$=u_{sl}\left(\frac{u_g-u_l}{u_l}\right)=u_{sl}\frac{u_s}{u_l}=(1-\varphi)u_{sl}$$

式(1-29)表示漂移速度和滑脱速度的关系。

六、两相混合物密度

1. 流动密度

单位时间内流过管路截面的混合物质量与体积之比。

$$\rho_f = \frac{M}{Q} = \frac{Q_g\rho_g + Q_l\rho_l}{Q} = \beta\rho_g + (1-\beta)\rho_l \tag{1-30}$$

2. 真实密度

在 Δl 管长内气液混合物质量与体积之比。

$$\rho = \varphi\rho_g + (1-\varphi)\rho_l \tag{1-31}$$

3. 匀质密度

气液相混合均匀时，其混合物密度或匀质密度，以 ρ_H 表示。

由式(1-31)，式(1-22)，式(1-20)可知：

$$\rho_H = \frac{x\rho_l\rho_g + (1-x)s\rho_l\rho_g}{x\rho_l + (1-x)s\rho_g}$$

匀质流动时 $s=1$，

$$\rho_H = \frac{x + (1-x)s}{xv_g + (1-x)sv_l}$$

$$\rho_H = \frac{1}{xv_g + (1-x)v_l},\ v_H = xv_g + (1-x)v_l \tag{1-32}$$

由式(1-19)，用 β 取代 x，可得：

$$\rho_H = \beta\rho_g + (1-\beta)\rho_l = \rho_f$$

故流动密度=匀质密度。在匀质流模型中，此式常用于压降计算。真实密度常用于举升气液混合物消耗能量的计算。

此外，匀质流动时，$\beta=\varphi$，$\rho=\rho_f$。

七、压降梯度

压降梯度用 dp/dl 表示。两相管路的压降梯度由摩阻损失、加速损失和重力损失三部分组成。在整理和关联两相流实验、实测数据时，常用下述4个单相管路的压降梯度相关联。

1. 全液相压降梯度

把管路内的气液混合物全部当液体对待。

$$-\left(\frac{dp}{dl}\right)_{l_0} = \frac{\lambda_{l_0}u^2}{2d}\rho_l = \frac{\lambda_{l_0}G^2v_l}{2d} = C\left(\frac{Gd}{\mu_l}\right)^{-n}\frac{G^2v_l}{2d} \tag{1-33}$$

相应的雷诺数为：

$$Re_{l_0} = \frac{ud\rho_l}{\mu_l} = \frac{Gd}{\mu_l}$$

摩阻系数采用 Blasius 方程形式：

$$\lambda_{l_0} = \frac{C}{Re_{l_0}^n}$$

式中 λ ——水力摩阻系数；

Re ——雷诺数；

C ——系数；

n ——指数。

2. 全气相压降梯度

把管路内的混合物全部看作气体。

$$-\left(\frac{\mathrm{d}p}{\mathrm{d}l}\right)_{\mathrm{g0}}=\frac{\lambda_{\mathrm{g0}}u^2}{2d}\rho_{\mathrm{g}}=\frac{\lambda_{\mathrm{g0}}G^2v_{\mathrm{g}}}{2d}=C\left(\frac{Gd}{\mu_{\mathrm{g}}}\right)^{-n}\frac{G^2v_{\mathrm{g}}}{2d} \tag{1-34}$$

$$\lambda_{\mathrm{g0}}=\frac{C}{Re_{\mathrm{g0}}^n},\ Re_{\mathrm{g0}}=\frac{Gd}{\mu_{\mathrm{g}}}$$

3. 分液相压降梯度

认为管路内只有液相流动，其质量流量和流速分别为：

$$M_{\mathrm{l}}=(1-x)M,\ G_{\mathrm{l}}=(1-x)G$$

则：

$$-\left(\frac{\mathrm{d}p}{\mathrm{d}l}\right)_{\mathrm{l}}=\frac{\lambda_{\mathrm{l}}(1-x)^2G^2v_{\mathrm{l}}}{2d}=C\left[\frac{(1-x)Gd}{M_{\mathrm{l}}}\right]^{-n}\frac{(1-x)G^2v_{\mathrm{l}}}{2d} \tag{1-35}$$

$$\lambda_{\mathrm{l}}=\frac{C}{Re_{\mathrm{l}}^n},\ Re_{\mathrm{l}}=\frac{(1-x)Gd}{\mu_{\mathrm{l}}}$$

4. 分气相压降梯度

认为管路内只有气相流动，其质量流量和流速分别为：

$$M_{\mathrm{g}}=xM,\ G_{\mathrm{g}}=xG$$

$$-\left(\frac{\mathrm{d}p}{\mathrm{d}l}\right)_{\mathrm{g}}=\frac{\lambda_{\mathrm{g}}x^2G^2v_{\mathrm{g}}}{2d}=C\left(\frac{xGd}{\mu_{\mathrm{g}}}\right)^{-n}\frac{x^2G^2v_{\mathrm{g}}}{2d} \tag{1-36}$$

$$\lambda_{\mathrm{g}}=\frac{C}{Re_{\mathrm{g}}^n},\ Re_{\mathrm{g}}=\frac{xGd}{\mu_{\mathrm{g}}}$$

5. 压降折算因子(two-phasemultipliers)

Martinelli 引入压降折算因子，目的是把两相流动摩擦压降与单相流动的摩擦压降相关联。

全液相压降折算因子：

$$\frac{\frac{\mathrm{d}p}{\mathrm{d}l}}{\left(\frac{\mathrm{d}p}{\mathrm{d}l}\right)_{\mathrm{l_0}}}=\phi_{\mathrm{l_0}}^2 \tag{1-37}$$

全气相压降折算因子：

$$\frac{\frac{\mathrm{d}p}{\mathrm{d}l}}{\left(\frac{\mathrm{d}p}{\mathrm{d}l}\right)_{\mathrm{g0}}}=\phi_{\mathrm{g0}}^2 \tag{1-38}$$

分液相压降折算因子：

$$\frac{\dfrac{\mathrm{d}p}{\mathrm{d}l}}{\left(\dfrac{\mathrm{d}p}{\mathrm{d}l}\right)_{\mathrm{l}}} = \phi_{\mathrm{l}}^2 \tag{1-39}$$

分气相压降折算因子：

$$\frac{\dfrac{\mathrm{d}p}{\mathrm{d}l}}{\left(\dfrac{\mathrm{d}p}{\mathrm{d}l}\right)_{\mathrm{g}}} = \phi_{\mathrm{g}}^2 \tag{1-40}$$

6. 压降折算因子间的关系

（1）液相压降折算因子。

按式(1-33)、式(1-35)、式(1-37)和式(1-39)得：

$$\frac{\phi_{\mathrm{l_0}}^2}{\phi_{\mathrm{l}}^2} = \frac{\left(\dfrac{\mathrm{d}p}{\mathrm{d}l}\right)_{\mathrm{l}}}{\left(\dfrac{\mathrm{d}p}{\mathrm{d}l}\right)_{\mathrm{l_0}}} = \frac{C\left[\dfrac{(1-x)Gd}{\mu_{\mathrm{l}}}\right]^{-n}\dfrac{(1-x)^2G^2\boldsymbol{v}_{\mathrm{l}}}{2d}}{C\left(\dfrac{Gd}{\mu_{\mathrm{l}}}\right)^{-n}\dfrac{G^2\boldsymbol{v}_{\mathrm{l}}}{2d}}$$

$$= (1-x)^{-n}(1-x)^2 = (1-x)^{2-n} \tag{1-41}$$

（2）气相压降折算因子。

按式(1-34)、式(1-36)、式(1-38)和式(1-40)得：

$$\frac{\phi_{\mathrm{g_0}}^2}{\phi_{\mathrm{g}}^2} = \frac{\left(\dfrac{\mathrm{d}p}{\mathrm{d}l}\right)_{\mathrm{g}}}{\left(\dfrac{\mathrm{d}p}{\mathrm{d}l}\right)_{\mathrm{g0}}} \frac{C\left(\dfrac{xGd}{\mu_{\mathrm{g}}}\right)^{-n}\dfrac{x^2G^2\boldsymbol{v}_{\mathrm{g}}}{2d}}{C\left(\dfrac{Gd}{\mu_{\mathrm{g}}}\right)^{-n}\dfrac{G^2\boldsymbol{v}_{\mathrm{g}}}{2d}} = x^{-n}x^2 = x^{2-n} \tag{1-42}$$

八、其他两相流研究中的常用参数

1. 洛–马 Lockhart–Martinelli 参数

$$X = \left[\frac{(\mathrm{d}p/\mathrm{d}l)_{\mathrm{l}}}{(\mathrm{d}p/\mathrm{d}l)_{\mathrm{g}}}\right]^{1/2} \tag{1-43}$$

由式(1-35)、式(1-36)得：

$$X = \left(\frac{1-x}{x}\right)^{\frac{2-n}{n}}\left(\frac{\mu_{\mathrm{l}}}{\mu_{\mathrm{g}}}\right)^{\frac{n}{2}}\left(\frac{\boldsymbol{v}_{\mathrm{l}}}{\boldsymbol{v}_{\mathrm{g}}}\right)^{\frac{1}{2}} \tag{1-44}$$

2. Chisholm 物性参数

$$\Gamma^2 = \frac{(\mathrm{d}p/\mathrm{d}l)_{\mathrm{g0}}}{(\mathrm{d}p/\mathrm{d}l)_{\mathrm{l_0}}} \tag{1-45}$$

由式(1-33)、式(1-34)得：

$$\Gamma^2 = \left(\frac{\mu_{\mathrm{g}}}{\mu_{\mathrm{l}}}\right)^n\frac{\boldsymbol{v}_{\mathrm{g}}}{\boldsymbol{v}_{\mathrm{l}}} \tag{1-46}$$

第二章　多相管流的基本方程

第一节　均相流模型的基本方程

均相流动模型简称均流模型，它是把气液两相混合物看成均匀介质，其流动的物理参数取两相介质相应参数的平均值。因此可以按照单相介质来处理均流模型的流体动力学问题。

在均流模型中，采取了以下两个假定：

（1）气相和液相的速度相等，即：

$$u_g = u_l = u$$

因而滑差：

$$\Delta u = u_g - u_l = 0$$

滑动比：

$$s = \frac{u_g}{u_l} = 1$$

真实含气率与体积含气率相等，$\phi = \beta$ ，所以真实密度与流动密度也相等，$\rho = \rho_f$ 。

（2）两相介质已达到热力学平衡状态，压力、密度等互为单值函数。此条件在等温流体中是成立的，在受热的不等温稳定流动中是基本成立的，在变工况的不稳定流动中则是近似的。

均流模型的使用情况是：对于泡状流和雾状流，具有较高的精确性；对于弹状流和段塞流，需要进行时间平均修正；对于层状流、波状流和环状流，则误差较大。但是，大量的两相流动计算图表目前都是用均流模型作出的。

一、均流模型的基本方程式

对于稳定的一维均相流动，其基本方程式包括连续方程式、动量方程式和能量方程式。

1. 连续方程式

根据质量守恒定律，有

$$M = \rho u A = 常数 \tag{2-1}$$

2. 动量方程式

取一维流段 dz 来研究，其直径为 D ，过流断面的面积为 A ，如图 2-1 所示。

现沿流动方向建立动量方程式。首先分析作用在该流段上的力：

质量力为重力沿 z 方向的分力

$$-\rho g A \mathrm{d}z \sin\theta$$

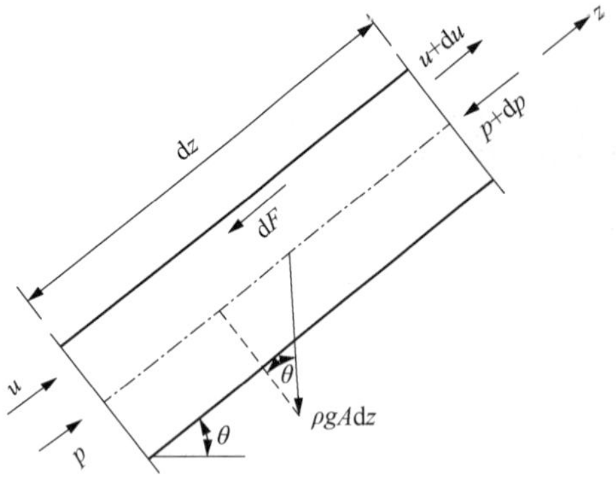

图 2-1　稳定的一维均相流动

表面力有压力 $pA-(p+\mathrm{d}p)A$ 和切力 $-\mathrm{d}F$。根据动量定律，得动量方程式：

$$-A\mathrm{d}p-\mathrm{d}F-\rho gA\mathrm{d}z\sin\theta=M\mathrm{d}u \tag{2-2}$$

3. 能量方程式

根据能量守恒定律，有

$$\mathrm{d}\left(gz\sin\theta+\frac{p}{\rho}+\frac{u^2}{2}\right)+\mathrm{d}E=0 \tag{2-3}$$

式中　$\mathrm{d}E$——单位质量的两相混合物的机械能损失。

ρ 可以用两相混合物的比容 v 表示为：

$$\rho=\frac{1}{v} \tag{2-4}$$

所以

$$\frac{p}{\rho}=pv$$

$$\mathrm{d}(pv)=p\mathrm{d}v+v\mathrm{d}p$$

将其代入式(2-3)，得能量方程式：

$$g\mathrm{d}z\sin\theta+p\mathrm{d}v+v\mathrm{d}p+\mathrm{d}\left(\frac{u^2}{2}\right)+\mathrm{d}E=0 \tag{2-5}$$

式(2-5)也可以写成压差的表达式：

$$-v\mathrm{d}p=g\mathrm{d}z\sin\theta+\mathrm{d}\left(\frac{u^2}{2}\right)+\mathrm{d}E+p\mathrm{d}v \tag{2-6}$$

式中　$p\mathrm{d}v$——单位质量的两相混合物对外做出的功。

二、均流模型的压力梯度微分方程式

在工程计算中，压差是人们最关心的问题之一，为了计算压差，现对均流模型的动量方程式作如下简化。

在动量方程式(2-2)中，切力 $\mathrm{d}F$ 关联着流体与管子内壁摩擦所引起的机械能损失，即

$$\mathrm{d}F=\tau_{\mathrm{w}}\pi D\mathrm{d}z \tag{2-7}$$

式中，τ_{w} 是流体与管子内壁之间的切应力。根据均匀流动的基本方程式，有：

$$\tau_{\mathrm{w}}=\frac{A}{\pi D}\rho gJ \tag{2-8}$$

式中，水力坡度 J 等于沿程水头损失与管长之比 (h_{f}/L)，可以依据达西(Darcy)公式和范宁(Fanning)公式写成：

$$J=\lambda\frac{1}{D}\frac{u^2}{2g} \tag{2-9}$$

或

$$J = 4f\frac{1}{D}\frac{u^2}{2g} \tag{2-9a}$$

式中　λ——沿程阻力系数；

f——范宁系数。

将式(2-8)和式(2-9a)代入式(2-7)，得

$$\begin{aligned} dF &= \frac{A}{\pi D}\rho g \cdot 4f\frac{1}{D}\frac{u^2}{2g} \cdot \pi D dz \\ &= f\frac{\rho u^2}{2}\pi D dz \end{aligned} \tag{2-10}$$

另外，因为$\rho = \frac{1}{v}$，所以

$$\begin{aligned} v &= \frac{1}{\rho} = \frac{1}{\rho_f} = \frac{Q}{M} \\ &= \frac{v_g M_g + v_l M_l}{M} \\ &= v_g x + v_l(1 - x) \\ &= v_l + x(v_g - v_l) \end{aligned} \tag{2-11}$$

又

$$u = u_g = u_l = \frac{Q}{A} = \frac{M}{A}v \tag{2-12}$$

其中，$\frac{M}{A}$沿流程是不变的，所以

$$M du = M d\left(\frac{M}{A}v\right) = \frac{M^2}{A}dv = \frac{M^2}{A}d[v_l + x(v_g - v_l)] \tag{2-13}$$

由于所研究的气液两相流动是处于热力学平衡状态，所以

$$v = f(p)$$

参考式(2-11)，得

$$\begin{aligned} dv &= v_g dx + x dv_g - v_l dx + (1 - x) dv_l \\ &= (v_g - v_l) dx + x\frac{dv_g}{dp}dp + (1 - x)\frac{dv_l}{dp}dp \end{aligned}$$

由于液体的压缩性很小，可以认为$\frac{dv}{dp} = 0$，所以

$$dv = (v_g - v_l) dx + x\frac{dv_g}{dp}dp \tag{2-14}$$

因此，式(2-13)可以写成

$$M du = \frac{M^2}{A}\left[(v_g - v_l) dx + x\frac{du_g}{dp}dp\right] \tag{2-15}$$

将式(2-10)和式(2-15)代入动量方程式(2-2)，得

$$-A\mathrm{d}p - f\frac{\rho v^2}{2}\pi D\mathrm{d}z - \frac{gA\mathrm{d}z\sin\theta}{v} = \frac{M^2}{A}\left[(v_g - v_l)\,\mathrm{d}x + x\frac{\mathrm{d}v_g}{\mathrm{d}p}\mathrm{d}p\right]$$

用 $A\mathrm{d}z$ 除该式的各项，得

$$-\frac{\mathrm{d}p}{\mathrm{d}z} - f\frac{\rho u^2}{2}\frac{4}{D} - \frac{g\sin\theta}{v} = \frac{M^2}{A^2}\left[(v_g - v_l)\frac{\mathrm{d}x}{\mathrm{d}z} + x\frac{\mathrm{d}v_g}{\mathrm{d}p}\frac{\mathrm{d}p}{\mathrm{d}z}\right]$$

移项后，得

$$-\left[1 + \left(\frac{M}{A}\right)\frac{\mathrm{d}v_g}{\mathrm{d}p}x\right]\frac{\mathrm{d}p}{\mathrm{d}z} = \frac{2f}{D}\rho u^2 + \frac{g\sin\theta}{v} + \left(\frac{M}{A}\right)^2(v_g - v_l)\frac{\mathrm{d}x}{\mathrm{d}z} \tag{2-16}$$

考虑到

$$\rho u^2 = \frac{1}{v}\left(\frac{Q}{A}\right)^2 = \frac{1}{v}\left(\frac{Mv}{A}\right)^2 = \left(\frac{M}{A}\right)^2 v$$

则式(2-16)可以写成

$$-\left[1 + \left(\frac{M}{A}\right)^2\frac{\mathrm{d}v_g}{\mathrm{d}p}x\right]\frac{\mathrm{d}p}{\mathrm{d}z} = \frac{2f}{D}\left(\frac{M}{A}\right)^2 v + \frac{g\sin\theta}{v} + \left(\frac{M}{A}\right)^2(v_g - v_l)\frac{\mathrm{d}x}{\mathrm{d}z}$$

则

$$-\frac{\mathrm{d}p}{\mathrm{d}z} = \frac{\frac{2f}{D}\left(\frac{M}{A}\right)^2 v + \frac{g\sin\theta}{v} + \left(\frac{M}{A}\right)^2(v_g - v_l)\frac{\mathrm{d}x}{\mathrm{d}z}}{1 + \left(\frac{M}{A}\right)^2 x\frac{\mathrm{d}v_g}{\mathrm{d}p}}$$

将式(2-11)代入该式，得

$$-\frac{\mathrm{d}p}{\mathrm{d}z} = \frac{\frac{2f}{D}\left(\frac{M}{A}\right)^2[v_l + x(v_g - v_l)] + \frac{g\sin\theta}{v_l + x(v_g - v_l)} + \left(\frac{M}{A}\right)^2(v_g - v_l)\frac{\mathrm{d}x}{\mathrm{d}z}}{1 + \left(\frac{M}{A}\right)^2 x\frac{\mathrm{d}v_g}{\mathrm{d}p}} \tag{2-17}$$

式(2-17)为均流模型的压力梯度微分方程式。由于其中 f，$(v_g - v_l)$ 和 $\frac{\mathrm{d}v_g}{\mathrm{d}p}$ 都是沿流程变化的，所以式(2-17)很难用解析法进行积分。因此，应用式(2-17)时必须沿流程用差分法逐段计算。

三、均流模型的简化压差计算式

为了简化均流模型的压差计算，压力梯度微分方程式(2-17)可以在下述假设条件下进行积分：

(1)设气相介质是不可压缩的，或者在所计算的管道压差下气相介质的比容变化甚小，则

$$\left(\frac{M}{A}\right)^2 x\frac{\mathrm{d}v_g}{\mathrm{d}p} \ll 1$$

(2)设 f 和 $(v_g - v_l)$ 沿流程是不变的。这在管道压差与介质压力相比，当其数值很小时，是可以成立的。

此时，式(2-17)变为

$$-\mathrm{d}p=\frac{2f}{D}\left(\frac{M}{A}\right)^2[v_1+x(v_g-v_1)]\,\mathrm{d}z+\frac{g\sin\theta}{v_1+x(v_g-v_1)}\mathrm{d}z+\left(\frac{M}{A}\right)^2(v_g-v_1)\,\mathrm{d}x \tag{2-17a}$$

当管道进口处的质量含气率 $x=0$，出口处 $x=x$，并且 x 沿管道长度呈线性增加，即 $\frac{\mathrm{d}x}{\mathrm{d}z}=\frac{x}{L}=$ 常数 时，由式(2-17a)可以得出管道的压差：

$$\Delta p=p_1-p_2=\frac{2f}{D}\left(\frac{M}{A}\right)^2\int_0^L[v_1+x(v_g-v_1)]\,\mathrm{d}z+\int_0^L\frac{g\sin\theta}{v_1+x(v_g-v_1)}\mathrm{d}z+\left(\frac{M}{A}\right)^2(v_g-v_1)\int_0^L\mathrm{d}x \tag{2-17b}$$

取 $x=mL$，在管长 z 处，$x=mz$。所以积分式(2-17b)，可得

$$\Delta p=\frac{2f}{D}\left(\frac{M}{A}\right)^2\int_0^L[v_1+mz(v_g-v_1)]\,\mathrm{d}z+\frac{g\sin\theta}{m(v_g-v_1)}\int_0^L\frac{1}{v_1+mz(v_g-v_1)}\mathrm{d}[v_1+mz(v_g-v_1)]+\left(\frac{M}{A}\right)^2(v_g-v_1)\int_0^L\mathrm{d}(mz)$$

$$=\frac{2f}{D}\left(\frac{M}{A}\right)^2\left[v_1z+\frac{mz^2}{2}(v_g-v_1)\right]_0^L+\frac{g\sin\theta}{m(v_g-v_1)}\{\ln[v_1+mz(v_g-v_1)]\}_0^L+\left(\frac{M}{A}\right)^2(v_g-v_1)\,[mz]_0^L$$

$$=\frac{2f}{D}\left(\frac{M}{A}\right)^2\left[v_1L+\frac{mL^2}{2}(v_g-v_1)\right]+\frac{g\sin\theta}{m(v_g-v_1)}\{\ln[v_1+mL(v_g-v_1)]-\ln v_1\}+\left(\frac{M}{A}\right)^2(v_g-v_1)\mathrm{m}L$$

$$=2f\frac{L}{D}\left(\frac{M}{A}\right)^2\left[v_1+\frac{x}{2}(v_g-v_1)\right]+\frac{Lg\sin\theta}{x(v_g-v_1)}\ln\left[1+x\left(\frac{v_g}{v_1}-1\right)\right]+\left(\frac{M}{A}\right)^2x(v_g-v_1) \tag{2-18}$$

式(2-18)为均流模型的简化压差计算式。式中等号右侧第一项为摩阻压差 Δp_{fr}，第二项为重位压差 Δp_h，第三项为加速压差 Δp_a。所以，式(2-18)又可以记作

$$\Delta p=\Delta p_{fr}+\Delta p_h+\Delta p_a \tag{2-19}$$

现对式(2-18)分析如下。

1. 摩阻压差

$$\Delta p_{fr}=2f\frac{L}{D}\left(\frac{M}{A}\right)^2\left[v_1+\frac{x}{2}(v_g-v_1)\right] \tag{2-20}$$

这是由于管流的摩擦阻力而引起的压差。

当管道中没有气相时，$v_g=0$，$x=0$，$v_1=\frac{1}{\rho_1}$，于是

$$\Delta p_{fr}=2f\frac{L}{D}\left(\frac{M}{A}\right)^2\frac{1}{\rho_1}$$

$$= 4f\frac{L}{D}\left(\frac{\rho_1 Q}{A}\right)^2\frac{1}{2\rho_1}$$

$$= 4f\frac{L}{D}\frac{u^2}{2}\rho_1$$

或

$$\Delta p_{fr} = \lambda\frac{L}{D}\frac{u^2}{2}\rho_1$$

以上两式与范宁公式和达西公式完全相同。显然由于存在气相，使气液两相流动的摩擦阻力增大。其增大的值与质量含气率 x 和比容差（$v_g - v_l$）成正比。

2. 重位压差

$$\Delta p_h = \frac{Lg\sin\theta}{x(v_g - v_l)}\ln\left[1 + x\left(\frac{v_g}{v_l} - 1\right)\right] \tag{2-21}$$

这是由于管道进出口位置高度的不同而引起的压差。

当管道中没有气相时，$v_g = 0$，则

$$\Delta p_h = \frac{Lg\sin\theta}{-xv_l}\ln(1 - x)$$

$$= -\frac{Lg\sin\theta}{v_l}\frac{\ln(1 - x)}{x}$$

取 $x \to 0$，则根据幂级数展开式，有

$$\lim_{x\to 0}\frac{\ln(1 - x)}{x} = -\frac{x}{x} - \frac{x^2}{2x} - \frac{x^3}{3x} - \cdots = -1$$

所以

$$\Delta p_h = \frac{Lg\sin\theta}{v_l} = \rho_l gL\sin\theta \tag{2-22}$$

显然由于倾斜角 θ 的不同，$\sin\theta$ 可正可负，这也就意味着重位压差 Δp_h 可正可负。对于水平管流来说，$\Delta p_h = 0$，即不存在重位压差；对于上升管流，Δp_h 为正；对于下降管流，Δp_h 为负。

3. 加速压差

$$\Delta p_a = \left(\frac{M}{A}\right)^2 x(v_g - v_l) \tag{2-23}$$

这是由于管流中存在着气相，而且它随着沿流程的压降而体积增大，因此造成加速运动而引起的压差。

当管道中没有气相时，$x = 0$，所以 $\Delta p_a = 0$。

对于一般的气液两相混合输送管道来说，加速压差常常远小于摩阻压差和重位压差，可以忽略不计。

四、两相介质的平均黏度

在均流模型的简化压差计算式(2-18)中，除范宁系数 f 外，其他参数都可以根据连续

方程式和热力学平衡条件计算得出。在 f 的计算中，均流模型中两相介质的物性参数(如比容 v 和密度 ρ 等)是各相的相应参数的平均值，已如前述。下面讨论两相介质的黏度的计算。

在均流模型中，两相介质的黏度 μ 也是气液各相黏度 μ_g 和 μ_l 的平均值。而求其平均值的方法有多种，常用的方法有以下 4 种，各有其适用范围。

(1) 克亚当斯(McAdams)计算式：

$$\frac{1}{\mu}=\frac{x}{\mu_g}+\frac{1-x}{\mu_l} \tag{2-24}$$

(2) 西克奇蒂(Cicchitti)计算式：

$$\mu=x\mu_g+(1-x)\mu_l \tag{2-25}$$

(3) 杜克勒(Dukler)计算式：

$$\mu=\frac{v_g}{v}x\mu_g+\frac{v_l}{v}(1-x)\mu_l \tag{2-26}$$

(4) 戴维森(Davidson)计算式：

$$\mu=\mu_l'\left[1+x\left(\frac{v_g}{v_l}-1\right)\right] \tag{2-27}$$

五、摩擦阻力的折算系数

在气液两相流动的摩阻压差的计算中，常使用全液相折算系数、分液相折算系数或分气相折算系数。其目的在于把两相流动摩擦阻力的计算与单相流动摩擦阻力的计算关联起来。

1. 全液相折算系数

设水平管道内的两相流动为均匀流动，管子直径为 D，断面积为 A，流段长度为 dz，如图 2-2 所示。其速度 u 沿流程不变，质量流量为 $M=M_g+M_l$。此时，没有重位压差和加速压差。

由动量方程式(2-2)知道，摩擦力 dF 与压差 $-dp$ 之间有以下的关系：

$$dF=-dpA$$

而

$$dF=\tau_w\pi D dz=f\frac{\rho u^2}{2}\pi D dz \tag{2-28}$$

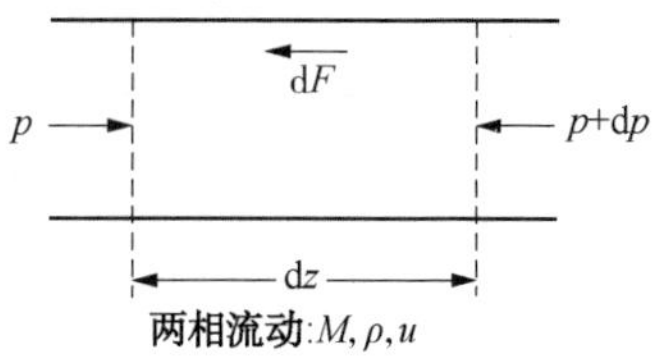

图 2-2 两相流动

另外，假设一种情况，设管道的 D，A 和 dz 不变，通过管道的质量流量也是 M，但流体为单一的液体，没有气相，如图 2-3 所示。

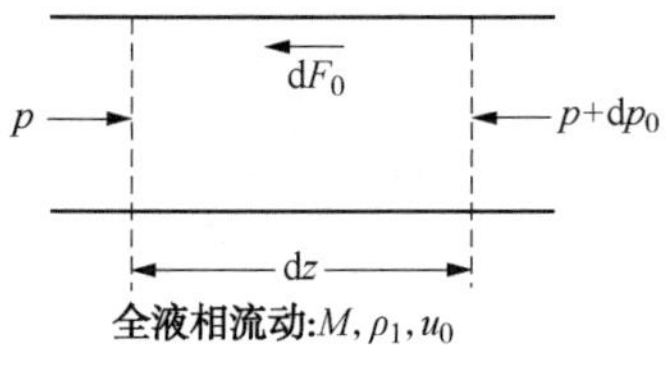

图 2-3 全液相流动

显然，此时的流体密度为 ρ_l，速度为 u_0。于是，流体与管道的摩擦力为：

$$dF_0=-dp_0A=f_0\frac{\rho_l u_0^2}{2}-\pi D dz \tag{2-29}$$

将这种情况与前述的两相流动相比较，并定义这两种情况下摩擦力的比值，亦即压差的比值，为全液相折算系数，以 ϕ_0^2 表示：

$$\phi_0^2=\frac{\mathrm{d}F}{\mathrm{d}F_0}=\frac{\mathrm{d}p}{\mathrm{d}p_0}=\frac{f\dfrac{\rho u^2}{2}\pi D\mathrm{d}z}{f_0\dfrac{\rho_1 u_0^2}{2}\pi D\mathrm{d}z}=\frac{f\rho u^2}{f_0\rho_1 u_0^2}\tag{2-30}$$

所以

$$\mathrm{d}p=\phi_0^2\mathrm{d}p_0\tag{2-31}$$

折算系数可以用实验方法确定。

2. 分液相折算系数

再假设一种情况。设管道的 D , A 和 $\mathrm{d}z$ 仍与两相流管道的相同，但通过管道流体为单一的液体，而且其质量流量等于两相流动中液相的质量流量 $M_1=M(1-x)$ ，如图 2-4 所示。

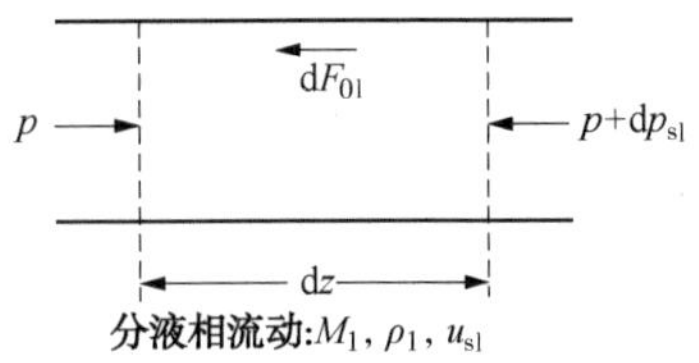

图 2-4　分液相流动

显然，此时的流体密度为 ρ_1 ，速度为 u_{sl} 。于是，流体与管道的摩擦力为：

$$\mathrm{d}F_{01}=-\mathrm{d}p_1A=f_1\frac{\rho_1 u_{sl}^2}{2}\pi D\mathrm{d}z\tag{2-32}$$

将这种情况与前述的两相流动相比较，并定义这两种情况下摩擦力的比值，即压差的比值，为分液相折算系数，以 ϕ_1^2 表示，即有

$$\phi_1^2=\frac{\mathrm{d}F}{\mathrm{d}F_{01}}=\frac{\mathrm{d}p}{\mathrm{d}p_1}=\frac{f\dfrac{\rho u^2}{2}\pi D\mathrm{d}z}{f_1\dfrac{\rho u_{sl}^2}{2}\pi D\mathrm{d}z}=\frac{f\rho u^2}{f_1\rho_1 u_{sl}^2}\tag{2-33}$$

所以

$$\mathrm{d}p=\phi_1^2\mathrm{d}p_1\tag{2-34}$$

3. 分气相折算系数

再假设另一种情况。设管道的 D , A 和 $\mathrm{d}z$ 仍与两相流管道的相同，但通过管道的流体为单一流体，而且其质量流量等于两相流动中气相的质量流量 $M_g=Mx$ ，如图 2-5所示。

显然，此时的流体密度为 ρ_g ，速度为 u_{sg} 。于是，流体与管道的摩擦力为：

$$\mathrm{d}F_{0g}=-\mathrm{d}p_gA=f_g\frac{\rho_g u_{sg}^2}{2}\pi D\mathrm{d}z\tag{2-35}$$

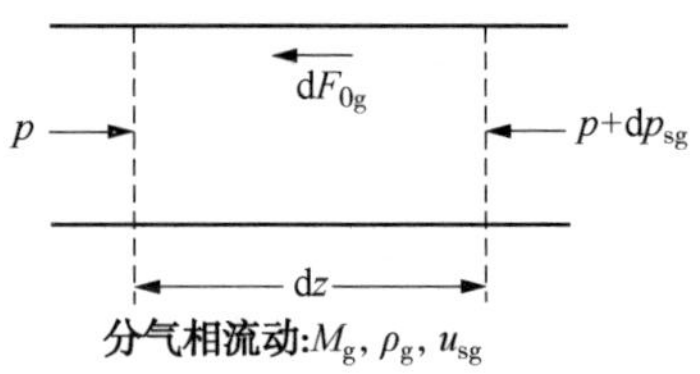

图 2-5　分气相流动

相应地，分气相折算系数 ϕ_g^2 为：

$$\phi_g^2=\frac{\mathrm{d}F}{\mathrm{d}F_{0g}}=\frac{\mathrm{d}p}{\mathrm{d}p_g}$$

$$= \frac{f\frac{\rho u^2}{2}\pi D\mathrm{d}z}{f_g\frac{\rho_g u_{sg}^2}{2}\pi D\mathrm{d}z}$$

$$= \frac{f\rho u^2}{f_g\rho_g u_{sg}^2} \tag{2-36}$$

所以，

$$\mathrm{d}p = \phi_g^2\mathrm{d}p_g \tag{2-37}$$

我们知道，f_0，f_l 和 f_g 都是单相流动的沿程阻力系数，很容易求得。所以这里引入折算系数的实质是将求解两相流动的阻力系数 f 和摩阻压差 dp 的问题转化成为求折算系数的问题。只要用实验方法求得了任意一个折算系数，就可以根据这个折算系数去求两相流动的 f 和 dp 。

第二节　分相流模型的基本方程

分相流动模型简称分流模型。它是把两相流动看成气相、液相各自分开的流动，每相介质有其平均流速和独立的物性参数。为此需要分别建立每一相的流体动力特性方程式。这就要求预先确定每一相占有过流断面的份额（真实含气率）以及介质与管壁的摩擦阻力和两相介质之间的摩擦阻力。为了取得这些数据，目前主要是利用试验研究得到经验关系式。近年来，随着计算流体力学的发展，有些数据已可以通过数学模型依靠解析计算求得。

分流模型建立的条件有以下两个：

（1）气液两相介质分别有各自的按所占断面积计算的断面平均流速；

（2）尽管气液两相之间可能有质量交换，但两相之间是处于热力学平衡状态，压力和密度互为单值函数。

分流模型适用于层状流、波状流和环状流。

一、分流模型的基本方程式

对于稳定的一维分相流动，其基本方程式包括连续方程式、动量方程式和能量方程式。

1. 连续方程式

取一维流段 dz 来研究，其直径为 D ，过流断面的面积为 A ，如图 2-6 所示。

根据质量守恒定律，有

$$M = 常数 \tag{2-38}$$

$$\mathrm{d}M_g = -\mathrm{d}M_l \tag{2-39}$$

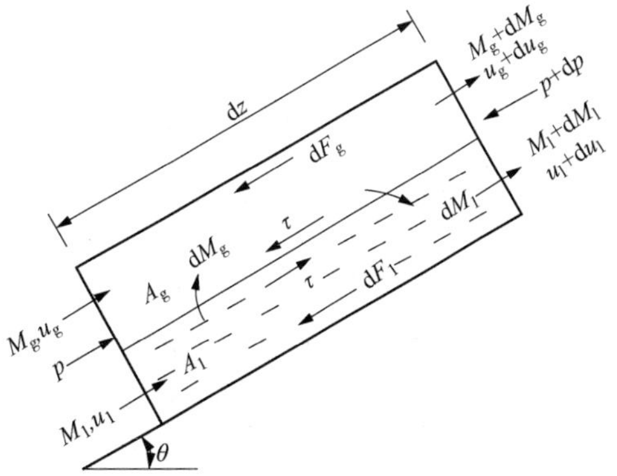

图 2-6　稳定的一维分相流动

$$\left.\begin{aligned} M_g &= Mx = \rho_g u_g A_g \\ M_l &= M(1-x) = \rho_l u_l A_l \end{aligned}\right\} \quad \begin{aligned}(2-40)\\(2-40a)\end{aligned}$$

$$\left.\begin{aligned} dM_g &= Mdx = d(\rho_g u_g A_g) \\ dM_l &= Md(1-x) = -Mdx = d(\rho_l u_l A_l) \end{aligned}\right\} \quad \begin{aligned}(2-41)\\(2-41a)\end{aligned}$$

2. 动量方程式

设液相沿流程为蒸发过程，则气相的动量方程式为：

$$pA_g - (p + dp)A_g - dF_g - \tau - \rho_g g A_g dz\sin\theta = (M_g + dM_g)(u_g + du_g) - M_g u_g - u_l dM_g$$

式中 dF_g——气相与管壁接触部分的摩擦阻力；

τ——两相界面上的切应力。

将该式化简，忽略高次微量，可得：

$$-A_g dp - dF_g - \tau - \rho_g g A_g dz\sin\theta = M_g du_g + u_g dM_g - u_l dM_g \tag{2-42}$$

同样，液相的动量方程式为：

$$pA_l - (p + dp)A_l - dF_l + \tau - \rho_l g A_l dz\sin\theta = (M_l + dM_l)(u_l + du_l) - M_l u_l - u_l dM_l$$

将该式化简，忽略高次微量，可得：

$$-A_l dp - dF_l + \tau - \rho_l g A_l dz\sin\theta = M_l du_l \tag{2-43}$$

将式(2-42)与式(2-43)相加，并且考虑到式(2-39)，得：

$$-Adp - (dF_g + dF_l) - g\sin\theta(\rho_g A_g + \rho_l A_l)dz = d(M_g u_g + M_l u_l) \tag{2-44}$$

而

$$dF_g + dF_l = dF \tag{2-45}$$

$$\begin{aligned} g\sin\theta(\rho_g A_g + \rho_l A_l)dz &= gA\sin\theta\left(\frac{\rho_g A_g}{A} + \frac{\rho_l A_l}{A}\right)dz \\ &= gA\sin\theta[\phi\rho_g + (1-\phi)\rho_l]dz \end{aligned} \tag{2-46}$$

$$\begin{aligned} d(M_g u_g + M_l u_l) &= d\left[Mx\frac{Mx}{\rho_g A_g} + M(1-x)\frac{M(1-x)}{\rho_l A_l}\right] \\ &= d\left[\frac{M^2 x^2 v_g}{\phi A} + \frac{M^2(1-x)^2 v_l}{(1-\phi)A}\right] \\ &= A\left(\frac{M}{A}\right)^2 d\left[\frac{x^2 v_g}{\phi} + \frac{(1-x)^2 v_l}{1-\phi}\right] \end{aligned} \tag{2-47}$$

将式(2-45)、式(2-46)和式(2-47)代入式(2-44)，得：

$$-Adp - dF - gA\sin\theta[\phi\rho_g + (1-\phi)\rho_l]dz = A\left(\frac{M}{A}\right)^2 d\left[\frac{x^2 v_g}{\phi} + \frac{(1-x)^2 v_l}{1-\phi}\right]$$

用 Adz 除该式的各项，移项后，得：

$$-\frac{dp}{dz} = \frac{1}{A}\frac{dF}{dz} + g\sin\theta[\phi\rho_g + (1-\phi)\rho_l] + \left(\frac{M}{A}\right)^2 \frac{d}{dz}\left[\frac{x^2 v_g}{\phi} + \frac{(1-x)^2 v_l}{1-\phi}\right] \tag{2-48}$$

式(2-48)为分流模型的动量微分方程式。

3. 能量方程式

当介质不对外做功时，均流模型的能量方程式(2-6)为：

$$-v\mathrm{d}p = g\mathrm{d}z\sin\theta + \mathrm{d}\left(\frac{u^2}{2}\right) + \mathrm{d}E$$

对于分流模型来说，必须先分别考虑气、液各相的能量方程式，然后将两者相加，得出两相流动的总能量方程式。因此，对于质量流量为 M 的两相流动来说，分流模型在单位时间内的能量平衡关系为：

$$-(M_g v_g + M_l v_l)\mathrm{d}p = Mg\mathrm{d}z\sin\theta + \mathrm{d}\left(\frac{M_g u_g^2}{2} + \frac{M_l u_l^2}{2}\right) + M\mathrm{d}E$$

$$-[Mxv_g + M(1-x)v_l]\mathrm{d}p = Mg\mathrm{d}z\sin\theta + \mathrm{d}\left\{\frac{Mx}{2}\left(\frac{Mxv_g}{\phi A}\right)^2 + \frac{M(1-x)}{2}\left[\frac{M(1-x)v_l}{(1-\phi)A}\right]^2\right\} + M\mathrm{d}E$$

$$-M[xv_g + (1-x)v_l]\mathrm{d}p = Mg\mathrm{d}z\sin\theta + M\left(\frac{M}{A}\right)^2\mathrm{d}\left[\frac{x^3v_g^2}{2\phi^2} + \frac{(1-x)^3v_l^2}{2(1-\phi)^2}\right] + M\mathrm{d}E$$

用 $M\mathrm{d}z$ 除该式的各项，得：

$$-[xv_g + (1-x)v_l]\frac{\mathrm{d}p}{\mathrm{d}z} = g\sin\theta + \left(\frac{M}{A}\right)^2\frac{d}{\mathrm{d}z}\left[\frac{x^3v_g^2}{2\phi^2} + \frac{(1-x)^3v_l^2}{2(1-\phi)^2}\right] + \frac{\mathrm{d}E}{\mathrm{d}z} \tag{2-49}$$

式(2-49)为分流模型的能量微分方程式，式中 $\frac{\mathrm{d}E}{\mathrm{d}z}$ 表示单位流程上单位质量的两相介质与管壁摩擦所引起的机械能损失以及两相介质相对运动时在界面上所引起的机械能损失。

正是由于在两相界面上有机械能损失和两相之间的相互做功以及两相之间的热量和质量的交换，所以能量方程式较动量方程式复杂得多。因此在分相流动的研究中，多倾向于使用动量微分方程式(2-48)。而能量方程式的有利之处是它不必考虑在向上流动的塞状流和环状流中有时会在管壁上出现的液相倒流现象，这在动量方程式中则是必须注意的。

二、分流模型的压差计算式

为了计算压差，现对分流模型的动量方程式作如下的简化。

在动量微分方程式(2-48)

$$-\frac{\mathrm{d}p}{\mathrm{d}z} = \frac{1}{A}\frac{\mathrm{d}F}{\mathrm{d}z} + g\sin\theta[\phi\rho_g + (1-\phi)\rho_l] + \left(\frac{M}{A}\right)^2\frac{d}{\mathrm{d}z}\left[\frac{x^2v_g}{\phi} + \frac{(1-x)^2v_l}{1-\phi}\right]$$

中，与摩擦阻力有关的一项 $\frac{1}{A}\frac{\mathrm{d}F}{\mathrm{d}z}$ 可以通过全液相折算系数 ϕ_0^2 改写成为：

$$\frac{1}{A}\frac{\mathrm{d}F}{\mathrm{d}z} = \frac{1}{A}\frac{\mathrm{d}F_0}{\mathrm{d}z}\phi_0^2 = \frac{1}{A}\frac{\tau_w\pi D\mathrm{d}z}{\mathrm{d}z}\phi_0^2$$

$$= \frac{\frac{f_0\rho_l u_0^2}{2}\pi D\mathrm{d}z}{\frac{\pi D^2}{4}\mathrm{d}z}\phi_0^2 = \frac{\frac{f_0\rho_l\left(\frac{M}{\rho_l A}\right)}{2}\pi D\mathrm{d}z}{\frac{\pi D^2}{4}\mathrm{d}z}\phi_0^2$$

$$= \frac{2f_0 v_1}{D}\left(\frac{M}{A}\right)^2 \phi_0^2 \tag{2-50}$$

式(2-48)等号右侧的第三项 $\left(\frac{M}{A}\right)^2 \frac{d}{dz}\left[\frac{x^2 v_g}{\phi} + \frac{(1-x)^2 v_1}{1-\phi}\right]$ 是与加速压差有关的梯度，其中只有 v_1 可以认为是沿流程不变的，而 x，v_g 和 ϕ 都是沿流程变化的，即 $x(z)$，$v_g[p(z)]$，$\phi[p(z),x(z)]$。所以，该项与加速压差有关的梯度可以表示为复合函数取导数的形式，即

$$\begin{aligned}
&\left(\frac{M}{A}\right)^2 \frac{d}{dz}\left[\frac{x^2 v_g}{\phi} + \frac{(1-x)^2 v_1}{1-\phi}\right] \\
&= \frac{dx}{dz}\left\{\left[\frac{2x v_g}{\phi} - \frac{2(1-x)v_1}{1-\phi}\right] + \left(\frac{\partial\phi}{\partial x}\right)_p \left[\frac{(1-x)^2 v_1}{(1-\phi)^2} - \frac{x^2 v_g}{\phi^2}\right]\right\}\left(\frac{M}{A}\right)^2 \\
&+ \frac{dp}{dz}\left\{\frac{x^2}{\phi}\frac{dv_g}{dp} + \left(\frac{\partial\phi}{\partial x}\right)_x \left[\frac{(1-x)^2 v_1}{(1-\phi)^2} - \frac{x^2 v_g}{\phi^2}\right]\right\}\left(\frac{M}{A}\right)^2
\end{aligned} \tag{2-51}$$

将式(2-50)和式(2-51)代入式(2-48)，得：

$$\begin{aligned}
&-\frac{dp}{dz} - \frac{dp}{dz}\left\{\frac{x^2}{\phi}\frac{dv_g}{dp} + \left(\frac{\partial\phi}{\partial p}\right)_x \left[\frac{(1-x)^2 v_1}{(1-\phi)^2} - \frac{x^2 v_g}{\phi^2}\right]\right\}\left(\frac{M}{A}\right)^2 \\
&= \frac{2f_0 v_1}{D}\left(\frac{M}{A}\right)^2 \phi_0^2 + g\sin\theta[\phi\rho_g + (1-\phi)\rho_1] \\
&\quad + \frac{dx}{dz}\left\{\left[\frac{2x v_g}{\phi} - \frac{2(1-x)v_1}{1-\phi}\right] + \left(\frac{\partial\phi}{\partial x}\right)_p \left[\frac{(1-x)^2 v_1}{(1-\phi)^2} - \frac{x^2 v_g}{\phi^2}\right]\right\}\left(\frac{M}{A}\right)^2
\end{aligned}$$

于是

$$\begin{aligned}
-\frac{dp}{dz} &= \frac{\frac{2f_0 v_1}{D}\left(\frac{M}{A}\right)\phi_0^2 + g\sin\theta[\phi\rho_g + (1-\phi)\rho_1]}{1 + \left\{\frac{x^2}{\phi}\frac{dv_g}{dp} + \left(\frac{\partial\phi}{\partial p}\right)_x \left[\frac{(1-x)^2 v_1}{(1-\phi)^2} - \frac{x^2 v_g}{\phi^2}\right]\right\}\left(\frac{M}{A}\right)^2} + \\
&\frac{\frac{dp}{dz}\left\{\left[\frac{2x v_g}{\phi} - \frac{2(1-x)v_1}{1-\phi}\right] + \left(\frac{\partial\phi}{\partial x}\right)_p \left[\frac{(1-x)^2 v_1}{(1-\phi)^2} - \frac{x^2 v_g}{\phi^2}\right]\right\}\left(\frac{M}{A}\right)^2}{1 + \left\{\frac{x^2}{\phi}\frac{dv_g}{dp} + \left(\frac{\partial\phi}{\partial p}\right)_x \left[\frac{(1-x)^2 v_1}{(1-\phi)^2} - \frac{x^2 v_g}{\phi^2}\right]\right\}\left(\frac{M}{A}\right)^2}
\end{aligned} \tag{2-52}$$

式(2-52)为分流模型的压差计算式，它很难用解析法进行积分。因此，应用该式时必须沿流程用差分法逐步计算。

三、分流模型的简化压差计算式

为了简化分流模型的压差计算，式(2-52)可以在下述假设条件下进行积分：

(1) 设气相介质是不可压缩的，即 $\frac{dv_g}{dp} = 0$，$\frac{\partial\phi}{\partial p} = 0$。此时，式(2-52)中分母变为1；

(2) 设气相和液相的比容和密度以及全液相摩擦阻力系数 f_0 沿流程是不变的。

当管道进口处的质量含气率 $x=0$，出口处 $x=x$，并且 x 沿管道长度呈线性增加时，$\frac{\mathrm{d}x}{\mathrm{d}z}=\frac{x}{L}=$ 常数，式(2-52)可以改写成为：

$$-\frac{\mathrm{d}p}{\mathrm{d}z}=\frac{2f_0 v_1}{D}\left(\frac{M}{A}\right)^2\phi_0^2+g\sin\theta[\phi\rho_g+(1-\phi)\rho_1]+\left(\frac{M}{A}\right)^2\frac{d}{\mathrm{d}z}\left[\frac{x^2 v_g}{\phi}+\frac{(1-x)^2 v_1}{1-\phi}\right]$$

式中等号右侧的第三项已恢复为式(2-51)的原形式。于是，可以得出管道的压差

$$\begin{aligned}\Delta p&=\int_0^L-\mathrm{d}p\\&=\frac{2f_0 v_1}{D}\left(\frac{M}{A}\right)^2\int_0^L\phi^2\mathrm{d}z+g\sin\theta\int_0^L[\phi\rho_g+(1-\phi)\rho_1]\,\mathrm{d}z\\&\quad+\left(\frac{M}{A}\right)^2\int_0^L\mathrm{d}\left[\frac{x^2 v_g}{\phi}+\frac{(1-x)^2 v_1}{1-\phi}\right]\end{aligned}$$

已知当 $z=0$ 时，$x=0$，$\phi=0$；当 $z=L$ 时，$x=x$，$\phi=\phi$；并且 $\frac{x}{L}=\frac{\mathrm{d}x}{\mathrm{d}z}=C$，所以

$$\begin{aligned}\Delta p&=\frac{2f_0 v_1}{D}\left(\frac{M}{A}\right)^2\int_0^x\phi_0^2\frac{\mathrm{d}x}{C}+g\sin\theta\int_0^x[\phi\rho_g+(1-\phi)\rho_1]\frac{\mathrm{d}x}{C}\\&\quad+\left(\frac{M}{A}\right)^2 v_1\int_0^{x,\ \phi}\mathrm{d}\left[\frac{x^2 v_g}{\phi v_1}+\frac{(1-x)^2}{1-\phi}\right]\\&=\frac{2f_0 v_1 L}{Dx}\left(\frac{M}{A}\right)^2\int_0^x\phi_0^2\mathrm{d}x+\frac{g\sin\theta L}{x}\int_0^x[\phi\rho_g+(1-\phi)\rho_1]\,\mathrm{d}x\\&\quad+\left(\frac{M}{A}\right)^2 v_1\left[\frac{x^2 v_g}{\phi v_1}+\frac{(1-x)^2}{1-\phi}-1\right]\end{aligned}\qquad(2-53)$$

式(2-53)为分流模型的简化压差计算式。

在式(2-53)中，除了 ϕ_0^2 和 ϕ 以外，其余数值是流道的几何尺寸或两相流动的物性参数，或者是可以根据热平衡关系决定的流动参数，常为已知的数值。所以，为了能按式(2-53)计算管道的压差，必须首先确定 ϕ_0^2 值和 ϕ 值。关于这两个值，人们进行了大量的实验研究工作。

在建立数学模型方面，分流模型处理法较之均流模型处理法更能反映气液两相分层流动的情况，特别是在两相之间的流动状况发生变化的时候。例如，在铅直管中向上流动的段塞流形态下，有时气泡周围的液膜会出现向下的反向流动，而气泡之间的塞状液体却仍然是向上流动的。

第三节　漂移流模型的基本方程

漂移流动模型简称漂移模型，它是由朱伯(Zuber)和芬德莱(Findlay)针对均流模型、分流模型与实际两相流动之间存在的偏差而提出的特殊模型。在均流模型中，没考虑两相间的相互作用，而是用平均的流动参数来模拟两相介质。在分流模型中，尽管在流动特性

方面分别考虑了每相介质，并且还考虑了两相界面上的作用力，但是每相的流动特性仍然是孤立的。而在漂移流动模型中，既考虑了气液两相之间的相对速度，又考虑了空隙率和流速沿过流断面的分布规律。

首先，定义气相的漂移速度为：

$$u_{gD} = u_g - u \tag{2-54}$$

液相的漂移速度为：

$$u_{lD} = u_l - u \tag{2-55}$$

式中 u_g ——气相速度，m/s；

u_l ——液相速度，m/s；

u ——假定气液两相无相对运动时均质混合物的平均流速，m/s。

因此，漂移速度反映了气相或液相与均相混合物的相对运动。

其次，定义任意量 F 的断面平均值为：

$$\langle F\rangle = \frac{1}{A}\int_A F\mathrm{d}A \tag{2-56}$$

再次，设 ϕ 值为空隙率的局部值，定义任意量 F 的加权平均值为：

$$\langle\langle F\rangle\rangle = \frac{\langle\phi F\rangle}{\langle\phi\rangle} = \frac{\frac{1}{A}\int_A \phi F\mathrm{d}A}{\frac{1}{A}\int_A \phi\mathrm{d}A} \tag{2-57}$$

从漂移速度的定义出发，气相的局部流速可以表示为：

$$u_g = u + u_{gD} \tag{2-58}$$

则气相流速的断面平均值应为：

$$\begin{aligned}\langle u_g\rangle &= \frac{1}{A}\int_A u_g\mathrm{d}A \\ &= \frac{1}{A}\int_A (u + u_{gD})\,\mathrm{d}A \\ &= \langle u\rangle + \langle u_{gD}\rangle\end{aligned} \tag{2-59}$$

气相流速的加权平均值应为：

$$\langle\langle u_g\rangle\rangle = \frac{\langle\phi u_g\rangle}{\langle\phi\rangle} \tag{2-60}$$

将式(2-58)代入式(2-60)，得

$$\langle\langle u_g\rangle\rangle = \frac{\langle\phi u\rangle}{\langle\phi\rangle} + \frac{\langle\phi u_{gD}\rangle}{\langle\phi\rangle} \tag{2-61}$$

对式(2-61)等号右侧第一项的分子和分母同乘以 $\langle u\rangle$，则

$$\langle\langle u_g\rangle\rangle = \frac{\langle\phi u\rangle}{\langle\phi\rangle\langle u\rangle}\langle u\rangle + \frac{\langle\phi u_{gD}\rangle}{\langle\phi\rangle} \tag{2-62}$$

现在，定义分布系数为：

$$
\begin{aligned}
C_0 &= \frac{\langle \phi u \rangle}{\langle \phi \rangle \langle u \rangle} \\
&= \frac{\dfrac{1}{A}\int_A \phi u \mathrm{d}A}{\left(\dfrac{1}{A}\int_A \phi \mathrm{d}A\right)\left(\dfrac{1}{A}\int_A u \mathrm{d}A\right)}
\end{aligned} \tag{2-63}
$$

它表示两相的分布特性，即流动形态的特性。将 $C_0 = \dfrac{\langle \phi u \rangle}{\langle \phi \rangle \langle u \rangle}$ 代入式(2-62)，则得

$$\langle\langle u_g \rangle\rangle = C_0 \langle u \rangle + \frac{\langle \phi u_{gD} \rangle}{\langle \phi \rangle} \tag{2-64}$$

按照加权平均值的定义式(2-60)，式(2-64)可以改写成：

$$\langle\langle u_g \rangle\rangle = C_0 \langle u \rangle + \langle\langle u_{gD} \rangle\rangle \tag{2-65}$$

因为 $u_{sg} = \phi u_g$，借助式(2-56)可以写为$\langle u_{sg} \rangle = \langle \phi \rangle \langle u_g \rangle$ 所以式(2-60)可以表示成：

$$\langle\langle u_g \rangle\rangle = \frac{\langle u_{sg} \rangle}{\langle \phi \rangle} \tag{2-66}$$

用$\langle u \rangle$除式(2-66)的等号两侧，则得

$$\frac{\langle\langle u_g \rangle\rangle}{\langle u \rangle} = \frac{\langle u_{sg} \rangle}{\langle \phi \rangle \langle u \rangle} \tag{2-67}$$

因为 $\beta = \dfrac{u_{sg}}{u}$，借助式(2-56)可以写为$\langle \beta \rangle = \dfrac{\langle u_{sg} \rangle}{\langle u \rangle}$。所以式(2-67)可以表示成：

$$\frac{\langle\langle u_g \rangle\rangle}{\langle u \rangle} = \frac{\langle \beta \rangle}{\langle \phi \rangle} \tag{2-68}$$

将式(2-68)代入式(2-64)，整理后，得

$$\langle \phi \rangle = \frac{\langle \beta \rangle}{C_0 + \dfrac{\langle \phi u_{gD} \rangle}{\langle \phi \rangle \langle u \rangle}} \tag{2-69}$$

将式(2-68)代入式(2-65)，整理后，得

$$\langle \phi \rangle = \frac{\langle \beta \rangle}{C_0 + \dfrac{\langle\langle u_{gD} \rangle\rangle}{\langle u \rangle}} \tag{2-70}$$

现在，定义气相的漂移流率为：

$$J_{gD} = \frac{A_g u_{gD}}{A} = \phi u_{gD} \tag{2-71}$$

借助式(2-56)，式(2-71)可以写为$\langle J_{gD} \rangle = \langle \phi \rangle \langle u_{gD} \rangle$。因此，式(2-69)又可以写成：

$$\langle \phi \rangle = \frac{\langle \beta \rangle}{C_0 + \dfrac{\langle J_{gD} \rangle}{\langle \phi \rangle \langle u \rangle}} \tag{2-72}$$

式(2-69)、式(2-70)和式(2-72)就是漂移流动模型的基本表达式。

当气液两相间无局部相对运动时，则 $u_{gD}=0$，$J_{gD}=0$，于是由式(2-72)得班科夫(Bankoff)公式

$$\langle \phi \rangle = \frac{1}{C_0}\langle \beta \rangle \tag{2-73}$$

当使用漂移模型确定真实含气率时，必须知道分布系数 C_0 和气相漂移流速的加权平均值 $\langle\langle u_{gD} \rangle\rangle$（或漂移流率的断面平均值 $\langle J_{gD} \rangle$）。这三者的计算目前主要是根据经验公式。

第三章　多相管流的流型

在单相管路中，为研究流体流动的特征，通常把流体的流动分为层流和紊流。不同流态下，流动参数和压降间有着不同的关系。类似地，对多相管流也可根据流体在管内的结构和分布特征，把在管路的流动分成若干流型(也称为流态)。与单相管路不同的是，由于存在一个形状和分布在时间和空间里是随机可变的相界面，而相间实际上又存在一个不可忽略的相对速度，致使流经管道的分相流量比和分相所占的管截面比并不相等，这就导致了多相流动结构多种多样，流型十分复杂。流型是影响多相流压力损失和传热特性的重要因素。多相流各种参数的准确测量也往往依赖于对流型的了解。因此为了对多相流的特征参数进行测量，必须了解它们的流型。

第一节　水平管中的流型

一、流型分类

根据对透明管段内气液两相流的直接观察、高速摄影、射线测量、压力波动等特征的分析，很多学者对两相流的流型进行了划分。Alves 是较早提出流型划分法的学者之一，他根据管内气液比由小到大，将两相流的流型划分为气泡流、气团流、分层流、波浪流、段塞流、环状流和弥散流等数种。气团流和段塞流形状相似，其主要区别在于：气团流的连续液相内不含小气泡，而段塞流液塞内含有许多被液塞卷起的小气泡。陈学俊认为，段塞流气团的上方没有液膜，只有气团前面的液塞使管壁周期性地润湿。

1976 年，Taitel 和 Dukler 根据气液截面的结构特征和管壁压力波动的功率频谱密度记录图的特征，定义了三种基本流型，如图 3-1 所示。

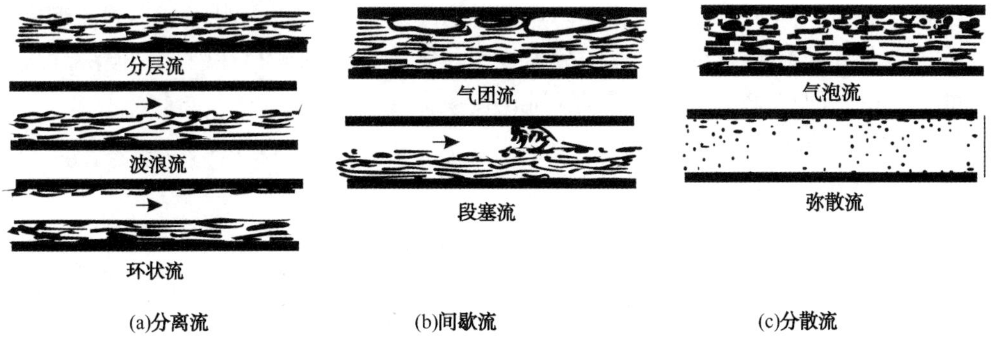

图 3-1　Taitel-Dukler 流型划分

(1) 分离流：包括分层流、波浪流和环状流。

(2) 间歇流：包括气团流和段塞流。

(3) 分散流：包括气泡流和弥散流。

显然，后一种按气液界面结构情况划分流型的方法，便于从理论上进行深入研究并建立数学模型。流型对热动力工程十分重要，气团流和段塞流的管上部表面可能出现周期性的干燥和再润湿，环状流的管上部管壁将出现逐步扩大的蒸干。

二、经验流型图

近 50 年来，各国研究者根据各自对气液两相流的理解和实验结果提出许多用于确定流型的流型图。

(1) 1954 年，Baker 最早提出一幅水平两相流型图，曾在石油行业得到广泛的使用，如图 3-2 所示。该流型图采用混合的无量纲和量纲坐标标绘，图中 G_g 和 G_l 分别是气相、液相的质量流量，$\lambda=\left[\left(\frac{\rho_g}{0.075}\right)\left(\frac{\rho_l}{62.5}\right)\right]^{0.5}$，$\psi=\frac{73}{\sigma}\left[\left(\frac{1}{\mu}\right)\left(\frac{\rho_l}{62.3}\right)^2\right]^{1/3}$。其中，$\sigma$ 为表面张力，N/m；μ 为黏度，Pa·s。

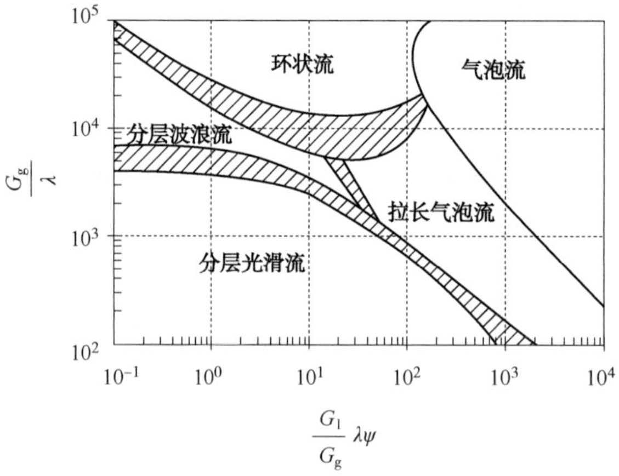

图 3-2 Baker 流型图

1963 年 Scott 对 Baker 流型图作了两点重要修改(图 3-3)：① 显示了不同流型间的过渡区域；② 给出了环状流和弥散流的分界线，尽管弥散流同样存在液环，但液环太薄无法测量。Baker 流型图较多地用于石油工业的冷凝器设计。

(2) 1962 年 Govier 和 Omer 提出了一幅以 $f(\rho_l,\ \rho_g,\ \sigma)u_{sg}$，$f(\rho_l,\ \sigma)u_{sl}$ 为横、纵坐标的流型图(图 3-4)。其中：

$$f(\rho_l,\ \sigma)=\left(\frac{\rho_l\sigma_l}{\rho_{l0}\sigma}\right)^{1/4}$$

$$f(\rho_l,\ \rho_g,\ \sigma)=\left(\frac{\rho_g}{\rho_{g0}}\right)^{1/3}\left(\frac{\rho_l\sigma_l}{\rho_{l0}\sigma}\right)^{1/4}$$

式中，下标 0 表示标准情况下[15.5℃，1atm(1atm=101.325kPa)]的参数，其他为管输条件下的参数。

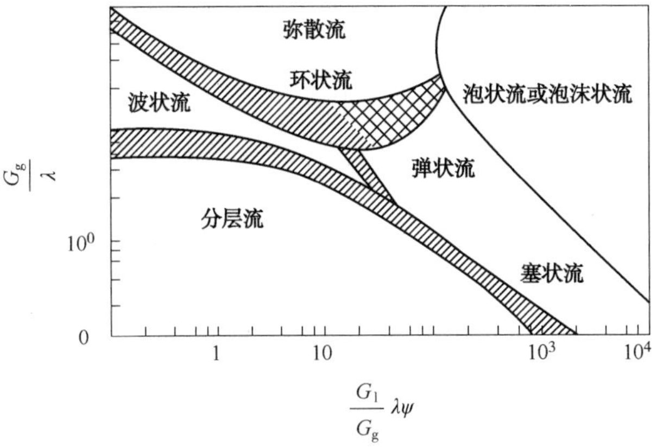

图 3-3　由 Scott 改进的 Baker 流型图

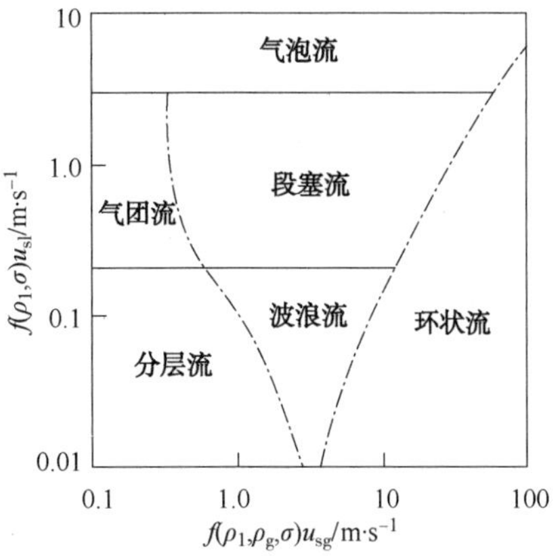

图 3-4　水平管 Govier 和 Omer 流型图

图 3-3 和图 3-4 中两幅流型图的横、纵坐标不同，不便于对比。但其共同点是，认为除气液流量对流型有影响外，气液物性（ρ，μ，σ）对流型也有影响。

表面张力效应使气泡呈球形，有扩大气泡流范围的趋势。

（3）1974 年，Mandhane 等基于美国天然气协会（AGA）和美国石油工程协会（API）的 1178 组数据（实验数据的管径范围是 1.27～5.2cm，试验介质是水和空气）提出了一幅在管路状态下以气、液相折算速度 u_{sg}，u_{sl} 为横、纵坐标的流型图，如图 3-5 所示。它的适用范围广、简单直观，用者颇多，但该流型图以水-空气的试验数据为基础，没有考虑流体物性对流型的影响。

该流型图适用条件为：管径，12.7～165.1mm；液相密度，705～1009kg/m³；气相密度，0.8～50.5kg/m³；液相黏度，3～900cP（1cP = 1mPa·s）；气相黏度，0.1～0.22cP；表面张力，24～103mN/m；u_{sl}，0.09～731cm/s；u_{sg}，0.04～171m/s。

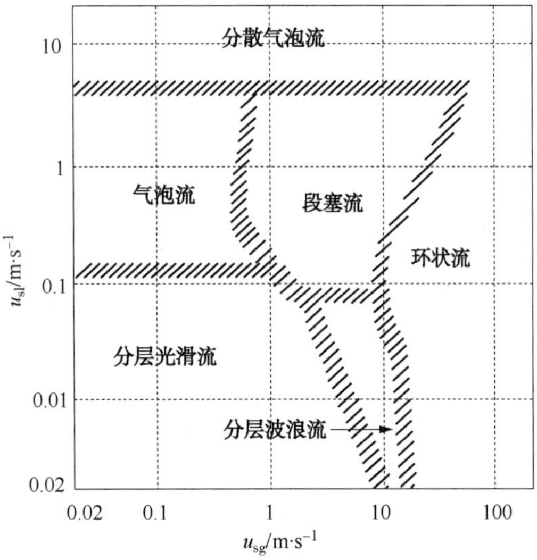

图 3-5　Mandhane 流型图

三、半理论方法得到的流型图

1. Taitel-Dukler 模型

经验流型图有一定缺陷：① 它们大都根据小管径、低压条件下的实验数据绘制，当应用于大口径、较高压力系统时存在偏差；② 不便于计算机编程；③ 横、纵坐标不一致不便于比较。

进入 20 世纪 70 年代后，有些研究者就试图从理论和半理论方法着手对流型进行描述，以克服经验方法的不足。其中以 1976 年 Taitel 和 Dukler 提出的半理论方法对流型过渡的处理最全面，因而得到广泛应用。

Taitel 把两相管路的流型分为五种，即：分层光滑流、分层波浪流、间歇流(包括气团流和段塞流)、环状流和分散气泡流。假设：管内流体为一维稳定流动，且流入流出微元长度上液体的动量相等。Taitel 从分层流入手，研究流型的转换机理和分界准则，从而提出了 Taitel-Dukler 流型图。

(1) 建立无因次参数方程。

将流动参数转化为无因次参数时，长度的参比变量为管径 d，面积的参比变量为 d^2，气液流速的参比变量为表观流速 u_{sg} 和 u_{sl}，都以上标"~"表示。对图 3-6 所示的分层光滑流应用动量方程，得到无量纲方程式(3-1)。

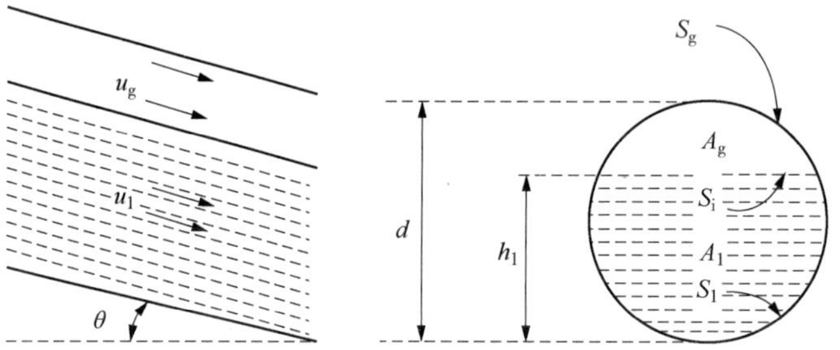

图 3-6　分层光滑流示意图

$$X^2=\left[(\widetilde{u}_l\widetilde{d}_l)^{-n}\widetilde{u}_l^2\frac{\widetilde{S}_l}{\widetilde{A}_l}\right]-\left[(\widetilde{u}_g\widetilde{d}_g)^{-m}\widetilde{u}_g^2\left(\frac{\widetilde{S}_g}{\widetilde{A}_g}+\frac{\widetilde{S}_i}{\widetilde{A}_l}+\frac{\widetilde{S}_i}{\widetilde{A}_g}\right)\right]-4Y=0 \tag{3-1}$$

式中，下标 i 表示相间；S 为湿周。

$$X^2=\frac{\dfrac{C_l}{d}\left(\dfrac{u_{sl}d}{v_l}\right)\dfrac{\rho_l u_{sl}^2}{2}}{\dfrac{C_g}{d}\left(\dfrac{u_{sg}}{v_g}\right)\dfrac{\rho_g u_{sg}^2}{2}}=\frac{|(\mathrm{d}p/\mathrm{d}L)_l|}{|(\mathrm{d}p/\mathrm{d}L)_g|}$$

$$Y=\frac{(\rho_l-\rho_g)g\sin\theta}{\dfrac{C_g}{d}\left(\dfrac{u_{sg}d}{v_g}\right)\dfrac{\rho_g u_{sg}^2}{2}}=\frac{(\rho_l-\rho_g)g\sin\theta}{|(\mathrm{d}p/\mathrm{d}L)_g|}$$

式中　X——洛-马参数；

Y——无因次参数，表示管路倾角 θ 对流型的影响，$\theta=0^\circ$ 时，$Y=0$；

C_l，C_g——系数，与 Re 有关；

m，n——指数，与 Re 有关。

X^2 和 Y 可由管路参数，如流量、流体性质、管径、管倾角等直接求得。在求无因次数 X^2 和 Y 时，气液相都采用水力直径和气、液真实流速 u_g、u_l 判断单相管路的流态，$Re<2000$ 为层流，$C_l=C_g=64$，$n=m=1$；$Re>2000$ 为湍流，$C_l=C_g=0.184$，$n=m=0.2$，式(3-1)中的各无因次参数都是无因次数 $\widetilde{h}_l=h_l/d$（管内液位高度与管径之比）的函数，可利用几何关系由以下方程确定。

$$
\left.\begin{aligned}
&\widetilde{A}_l = 0.25[\pi - \arccos(2\widetilde{h}_l - 1) + (2\widetilde{h}_l - 1)\sqrt{1-(2\widetilde{h}_l - 1)^2}]\\
&\widetilde{A}_g = 0.25[\arccos(2\widetilde{h}_l - 1) - (2\widetilde{h}_l - 1)\sqrt{1-(2\widetilde{h}_l - 1)^2}]\\
&\widetilde{S}_l = \pi - \arccos(2\widetilde{h}_l - 1),\ \widetilde{S}_g = \arccos(2\widetilde{h}_l - 1),\ \widetilde{S}_i = [1-(2\widetilde{h}_l - 1)^2]^{0.5}\\
&\widetilde{u}_l = \widetilde{A}/\widetilde{A}_l,\ \widetilde{u}_g = \widetilde{A}/\widetilde{A}_g,\ \widetilde{A} = A/d^2\\
&\widetilde{d}_l = d_l/d = 4\widetilde{A}_l/\widetilde{S}_l,\ \widetilde{d}_g = d_g/d = 4\widetilde{A}_g/(\widetilde{S}_g + \widetilde{S}_i)
\end{aligned}\right\} \quad (3\text{-}2)
$$

这样，式(3-2)表示 X，Y 和 $\widetilde{h}_l$ 间的相互关系。

（2）分层流转变为间歇流或环状液雾流的判别准则。

Taitel 等认为：管内液体流量较大、管内液位 h_l 较高时，气流吹起的液波波幅高度到达管顶，当阻塞气体流通面积时，就由分层流转变为间歇流。相反，液体流量较小时、管内液位 h_l 较低时，管内液量不足以阻塞管路，液体被气流吹向管壁，并有部分液体被气流吹散成液雾夹杂在气流中，就形成环状液雾流。

如图 3-7 所示的波浪，在波峰处，由于伯努利效应，气体流速增大，而该处的局部压力比上下游的压力低，在压差作用下液塞有增高的趋势。另一方面，突起的液波受重力作用有变小、消失的趋势。当波浪增高趋向大于消失趋向时，管内流型将由分层流转变为间歇流或环状液雾流。根据上述原则推导出的判别方程为：

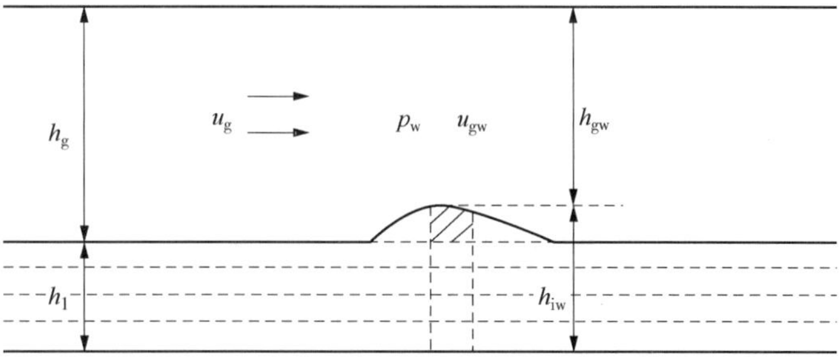

图 3-7　波浪的不稳定性

$$
F^2\left[\frac{\widetilde{u}_g^2(\mathrm{d}\widetilde{A}_l/\mathrm{d}\widetilde{h}_l)}{(1-h_l/d)^2\widetilde{A}_g}\right] \geqslant 1 \quad (3\text{-}3)
$$

式中　$F = \dfrac{u_{sg}}{\sqrt{dg\cos\theta}}\left(\dfrac{\rho_g}{\rho_l - \rho_g}\right)^{0.5}$，$\dfrac{\mathrm{d}\widetilde{A}_l}{\mathrm{d}\widetilde{h}_l} = [1-(2\widetilde{h}_l - 1)^2]^{0.5}$

式(3-3)表示用三个无因次参数 X，Y，$\widetilde{h}_l$ 判别由分层流转变为间歇流或环状液雾流的准则。对于水平管路，$Y=0$，选择一系列 X 值由式(3-3)求得许多相应的 $\widetilde{h}_l$（需用迭代法），进而用式(3-3)求得流型转变时的 F 值。$Y=0$ 时，X 与 F 的对应关系如图 3-8 所示的曲线 A。该曲线即为水平管路分层流向间歇流、环状液雾流过渡的分界曲线。同理，可

求出倾斜管路 $Y \neq 0$ 时的分界曲线。满足式(3-3)时，流型为间歇流或环状液雾流，否则为分层流。

(3) 间歇流转变为环状液雾流的判别准则。

气液界面上的波浪增高时，需从邻近波浪上下游的管路内补充液体，在波浪两侧将出现波谷。当管内平均液位高于管中心线时，即 $h_l/d > 0.5$ 时，将产生间歇流。否则，管内没有足量的液量使波峰达到管顶，形成液塞，管内液体被高速气流吹向管壁，形成环状液雾流。故以 $h_l/d = 0.5$ 为间歇流和环状液雾流的分界准则。

对于水平管路，$Y=0$，由 $h_l/d=0.5$ 和式(3-1)求出间歇流和环状液雾流分界处的洛-马参数 $X=1.6$，如图 3-8 中曲线 B 所示。若满足式(3-3)，且 $X>1.6$，管内为间歇流；若满足式(3-3)，但 $X<1.6$，则管内为环状液雾流。同理，可求出倾斜管路 $Y \neq 0$ 时，间歇流与环状液雾流的分界 X 值，判别管内流型。

(4) 分层光滑流转变为分层波浪流的判别准则。

管路内产生的微小波浪以波速 c 向下游传播，只有气体流速 $u_g \gg c$ 时才能形成波浪，即形成分层波浪流。根据这一原则，导出的无因次判别准则为：

$$K \geqslant \frac{2}{\tilde{u}_g\sqrt{S\tilde{u}_l}} \tag{3-4}$$

式中 $K=\left[\dfrac{\rho_g u_{sg}^2 u_{sl}}{(\rho_l-\rho_g)\mu_l g\cos\theta}\right]^{0.5}$；

μ_l ——液体黏度；

S ——屏障系数(shelteringcoefficient)，Benjamin 根据实验提出 S 的范围为 0.01～0.03，Taitel 建议取 $S=0.01$。

$Y=0$ 时，X 与 K 的关系如图 3-8 中曲线 C 所示。

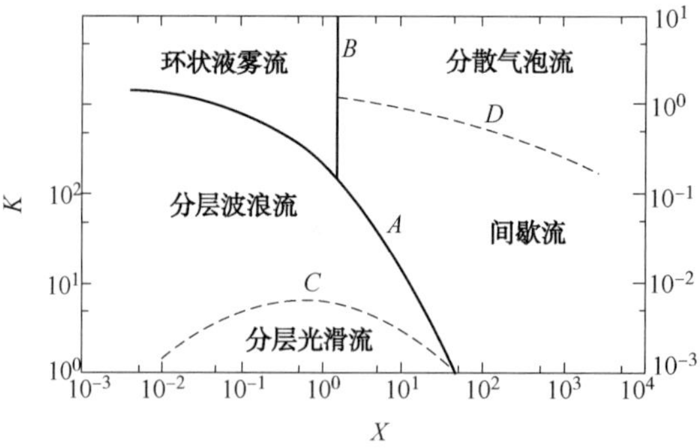

图 3-8 Taitel 水平管流型图

(5) 间歇流转变为分散气泡流的判别准则。

管内液面较高，液体的湍流脉动足以破碎管顶处的气团，使之成为小气泡分散在液流中时，流型由间歇流转变为分散气泡流。依此导出的流型分界准则为：

$$T \geqslant \left[\frac{|(\mathrm{d}p/\mathrm{d}L)_l|}{(\rho_l-\rho_g)g\cos\theta}\right]^{0.5} \tag{3-5}$$

$Y=0$ 时，X 与 T 的关系如图 3-8 中的曲线 D 所示。

Taitel 等完成流型研究后，将按数学模型得到的流型分界图转换成以气液表观速度为横、纵坐标的流型图与 Mandhane 流型图进行对比，如图 3-9 所示。由图看出，两者基本吻合。Taitel 流型划分法适用于各种管路倾角，也包括垂直管在内。

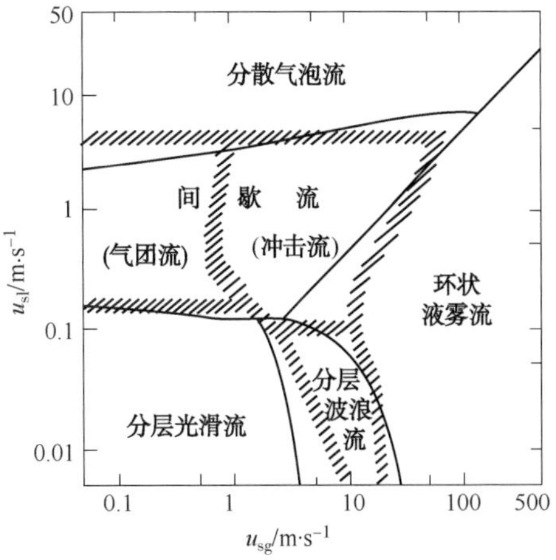

图 3-9　Taitel 与 Mandhane 流型图的对比

Taitel-Dukler 对流型边界转换机理的描述无疑是极有价值的尝试，但某些物理基础和论据不太可靠。后来的研究者指出 Taitel 流型分界法的某些不足。李玉星等认为：Taitel 在分析分层流稳定性时，使用非黏性 Kelvin-Helmholtz 稳定性理论，使液体黏度对流型的影响估计不足。李玉星等人从分层流数学模型出发，考虑液相黏性作用，得出了分层流稳定性准则，依据该准则，液相黏度较高时水平管和倾斜管的分层流范围较 Taitel 增大。Weisman 认为：

① 转换曲线 A 对低、中黏度液体较适用，但对高黏度液体的偏差较大，在 X 参数中，考虑了液体黏度的影响，但实验数据表明，过低估计了 μ_l 对分界线 A 的影响；

② 在间歇流转变为分散气泡流的判别准则中，没有考虑表面张力的影响；

③ 把 $h_l/d \geqslant 0.5$ 作为间歇流与环状液雾流的分界线 B，偏高，与实验结果不符。

此外，1988 年，Baker 指出，式(3-1)在 $\lg X < 1.5$，$Y > -3.8$ 时，h_l/d 有两个或三个根，其中最小的根才有物理意义。也有学者认为，由其他流型过渡到环状流的分界线与实验数据不能很好地吻合。

尽管不少人已经对 Taitel 划分流型的半理论方法进行了改进，但这些改进多少带有一定的任意性，未被公认。目前较广泛地采用 Taitel 法划分流型。由于流型划分的本身带有一定任意性，故对判断或计算方法本身的准确性就不能有苛刻的要求。

2. Gomez 流型预测模型

Gomez 流型预测模型是在 Taitel-Dukler 模型基础上改进得到的，具有比较高的准确性和适用性。

(1) 分层流向非分层流的转换。

这种流型转换判据采用 Taitel 和 Dukler 基于简化的 K-H 稳定性分析提出的判别方法，该方法不考虑气相的液滴：

$$F^2\left(\frac{1}{(1-h)^2}\frac{u_g^2\dfrac{dA_l}{dh_l}}{A_g}\right)\geqslant 1 \tag{3-6}$$

$$\frac{dA_l}{dh_l}=\left[1-(2\tilde{h}_l-1)^2\right]^{0.5}$$

$$\tilde{h}_l=\frac{h_l}{d}$$

式中　$\widetilde{h}_l$ ——管内液位高度与管径之比，由持液率 H_L 求得。

$$\arccos\left(1-\frac{2h_l}{d}\right)-\frac{1}{2}\sin\left[2\arccos\left(1-\frac{2h_l}{d}\right)\right]=\pi H_L$$

F 为无因次数：

$$F=\sqrt{\frac{\rho_g}{\rho_l-\rho_g}}\frac{u_{sg}}{\sqrt{dg\cos\theta}}$$

（2）段塞流向弥散泡状流转换。

当液体流速较高时，发生段塞流向弥散泡状流的转换，为此湍流动力克服界面张力，从而将气相弥散为小气泡。这种机理作用下的最大气泡直径可由式(3-7)计算：

$$d_{max}=\left[4.15\left(\frac{u_{sg}}{u_m}\right)^{0.5}+0.725\right]\left(\frac{\sigma}{\rho_l}\right)^{0.6}\left(\frac{2f_m u_m^3}{d}\right)^{-0.4} \tag{3-7}$$

式中　f_m ——弥散流中混合摩擦系数，根据弥散流相关公式计算。

有两个临界气泡直径需要考虑。第一个临界直径表示小于该直径的气泡不会变形，从而避免聚集与合并长大，该临界直径为：

$$d_{cd}=2\left[\frac{0.4\sigma}{(\rho_l-\rho_g)g}\right]^{0.5} \tag{3-8}$$

式中，σ 表示表面张力。另一个临界直径可应用在管道起伏角度不大（$\pm 10^{\circ}$）的情况下，这时由于浮力作用，大于该直径的气泡将向管子上部移动，并形成分层从而向段塞流转换，该临界直径为：

$$d_{cb}=\frac{3}{8}\frac{\rho_l f_m u_m^2}{(\rho_l-\rho_g)g\cos\theta} \tag{3-9}$$

当最大可能气泡直径小于上述两个临界直径时，就会向弥散泡状流转换，即

$$d_{max}<d_{cd}\,,\ d_{max}<d_{cb} \tag{3-10}$$

上述方程给出的转换边界仅当截面含气率 $\phi\leqslant 0.52$ 时有效，这表示一个立方体格子形状内最大可能容纳的气泡数量。当含气率值更大时，会发生气泡聚集合并而不受湍流动力影响，因此会发生向段塞流的转换，该临界值为 0.52。

（3）环状流向段塞流的转换。

环状流向段塞流的转换是由两种机理决定的，液相阻塞气相就造成了向段塞流的转换。两种机理都基于环状流的液膜结构特征：

① 由管壁附近液体向下流动引起液膜不稳定。液膜不稳定判据由同时求解的下述两个无量纲方程得到：

$$\left.\begin{aligned}Y&=\frac{1+75H_L}{(1-H_L)^{2.5}H_L}-\frac{1}{H_L^3}X^{2.5}\\ Y&\geqslant\frac{2-1.5H_L}{H_L^3(1-1.5H_L)}X^2\end{aligned}\right\} \tag{3-11}$$

式中　X ——Lockhait-Martinelli 参数；

　　　Y ——无量纲重力参数。

$$X^2=\frac{\dfrac{4C_1}{d}\left(\dfrac{\rho_1 u_{sl} d}{\mu_1}\right)^{-n}\dfrac{\rho_1 u_{sl}^2}{2}}{\dfrac{4C_g}{d}\left(\dfrac{\rho_g u_{sg} d}{\mu_g}\right)\dfrac{\rho_g u_{sg}^2}{2}}$$

$$Y=\frac{(\rho_1-\rho_g)g\sin\theta}{\dfrac{4C_g}{d}\left(\dfrac{\rho_g u_{sg} d}{\mu_g}\right)^{-n}\dfrac{\rho_g u_{sg}^2}{2}}$$

需要说明的是，第一个方程得到持液率 H_L 的稳态解，而第二个方程得到满足液膜不稳定条件下的持液率值。

② 由液膜液体量较大造成界面波增长。如果液体足够多，界面波将增长并桥接管道，结果就出现段塞流。发生这种机理的条件为：

$$H_L \geqslant 0.24$$

当上述两个判据中任何一个满足时就会发生环状流向段塞流的转换。

3. 段塞流特征分析法

该方法以段塞流结构的稳定性为基础：首先假设存在段塞流，然后确定所有的段塞流特征参数，对这些参数进行分析便可判别流型。

首先求出段塞体含液率 H_{LS} 和段塞单元的平均含液率 H_L 。如果 $H_{LS} < H_L$ ，说明液膜区含液率大于段塞单元的含液率，显然不符合物理模型，此时，管内流型为分散气泡流。Scott 和 Kouba 假定气泡为相同大小的六面体，则最大含气率为 0.74，即认为液塞中含液率的最小值为 0.26；Barnea 和 Brauner 假定气泡为立方体，得到液塞含液率的最小值为 0.48；Ostwald 在解释乳状液转相的原因时，根据立体几何学观点得出 0.74 是乳状液内相体积分数的最大可能值。因此，液塞含液率的最小值取为 0.26。若 H_{LS} 小于 0.26，则认为既非气泡流也非段塞流，而为分层流或环状流。总之，对 H_{LS} 的分析可得到以下流型转换准则：

① 若 $0.26 \leqslant H_{LS} < H_L$ ，则为分散气泡流；

② 若 $H_{LS} < 0.26$，则为分层流或环状流。

若 H_{LS} 在段塞流的范围内，即 $H_{LS} \geqslant 0.26$，并且 $H_{LS} \geqslant H_L$ ，则可由段塞流模型求得其他的段塞流特征参数。由段塞体长度与段塞单元长度的比值 L_s/L_u 可求出其他流型转换边界：

① 若 $0 < L_s/L_u < 1$，流型为段塞流；

② 若 $L_s/L_u > 1$，流型为分散气泡流；

③ 若 $L_s/L_u < 0$，流型为分层流或环状流。

关于段塞的其他有关参数将在后面的章节做详细介绍。

对于分层流向环状流的转换边界，使用 Kelvin–Helmholtz 的不稳定准则判断：

$$u_g > \left(1-\frac{h_1}{d}\right)\sqrt{\frac{(\rho_1-\rho_g)g\cos\theta A_g}{\rho_g\dfrac{dA_1}{dh_1}}}$$

当该式成立时，流型为环状流，否则为分层流。

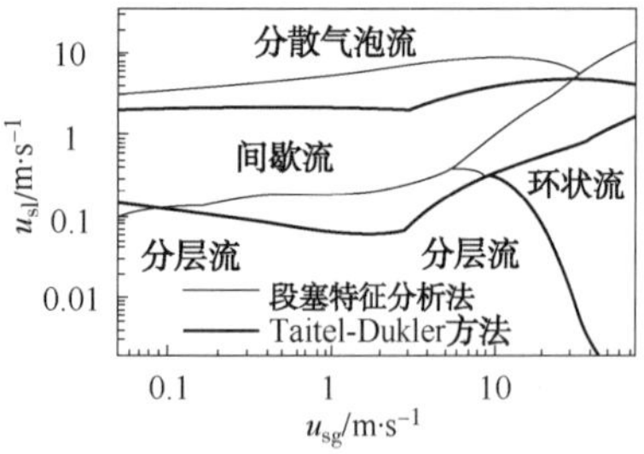

图 3-10　流型判别法比较

这样消除了流型判别的不唯一性，这种确定瞬态两相流流型的方法也适用于稳态条件，因而本书在稳态计算时也采用这种流型判别方法。为验证上述方法的可靠性，需要用其他流型判别方法进行比较。图 3-10 比较了采用段塞特征分析法和 Taitel-Dukler 方法计算的管径 80mm、压力 202kPa 下水平管的流型图，管内介质为空气和水，可见两种方法计算的流型转换边界的变化趋势基本一致。

第二节　垂直管中的流型

虽然油气井筒内多相流动不属于地面集输系统的研究范畴，但井口平台或水下油井井口至加工处理平台，以及混输管路进入分离器时总会遇到垂直管的多相流动，有必要对垂直管流型做一简单介绍。

一、流型分类

垂直管与水平管内流型的最大差别是：垂直管内不出现分层流和波浪流。垂直管流型大致分为以下几种，如图 3-11 所示。

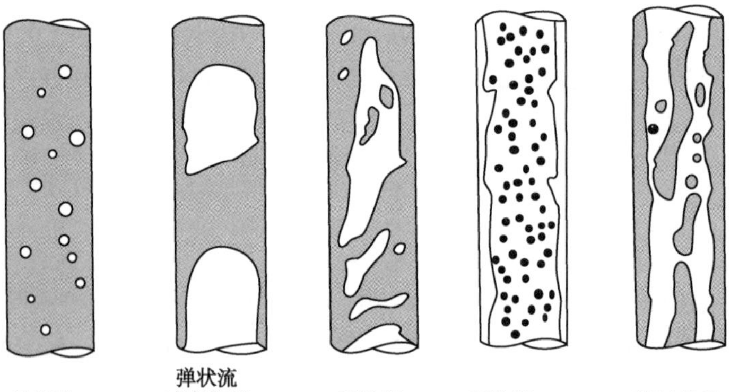

图 3-11　垂直流动的流型图

（1）泡状流。一般含气率在 30% 以下，管中央的气泡较多，壁上气泡较少，气泡近似呈圆形。

（2）弹状流(或称塞状流)。气泡直径接近管内径，这种大气泡称 Taylor 气泡，大气泡间的连续液相中含有较小的分散小气泡，Taylor 气泡外围液膜相对气泡做向下流动，而气泡间的液体夹带小气泡向上流动。

（3）乳沫流。随气流速度增加，弹状流的大气泡破裂，气液界面很不规则，没有结构特征。液体在管内既有向上流动又有向下流动，并伴随有激烈震荡，这是一种过度的不稳定流型。管径小时可能不发生震荡，弹状流和环状流间的过渡较平稳。

(4) 环状流。由于液膜受重力作用，液膜形状和水平管有所差别。气流核心中夹带小液滴。

(5) 液丝状流。在环状流基础上增加液体流量，气相中液滴含量增加，形成条状液块和液束。有的学者没有把液丝状流单独作为一种流型处理，也把它归为环状流。

二、流型图

1. Govier-Aziz 流型图

1972 年此流型图发表，其横、纵坐标分别为 $f(\rho_l, \rho_g, \sigma)u_{sg}$，$f(\rho_l, \sigma)u_{sl}$，如图 3-12所示。

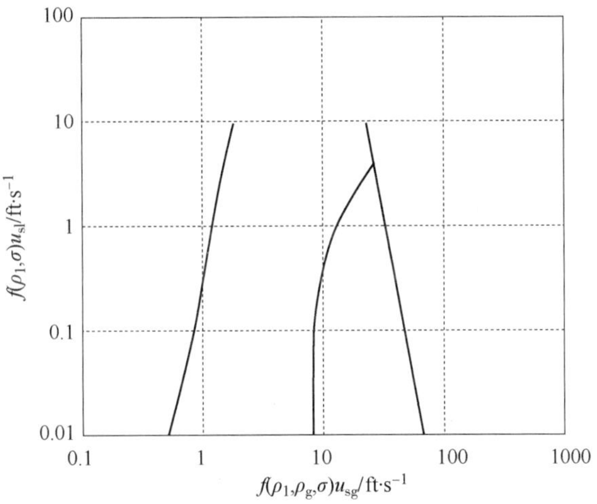

图 3-12　Govier-Aziz 垂直管流型图

(1ft = 0.3048m)

2. Weisman 流型图

此流型图发表于 1979 年和 1981 年。如图 3-13、图 3-14 所示。第一幅为水平管流型图，后一幅为垂直和向上倾斜的流型图。由于从一种流型转变为另一种流型要有一个演变过程，而并非突变，故在流型图上不用线条来表示分界，而是用阴影带来表示不同流型的过渡区。

图中以标准状态下空气—水混合物流过内径 25.4mm 的管子作为基准，然后用参数 ϕ_1 和 ϕ_2 对不同工质和管径进行修正。ϕ_1 和 ϕ_2 的计算式见表 3-1。下标 s 表示标准状态。各量在标准状态下的数值为：

管子内径 d_s = 25.4mm；动力黏度系数 μ'_s = 0.001mPa · s；

气体密度 ρ''_s = 1.3kg/m^3；水的密度 ρ'_s = 1000kg/m^3；

表面张力系数 σ_s = 0.07N/m；折算水速 u'_{os} = 0.305m/s。

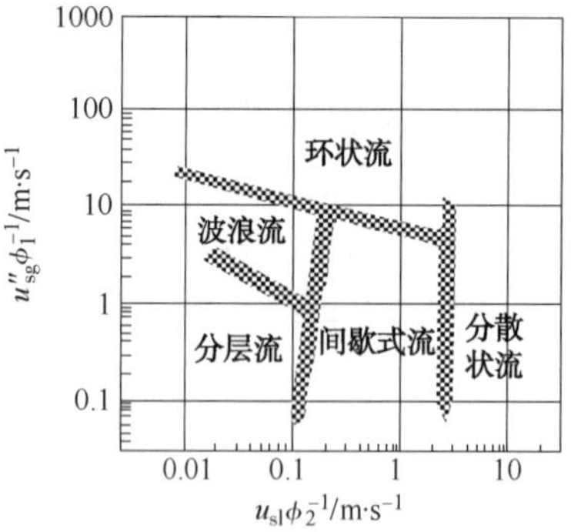

图 3-13 水平管流型图

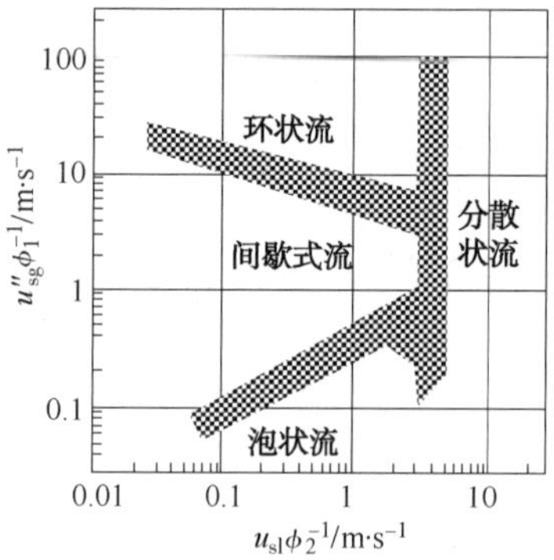

图 3-14 垂直上升管流型图

表 3-1 ϕ_1 和 ϕ_2 的计算式

流向	流型分界	ϕ_1	ϕ_2
水平管、垂直上升管和倾斜管	过渡到分散状流	1	$\left(\frac{d}{d_s}\right)^{0.16}\left(\frac{\rho'}{\rho'_s}\right)^{-0.33}\left(\frac{\sigma}{\sigma_s}\right)^{0.24}\left(\frac{\mu'_s}{\mu}\right)^{0.34}$
水平管、垂直上升管和倾斜管	过渡到环状流	$\left(\frac{\rho''_s}{\rho''}\right)^{0.23}\left(\frac{\Delta\rho}{\Delta\rho_s}\right)^{0.11}\left(\frac{\sigma}{\sigma_s}\right)^{0.11}\left(\frac{d}{d_s}\right)^{0.415}$ $\Delta\rho = \rho' - \rho''$	1
水平管	间歇式流到分层流	1	$\left(\frac{d}{d_s}\right)^{0.46}$
水平管	波浪流到光滑分层流	$\left(\frac{d_s}{d}\right)^{0.17}\left(\frac{\rho''_s}{\rho''}\right)^{1.55}\left(\frac{\Delta\rho}{\Delta\rho_s}\right)^{0.69}\left(\frac{\sigma}{\sigma_s}\right)^{0.69}$ $\left(\frac{\mu''_s}{\mu''_s}\right)^{0.69}$	1
垂直上升管和倾斜管	泡状流到间歇式流	$\left(\frac{d}{d_s}\right)^{n}(1-0.65\cos\theta)$ $n = 0.26e^{-0.17}(u'_o/u'_{os})$	1

注：d—管径；μ—黏度；ρ—密度；σ—表面张力；u—折算速度；上标“′”表示水；上标“″”表示气体；下标“s”表示标态。

三、半理论流型判别式

1. 气泡流向弹状流转变的判断准则

1980 年，Taitel 和 Dukler 等从理论上分析，认为气泡流向弹状流的过渡条件与液体对 Taylor 气泡的分散力有关，对 Taylor 大气泡的分散力由流体流动消耗的摩擦能量产生(包括：流体和管壁、气液界面、紊流脉动等)。

他们提出，当气液相速度满足式(3-12)时，分散力将占主导地位，使 Taylor 泡破碎产生分散小气泡。

$$u_{sl} + u_{sg} \geqslant 4\left(\frac{d^{0.429}\sigma^{0.089}}{\mu_l^{0.072}\rho_l^{0.017}}\right)\left(g\frac{\rho_l - \rho_g}{\rho_g}\right)^{0.446} \tag{3-12}$$

对 1atm，5cm 高的管子中的空气/水混合物，式(3-12)相应于 $u_{sl}=2m/s$，$u_{sg}=0.1m/s$。

当不满足式(3-12)时，即分散力不占主导地位时，气泡流和弹状流的转换边界用式(3-13)判断。气泡流的最高含气率可达 25%。

$$u_{sl} \leqslant 3.0u_{sg} - 0.15\left[\frac{g(\rho_l - \rho_g)\sigma}{\rho_l^2}\right]^{\frac{1}{4}} \tag{3-13}$$

式(3-13)求得的速度略小于式(3-12)的数值。

当液相速度大于式(3-13)的计算值时，将使 Taylor 气泡破碎成细分散气泡。其最高含气率随液相速度的增大而增大，理论上的最高含气率可达 25%。

2. 弹状流向环状流的过渡

1969 年 Turner 提出：当管中心气体速度足够大，可携带液滴时将产生环状流。他提出产生环状流的最大气体速度为：

$$u_{sg} = 3.1\left(\sigma_g\frac{\rho_l - \rho_g}{\rho_g^2}\right)^{\frac{1}{4}} \tag{3-14}$$

第三节　倾斜管中的流型

与水平和垂直管相比，倾斜管内流型的实验数据偏少。实际生产中关心的是海底管道或通过丘陵地带这种小倾角管道内的流型。

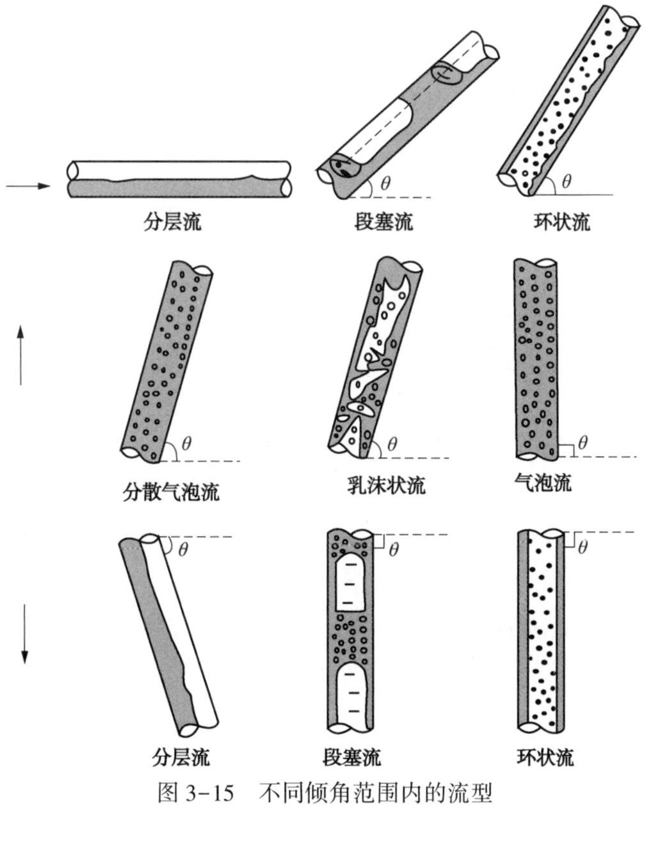

图 3-15　不同倾角范围内的流型

图 3-15 给出了整个倾角范围内流型的转换关系。对于下倾管线，在很宽的倾角范围（0°～-18°）和气液流量范围内主要是分层（波浪）流。与水平管类似，对于上倾管线以及垂直向上的管线，分散气泡流与环状流必须在很高的气体和液体流动速度下出现。在垂直下倾管，即使在较低的气液流速下，也不存在分层流，环状流为主要的流型。因此，倾斜管线流型具有以下特征：

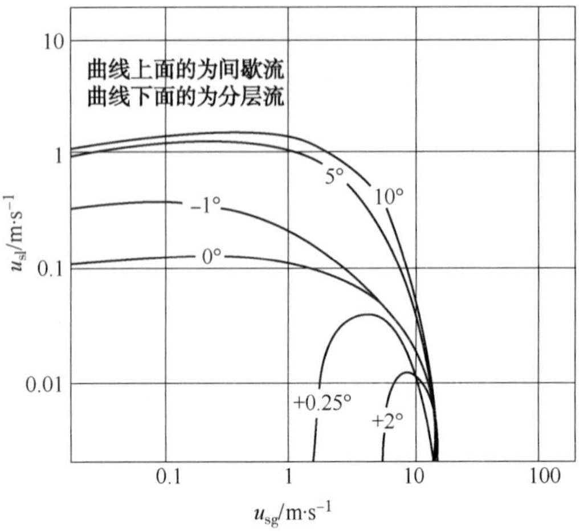

图 3-16　倾角对分层流于间歇流之间的边界的影响

（1）分层流与间歇流的过渡对倾角特别敏感。管线向下倾斜时很容易产生分层流，上倾时则易产生间歇流。

Barnea 等的空气/水实验结果如图 3-16所示。由图可见，上倾角为 0.25°时，分层流范围就显著减小，下倾时分层流范围扩大。常利用下倾管气液易于分离的特点作两相流管道的终点设备。如：分离器、管式液塞捕集器等。

（2）管路倾角对分散气泡流—间歇流和间歇流—环雾流过渡的影响不大。这一特性可由 Barnea 等按实验数据标绘的图 3-17 和图 3-18 看出。

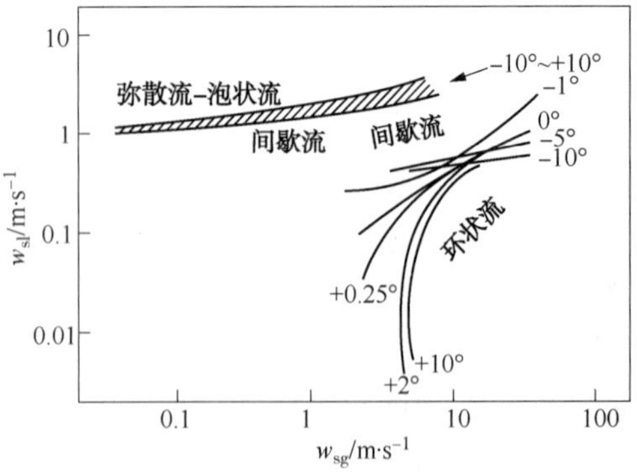

图 3-17　管道的倾斜角度对弥散流-泡状流-间歇流和间歇-环状流之间的过渡的影响

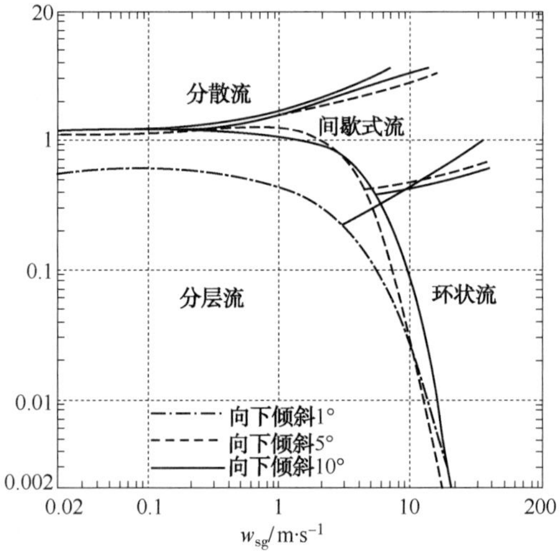

图 3-18　下倾角度对流型的影响

第四节　统一的流型判别方法

本节对流型的研究以两相流动水力学基本模型为依据。但由于流型的判断与水力学计算不同，因此不必严格考虑各种流动因素的影响，因此，为便于分析和推导，首先应简化模型，为此提出以下两条假设：

（1）气、液两相在管段内作等温流动，忽略流体与外界之间的换热；

（2）气、液两相在管段内的质量传递与动量传递量很小，对流型的转化无明显影响。

在这两条假设的基础上，本章将详细分析分层流、环状流的特点以及由这两种流型向其他流型转换的机理，给出各种流型之间相互转换的判断依据。

一、分层流型机理研究

分层流为气、液两相各自在管路中流动，相间无明显的波浪产生，相间结构较为稳定的流型。

1976 年，Taitel 和 Dukler 利用非黏性开尔文-亥姆霍兹(Kelvin-Helmholtz)稳定性理论对分层流的气液相间结构进行了分析，他们忽略了液相黏度对流型的影响，近似认为气液相间水力摩阻系数等于气相与管壁间的水力摩阻系数，并假设液相密度远大于气相密度，气相流速远大于临近界面的液相流速，利用稳态流动的数学模型得到了判断分层流界面稳定存在的准则，其表达形式为：

$$u_g > K_{TD}\left[\frac{gA_g(\rho_l-\rho_g)\cos\theta}{\rho_g\dfrac{dA_l}{dh_l}}\right]^{1/2} \tag{3-15}$$

式中，K_{TD} 用式(3-16)估算。

$$K_{TD} = 1 - \frac{h_l}{d} \tag{3-16}$$

尽管在利用式(3-15)判断从分层流向其他流型转换时，液面高度的求解可以利用包含黏度因素的动量平衡方程，但就准则本身而言是利用非黏性理论推导出的，因此它只适用于低黏性流体。其他学者也指出过 Taitel 准则对液相黏度考虑不足的缺陷。

混输管道内的流体常为黏性流体，黏度对流型的影响不容忽略。同时对于湿天然气输送管道，输送压力很大，气液相间的密度相差不大。因此，为了能更加准确的判断气液流型，本节从分层流动的基本数学模型出发，考虑液相的黏性作用，并力求推导过程尽量严密，对 Taitel-Dukler 准则进行了改进，得到了使用范围更宽、能充分反映各种影响因素的分层流相间稳定性准则。

1. 稳定性准则推导

按提出的两个假设条件并考虑管段内液面高度引起的静压梯度作用，改写水力学模型方程得到描述分层流动的分相流数学模型：

（1）气相、液相连续性方程：

气相：

$$\frac{\partial}{\partial t}(\rho_g A_g) + \frac{\partial}{\partial x}(\rho_g A_g u_g) = 0 \tag{3-17}$$

液相：

$$\frac{\partial}{\partial t}(\rho_l A_l) + \frac{\partial}{\partial x}(\rho_l A_l u_l) = 0 \tag{3-18}$$

（2）气液相动量方程：

气相：

$$\begin{aligned}&\frac{\partial}{\partial t}(\rho_g A_g u_g) + \frac{\partial}{\partial x}(\rho_g A_g u_g^2) - A_g \frac{\partial p}{\partial x}\\&= - T_{gw} - T_{gi} - \rho_g A_g g\sin\theta - \rho_g A_g g\cos\theta \frac{\partial h_l}{\partial x}\end{aligned} \tag{3-19}$$

液相：

$$\begin{aligned}&\frac{\partial}{\partial t}(\rho_l A_l u_l) + \frac{\partial}{\partial x}(\rho_l A_l u_l^2) - A_l \frac{\partial p}{\partial x}\\&= - T_{lw} + T_{li} - \rho_l A_l g\sin\theta - \rho_l A_l g\cos\theta \frac{\partial h_l}{\partial x}\end{aligned} \tag{3-20}$$

式中　T_{gw}——气体与管壁间的剪切力；

T_{li}，T_{gi}——气相、液相间的剪切力，$T_{li} = T_{gi}$；

T_{lw}——液体与管壁之间的剪切力。

因为气相、液相所占的流通面积为管道内液面高度 h_l 的函数，因此将式(3-17)展开，表示为液面高度的形式。

$$\frac{\partial h_l}{\partial t} + v_g \frac{\partial h_l}{\partial x} - \frac{A_l}{A_l'}\frac{\partial u_g}{\partial x} = 0 \tag{3-21}$$

式中　$A_l' = \frac{dA_l}{dh_l}$

同样，式(3-18)展开并简化后得：

$$\frac{\partial h_l}{\partial t} + v_l \frac{\partial h_l}{\partial x} + \frac{A_l}{A_l'}\frac{\partial u_l}{\partial x} = 0 \tag{3-22}$$

将式(3-19)、式(3-20)中的偏导数项展开并把气液相连续性方程式(3-17)、式(3-18)代入，并将两式相减消去压力梯度项得到式(3-23)。

$$\rho_l \frac{\partial u_l}{\partial t} - \rho_g \frac{\partial u_g}{\partial t} + \rho_l u_l \frac{\partial u_l}{\partial x} - \rho_g u_g \frac{\partial u_g}{\partial x} + (\rho_l - \rho_g) g\cos\theta \frac{\partial h_l}{\partial x} = F \tag{3-23}$$

式中

$$F = - \frac{T_{lw}}{A_l} + \frac{T_{gw}}{A_g} + T_{gi}\left(\frac{1}{A_g} + \frac{1}{A_l}\right) - (\rho_l - \rho_g) g\sin\theta \tag{3-24}$$

假设在流动中气液两相界面间出现一个微小的扰动波 $\hat{h}_l$，如图 3-19 所示。那么该波的扰动幅值 $\hat{h}_l$ 可用通用函数关系式(3-25)表示：

$$\hat{h}_l = \varepsilon e^{i\tilde{\omega}t} e^{-ikx} \tag{3-25}$$

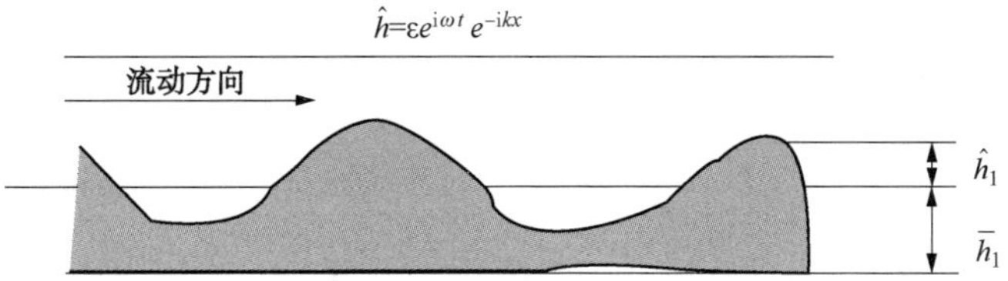

图 3-19　气液界面波动示意图

管路中液面的高度 h_l 可以表示为平衡液面高度 $\bar{h}_l$ 与扰动幅值 $\hat{h}_l$ 的和，即：

$$h_l = \bar{h}_l + \hat{h}_l \tag{3-26}$$

此时，流体的气相、液相流速相应的发生变化，它们分别表示为平衡流速与扰动流速度之和：

$$u_l = \bar{u}_l + \hat{u}_l \tag{3-27}$$

$$u_g = \bar{u}_g + \hat{u}_g \tag{3-28}$$

将式(3-25)、式(3-27)、式(3-28)代入式(3-21)、式(3-22)、式(3-23)得到关于扰动变量的方程组：

$$\frac{\partial \hat{h}_l}{\partial t} + \bar{u}_g \frac{\partial \hat{h}_l}{\partial x} - \frac{A_l}{A_l'} \frac{\partial \hat{u}_g}{\partial x} = 0 \tag{3-29}$$

$$\frac{\partial \hat{h}_l}{\partial t} + \bar{u}_l \frac{\partial \hat{h}_l}{\partial x} + \frac{A_l}{A_l'} \frac{\partial \hat{u}_l}{\partial x} = 0 \tag{3-30}$$

$$\rho_l \frac{\partial \hat{u}_l}{\partial t} - \rho_g \frac{\partial \hat{u}_g}{\partial t} + \rho_l \bar{u}_l \frac{\partial \hat{u}_l}{\partial x} - \rho_g \bar{u}_g \frac{\partial \hat{u}_g}{\partial x} + (\rho_l - \rho_g) g \frac{\partial \hat{h}_l}{\partial x} \cos\theta = F \tag{3-31}$$

对式(3-31)各项取 x 的导数，并从式(3-29)、式(3-30)中得到 $\hat{u}_l$，$\hat{u}_g$ 对 x 和 t 的偏导数，将偏导数代入式(3-31)式，整理后得到如下关于波浪扰动幅值 $\hat{h}_l$ 变化的单值函数关系：

$$\left[\frac{\rho_l \hat{u}_l^2}{H_L} + \frac{\rho_g \hat{u}_g^2}{\varphi} - (\rho_l - \rho_g) g \frac{A}{A_l'} \cos\theta\right] \frac{\partial^2 \hat{h}}{\partial^2 \hat{h}} + 2\left(\frac{\rho_l \hat{u}_l}{H_L} + \frac{\rho_g \hat{u}_g}{\varphi}\right) \cdot \frac{\partial^2 \hat{h}_l}{\partial x \partial t} + \left(\frac{\rho_l}{H_L} + \frac{\rho_g}{\varphi}\right) \frac{\partial^2 \hat{h}_l}{\partial t^2}$$

$$= \left[-\left(\frac{\partial F}{\partial h_l}\right)_{u_{sg},\ u_{sl}} \cdot \frac{A}{A_l'} + \bar{u}_l \left(\frac{\partial F}{\partial u_{sl}}\right)_{u_{sg},\ h_l} - \bar{u}_g \left(\frac{\partial F}{\partial u_{sg}}\right)_{h_l,\ u_{sl}}\right] \cdot \frac{\partial \hat{h}_l}{\partial x} +$$

$$\left[\left(\frac{\partial F}{\partial u_{sl}}\right) - \left(\frac{\partial F}{\partial u_{sg}}\right)_{u_{sl},\ h_l}\right] \cdot \left(\frac{\partial \hat{h}_l}{\partial t}\right) \tag{3-32}$$

将波幅通用函数关系式(3-25)代入式(3-32)，并消去同类项后得到关于角频率 ω 的一元二次方程：

$$\omega^2 - 2(ak - bi)\omega + ck^2 - eki = 0 \tag{3-33}$$

式中

$$
\left.\begin{aligned}
a &= \frac{1}{\rho'}\left(\frac{\rho_1\bar{u}_1}{H_L}+\frac{\rho_g\bar{u}_g}{\varphi}\right)\\
b &= \frac{1}{2\rho'}\left[\left(\frac{\partial F}{\partial u_{sl}}\right)_{u_{sg},\ h_1}-\left(\frac{\partial F}{\partial u_{sg}}\right)_{u_{sl},\ h_1}\right]\\
c &= \frac{1}{\rho'}\left[\frac{\rho_1\bar{u}_1^2}{H_L}+\frac{\rho_g\bar{u}_g^2}{\varphi}-(\rho_1-\rho_g)g\frac{A}{A_1'}\cos\theta\right]\\
e &= \frac{1}{\rho'}\left[\left(\frac{\partial F}{\partial h_1}\right)_{u_{sg},\ u_{sl}}\frac{A}{A_L'}-\bar{u}_1\left(\frac{\partial F}{\partial u_{sl}}\right)_{u_{sg},\ h_1}+\bar{u}_g\left(\frac{\partial F}{\partial u_{sg}}\right)_{u_{sl},\ h_1}\right]\\
\rho' &= \frac{\rho_1}{H_L}+\frac{\rho_g}{\varphi}
\end{aligned}\right\}\tag{3-34}
$$

式(3-33)的通解为：

$$
\begin{aligned}
\omega &= (ak-bi)\pm\sqrt{(a^2-c)k^2-b^2+(ek-2abk)i}\\
&= r_1+r_2 i
\end{aligned}\tag{3-35}
$$

则扰动波的表达式变为：

$$
\hat{h}_1=\varepsilon e^{-r_2t}e^{ir_1t}e^{-ikx}\tag{3-36}
$$

由此可以得到初始扰动波的液面幅值随时间变化关系为 εe^{-r_2t}，若 ω 解得虚部 $r_2<0$，液面高度波幅值的大小随时间的变化取决于 e^{-r_2t}，因此随着时间的延续，此幅值将以指数形式递增，即液面高度 h_1 不断升高，形成液塞，最终会导致气液相界面不稳定，局部液面阻塞管道而转化为其他流型。由此可以得到在分层流型下气液相界面稳定存在的条件为：

$$
r_2\geqslant 0\tag{3-37}
$$

将式(3-35)代入式(3-33)并令 $r_2=0$ 即可得到分层流临界稳定条件：

$$
2br_1-ek=0\tag{3-38}
$$

$$
r_1^2-2akr_1+ck^2=0\tag{3-39}
$$

由式(3-38)得 $r_1=\dfrac{ek}{2b}$，则稳定条件变形为：

$$
\left(\frac{e}{2b}-a\right)^2-(a^2-c)=0\tag{3-40}
$$

将式(3-34)中的各项代入式(3-40)得：

$$
(C_{\mathrm{V}}-C_{\mathrm{IV}})^2+\frac{\rho_1\rho_g}{\rho'^2H_L\varphi}(\bar{u}_g-\bar{u}_1)^2-\frac{\rho_1-\rho_g}{\rho''}g\frac{A}{A_1'}\cos\theta=0\tag{3-41}
$$

式中

$$
C_{\mathrm{V}}=\frac{e}{2b}=\frac{\dfrac{A}{A_1'}\left(\dfrac{\partial F}{\partial h_1}\right)_{u_{sl},\ u_{sg}}-\bar{u}_1\left(\dfrac{\partial F}{\partial u_{sl}}\right)_{u_{sg},\ h_1}+\bar{u}_g\left(\dfrac{\partial F}{\partial u_{sg}}\right)_{u_{sl},\ h_1}}{\left[\left(\dfrac{\partial F}{\partial u_{sg}}\right)_{u_{sl},\ h_1}-\left(\dfrac{\partial F}{\partial u_{sl}}\right)_{u_{sg},\ h_1}\right]}\tag{3-42a}
$$

$$C_{\mathrm{IV}} = a = \frac{\rho_l \bar{u}_l \varphi + \rho_g \bar{u}_g H_L}{\rho_l \varphi + \rho_g H_L} \tag{3-42b}$$

式(3-41)中左边第二项、第三项即为一维相同非黏性理想流体的 K-H 不稳定性因素；第一项是由剪切应力作用而引起的附加影响，它放大了液膜表面上的任何扰动。C_V 是界面不稳定波的传播速度，它是影响流动中波浪稳定性的主要因素，它反映了黏度对流型转换的影响。对无黏性流动，由于 $e = b = 0$，代入式(3-33)得到无黏性临界波速 $C_{\mathrm{IV}} = a$。

将式(3-41)进一步变形即得到类似于 Taitel 和 Dukler 准则的形式，判断分层流相间结构稳定性的准则关系为：

$$\bar{u}_g - \bar{u}_l = K_V \left[(\rho_l \phi + \rho_g H_L) \frac{\rho_l - \rho_g}{\rho_l \rho_g} g \frac{A}{A_l} \cos\theta \right]^{\frac{1}{2}} \tag{3-43}$$

式中

$$K_V = \sqrt{1 - \frac{(C_{\mathrm{IV}} - C_V)^2}{\frac{\rho_l - \rho_g}{\rho} g \frac{A}{A_l'} \cos\theta}} \tag{3-44}$$

2. 与 Taitel 准则关系的比较

准则关系式(3-41)是由分层流基本模型方程经严格的数学推导得出的，中间没有引用任何经验关系式，它与 Taitel 和 Dukler 准则有很大的区别：

（1）本准则利用动态模型推导得出，考虑了液面高度随时间的变化情况；

（2）推导中只引入了两个两相流研究中常用的假设条件；

（3）Taitel-Dukler 准则式中，K_{TD} 的表达式(3-16)只是液面高度和管径的函数，其函数关系无理论依据。本文提出的准则式中，是密度、液面高度及波速 C_V 的函数，而波速是黏度的函数，它是经过严格的数学推导得出的，因此，此准则综合了各种因素对液面结构稳定性的影响。

在利用准则式判断流型时，首先需要利用式(3-23)、式(3-24)求得在运行条件下液面高度 h_l 的计算式。为此将结构方程和几何方程式代入式(3-24)，并利用气相、液相表观速度代替气相、液相流速，将湿周 S 与截面积 A 分别对管径 d 和 d^2 取无因次数，得 F 的最终表达式为：

$$F = \frac{f_l \rho_l \left(\frac{\pi}{4}\right)^2 \tilde{S}_l u_{sl}^2}{2d\tilde{A}_l^3} - \frac{f_g \rho_g \left(\frac{\pi}{4}\right)^2 \tilde{S}_g u_{sg}^2}{2d\tilde{A}_g^3} \mp \tag{3-45}$$
$$\frac{f_i \rho_g \left(\frac{\pi}{4}\right)^3 \tilde{S}_i}{2d} \left(\frac{u_{sg}^2}{\tilde{A}_l \tilde{A}_g^3} - \frac{2u_{sl} u_{sg}}{\tilde{A}_l^2 \tilde{A}_g^2} + \frac{u_{sl}^2}{\tilde{A}_g \tilde{A}_l^3} \right) + g(\rho_l - \rho_g)\sin\theta$$

式(3-45)中，当 $u_g > u_l$ 时，等号右边第三项取负号，反之取正号。对稳态流动，$F = 0$。如果已知 u_{sl}，u_{sg}，h_l 中的任何两个参数，可以利用迭代法由式(3-45)求出第三个未知参数。由于该式为关于液面高度的复杂隐式方程，它的求解需要利用数值迭代计算。又因为 h_l/d 应严格限制在 0~1 之间，否则将很难得到稳定的数值解，同时，此方程有可能存在 1~3 个实根，因此文中选用稳定性能好而且能求出全部实根的二分法结合抛物线法计算。同时参数 C_V 中的各项偏导数也由上式利用数值微分求出，利用具有四阶精度的外推数值微分法计算。

利用判断准则式(3-43)判断分层流存在的计算步骤为：

(1) 给定某一气相表观速度 u_{sg}；

(2) 假定某一无量纲液面高度值 h_l/d（如令 $h_l/d = 0.5$）；

(3) 由式(3-45)求出此时的 u_{sl} 及 F 对气液相表观速度的偏导数并求得 K_V；

(4) 代入准则关系式(3-41)，判断等式是否成立，若成立，则设定的 h_l/d 及求出的 u_{sl} 满足要求；若不成立，重新假定 h_l/d 值，返回(3)重新计算直到等式成立为止。

利用上面的算法，对于低黏度（μ = 1cP）和高黏度（μ = 100cP）液相分别在水平管和倾斜管流动时进行计算，可以求出在不同气相表观速度下相应的临界液相表观速度值，将这些值在双对数坐标中画出，得到它们之间的关系曲线，如图 3-20~图 3-24 实线所示，线下方为分层流稳定存在区域。

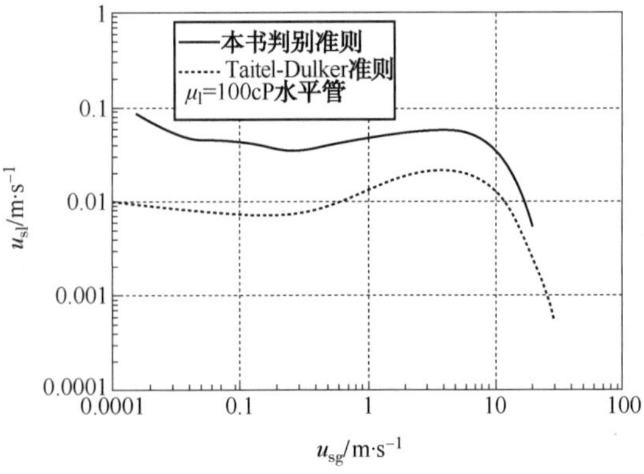

图 3-20　水平管低黏度液相分层流临界曲线

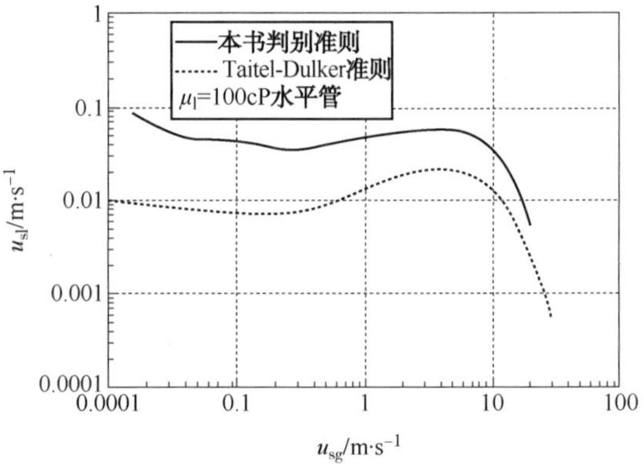

图 3-21　水平管高黏度液相分层流临界曲线

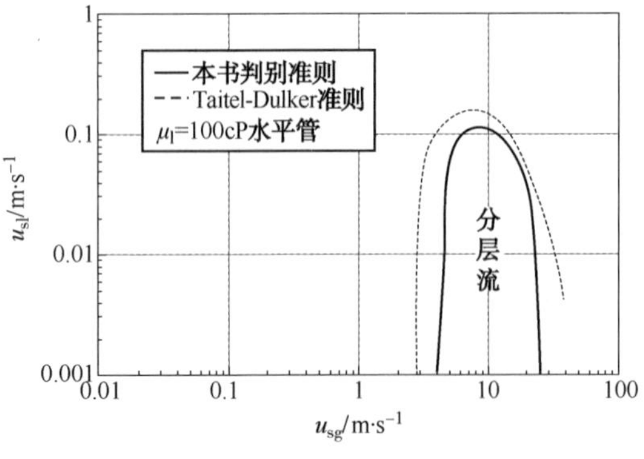

图 3-22　倾斜管低黏度液相分层流临界曲线

（1cP = 1mPa · s）

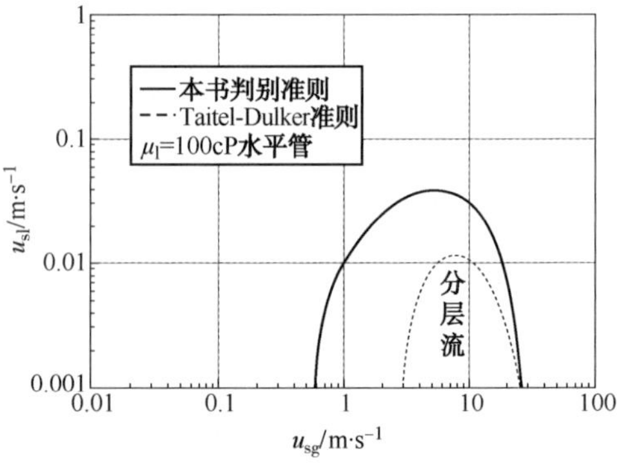

图 3-23　倾斜管高黏度液相分层流临界曲线

对于 Taitel-Dukler 准则式(3-15)，利用相同的计算方法，得出在此准则下液面稳定的临界关系曲线，如图 3-20~图 3-23 中虚线所示。

对于水平管，从图 3-20、图 3-21 可以看出，在低黏度范围内，两种准则关系式预测的结果吻合较好，给出基本一致的分层流稳定存在区域，说明经严格理论推导由笔者得出的准则式计算结果可信。从图 3-21 可以看出，在高黏度区，μ = 100cP 时，Taitel-Dukler 准则由于忽略了液相黏度对流型的影响，预测的稳定分层流存在区域偏小。对于倾斜管，分析如图 3-22、图 3-23 所示曲线，可得出相同的结论。以上工作表明，液相黏度对分层流型的稳定性具有较大的影响。随着液相黏度的增大，摩擦阻力和黏滞力增大，它们起阻止液面高度上升的作用，在管内较难形成液塞，使分层流范围扩大。

二、环状流型机理研究

在湿天然气输送管道内，气油比很高，气相速度大。因此，环状流动是经常遇到的流型之一，目前对环状流型液膜形成机理及液膜稳定存在的原因尚有争议，不同学者持有不同的观点，大致可归纳为以下几种：

(1) 由于液膜的波动作用，促使液相沿管壁径向扩散；

(2) 由于高速流动的气流中夹带了大量的液滴，液滴在管壁上沉积形成了环状液膜；

(3) 由于气体在管内形成二次径向流动，在液相表面产生径向剪切力。使液体沿管壁分布而形成液膜；

(4) 管断面上存在压差，在此压差作用下产生泵吸作用，将液体压到管上壁。

具体以上几个因素对液膜的成因都具有一定的作用，但何种因素起主导作用，液膜保持稳定的条件及液膜在管内的流动情况等都需要进一步的研究与探讨。同时，对环状流与段塞流之间的转换，Taitel 和 Dukler 选取作为分界准则的理论依据不足，不少学者指出，它与实际差别较大。

针对上述问题，本节将从环状流动的基本水力学模型方程出发，从理论上深入地分析环状流液膜形成的机理，并推导出液膜稳定存在的条件，分析管道倾角对环状流动液膜内部速度分布的影响，及环状流与段塞流之间流型转换的机理，并由此得出判断环状流型稳定存在的准则式。

1. 环状流模型及分析

根据本章开始提出的两条假设，并结合环状流的特点得到如下描述环状流的连续性方程和动量方程。

(1) 连续性方程：

气相：

$$\frac{\partial}{\partial t}(\rho_g A_g) + \frac{\partial}{\partial x}(\rho_g A_g u_g) = 0 \tag{3-46}$$

液相：

$$\frac{\partial}{\partial t}(\rho_l A_l) + \frac{\partial}{\partial x}(\rho_l A_l u_l) = 0 \tag{3-47}$$

(2) 动量方程:

气相:

$$\frac{\partial}{\partial t}(\rho_g A_g u_g)+\frac{\partial}{\partial x}(\rho_g A_g u_g^2)-A_g\frac{\partial p}{\partial x}=-T_{gi}-\rho_g g A_g\sin\theta \tag{3-48}$$

液相:

$$\frac{\partial}{\partial t}(\rho_l A_l u_l)+\frac{\partial}{\partial x}(\rho_l A_l u_l^2)-A_l\frac{\partial p}{\partial x}=-T_{lw}-T_{li}-\rho_l g A_l\sin\theta \tag{3-49}$$

将式(3-46)~式(3-49)的偏导数项展开并考虑到气液两相管路常分段计算，每段内的参数常取该段的平均值，可得式(3-50a)和式(3-51a)，将式(3-48)、式(3-49)中的压力项消去合并成为一个方程(3-52a)，最终得到关于气液相流速和液面高度的偏微分方程组:

$$\frac{\partial h_l}{\partial t}+\frac{A_l}{A_l'}\frac{\partial u_l}{\partial x}+\boldsymbol{v}_l\frac{\partial h_l}{\partial x}=0 \tag{3-50a}$$

$$\frac{\partial h_l}{\partial t}-\frac{A_g}{A_l'}\frac{\partial u_g}{\partial x}+\boldsymbol{v}_g\frac{\partial h_l}{\partial x}=0 \tag{3-51a}$$

$$\rho_l\frac{\partial u_l}{\partial t}-\rho_g\frac{\partial u_g}{\partial t}+\rho_l u_l\frac{\partial u_l}{\partial x}-\rho_g u_g\frac{\partial u_g}{\partial x}=F \tag{3-52a}$$

式中

$$F=T_{gi}\left(\frac{1}{A_l}+\frac{1}{A_g}\right)-\frac{T_{lw}}{A_l}-(\rho_l-\rho_g)g\sin\theta \tag{3-53}$$

把 T_{gi} 和 T_{lw} 代入得:

$$F=\tau_i S_i\left(\frac{1}{A_l}+\frac{1}{A_g}\right)-\frac{\tau_{wl}S_l}{A_l}-(\rho_l-\rho_g)g\sin\theta=S_i\left(\frac{1}{A_l}+\frac{1}{A_g}\right)(\tau_i-\tau_l) \tag{3-54}$$

式中

$$\tau_l=\frac{(\rho_l-\rho_g)g\sin\theta+\dfrac{\tau_{lw}S_l}{A_l}}{S_i\left(\dfrac{1}{A_l}+\dfrac{1}{A_g}\right)} \tag{3-55}$$

假设在气相与液膜间产生一扰动波，相应的各个变量产生脉动，因此可以将其表示为时均值与脉动值的和:

$$\left.\begin{aligned} h_l&=\bar{h}_l+\hat{h}_l\\ u_l&=\bar{u}_l+\hat{u}_l\\ u_g&=\bar{u}_g+\hat{u}_g\end{aligned}\right\} \tag{3-56}$$

将脉动波的幅值表示为傅里叶级数形式:

$$\hat{h}_l=\varepsilon e^{i\omega t}e^{-ikx} \tag{3-57}$$

把式(3-56)、式(3-57)代入式(3-50a)、式(3-51a)、式(3-52a)得:

$$\frac{\partial \hat{h}_1}{\partial t}+\frac{A_1}{A_1'}\frac{\partial \hat{u}_1}{\partial x}+\bar{u}_1\frac{\partial \hat{h}_1}{\partial x}=0$$

$$\frac{\partial \hat{h}_1}{\partial t}-\frac{A_g}{A_1'}\frac{\partial \hat{u}_g}{\partial x}+\bar{u}_g\frac{\partial \hat{h}_1}{\partial x}=0$$

$$\rho_1\frac{\partial \hat{u}_1}{\partial t}-\rho_g\frac{\partial \hat{u}_g}{\partial t}+\rho_1\bar{u}_1\frac{\partial \hat{u}_1}{\partial x}-\rho_g\bar{u}_g\frac{\partial \hat{u}_g}{\partial x}=F$$

对式(3-52b)两边各项分别对 x 求导数，然后将(3-50b)、(3-51b)两式中的气相、液相速度的偏导数代入得：

$$\frac{\partial^2 \hat{h}_1}{\partial t^2}\left(-\frac{\rho_1}{H_L}-\frac{\rho_g}{\varphi}\right)+\frac{\partial^2 \hat{h}_1}{\partial t\partial x}\left(-2\frac{\rho_1\bar{u}_1}{H_L}-2\frac{\rho_g\bar{u}_g}{\varphi}\right)+\frac{\partial^2 \hat{h}_1}{\partial x^2}\left(-\frac{\rho_1\bar{u}_1^2}{H_L}-\frac{\rho_g\bar{u}_g^2}{\varphi}\right)=\frac{\partial F}{\partial x}\frac{A}{A_1''} \tag{3-58}$$

又因为：

$$\frac{\partial F}{\partial x}=\left(\frac{\partial F}{\partial h_1}\right)_{u_{sl},\ u_{sg}}\frac{\partial h_1}{\partial x}+\left(\frac{\partial F}{\partial u_{sg}}\right)_{u_{sl},\ h_1}\frac{\partial \hat{u}_{sg}}{\partial x}+\left(\frac{\partial F}{\partial u_{sl}}\right)_{h_1,\ u_{sg}}\frac{\partial \hat{u}_{sl}}{\partial x}$$

$$=\frac{\partial \hat{h}_1}{\partial x}\left(\frac{\partial F}{\partial h_1}-u_1\frac{\partial F}{\partial u_{sl}}\frac{A_1''}{A}+u_g\frac{\partial F}{\partial u_{sg}}\frac{A_1''}{A}\right)+\frac{\partial \hat{h}_1}{\partial t}\left(\frac{\partial F}{\partial u_{sg}}\frac{A_1''}{A}-\frac{\partial F}{\partial u_{sl}}\frac{A_1''}{A}\right)$$

所以将式(3-57)代入式(3-58)整理后得到式(3-59)关于扰动角频率 ω 的一元二次方程：

$$\omega^2-2(ak-bi)\omega+ck^2-eki=0 \tag{3-59}$$

式中：

$$\left.\begin{aligned}
a&=\frac{1}{\rho'}\left(\frac{\rho_1u_1}{H_L}+\frac{\rho_gu_g}{\varphi}\right)\\
b&=\frac{1}{2\rho'}\left[\left(\frac{\partial F}{\partial u_{sl}}\right)_{u_{sg},\ H_L}-\left(\frac{\partial F}{\partial u_{sg}}\right)_{u_{sl},\ H_L}\right]\\
c&=\frac{1}{\rho'}\left(\frac{\rho_1u_1^2}{H_L}+\frac{\rho_gu_g^2}{\varphi}\right)\\
e&=\frac{1}{\rho'}\left[-\left(\frac{\partial F}{\partial H_L}\right)+\left(\frac{\partial F}{\partial u_{sl}}\right)\cdot u_1-\left(\frac{\partial F}{\partial u_{sg}}\right)\cdot u_g\right]\\
\rho'&=\frac{\rho_1}{H_L}+\frac{\rho_g}{\varphi}
\end{aligned}\right\} \tag{3-60}$$

对于式(3-59)，令 ω 的解复函数表示为 $\omega=\omega_R+i\omega_I$，则由式(3-56)得扰动波幅值随时间 t 的变化关系为：

$$|\hat{h}_1|=\varepsilon e^{-\omega_I t} \tag{3-61}$$

从式(3-60)可以看出：如果解的虚部 $\omega_I<0$，那么指数项大于零，则随时间的变化，扰动幅值 $\hat{h}_1$ 将以指数形式增加，变为不稳定的脉动流动。因此，为了得到扰动幅值不随时间变化的条件，必须有 $\omega_I\geqslant 0$ 成立，为此将 $\omega_R+i\omega_I$ 代入式(3-58)得：

$$\omega_R^2-2\omega_R\omega_Ii-\omega_I^2-2ak\omega_R-2ak\omega_Ii+2b\omega_Ri-2b\omega_I+ck^2-eki=0 \tag{3-62}$$

令实数项和虚数项分别等于零，得：

$$\left.\begin{aligned} -2\omega_R\omega_I - 2ak\omega_I + 2b\omega_R - ek = 0 \\ \omega_R^2 - 2ak\omega_R + ck^2 - \omega_I^2 - 2b\omega_I = 0 \end{aligned}\right\} \tag{3-63}$$

特殊地，令 $\omega_I \to 0$，即扰动幅值随时间保持不变，此时得到临界稳定条件为：

$$\left.\begin{aligned} 2b\omega_R - ek = 0 \\ \omega_R^2 - 2ak\omega_R + ck^2 = 0 \end{aligned}\right\} \tag{3-64}$$

消去式(3-64)中的 ω_R 项，得到相界面波不随时间变化，即环状流稳定性的临界条件为：

$$\left(\frac{e}{2b} - a\right)^2 - (a^2 - c) = 0 \tag{3-65}$$

从式(3-63)可以看出，如果保持 ω_I 大于等于零，则必须有不等式(3-66)成立：

$$\left(\frac{e}{2b} - a\right)^2 - (a^2 - c) < 0 \tag{3-66}$$

把式(3-60)中的 a，c 值代入后得到：

$$(C_R - a)^2 + \frac{\rho_l\rho_g}{\rho'^2 H_L\varphi}(u_g - u_l)^2 < 0 \tag{3-67}$$

式中　C_R——扰动波在管道内的传播速度。

$$C_R = \frac{\left(\dfrac{\partial F}{\partial H_L}\right)_{u_{sl},\ u_{sg}} - \left(\dfrac{\partial F}{\partial u_{sl}}\right)_{u_{sg},\ h_l} u_l + \left(\dfrac{\partial F}{\partial u_{sg}}\right)_{u_{sl},\ h_l} u_g}{\left(\dfrac{\partial F}{\partial u_{sg}}\right)_{u_{sl},\ h_l} - \left(\dfrac{\partial F}{\partial u_{sl}}\right)_{u_{sg},\ h_l}} \tag{3-68}$$

从式(3-67)可以得出如下结论：不等式左侧的两项均大于零，即不等式永远不成立。因此，对于环状流，气液相间总是处于不稳定流动状态，气液界面间存在扰动波，而且波幅随着流动的进行不断增大。

2. 液膜形成机理分析

我们已经知道，对于分层流动，若界面间的扰动波不稳定，会引起液面升高，从而导致从分层流向其他流型的转化，或转化为环状流，或转化为段塞流。根据 Taitel 和 Dukler 转化准则，当管内有足够液量时，即 $\dfrac{h_l}{d} > 0.5$ 时，将由分层流转化为段塞流，即不稳定的气液界面波生长促使液塞的形成。否则，管内的液体量不足以形成液塞阻塞管流道，即分层流界面上波幅的增加，导致液体在伯努利效应的作用下沿管壁向上流动，使流型转化为环状流。

通过对环状流动数学模型的结构稳定性分析，已经证明：在气液相界面间总是存在扰动波，在气流的带动下，此波以 C_R 速度沿流动方向传播。而且随着时间的推移，该波的幅值以指数形式递增。波幅的增高，使气体流速增高，伯努利效应使管底部的液体不断向管上部流动，保持环状流型。故环状流动的不稳定波又是保持环状流稳定存在的必要条件。

图 3-24 为环状流动某管段的立体剖面图，可描述环状流动时气液相间流动的物理过程，

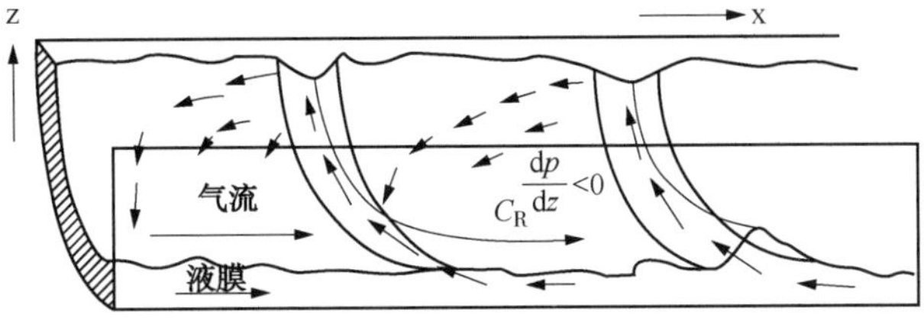

图 3-24　环状流形成过程示意图

对水平或倾斜管，在重力作用下，管底部的波幅值及液膜厚度大于管壁的上部，图中两个扰动波之间的气体压力因气体的滞流而上升，而且底部波幅大，压力上升的幅度将大于顶部，所以在管截面上形成一负压梯度 dp/dz，液体在此压差下克服重力从底部流到管上部，如图 3-24 中的箭头所示。同时，由于重力作用，管上部的部分液体不断沿着管壁从波尾部流向管底，从而在波尾部形成薄的液膜层，底部的扰动波不断从前部液膜收集液体，当波收集的液体量等于尾部流出的液体量时达到平衡，从而形成了稳定的环状流过程。

由此看出，环状流液膜的形成过程类似于段塞流液塞由生长逐渐达到稳定的过程。

由于负压梯度的存在，气体在管截面形成的径向流动，如图 3-25 所示。径向流动的气体与液膜表面产生径向剪切应力，该力也促使液体向管顶部流动，有利于液膜的形成和稳定。但由于气体径向流动速度与轴向流动速度相比很小，产生的剪切力也很小，不足以促使液体克服重力到达管上壁，因此这种作用不是产生环状流稳定液膜的根本因素。

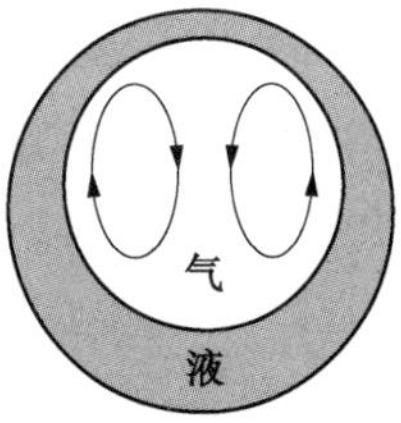

图 3-25　气体径向流示意图

综上所述，环状流液膜形成和稳定的主要原因是由于气液界面间存在不稳定的环状扰动波，管底部波幅大于管顶部，在管横截面上形成负压梯度，带动液体流向管顶，保持管内壁上的环状液膜。

3. 分析与讨论

环状流的气液界面间始终存在不稳定的流动波，并以波速 C_R 和气体共同流动，这是维持环状流液膜存在的必要条件。如果管内有足够的液体，在管内产生了液塞，阻塞了气体的流动，那么波速 C_R 降低至零，使得维持环状流的动力减弱，流型转化为段塞流。因此，气液同向流动管道环状流存在的必要条件为：

$$C_R > 0 \tag{3-69}$$

由 F 的表达式(3-54)可以得出：

$$\left(\frac{\partial F}{\partial u_{sg}}\right)_{u_{sg},\ H_L} > 0 \quad , \quad \left(\frac{\partial F}{\partial u_{sl}}\right)_{u_{sg},\ H_L} < 0 \tag{3-70}$$

代入式(3-68)可以得出：对于气液同向流动，$C_R > 0$ 时，必须有式(3-71)成立：

$$\left(\frac{\partial F}{\partial H_L}\right) > 0 \tag{3-71}$$

将式(3-54)代入式(3-71)得:

$$\left(\frac{\partial \tau_{\mathrm{i}}}{\partial H_{\mathrm{L}}}\right)_{u_{\mathrm{sg}}} > \left(\frac{\partial \tau_{1}}{\partial H_{\mathrm{L}}}\right)_{u_{\mathrm{sl}}} \tag{3-72}$$

利用无量纲液膜厚度取代式(3-71)、式(3-72)中的持液率得:

$$\left(\frac{\partial \tau_{\mathrm{i}}}{\partial \tilde{\delta}}\right)_{u_{\mathrm{sg}}} > \left(\frac{\partial \tau_{1}}{\partial \tilde{\delta}}\right)_{u_{\mathrm{sl}}} \tag{3-73}$$

式(3-72)、式(3-73)为最终得到的环状流应当满足的必要条件。当液相速度大于零时，利用环状流结构方程得:

$$\tau_{\mathrm{lw}} = f_{1}\frac{\rho_{1}u_{1}^{2}}{2} = f_{1}\frac{\rho_{1}u_{\mathrm{sl}}^{2}}{2H_{\mathrm{L}}^{2}} = f_{1}\frac{\rho_{1}A^{2}u_{1}^{2}}{2A_{\mathrm{L}}^{2}} \tag{3-74}$$

令：$f_{1} = C_{1}\left(\frac{du_{\mathrm{sl}}}{u_{1}}\right)^{-n}$ 并将 A_1，S_1，A 的计算公式代入式(3-54)得 τ_1 与 $\tilde{\delta}$ 的关系式为:

$$\tau_{1} = (\rho_{1} - \rho_{\mathrm{g}})gd(\tilde{\delta} - \tilde{\delta}^{2})(1 - 2\tilde{\delta})\sin\theta + \frac{1}{32}C_{1}\rho_{1}\left(\frac{d}{u_{1}}\right)^{-n}u_{\mathrm{sl}}^{2-n}\left[\frac{1 - 2\tilde{\delta}}{(\tilde{\delta} - \tilde{\delta}^{2})^{2}}\right] \tag{3-75}$$

同样对 τ_{i}，得:

$$\tau_{\mathrm{i}} = \frac{1}{2}f_{\mathrm{i}}\rho_{\mathrm{g}}u_{\mathrm{g}}^{2} = \frac{1}{2}f_{\mathrm{i}}\rho_{\mathrm{g}}\frac{u_{\mathrm{sg}}^{2}}{(1 - 2\tilde{\delta})^{4}} \tag{3-76}$$

令：$f_{\mathrm{i}} = f_{\mathrm{g}}(1 + 300\tilde{\delta}) = C_{\mathrm{g}}\left(\frac{du_{\mathrm{sg}}}{u_{\mathrm{g}}}\right)^{-m}(1 + 300\tilde{\delta})$ 得:

$$\tau_{\mathrm{i}} = \frac{1}{2}\rho_{\mathrm{g}}C_{\mathrm{g}}\left(\frac{d}{u_{\mathrm{g}}}\right)^{-m}u_{\mathrm{sg}}^{2-m}\frac{1 + 300\tilde{\delta}}{(1 - 2\tilde{\delta})^{4}} \tag{3-77}$$

由于式(3-75)和式(3-77)为剪切应力与液膜厚度 $\tilde{\delta}$ 之间的关系式，不等式(3-73)两侧的偏导数项分别代表曲线的斜率，因此利用剪切应力与液膜厚度可以说明此关系式所表达的含义，从而能够得到剪切应力与液膜厚度的关系以及液膜内速度分布特点。

首先保持气相表观速度不变，用式(3-77)计算不同液膜厚度时 τ_{i} 的值，从而得到 τ_{i} 与 $\tilde{\delta}$ 的关系曲线，改变气相表观速度值得到一系列的曲线，如图 3-26～图 3-28 的虚线所示。

其次保持液相表观速度值不变，用式(3-75)计算出不同液膜厚度时 τ_1 的值，得到一条曲线，改变液相速度值，同样得到一系列的曲线，如图 3-26～图 3-28 实线所示。为了便于比较，在图 3-27 中作出了液相速度小于零时 τ_1 与 $\tilde{\delta}$ 的关系曲线。

图 3-26 为垂直管道的气相、液相剪切应力随液膜厚度的变化曲线，从图中可以看出，对于 τ_1 曲线(实线)，当液相速度大于零时，在液膜厚度较小($\delta/d < 0.01$)的范围内，随着液膜厚度的增大，作用力下降很快，曲线斜率很大且小于零，并在某一液膜厚度下出现一极小点，在极小点的右侧，随着液膜厚度的增大作用力又逐渐变大。即在极小点左侧，作用力的大小对液膜厚度很敏感，液膜厚度越小，管壁对液膜的作用力越大，在某一

厚度处，与管壁接触的液体有最小的作用力。当液膜厚度较大时，与管壁接触的液体产生倒流，且液膜厚度越大，倒流作用越大。这可以从液相速度小于零的曲线看出。当液相速度小于零时，随着液膜厚度的增大，作用力升高，并且与液相速度大于零时有相同的变化趋势，因此可以得出，对于环状流动，随着液膜厚度增大，极小点右侧曲线的变化趋势是由于在重力作用下靠近管壁处的液体倒流产生负液体速度而引起的。而且液相速度越大，极小点处的液膜厚度越大，液体倒流的趋势越不明显。由此得知如图 3-29 所示的液膜内速度分布：

对于 τ_i 曲线，当气相表观速度不变时，气相与液膜之间的剪切应力随着液膜厚度的增大而增大。当气相速度增大时，剪切应力同样逐渐增大。

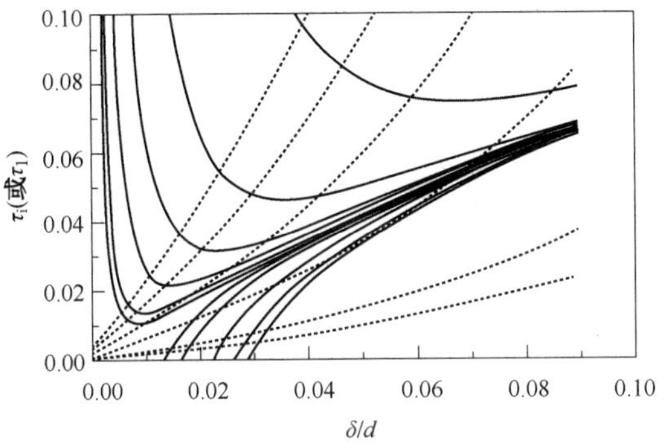

图 3-26　垂直管道剪切应力与液膜关系

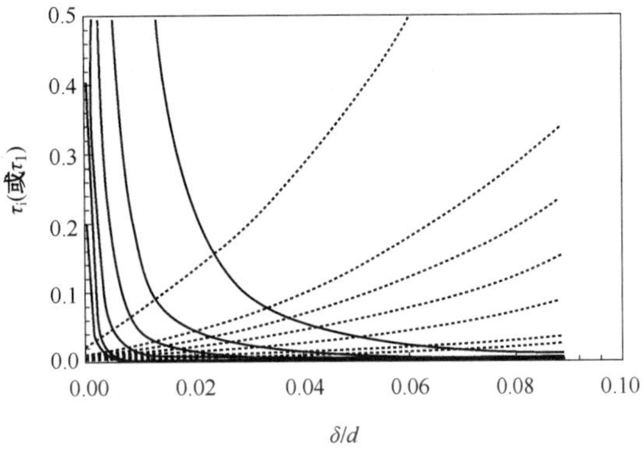

图 3-27　水平管道剪切应力与液膜关系

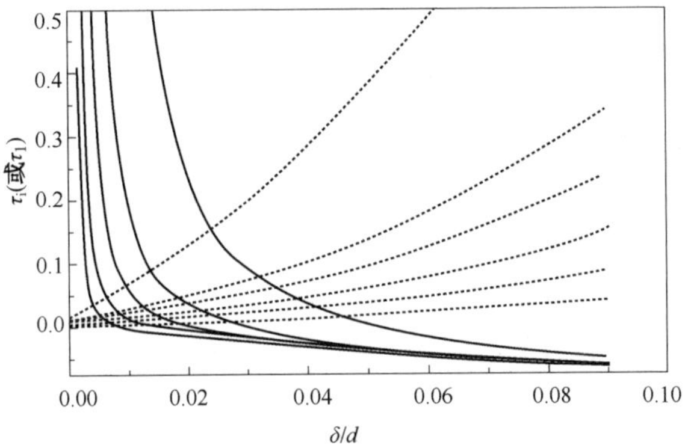

图 3-28　垂直下倾管道剪切应力与液膜关系

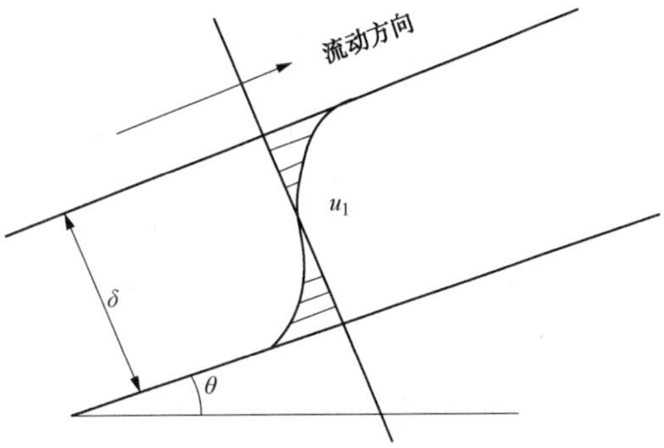

图 3-29　倾斜管液膜速度分布图

从式(3-54)知，图 3-26 中实线与虚线的交点为稳态流动时环状流液膜的厚度值。从图中看出，当液相速度大于零时，对于极小点左侧的 A 点，τ_l 曲线的斜率小于零，τ_i 曲线的斜率大于零，满足条件式(3-72)，可以得出此时为稳定的环状流动，液膜在相间波的作用下形成稳定结构的环状流型；对于极小点右侧的交点 B，两者的斜率都大于零，仍然满足条件式(3-72)。但是由于此时管内持液率高，靠近管壁处液体的倒流，使得大量液体在管路低处积聚引起管道阻塞。因此，单纯利用此判据尚不能合理地限制环状流的范围，需要另外的限制条件。

图 3-27 为水平管气液两相环状流动时剪切应力与液膜厚度的关系曲线，从图中可以看出，对于 τ_1 曲线，随着液膜厚度增大，液相剪切应力线经过急剧下降后逐渐变得平缓，剪切应力随着厚度的变化很小，并趋近于零，因此可以得出此时靠近管壁处的液体流速趋于零，如图 3-30 所示。对于变化急剧段，如图中交点 E，实现斜率小于零而虚线斜率大于零，相间波动作用很大，足以形成稳定结构的环状液膜，对变化平缓段，尽管满足条件式(3-65)，但是波动作用仅仅影响到液膜的表面，而管壁处的液体仍保持很低的流动速度，是否为环状流还需要结合持液率的大小判断。

图 3-28 为下倾管线的曲线图，它们的变化趋势与水平管类似。与之不同的是当液膜厚度较高时，液相剪切应力的值变为负值，因此可以得出靠近管壁处的液体在重力的作用下向前流动，速度分布如图 3-31 所示，容易形成稳定的环状流结构。

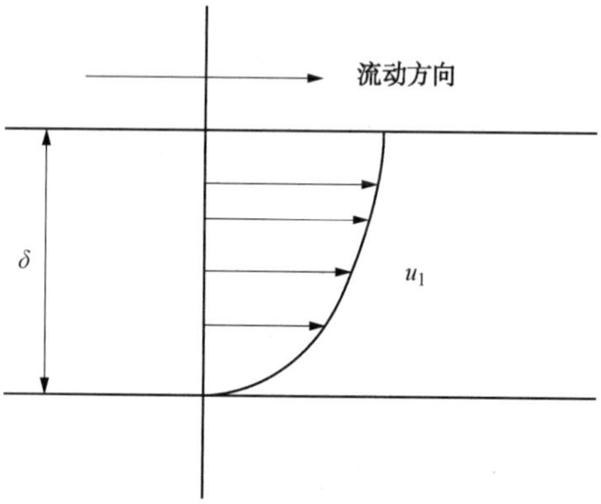

图 3-30　水平管速度分布图

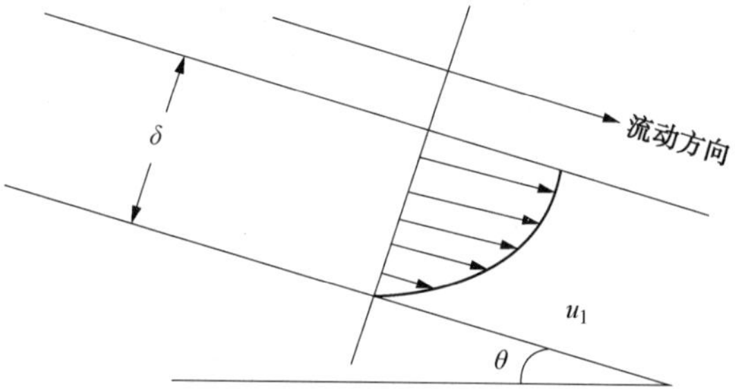

图 3-31　下倾管速度分布图

4. 从环状流转化为冲击流的准则式

由以上的分析得出，当从环状流转化为段塞流时，有两种机理共同作用，一是由于管道内有足够的液体使得液塞能够形成，此时尽管不稳定波的速度大于零，但仍可以形成段塞流；二是由于环状流液膜内的速度分布，特别是对上倾管，使得靠近管壁处的液体倒流，在低洼处积聚从而形成冲击液塞。

对于机理一，Barnea 通过大量实验得出：当液膜内的液体量所占据的管道截面积满足式(3-78)条件时，将会导致冲击液塞的形成：

$$\frac{A_1}{A} \geqslant 0.24 \tag{3-78}$$

对于机理二，首先利用式(3-75)，取 $\tilde{\delta}$ 的偏导数：

$$\frac{\partial \tau_i}{\partial \tilde{\delta}} = (\rho_1 - \rho_g)gd[(1-2\tilde{\delta})^2 - 2(\tilde{\delta} - \tilde{\delta}^2)]\sin\theta - \frac{1}{16}C_1\rho_1\left(\frac{d}{u_1}\right)^{-n}u_{sl}^{2-n}\left[\frac{(\tilde{\delta} - \tilde{\delta}^2) + (1-2\tilde{\delta})^2}{(\tilde{\delta} - \tilde{\delta}^2)^3}\right] \tag{3-79}$$

然后利用式(3-77)，取 $\tilde{\delta}$ 的偏导数：

$$\frac{\partial\tau_{\mathrm{i}}}{\partial\tilde{\delta}}=\frac{1}{2}\rho_{\mathrm{g}}C_{\mathrm{g}}\left(\frac{d}{u_{\mathrm{g}}}\right)^{-m}u_{\mathrm{sg}}^{2-m}\left[\frac{300(1+2\tilde{\delta})+8\tilde{\delta}(1+300\tilde{\delta})}{(1-2\tilde{\delta})^{5}}\right] \tag{3-80}$$

又因为：

$$H_{\mathrm{L}}=4(\tilde{\delta}-\tilde{\delta}^{2})\quad,\quad\varphi=1-H_{\mathrm{L}}=(1-2\tilde{\delta})^{2} \tag{3-81}$$

将式(3-79)、式(3-80)和式(3-81)代入条件式(3-73)得到如下判断准则：

$$\begin{aligned}&(\rho_{1}-\rho_{g})gd\left(1-\frac{3H_{\mathrm{L}}}{2}\right)\sin\theta-C_{1}\rho_{1}\left(\frac{d}{u_{1}}\right)^{-n}u_{\mathrm{sl}}^{2-n}\left(\frac{4-3H_{\mathrm{L}}}{H_{1}^{3}}\right)>\\&\rho_{\mathrm{g}}C_{\mathrm{g}}\left(\frac{d}{u_{\mathrm{g}}}\right)^{-m}u_{\mathrm{sg}}^{2-m}\left\{\frac{150\varphi^{\frac{1}{2}}+2(1-\varphi^{\frac{1}{2}})[1+150(1-\varphi^{\frac{1}{2}})]}{\varphi^{5}}\right\}\end{aligned} \tag{3-82}$$

由洛-马参数定义：

$$\left.\begin{aligned}X^{2}&=\frac{\dfrac{4C_{1}}{d}\left(\dfrac{u_{\mathrm{sl}}d}{u_{1}}\right)\dfrac{\rho_{1}u_{\mathrm{sl}}^{2}}{2}}{\dfrac{4C_{\mathrm{g}}}{d}\left(\dfrac{u_{\mathrm{sg}}d}{u_{\mathrm{g}}}\right)\dfrac{\rho_{\mathrm{g}}u_{\mathrm{sg}}^{2}}{2}}=\frac{\left|\left(\dfrac{\mathrm{d}\rho}{\mathrm{d}l}\right)_{1}\right|}{\left|\left(\dfrac{\mathrm{d}\rho}{\mathrm{d}l}\right)_{\mathrm{g}}\right|}\\Y&=\frac{(\rho_{l}-\rho_{g})g\sin\theta}{\left|\left(\dfrac{d\rho}{dl}\right)_{g}\right|}\end{aligned}\right\} \tag{3-83}$$

得到判断由环状流转化为段塞流的准则为：

$$Y<\frac{4-3H_{\mathrm{L}}}{H_{1}^{3}(2-3H_{\mathrm{L}})}X^{2}+\frac{150\varphi^{-\frac{9}{2}}+2\varphi^{-5}(1-\varphi^{\frac{1}{2}})[1+150(1-\varphi^{\frac{1}{2}})]}{2-3H_{\mathrm{L}}} \tag{3-84}$$

在实际应用中，需将式(3-78)与式(3-79)结合使用。在稳态时，首先由式(3-54)求出在给定条件下管道内的液面高度及持液率大小，然后根据两个不等式判断，若有一个成立则将为段塞流。

三、流型判断

以上分析了分层流和环状流型的结构特点、形成机理和转换为其他流型的准则式。对于管道中可能遇到的其他流型间的转换，可以参考近期文献中给出的转换准则和判断方法。

1. 弥散流与环状流之间的转化

对气液混输管道，随着沿线压力和温度的变化，会不断有液相凝析出来，当气相流速很高时，大量的小液滴夹带在气相中一起流动，这种流型称为弥散流。不少学者认为：弥散流也存在环状液膜，只是液膜极薄，故把环状流和弥散流当做一种流型称之为环雾流。本书仍按两种流型考虑，并认为呈弥散流型流动的气体随着气中挟带液滴的沉积，在管壁上形成稳定的液膜，此时就转化为环状流。

1983 年，Soliman 通过对惯性力和黏性力的平衡计算，得到了一个简单准确的关系式，用于判断流型的转换。破坏力和稳定力的平衡关系可以用修正的 Weber 数（We）表示。

当 $Re_{sl} \leqslant 1250$ 时：

$$We = 2.45Re_{sg}^{0.64}\left(\frac{\mu_g^2}{\rho_g \sigma d}\right)^{0.3} / \phi_g^{0.4} \tag{3-85}$$

当 $Re_{sl} > 1250$ 时：

$$We = 0.85Re_{sg}^{0.79}\left(\frac{\mu_g^2}{\rho_g \sigma d}\right)^{0.3}\left[\left(\frac{\mu_g}{\mu_l}\right)^2\left(\frac{\rho_l}{\rho_g}\right)\right]^{0.84}\left(\frac{X_{tt}}{\phi_g^{2.55}}\right)^{0.157} \tag{3-86}$$

式中　$Re_{sl} = G(1-x)d/\mu_l$；

$Re_{sg} = xGd/\mu_g$；

$X_{tt} = \left(\frac{1-x}{x}\right)^{0.9}\left(\frac{\rho_g}{\rho_l}\right)^{0.5}\left(\frac{\mu_l}{\mu_g}\right)^{0.1}$；

$\phi_g = 1 + 1.09X_{tt}^{0.039}$；

G——总质量流速；

x——质量含气率；

μ_g——气体动力黏度。

通过大量的实验得出，当 $We<30$ 时，为环状流；$We>30$ 时，为弥散流。

2. 分层光滑流与分层波浪流的转换

分层流还可以细分为分层光滑流和分层波浪流两种。在分层光滑流中，随着气体速度的逐步升高，依据波浪的形状和特点又可细分为：毛细管状重力波，它只出现在很小的速度范围内；砾石状波，其波长很短；滚动波（rollwaves），波幅和波长都比较大，波面上还有许多小的弱波。

1987 年，Andritsos 等人用二维数学模型对分层流进行了研究，得到了复杂的光滑流和波浪流之间的转化关系，经简化后的转换标准为：

$$u_g \geqslant \left[\frac{4\mu_l(\rho_l - \rho_g)g\cos\theta}{s\rho_g u_l}\right]^{0.5} \tag{3-87}$$

式中，s 为掩护因子（shelteringcoefficient），Taitel 推荐用 0.01，Andrisos 通过大量实验发现，$s = 0.06$ 更准确。

由于波浪可以在下倾管中自发形成，对于光滑管湍流，Barnea 等人采用弗劳德数 Fr 来判断管内液面上初始波的形成：

$$Fr = \frac{u_l}{\sqrt{gh_l}} \geqslant 1.5 \tag{3-88}$$

本书利用式（3-87）、式（3-88）共同来判断是否发生从分层光滑流向分层波浪流的转换。

3. 流型判断流程图

根据已经给出的各种流型之间的转换准则，本书采用如图 3-32 所示的框图判断管道内气液两相的流型。

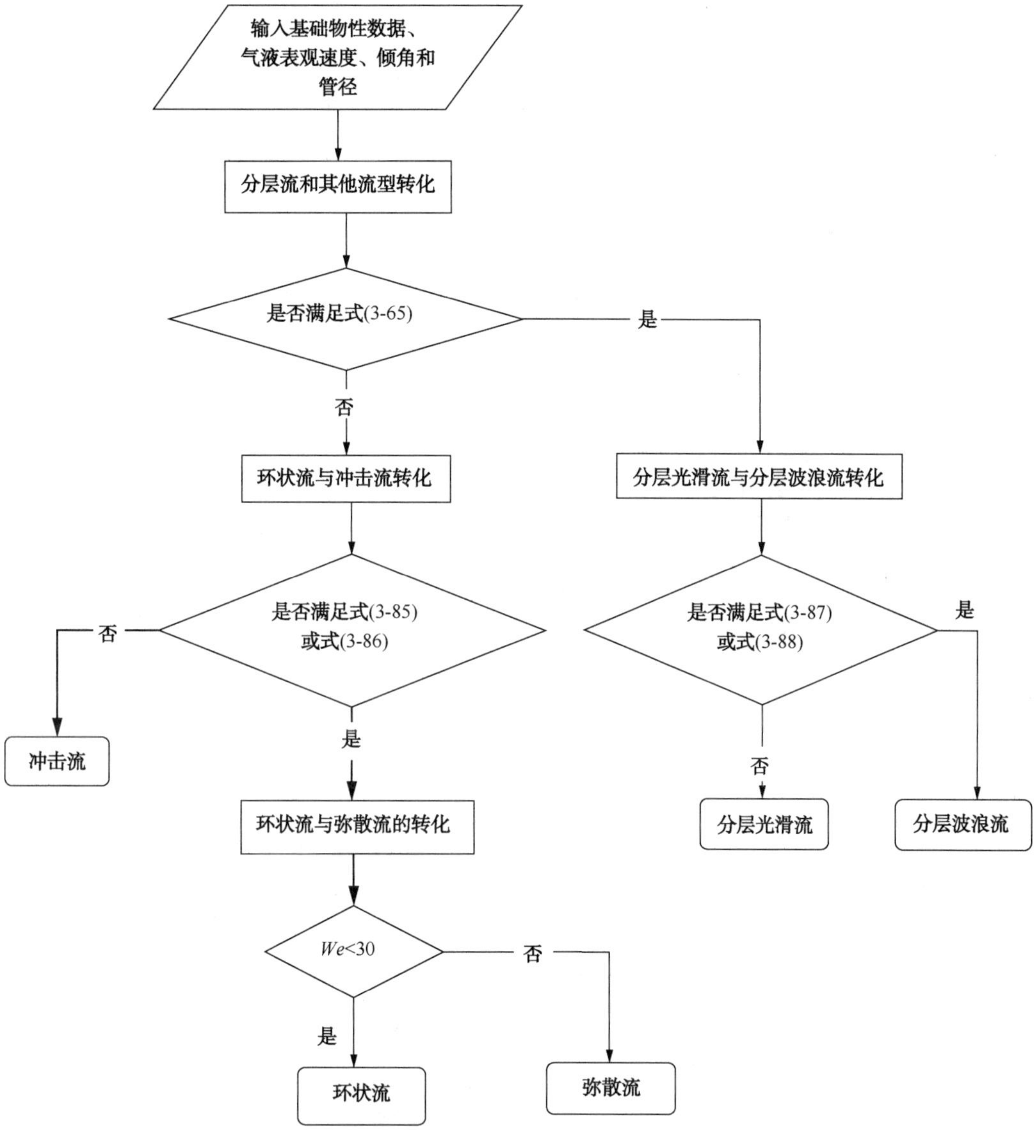

图 3-32　流型判断流程图

第五节　流型测定方法简介

流型和含气率间存在一定的必然联系，因此含气率是判断流型的重要依据，以下介绍中也包括了含气率的测定方法。尽管目前尚无流型测量的完善方法，但对已采用的方法大致可分为以下 4 类：

（1）目测方法。包括肉眼观察、高速摄像和照相。

（2）根据对管线某种参数波动量测定的统计结果与流型建立某种关系，依此确定流型，英国帝国理工大学的 Hewitt 建议，可以按管路压力波动量和 X 射线被管路流体吸收的波动来确定流型。此外，还可在管内放入探针，用探针与管壁间电导率的波动量来确定流型。

(3) 根据辐射射线被吸收量来确定气液混合物的密度和流型。包括 X 射线照相和多束 γ 射线密度计。

(4) 人工神经网络，模糊数学。

一、流型测量方法的选择

Hewitt 对如何选择流型测量方法给出了如图 3-33 所示的图表。其要点如下：

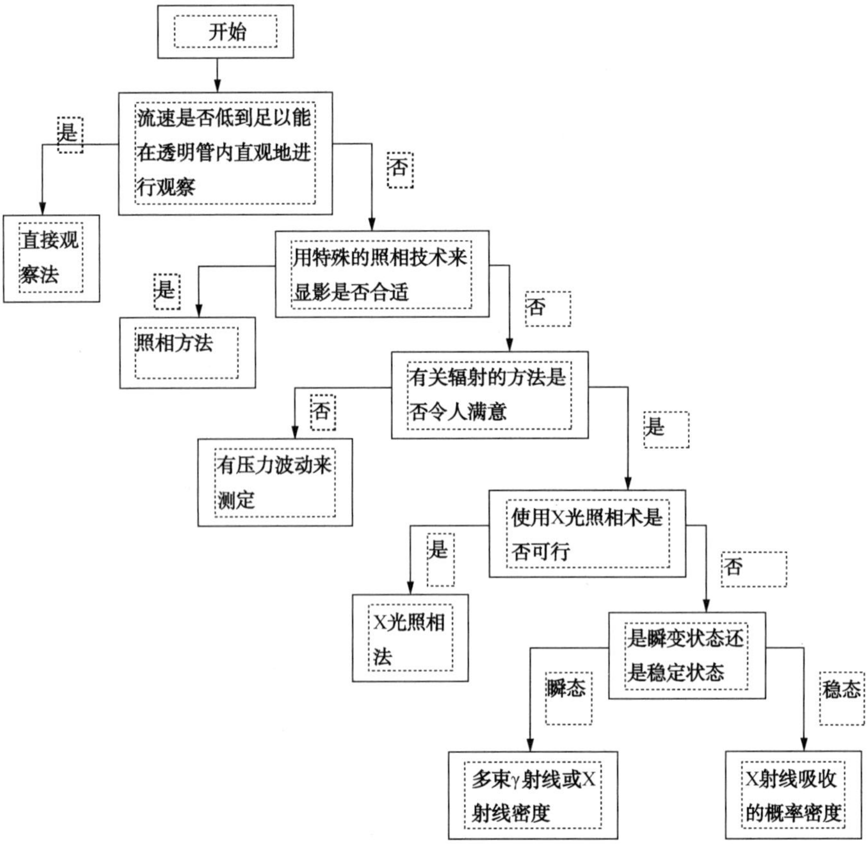

图 3-33　流型描述方法分类表

(1) 管路内气液流速很低，用目测法就可判别流型时，采用目测法和透明试验管段。

(2) 在有透明测试段的地方，有时可采用高速闪光和高速摄像机判别流型。但管内存在复杂气液界面时，由于界面产生光的发射和折射会妨碍对流型的观察，看到的可能是贴近管壁的那部分流体结构，看不到管中心部分，这种方法所得资料数量极大，整理困难并带有人为因素。这时可采用下述方法：

① 不适合采用射线照相和射线密度计的场合，可采用压力波动测定的分析法。

② 管壁对射线吸收量不多的场合，可采用射线照相法。但该方法只适用于定点照相，

不适合跟踪照相。

③ 对稳定两相流，可采用射线吸收法测定含气率波动的统计数据。对瞬态或过渡流型可采用多束射线或射线密度计来分析。

二、测定方法

1. 用管路局部压力或压差波动法测定流型

连续测量管路某点的局部压力和压差，分析压力、压差信号的功率频谱密度，以此区别管路内流型。Hubbard，Dukler 和 Simpson 等人已用这种方法区别出分离流、分散流和间歇流三种宏观流型。该法的不足是：对压力波动信号的分析不如图像输出那样清晰，此外压力波的反射可能产生虚拟信号。何利民、杜胜伟等人针对分层流、波浪流、段塞流以及环状流研究了压力和压差波动特征。

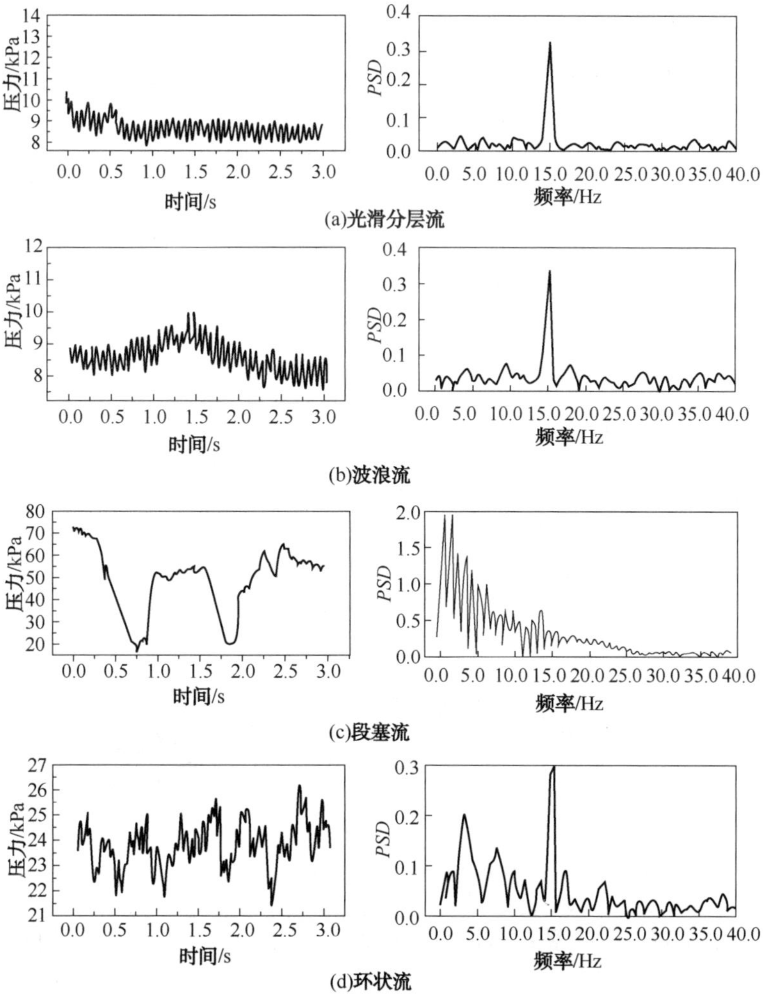

图 3-34　相同工况四种典型流型的压力波动特征以及 *PSD* 特征图

图 3-34 为某实验条件下相同工况四种典型流型的压力波动特征以及相应的功率频谱（*PSD*）特征。由图可以看出各流型的压力特征如下：

(1)光滑分层流压力比较平稳，基本上在矩形范围内波动，波动范围较窄。

(2)波浪流压力信号与层流相似，波动小而密，有时有压力峰值，但并不绝对。

(3)段塞流压力波动很大，有明显的波峰、波谷，波峰顶部呈方波状，且呈周期性变化，因为液塞中仍有少量气泡，所以方波上有微小的波动存在。

(4)环状流压力信号波动较大，比光滑分层流信号频率稍慢且振幅大。

利用压力信号识别流型时，可以绘制出一个较短采样时间内压力波动图加以分析，段塞流与环状流信号较易区别，光滑分层流与波浪流的信号难以区分，应利用其他方式辅助区分。

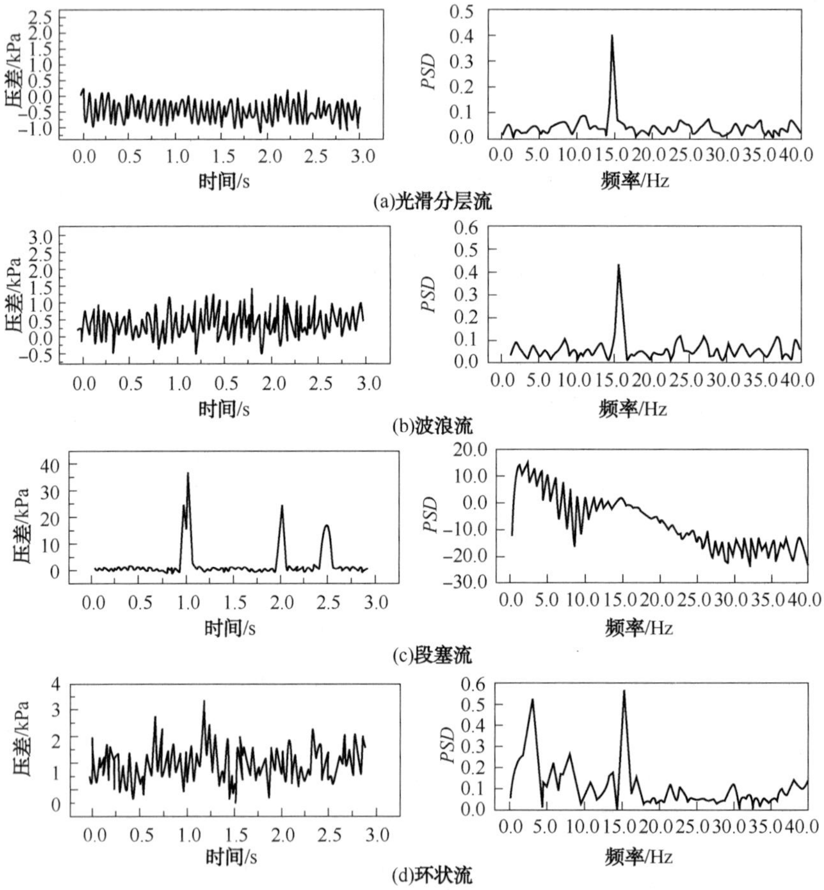

图 3-35　4 种典型流型的差压波动特征以及 *PSD* 特征图

图 3-35 为测得的 4 种典型流型的差压波动特征以及 *PSD* 特征图。由图可以看出各流型的差压特征如下：

(1)光滑分层流、波浪流信号与其压力信号波动相似，波动很小，主要集中在“0”附近一个矩形区域内，波浪流差压值稍大。

(2)段塞流差压值波动很大，有明显的波峰，这主要是因为最初两个压力传感器在同一 Taylor 气泡内，此时差压值基本保持在“0”附近波动，波幅较小，当液塞头部到达上游传感器时，该点处的压力值迅速升高造成差压值变大，当液塞头部到达下游传感器后差压值到达顶峰并开始下降，直到液塞离开下游测压点，差压值恢复到起始水平位置。

(3)环状流差压信号与波浪流相似，但差压值较分层流大，且仅从曲线上较压力图更难区分。

从分析中可以看出，根据压力、差压信号能容易的分辨出段塞流与环状流，但光滑分层流与波浪流信号很相似，往往难以分辨。同时，尽管根据信号图分辨流型在很大程度上消除了主观因素的影响，但在某些方面特别是一些细节之处它的影响还是很大的。因此，仍有必要发展流型的间接识别方法。

从图 3-35 的 *PSD* 特征可以看出：

(1)光滑分层流与波浪流在 15Hz 附近有一最大值，其他处基本保持一个恒定值，整体波动很小，两者 *PSD* 值也基本相同，但波浪流的 *PSD* 曲线波动振幅更大，频率更快。

(2)段塞流压力信号 *PSD* 比较容易辨认，振幅大且波动频率很快，*PSD* 值最大可达到 1.9，远远高于其他三种流型的 *PSD* 值，在频率 $f = 15\text{Hz}$ 以后，振幅逐渐变缓趋于 0 值。

(3)环状流波动较大，在 $f = 15\text{Hz}$ 处取得最大值，与光滑分层流、波浪流形似，但在 $f = 5\text{ Hz}$ 附近还有两个较小的峰值，呈现出多峰值现象。

(4)差压信号与压力信号 *PSD* 特征非常相似，只是段塞流中曲线的最大值增大了近 10 倍，振幅在 15~20Hz 之间比较平缓，呈斜线缓缓下降，在 25Hz 以后又重新增大，环状流动在 0~5Hz 之间的峰值更加明显，紧接它的第二峰值演变成两个大小形似的小波峰。

因此，通过功率谱密度(*PSD*)分析看出，光滑分层流与波浪流液位信号 *PSD* 曲线波动很小，没有特别明显的特征，段塞流 *PSD* 曲线一边下降一边波动，环状流 *PSD* 先是下降很快，然后振幅有所增大；在压力、压差信号中，光滑分层流与波浪流有一明显的峰值，环状流有两个明显的峰值，段塞流 *PSD* 曲线振动幅度、频率均较大。频谱分析中各种流型的差别在于相位变化各有特点，光滑分层流相位呈直线状，波浪流与分层流信号相似但略有波动，段塞流中相位呈类似矩形波分布，环状流中波动较大且频率快。

可见，通过对信号的统计分析，能够得到各种典型流型下的信号，容易区分各种流型，并在一定程度上消除了主观因素带来的负面影响。

2. 用 X 射线的吸收特性确定含气率

流体对 X 射线的吸收率随流体瞬时密度的增加而增大，即随含气率的增加而减小。用 X 射线吸收特性测定含气率时，监测器输出信号代表管内流体的含气率，在一段时间内连续测量含气率可得含气率的概率分布，依次判断流型。Hewitt 认为，这是一种较有前途的测流型方法。

3. 用 X 射线照相法确定流型

这种方法可避免可见光与气液界面一系列复杂的反射和折射，并可透过金属管壁观察流体流动情况。不足是：需减少管壁对 X 射线的吸收率，提高照相的分辨率，另一重要问题是解决放射性的处理问题。

4. 多束射线密度计

X 和 γ 射线穿过物质时，射线强度发生衰减。设有一束射线的初始强度 I_0(每平方米每秒的光子数)准直射过厚度为 z 的物体，物体对射线的吸收可用指数吸收定律来描述：

$$I = I_0 \exp(-\mu z) \tag{3-89}$$

式中 μ——线性吸收系数；

z——射线在均匀吸收介质中的穿过距离。

射线穿过两层管壁和两相混合物后，再进入探测器，使用这种方法时，先测出管内为气体和液体时，所接受到的射线强度 I_g 和 I_l，然后测量管内气液混合物的射线强度 I，含气率可按式(3-90)求得：

$$\varphi = \frac{\ln I - \ln I_l}{\ln I_g - \ln I_l} \tag{3-90}$$

上述方法测得的含气率仅是射线透过管截面某一弦长时的含气率。为取得截面平均含气率，可采用多束射线或和管道直径一样宽的宽辐线和准直仪。图 3-36 为 Lassaha 获取管内流型资料的三束 γ 射线密度计系统。

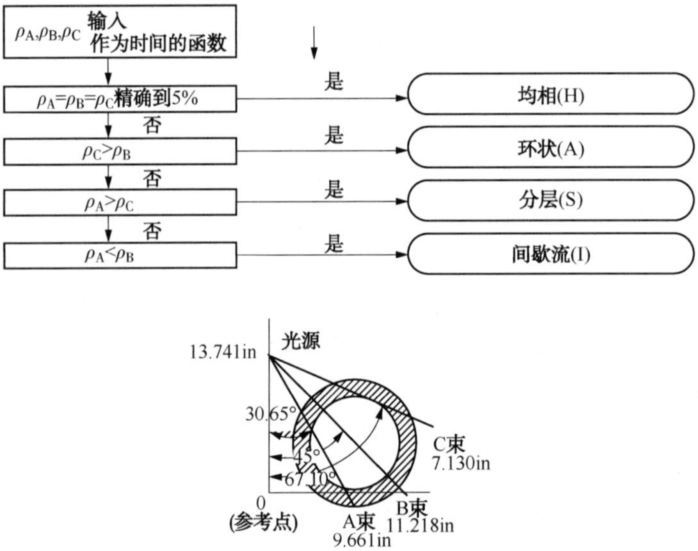

图 3-36 从 LOFT 三束 γ 射线密度计响应曲线确定流态的"正确图解"

这种测量方法存在的问题是：① 存在与辐射操作有关的安全问题；② 光子的产生带有随机性，故辐射测量存在基本的统计误差。需要较长的测量时间使标准偏差减小；③ 气泡的方向性对测量精度有一定影响。

5. 用快关阀测量截面含气率

在欲测量管起、终点安装管道同通径的快速启、闭阀门。同时关闭起、终点的阀门，放出封闭预测试管段中的液体，即可求出截面含气率。阀门的起闭时间为 10~15ms，两阀门的同步动作对测量的准确度非常重要。该方法的不足是：① 在关闭期间管内流型会发生变化，缩短阀门的关闭时间可减少这种影响；② 测量管段需有并联旁路，使系统测试后恢复至测试前状态需 15min 以上的时间。③ 含气率很高或很低时，很难测准含液量较小时所占截面份额。

6. 阻抗法测含气率

气液混合物的电阻抗取决于相浓度和相分布，对混合物阻抗的测量可给出瞬时相浓度和相分布的瞬态资料，故阻抗法已获得广泛应用。

阻抗又取决于混合物的电导和电容，因电导对温度很敏感，随温度的变化液体的介电常数变化很小，故应使测量系统在高频下工作，保证电容在阻抗中起支配作用。阻抗法测含气率的缺点为：在相同含气率下，不同流型测得的阻抗值可能相差很大，给数据的处理造成困难，也使人怀疑测量的准确程度，如图 3-37 所示。

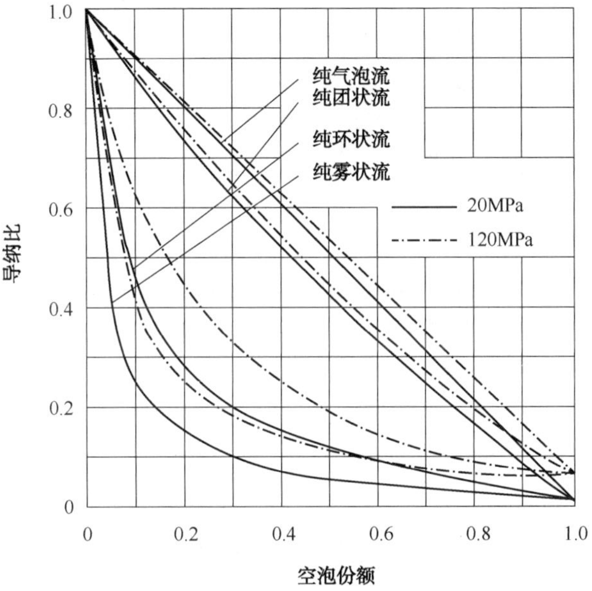

图 3-37　电导法测定空泡份额时流型对电导的影响

第四章　多相混输管路水力计算常用方法*

第一节　水平管流的常用方法

在油田上，油气混合物沿油气混输管道从油井井口到转油站的流动，有些属于水平管或接近水平管中的气液两相流动。当油井见水后，其流动属于油气水混合物的多相流动。实践表明，多相流动的压力损失比单相流动时大得多。在类似的流量下，前者可达后者的5~10倍。按照有些研究者的说法，油气水乳化物流动的压力损失还要大些。所以，为了实现油田的长期稳定高产，减少油气混输管道的压降，正确选择管道的直径，有必要研究油气水混合物在水平管中的流动规律。

一、流动形态

当气液混合物在水平圆管中流动时，由于几何条件的不同，其流动形态与铅直管中的稍有不同。实践证明，一般可以将水平管中气液两相的流动形态大致分为7种。如果管道中液体的流量不变，而气体的流量由小到大，则7种流动形态发生的顺序是：

（1）泡状流：此时气体量很少，气体以气泡的形式在管道中与液体一同作等速流动。

（2）团状流：随着气体量的增多，气泡合并成为较大的气团。气团在管道中与液体一同流动。

（3）层状流：气体量再增多，则气团连成一片。气相与液相分成具有光滑界面的气体层和液体层。

（4）波状流：气体量进一步增多，流速提高，在气液界面上引起波浪。

（5）冲击流：又称段塞流。气体流速更大时，波浪加剧。波浪的顶部不时可高达管壁的上部。此时，低速的波浪将阻挡高速气流的通过，然后又被气流吹开和带走一小部分。被带走的液体，或散成液滴，或与气体一起形成泡沫。

（6）环状流：气体的量和流速继续提高，要求更大的断面积供其通过。起初，气流将液体的断面压缩成新月形。随着气体流速的继续增大，液体断面将进一步变薄，并且沿管壁搭接成环形断面。于是，气体携带着液滴以较高的速度在环形液流的中央流过。

（7）雾状流：当气体的流速很大时，液体被气流吹散，以液滴或雾的形式随着高速气流向前流动。

以上是气液两相在水平管中共同流动时，较常出现的7种流动形态。下面将介绍石油工程中计算水平气液两相管流的压降时常用的几种方法。

二、洛克哈特-马蒂内利方法

1949年洛克哈特(Lockhart)和马蒂内利(Martinelli)最先提出了水平管中两相流动压降

的一般相关规律。他们在研究中使用了一些研究者的空气-液体(如水、煤油、苯及其他油类)混合物的实验数据，其实验条件为：管子直径1.49~25.80mm，管道长度0.67~15.20m，液相黏度0.6~270mPa·s，压力108~353kPa(绝对)，温度15~30℃。洛克哈特-马蒂内利方法是早期的计算方法中较好的一种，一直沿用到现在。尽管实验管径是比较小的，但是这种方法已在很多工业系统中被广泛应用，并且获得了一定的成功。

在洛克哈特-马蒂内利方法中，认为气液两相流动的压降 Δp 可以按照单相液体或单相气体流动的压降计算，即

$$\Delta p=\lambda_1\frac{L}{D_1}\frac{u_1^2}{2}\rho_1 \tag{4-1}$$

或

$$\Delta p=\lambda_g\frac{L}{D_g}\frac{u_g^2}{2}\rho_g \tag{4-2}$$

式中　Δp——气液两相流动的压降，Pa；

λ_1——两相流动中，液相的沿程阻力系数，无因次；

λ_g——两相流动中，气相的沿程阻力系数，无因次；

L——管道的长度，m；

D_1——单相液流的相当水力直径，m；

D_g——单相气流的相当水力直径，m；

u_1——液相的实际速度，m/s；

u_g——气相的实际速度，m/s；

ρ_1——液相的密度，kg/m^3；

ρ_g——气相的密度，kg/m^3。

其中，液相和气相的实际速度可以计算如式(4-3)、式(4-4)：

$$u_1=\frac{M_1}{\alpha\frac{\pi}{4}D_1^2\rho_1} \tag{4-3}$$

$$u_g=\frac{M_g}{\beta\frac{\pi}{4}D_g^2\rho_g} \tag{4-4}$$

式中　M_1——液相的质量流量，kg/s；

M_g——气相的质量流量，kg/s。

在式(4-3)、式(4-4)中，考虑到两种流体的相对运动以及流动时各自几何形状上的特点，引进了校正系数 α 和 β，并且认为沿程阻力系数 λ_1 和 λ_g，可以仿照水力光滑管的情况表示为：

$$\lambda_1=\frac{B_1}{Re_1^n}=\frac{B_1}{\left(\dfrac{4M_1}{\alpha\pi D_1\mu_1}\right)^n} \tag{4-5}$$

$$\lambda_g=\frac{B_g}{Re_g^m}=\frac{B_g}{\left(\dfrac{4M_g}{\beta\pi D_g\mu_g}\right)^m} \tag{4-6}$$

式中　B_l，B_g，n，m——常数；

μ_l——液相的黏度，Pa·s；

μ_g——气相的黏度，Pa·s。

所以，将式(4-5)和式(4-3)代入式(4-1)之后，得：

$$\Delta p=\frac{B_l}{\left(\dfrac{4M_l}{\pi\alpha D_l\mu_l}\right)^n}\frac{L}{D_l}\frac{\left(\dfrac{M_l}{\alpha\dfrac{\pi}{4}D_l^2\rho_l}\right)^2}{2}\rho_l \tag{4-7}$$

另外，根据分液相折算系数的概念，假设此时只有单相液体在整个管道中流动，则其压降可以用式(4-8)表示：

$$\Delta p_l=\frac{B_l}{\left(\dfrac{4M_l}{\pi D_l\mu_l}\right)^n}\frac{L}{D}\frac{\left(\dfrac{M_l}{\dfrac{\pi}{4}D^2\rho_l}\right)^2}{2}\rho_l \tag{4-8}$$

将式(4-7)与式(4-8)相除，得：

$$\frac{\Delta p}{\Delta p_l}=\left(\frac{\alpha D_l}{D}\right)^n\frac{D}{D_l}\left(\frac{D^2}{\alpha D_l^2}\right)^2=\alpha^{n-2}\left(\frac{D}{D_l}\right)^{5-n}=\phi_l^2 \tag{4-9}$$

或

$$\sqrt{\frac{\Delta p}{\Delta p_l}}=\alpha^{\frac{n-2}{2}}\left(\frac{D}{D_l}\right)^{\frac{5-n}{2}}=\phi_l \tag{4-10}$$

因而：

$$\Delta p=\phi_l^2\Delta p_l \tag{4-11}$$

式中　ϕ_l^2——分液相折算系数，无因次。

同理，根据分气相折算系数的概念，有：

$$\frac{\Delta p}{\Delta p_g}=\beta^{\frac{m-2}{2}}\left(\frac{D}{D_g}\right)^{\frac{5-m}{2}}=\phi_g^2 \tag{4-12}$$

或：

$$\sqrt{\frac{\Delta p}{\Delta p_g}}=\beta^{m-2}\left(\frac{D}{D_g}\right)^{5-m}=\phi_g \tag{4-13}$$

因而：

$$\Delta p = \phi_g^2 \Delta p_g \tag{4-14}$$

式中 Δp_g——假设只有单相气体在整个管道中流动时的压降，Pa；

ϕ_g^2——分气相折算系数，无因次。

实验表明，系数 ϕ_l 和 ϕ_g 都是某参数 X 的函数，而：

$$X = \sqrt{\frac{\Delta p_l}{\Delta p_g}} \tag{4-15}$$

ϕ_l、ϕ_g 与 X 之间的关系是用实验方法确定的，其结果如图 4-1 所示。

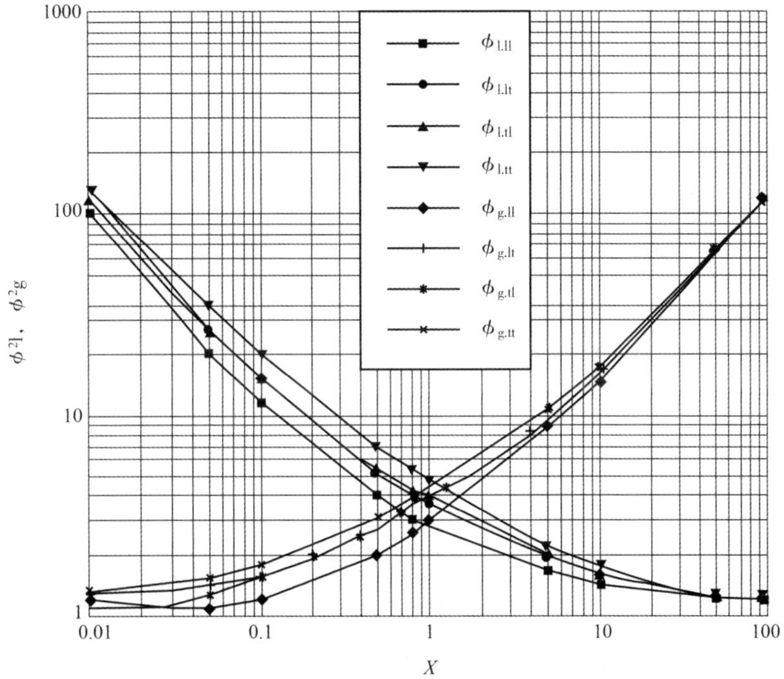

图 4-1 ϕ_l，ϕ_g 与 X 的关系曲线

图 4-1 中的曲线，按单相流体的流动状态分为以下 4 类：

（1）液体层流—气体层流（下标为 ll）：

$$\frac{Du_{sl}\rho_l}{\mu_l}<1000,\ \frac{Du_{sg}\rho_g}{\mu_g}<1000$$

（2）液体层流—气体紊流（下标为 lt）：

$$\frac{Du_{sl}\rho_l}{\mu_l}<1000,\ \frac{Du_{sg}\rho_g}{\mu_g}>2000$$

（3）液体紊流—气体层流（下标为 tl）：

$$\frac{Du_{sl}\rho_l}{\mu_l}>2000,\ \frac{Du_{sg}\rho_g}{\mu_g}<1000$$

（4）液体紊流—气体紊流（下标为tt）：

$$\frac{Du_{sl}\rho_l}{\mu_l}>2000, \quad \frac{Du_{sg}\rho_g}{\mu_g}>2000$$

式中　u_{sl}——液相的折算速度，m/s；

u_{sg}——气相的折算速度，m/s。

在以上的分类中，选择临界雷诺数1000，是由于认为有第二相的存在，实质上将使另一相所占的断面积减少，从而使雷诺数的有效值增大。

显然，当按照单相流体计算其压降 Δp_l 和 Δp_g 以后，由图4-1可以查出系数 ϕ_l 或 ϕ_g。然后，根据式（4-11）或式（4-14）就可以求得水平气液两相管流的压降 Δp。

洛克哈特-马蒂内利方法已在工业上获得广泛应用。不过，近年来提出的几种压降计算方法已被证明比他更好些。但是，该法对于低气流量、液流量非常适用，一般也适用于小直径管道。杜克勒等认为，洛克哈特-马蒂内利方法的准确性随管径的增加而降低。

三、贝克方法

1954~1967年，贝克发表了一系列有关油气混输管道压降计算方法的文章。贝克认为，气液两相流动由于其流动形态的不同，产生压力损失的机理也不同，因而在计算压降之前应该首先确定两相流动的流动形态

1954年贝克推荐了一个基于 $M_g/\theta A$ 与 $M_l\theta\psi/G_g$ 坐标系的流动形态分布图，如图4-2所示。这两组变量分别正比于气相质量速度和液、气相质量速度比。而参数 θ 和 ψ 分别定义如下：

$$\theta=\left[\left(\frac{\rho_g}{\rho_a}\right)\left(\frac{\rho_l}{\rho_w}\right)\right]^{1/2} \tag{4-16}$$

$$\psi=\frac{\sigma_w}{\sigma}\left[\left(\frac{\mu_l}{\mu_w}\right)\left(\frac{\rho_w}{\rho_l}\right)^2\right]^{1/3} \tag{4-17}$$

在图4-2、式（4-16）和式（4-17）中，各物理量的含义和单位如下：

M_g——气相的质量流量，kg/s；

M_l——液相的质量流量，kg/s；

A——管子的断面积，m^2；

ρ_g——标准状态下气相的密度，kg/m^3；

ρ_a——标准状态下空气的密度，kg/m^3；

ρ_l——标准状态下液相的密度，kg/m^3；

ρ_w——标准状态下水的密度，kg/m^3；

σ——流动状态下液相的表面张力，N/m；

σ_w——标准状态下水的表面张力，N/m；

μ_l——标准状态下液相的黏度，Pa·s；

μ_w——标准状态下水的黏度，Pa·s。

以上的有关量都应在管道的平均工作状态下取值。

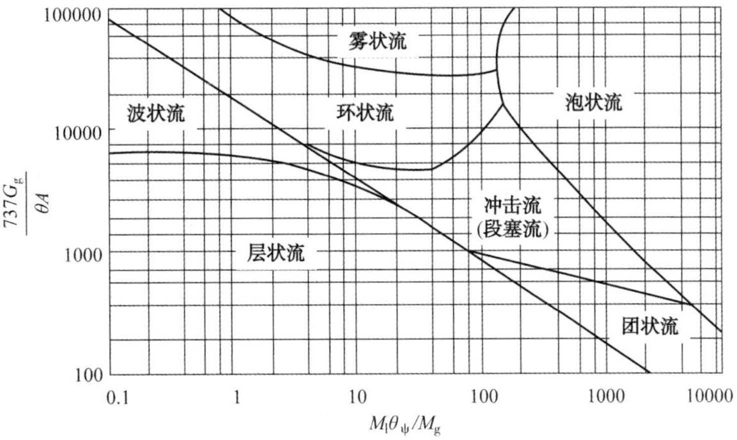

图 4-2　贝克的流动形态分布图

贝克分析了许多研究者的实验数据和生产实测数据后，针对不同的流动形态，总结出下列经验公式：

(1) 泡状流：

$$\frac{\Delta p}{\Delta p_g}=54.0\left(\frac{\Delta p_l}{\Delta p_g}\right)^{0.75}\Big/\left(\frac{M_l}{A}\right)^{0.2} \tag{4-18}$$

(2) 团状流：

$$\frac{\Delta p}{\Delta p_g}=79.4\left(\frac{\Delta p_l}{\Delta p_g}\right)^{0.855}\Big/\left(\frac{M_l}{A}\right)^{0.34} \tag{4-19}$$

(3) 层状流：

$$\frac{\Delta p}{\Delta p_g}=6120\left(\frac{\Delta p_l}{\Delta p_g}\right)^{2}\Big/\left(\frac{M_l}{A}\right)^{1.6} \tag{4-20}$$

(4) 波状流：采用汉廷顿-施奈德-怀特(Huntington-Schneider-White)关系式，即

$$\Delta p=\lambda_{wav}\frac{L}{D}\frac{u_{sg}^2}{2}\rho_g \tag{4-21}$$

其中

$$\lambda_{wav}=0.0175\left(\frac{M_l\mu_l}{M_g\mu_g}\right)^{0.209} \tag{4-22}$$

(5) 冲击流：

$$\frac{\Delta p}{\Delta p_g}=1920\left(\frac{\Delta p_l}{\Delta p_g}\right)^{0.815}\Big/\left(\frac{M_l}{A}\right) \tag{4-23}$$

(6) 环状流：

$$\frac{\Delta p}{\Delta p_g}=(4.8-12.3D)^2\left(\frac{\Delta p_l}{\Delta p_g}\right)^{0.348-0.83D} \tag{4-24}$$

当 D 在 0.25 以上时，均取为 0.25m。

(7) 雾状流：可以采用洛克哈特-马蒂内利方法中的液体紊流-气体紊流的情况进行计算。

在式(4-18)至式(4-24)中，新引入的各量含义和单位分别为：

Δp——气液两相流动的压降，Pa；

Δp_g——假设只有单相气体在整个管道流动时的压降，Pa；

Δp_l——假设只有单相液体在整个管道流动时的压降，Pa；

λ_{wav}——波状流的沿程阻力系数，无量纲；

L——管道的长度，m；

D——管子的直径，m；

u_{sg}——气相的折算速度，m/s。

以上的有关量也都应在管道的平均工作状态下取值。

贝克指出："流动形态分布图上的区域边界看上去是一条线，而实际上是一个相当宽的过渡区。"在边界线附近，如果选择的流动形态不同，算出的压降可能相差五倍之多。因此，当流动条件接近某些流动形态的边界时，应该按照邻近边界线的两种，甚至三种流动形态下相应公式计算压降，从中选出最稳妥的一种。

贝克分析的数据大部分选自150~250mm(6~10in)的管道，所以该方法对于直径大于150mm(6in)的管道来说效果一般较好。另外，该方法在冲击流时较为准确，管径为300mm(12in)时误差约为±10%；环状流时次之；其他流动形态时更次之。虽然贝克方法已在工业上获得广泛应用，但是从总的方面来看已经有些落后。不过，对于大直径管道和冲击流来说，此方法仍不逊色。

四、阻力系数法

当气液混合物中的气相和液相在均匀掺混下流动时，可以不考虑相间的滑脱现象，即认为混输管道的同一过流断面上的气体质点和液体质点具有相同的速度。下面分别讨论在这种情况下，气液混合物的密度，雷诺数和沿程阻力系数，以及气液混输管道中的压力和质量流量等。在以下的推导中，除了要求气液两相均匀掺混外，还假设管道是水平的，流动是等温的，加速压差是可以忽略的，另外在沿程阻力系数上还作了一些特殊的假设。

1. 密度

设ρ为气液混合物的密度，kg/m³；ρ_l为液相的密度，kg/m³；ρ_g为气相的密度，kg/m³。所以

$$\rho=\frac{W}{V}$$

$$\rho_l=\frac{W_l}{V_l}$$

$$\rho_g=\frac{W_g}{V_g}$$

式中 W——体积为V(m³)的混合物所具有的质量，kg；

W_l——混合物中体积为V_l(m³)的液体所具有的质量，kg；

W_g——混合物中体积为V_g(m³)的气体所具有的质量，kg。

又设 η 为混合物的气液比，指混合物中伴随每单位质量液体的气体质量(kg/kg)。所以

$$W_g=\eta W_l$$

于是，三个密度之间有以下的关系：

$$\rho=\frac{W}{V}=\frac{W_l+W_g}{V_l+V_g}=\frac{W_l+\eta W_l}{\frac{W_l}{\rho_l}+\frac{W_g}{\rho_g}}=\frac{W_l+\eta W_l}{\frac{W_l}{\rho_l}+\frac{\eta W_l}{\rho_g}}=\frac{1+\eta}{\frac{1}{\rho_l}+\frac{\eta}{\rho_g}} \tag{4-25}$$

2. 平均流速

$$u=\frac{M}{A\rho}=\frac{M}{\frac{\pi D^2}{4}\rho}=\frac{4M}{\pi D^2\rho} \tag{4-26}$$

式中　u——混合物在管道中的平均流速，m/s；

M——混合物的质量流量，kg/s；

A——管子的断面积，m^2；

D——管子的直径，m。

3. 雷诺数

取气液混合物在管道中的雷诺数：

$$Re=\frac{Du}{\nu}=\frac{Du\rho}{\mu} \tag{4-27}$$

式中　ν——混合物的运动黏度，m^2/s；

μ——混合物的动力黏度，Pa·s。

将式(4-26)代入式(4-27)，得：

$$Re=\frac{4M}{\pi D\mu} \tag{4-28}$$

4. 沿程阻力系数

对于均匀掺混的气液混输管道，沿程阻力的计算可以采用以下的经验公式：

$$\lambda=\frac{B}{Re^m} \tag{4-29}$$

式中　λ——水平管道中气液混合物的沿程阻力系数，无因次；

B 和 m——常数。

5. 气液混输管道压力和质量流量的计算

水平管道中，当加速度所引起的压差很小时，则气液混输的能量方程式可以表示为：

$$-\frac{dp}{\rho}=\lambda\frac{dx}{D}\frac{u^2}{2} \tag{4-30}$$

式中　p——压力，Pa；

x——距离，m。

将式(4-26)、式(4-28)和式(4-29)代入式(4-30)得：

$$-\frac{dp}{\rho}=\frac{B}{\left(\frac{4M}{\pi D\mu}\right)^m}\frac{dx}{D}\frac{\left(\frac{4M}{\pi D^2\rho}\right)^2}{2}$$

$$=\frac{B}{4^m M^m}\pi^m D^m \mu^m \frac{4^2 M^2}{\pi^2 D^4 \rho^2}\frac{1}{2}\frac{1}{D}dx$$

$$=\frac{4^{2-m}B\mu^m}{2\pi^{2-m}D^{5-m}}M^{2-m}\frac{1}{\rho^2}dx$$

$$\rho dp=-\frac{4^{2-m}B\mu^m}{2\pi^{2-m}D^{5-m}}M^{2-m}dx$$

令

$$U=\frac{4^{2-m}B\mu^m}{2\pi^{2-m}D^{5-m}}\frac{1}{\rho_1(1+\eta)} \tag{4-31}$$

$$\rho dp=-U\rho_1(1+\eta)M^{2-m}dx$$

则

$$\frac{\rho dp}{1+\eta}=-U\rho_1 M^{2-m}dx$$

将式(4-25)代入式(4-31)，得：

$$\frac{dp}{\frac{1}{\rho_1}+\frac{\eta}{\rho_g}}=-U\rho_1 M^{2-m}dx \tag{4-32}$$

根据气体的状态方程式，得：

$$\frac{p}{\rho_g}=ZR'T$$

式中 Z——气体的压缩系数，无因次；

R'——气体的状态常数，Pa · m^3/(kg · K)；

T——温度，K。

在等温过程中，T 不变，所以可以取 $ZR'T$ 为一常数β，得

$$\frac{p}{\rho_g}=\beta$$

$$\frac{1}{\rho_g}=\frac{\beta}{p}$$

将$\frac{1}{\rho_g}=\frac{\beta}{p}$代入式(4-32)，得：

$$\frac{dp}{\frac{1}{\rho_1}+\frac{\eta\beta}{p}}=-U\rho_1 M^{2-m}dx$$

$$\frac{dp}{\frac{p+\eta\beta\rho}{\rho_1 p}}=-U\rho_1 M^{2-m}dx$$

$$\frac{p}{p+\eta\beta\rho_1}\mathrm{d}p=-UM^{2-m}\mathrm{d}x$$

$$\frac{(p+\eta\beta\rho_1)-\eta\beta\rho_1}{p+\eta\beta\rho_1}\mathrm{d}p=-UM^{2-m}\mathrm{d}x$$

$$\mathrm{d}p-\frac{\eta\beta\rho_1}{p+\eta\beta\rho_1}\mathrm{d}p=-UM^{2-m}\mathrm{d}x$$

其中，$\eta\beta\rho_1$ 可以视为常数。积分后，得：

$$p-\eta\beta\rho_1\ln(p+\eta\beta\rho_1)=-UM^{2-m}x+C \tag{4-33}$$

式中　C——积分常数。

当 $x=0$ 时，$p=p_1$[p_1 为管道始点的压力(绝对)，Pa]。将其代入式(4-33)求积分常数，得：

$$C=p_1-\eta\beta\rho_1\ln(p_1+\eta\beta\rho_1) \tag{4-34}$$

然后将其代入式(4-33)，得：

$$p_1-p-\eta\beta\rho_1\ln\left(\frac{p_1+\eta\beta\rho_1}{p+\eta\beta\rho_1}\right)=UM^{2-m}x \tag{4-35}$$

式(4-35)表示气液混输管道的压力分布规律。

当 $x=L$ 时，$p=p_2$[L 为管道长度，m；p_2 为管道终点的压力(绝对)，Pa]。将其代入式(4-35)，得：

$$p_1-p_2-\eta\beta\rho_1\ln\left(\frac{p_1+\eta\beta\rho_1}{p_2+\eta\beta\rho_1}\right)=UM^{2-m}L \tag{4-36}$$

所以，气液混输管道中的质量流量为：

$$M=\left(\frac{p_1-p_2-\eta\beta\rho_1\ln\dfrac{p_1+\eta\beta\rho_1}{p_2+\eta\beta\rho_1}}{UL}\right)^{\frac{1}{2-m}} \tag{4-37}$$

实践表明，在一般的油气混输管道的流动形态下，可以近似地认为 $m=0$。将其代入式(4-31)，此时得

$$U=\frac{4^2B}{2\pi^2D^5\rho_1}\frac{1}{(1+\eta)} \tag{4-38}$$

将 $m=0$ 和式(4-38)代入式(4-37)，得

$$M=\sqrt{\frac{\pi^2D^5\rho_1(1+\eta)}{8BL}\left(p_1-p_2-\eta\beta\rho_1\ln\frac{p_1+\eta\beta\rho_1}{p_2+\eta\beta\rho_1}\right)} \tag{4-39}$$

令 $\alpha=\eta\beta\rho_1$，同时，由于 $m=0$，所以沿程阻力系数 $\lambda=B$，将其代入式(4-39)，得

$$M=\sqrt{\frac{\pi^2D^5\rho_1(1+\eta)}{8\lambda L}\left(p_1-p_2-\alpha\ln\frac{p_1+\alpha}{p_2+\alpha}\right)} \tag{4-40}$$

其中

$$\alpha=\eta\beta\rho_1=\eta\frac{p}{\rho_g}\rho_1=\eta\rho_1\frac{\frac{p}{\rho_a}}{\frac{\rho_g}{\rho_a}}$$

$$=\eta\rho_1\frac{ZR'_aT}{\delta} \tag{4-41}$$

式中 ρ_a——空气的密度，kg/m^3；

R'_a——空气的状态常数，$Pa\cdot m^3/(kg\cdot K)$；

p——管道的平均压力(绝对)，Pa；

T——管道的平均温度，K；

δ——气体的相对密度，无量纲。

6. 气液混输管道直径的计算

根据式(4-40)，得

$$D=\sqrt[5]{\frac{8M^2\lambda L}{\pi^2\rho_1(1+\eta)\left(p_1-p_2-\alpha\ln\frac{p_1+\alpha}{p_2+\alpha}\right)}}$$

$$=\sqrt[5]{\frac{M^2\lambda L}{1.234\rho_1\left(p_1-p_2-\alpha\ln\frac{p_1+\alpha}{p_2+\alpha}\right)}} \tag{4-42}$$

式(4-42)为气液混输管道直径的计算公式，此式适用 $p_1-p_2>\alpha\ln\frac{p_1+\alpha}{p_2+\alpha}$ 的情况。

7. 气液混输管道的简化计算公式

式(4-40)和式(4-42)的计算比较复杂，不便于使用。在气液混输管道的计算中，可以对式(4-42)进行简化，并将其结果作成速算图，以便设计时查图求解。

下面介绍对式(4-42)中 $p_1-p_2-\alpha\ln\frac{p_1+\alpha}{p_2+\alpha}$ 的化简。

根据数学中泰勒公式的展开，

$$\ln(1+x)=x-\frac{x^2}{2}+\cdots-(-1)^n\left(\frac{x^n}{n}\right)$$

如果 x 很小，则可以取

$$\ln(1+x)=x-\frac{x^2}{2}$$

因此

$$\ln\left(\frac{p_1+\alpha}{p_2+\alpha}\right)=\ln\left(\frac{\frac{p_1+\alpha}{\alpha}}{\frac{p_2+\alpha}{\alpha}}\right)=\ln\left(\frac{1+\frac{p_1}{\alpha}}{1+\frac{p_2}{\alpha}}\right)$$

$$=\ln\left(1+\frac{p_1}{\alpha}\right)-\ln\left(1+\frac{p_2}{\alpha}\right)$$

$$=\left(\frac{p_1}{\alpha}-\frac{p_1^2}{2\alpha^2}\right)-\left(\frac{p_2}{\alpha}-\frac{p_2^2}{2\alpha^2}\right)$$

$$=\left(\frac{p_1}{\alpha}-\frac{p_2}{\alpha}\right)-\left(\frac{p_1^2}{2\alpha^2}-\frac{p_2^2}{2\alpha^2}\right)$$

$$=\frac{p_1-p_2}{\alpha}-\frac{p_1^2-p_2^2}{2\alpha^2}$$

进而，得：

$$\frac{p_1-p_2}{\alpha}-\ln\frac{p_1+\alpha}{p_2+\alpha}=\frac{p_1^2-p_2^2}{2\alpha^2}$$

$$p_1-p_2-\alpha\ln\frac{p_1+\alpha}{p_2+\alpha}=\frac{p_1^2-p_2^2}{2\alpha} \tag{4-43}$$

由式(4-42)得：

$$p_1-p_2-\alpha\ln\frac{p_1+\alpha}{p_2+\alpha}=\frac{M^2\lambda L}{1.234D^5\rho_1(1+\eta)}$$

将式(4-43)代入该式，得：

$$\frac{p_1^2-p_2^2}{2\alpha}=\frac{M^2\lambda L}{1.234D^5\rho_1(1+\eta)}$$

将式(4-41)代入该式，得：

$$\frac{p_1^2-p_2^2}{\dfrac{2\eta\rho_1 ZR'_{a}T}{\delta}}=\frac{M^2\lambda L}{1.234D^5\rho_1(1+\eta)}$$

$$p_1^2-p_2^2=\frac{ZR'_{a}T}{0.617\delta}\frac{\eta}{1+\eta}\frac{M^2\lambda L}{D^5} \tag{4-44}$$

式(4-44)为气液混输管道的简化计算公式。

对于油气水混合物来说，混输的质量流量 M 有以下的关系：

$$M=M_1(1+\eta) \tag{4-45}$$

式中 M_1——油气水混合物中液相的质量流量，kg/s。

将式(4-45)代入式(4-44)，得：

$$p_1^2-p_2^2=\frac{ZR'_{a}T}{0.617\delta}\eta(1+\eta)\frac{M_l^2\lambda L}{D^5} \tag{4-46}$$

实践表明，式(4-44)和式(4-46)适用于原油运动黏度低于 $0.5\times10^{-4}\text{m}^2/\text{s}$，气液比低于120(标准)$\text{m}^3/\text{t}$，原油含水率低于10%($\text{m}^3/\text{m}^3$)，混合物的平均流速约为1~5m/s的情况。在油气混输管道的设计中，可以取 $\lambda=0.03$。

五、杜克勒方法

在美国煤气协会(AGA)与美国石油学会(API)的赞助下，休斯敦大学的杜克勒等于

1960年开始进行了较大规模的气液两相流动研究工作。1964年发表了他们的论文，1969年出版了研究报告。

杜克勒的研究过程大致可以分为三个阶段：

(1) 收集了大量已发表的有关水平管中气液两相流动的数据。这些数据取自500多篇文章和报告，共20000多个，其操作范围极其广泛。在这些数据中，有实验室管的短道实验数据，也有油田的长管道现场实测数据。通过筛选，舍弃了不够精度或不具有普遍意义的数据，选出了2620个数据，建立了数据库。

(2) 利用数据库中的数据，评价已经发表的气液两相流动计算公式。杜克勒等用概率统计理论，检验了六种在工程上有一定影响的计算方法。检验的结果表明，没有一种方法的计算结果是令人满意的。相对来说，洛克哈特-马蒂内利方法优于其他几种方法。

(3) 利用相似理论，建立了计算水平气液两相管流压降的新方法。

杜克勒等把气液两相流动划分为气液两相间无滑脱和有滑脱的两种情况，分别加以研究。

1. 杜克勒第一法

在这个方法中，杜克勒等假设流体是气液两相无滑脱的均匀混合物。由已知理论可以知道，此时的持液率(又称真实含液率)等于体积含液率。杜克勒等把这个持液率叫做“无滑脱”持液率，H'_L，它等于液体体积流量与气液总体积流量之比。所以，这个第一法又可以叫做杜克勒的无滑脱法。这个方法不需要确定流动形态，其两相压降的计算和单相压降的计算一样简便。只不过在计算过程中，要求使用混合物的物性参数取代单相流体的物性参数。

现在结合油、气、水混合物的水平混输管道，将杜克勒第一法的计算步骤编排如下：

(1) 已知上游压力p_1(绝对，Pa)。今将一个下游压力p_2(绝对，Pa)，求出p_1与p_2的平均压力$\bar{p}$(绝对，Pa)。再设一个平均温度$\bar{T}$(K)。

(2) 根据$\bar{p}$和$\bar{T}$，按照油、气的物理性质资料求得溶解气油比S_s(m^3/m^3)、原油体积系数B_o(m^3/m^3)和天然气的压缩因子Z。

(3) 计算在$\bar{p}$和$\bar{T}$下液体的体积流量Q_l(m^3/s)、气体的体积流量Q_g(m^3/s)和气液混合物总体积流量Q(m^3/s)：

$$Q_l = Q_o(B_o + V_w) \tag{4-47}$$

$$Q_g = Q_o \frac{Z p_{st} \bar{T}}{\bar{p} T_{st}} (S_p - S_s) \tag{4-48}$$

$$Q = Q_l + Q_g \tag{4-49}$$

式中 Q_o——生产的地面脱气原油的体积流量，m^3/s；

V_w——生产水油比，m^3/m^3；

p_{st}——标准压力(绝对)，采用98.0665×10^3Pa；

T_{st}——标准温度，采用293.15K；

S_p——生产气油比，m^3/m^3。

（4）计算在 $\bar{p}$ 和 $\bar{T}$ 下的“无滑脱”持液率 H'_L（m^3/m^3）：

$$H'_L=\frac{Q_l}{Q} \tag{4-50}$$

（5）计算在 $\bar{p}$ 和 $\bar{T}$ 下的液体的密度 ρ_l（kg/m^3）和气体的密度 ρ_g（kg/m^3）：

$$\rho_l=\frac{\rho_o+S_s\rho_{ng}+V_w\rho_w}{B_o+V_w} \tag{4-51}$$

$$\rho_g=\frac{(S_p-S_s)\rho_{ng}}{\frac{Zp_{st}\bar{T}}{\bar{p}T_{st}}(S_p-S_s)}=\frac{\rho_{ng}\bar{p}T_{st}}{Zp_{st}\bar{T}} \tag{4-52}$$

式中　ρ_o——生产的地面脱气原油的密度，kg/m^3；

ρ_{ng}——生产的天然气的密度，kg/m^3；

ρ_w——生产的水的密度，kg/m^3。

（6）计算在 $\bar{p}$ 和 $\bar{T}$ 下的气液混合物的平均流速 u（m/s）：

$$u=\frac{Q}{A} \tag{4-53}$$

式中　A——管子的断面积。

（7）计算在 $\bar{p}$ 和 $\bar{T}$ 下的气液混合物的密度 ρ（kg/m^3）：

$$\rho=\rho_l H'_L+\rho_g(1-H'_L) \tag{4-54}$$

（8）计算在 $\bar{p}$ 和 $\bar{T}$ 下的气液混合物的黏度 μ（Pa·s）：

$$\mu=\mu_l H'_L+\mu_g(1-H'_L) \tag{4-55}$$

式中　μ_l——在 $\bar{p}$ 和 $\bar{T}$ 下的液相的黏度，Pa·s；

μ_g——在 $\bar{p}$ 和 $\bar{T}$ 下的气相的黏度，Pa·s。

（9）计算在 $\bar{p}$ 和 $\bar{T}$ 下的气液混合物的雷诺数 Re：

$$Re=\frac{Du\rho}{\mu} \tag{4-56}$$

式中　D——管子的直径，m。

（10）计算气液混合物的“无滑脱”沿程阻力系数 λ'：同单相流一样，有：

$$\lambda'=0.0056+\frac{0.5}{Re^{0.32}} \tag{4-57}$$

（11）计算摩阻压力梯度 $\frac{\Delta p_l}{\Delta L}$（Pa/m）：根据达西公式，有：

$$\frac{\Delta p_1}{\Delta L}=\lambda'\frac{1}{D}\frac{u^2}{2}\rho \tag{4-58}$$

（12）计算与加速度所引起的压力梯度有关的系数 α（无因次）：

$$\alpha=\frac{QQ_g\rho\bar{p}}{A^2p_1p_2} \tag{4-59}$$

（13）计算总压力梯度 $\frac{\Delta p}{\Delta L}$（Pa/m）：

$$\frac{\Delta p}{\Delta L}=\frac{\frac{\Delta p_1}{\Delta L}}{1-\alpha} \tag{4-60}$$

（14）计算总压降 Δp（Pa）：

$$\Delta p=\frac{\Delta p}{\Delta L}L \tag{4-61}$$

式中　L——管道的长度，m。

（15）如果以上的计算结果 Δp 与（1）所设的压降（p_1-p_2）相差较多，则需另设 p_2，重复以上计算。

（16）如果管道较长，则需分段计算。

对于油气混输管道来说，加速度所引起的压力梯度可以忽略不计。

2. 杜克勒第二法

在这个方法中，杜克勒等认为气液两相之间是有滑脱的，但液相速度与气相速度之比沿着管长是不变的。所以，这个第二法又叫做杜克勒的稳定滑脱法。这个方法也不需要确定流动形态，其两相压降的计算基本上也和单相压降的计算一样简便。只不过在计算过程中，较之杜克勒第一法，有以下两点改进：

（1）杜克勒等借助于相似理论，在上述假设条件下，得出了有滑脱时气液混合物密度的计算公式：

$$\rho=\rho_l\frac{H'^2_L}{H_L}+\rho_g\frac{(1-H'_L)^2}{1-H_L} \tag{4-62}$$

式中　H_L——有滑脱时的持液率，m^3/m^3。

杜克勒等利用数据库中的实测数据，得出了有滑脱时的持液率 H_L 与“无滑脱”持液率 H'_L 以及气液混合物雷诺数 Re 之间的关系曲线，如图 4-3 所示。由于气相的速度大于液相的速度，显然 H_L 应该大于 H'_L。只有当液体和气体的速度相等时，才有 $H_L=H'_L$。

由于 Re 与 H_L 之间呈隐函数关系，所以在使用图 4-3 求 H_L 时需要采取试算法。先假设一个 H_L 值，然后根据式（4-50）、式（4-62）、式（4-55）和式（4-56）分别计算 H'_L、ρ、μ 和 Re，最后由图 4-3 查得实际的持液率 H_L。如果由图查得的 H_L 与假设的 H_L 之间的相对误差超过 5%，则需另设 H_L 值，重复以上的计算。

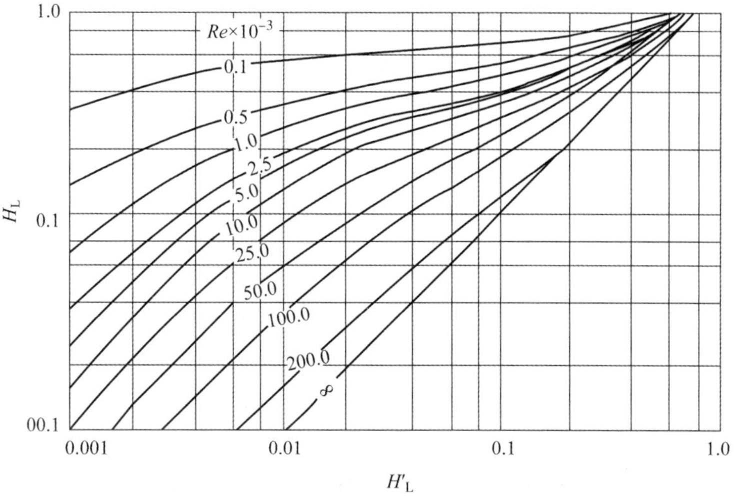

图 4-3　杜克勒等的 H'_L-H_L 关系曲线

（2）杜克勒等利用数据库中的实测数据，得出了有滑脱时的沿程阻力系数 λ 的关系曲线，如图 4-4 所示。图中，λ_0 是单相液体流动时的沿程阻力系数。

杜克勒第二法对大、小直径的管道都适用，管径大时结果会更好。同时，它所适用的流量范围和黏度范围也较广。第二法的准确性也优于第一法，不过计算过程稍微复杂些。

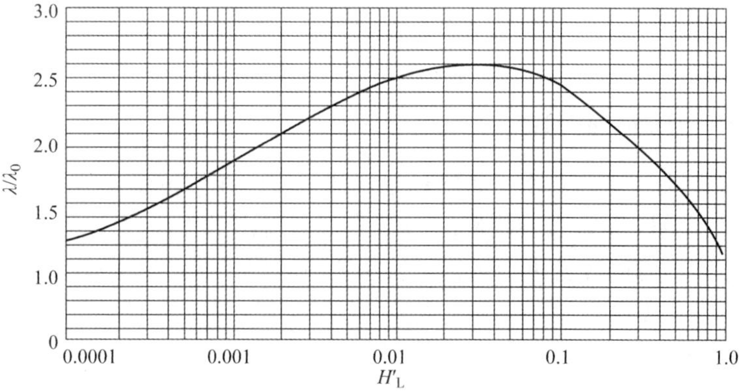

图 4-4　杜克勒等有滑脱时的 λ 关系曲线

六、格雷戈尔-曼德汉-阿济兹方法

1974 年，格雷戈尔（Gregory）、曼德汉（Mandhane）和阿济兹利用加拿大卡尔加里大学的多相流数据库，根据约 15000 个实测数据，分析了计算水平气液两相管流的 16 种方法，他们认为，不同的方法可能最适宜于一定的形态，于是推荐了一个综合方法。

他们首先使用曼德汉等的流动形态分布图（图 4-5）确定流动形态。然后，总结出不同流动形态下的最佳相关规律，其计算方法见表 4-1。

格雷戈里认为，在不同的流动形态下，分别使用表 4-1 中不同的计算方法，可能是最准确的方法。

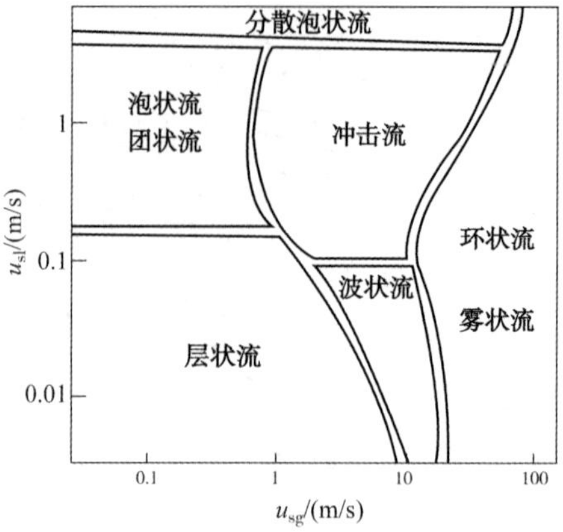

图 4-5　曼德汉的流动形态分布图

表 4-1　格雷戈尔-曼德汉-阿济兹方法

流动形态	计算持液率的方法	计算压降的方法
泡状流、团状流	休马克	切诺维斯-马丁
层状流	阿格雷沃尔-格雷戈里-戈威尔	阿格雷沃尔-格雷戈里-戈威尔
波状流	乔拉	杜克勒-威克斯-克利夫兰
冲击流	休马克	杜克勒-威克斯-克利夫兰
环状流、雾状流	洛克哈特-马蒂内利	切诺维斯-马丁
分散泡状流	贝格斯-布里尔	洛克哈特-马蒂内利(改进的)

七、泰特尔-杜克勒方法

1976 年泰特尔和杜克勒对水平和接近水平的气液两相管流给出了一个很巧妙的模型。它是根据对水平管中最常见的层状流的力学分析而得出的。给出了无量纲的力平衡方程式，并就各个流动形态的转变机理进行了较为全面的研究，给出了流动形态的判别准则及无量纲的流动形态分布图。

1. 无量纲力平衡方程式

层状流属于典型的分离流动模型，如图 4-6 所示。图中 S_g、S_l 和 S_i 分别是过流断面上气体边界、液体边界和气液界面的周长，τ 是剪切力。

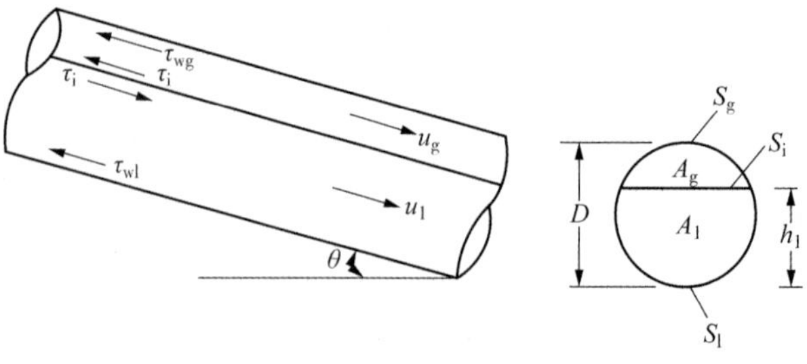

图 4-6　泰特尔-杜克勒的层状流模型

于是，各相的力平衡方程式如下：

液相：

$$-A_l\left(\frac{\mathrm{d}p}{\mathrm{d}x}\right)-\tau_{wl}S_l+\tau_iS_i+\rho_lA_lg\sin\theta=0 \tag{4-63}$$

气相：

$$-A_g\left(\frac{\mathrm{d}p}{\mathrm{d}x}\right)-\tau_{wg}S_g-\tau_iS_i+\rho_gA_gg\sin\theta=0 \tag{4-64}$$

设液相断面上由于位置高度的变化而引起的压力梯度可以忽略不计，则对于液相和气相来说，在微元管段 dx 上的压力梯度$\frac{\mathrm{d}p}{\mathrm{d}x}$应相等。所以，由式(4-63)和式(4-64)可得：

$$\frac{\tau_{wg}S_g}{A_g}-\frac{\tau_{wl}S_l}{A_l}+\tau_iS_i\left(\frac{1}{A_l}+\frac{1}{A_g}\right)+(\rho_l-\rho_g)g\sin\theta=0 \tag{4-65}$$

式(4-65)中的剪切应力，根据沿程阻力的概念，可以被定义为：

$$\tau_{wl}=\frac{f_l\rho_lu_l^2}{2} \tag{4-66}$$

$$\tau_{wg}=\frac{f_g\rho_gu_g^2}{2} \tag{4-67}$$

$$\tau_i=\frac{f_i\rho_g(u_g-u_l)^2}{2} \tag{4-68}$$

式中，f_l，f_g 和 f_i 分别是液相、气相和气液界面的范宁摩阻系数。泰特尔和杜克勒假定层状流时，$f_i\approx f_g$，$u_g\gg u_l$，而范宁摩阻系数可以被定义为：

液相：
$$f_l=C_lRe_l^{-n} \tag{4-69}$$

气相：
$$f_g=C_gRe_g^{-m} \tag{4-70}$$

式中　Re_g，Re_l——气相、液相雷诺数；

C_l，C_g，n，m——与各相流动状态有关的常数。

对于分离流动来说，各相雷诺数中的直径需要用水力相当直径表示。即

$$Re_l=\frac{D_lu_l\rho_l}{\mu_l} \tag{4-71}$$

和

$$Re_g=\frac{D_gu_g\rho_g}{\mu_g} \tag{4-72}$$

其中

$$D_l=\frac{4A_l}{S_l} \tag{4-73}$$

$$D_g=\frac{4A_g}{S_g+S_i} \tag{4-74}$$

将式(4-66)~式(4-74)代入式(4-65)，整理后得：

$$C_g\left(\frac{D_gu_g\rho_g}{\mu_g}\right)^{-m}\frac{\rho_gu_g^2}{2}\left(\frac{S_g}{A_g}+\frac{S_i}{A_l}+\frac{S_i}{A_g}\right)-C_l\left(\frac{D_lu_l\rho_l}{\mu_l}\right)^{-n}\frac{\rho_lu_l^2}{2}\frac{S_l}{A_l}+(\rho_l-\rho_g)g\sin\theta=0 \tag{4-75}$$

根据气相、液相的折算速度，又可得出气相、液相单独流动时的压力梯度，即

$$\left(\frac{\mathrm{d}p}{\mathrm{d}x}\right)_{\mathrm{sg}}=\frac{4f_{\mathrm{sg}}\rho_{\mathrm{g}}u_{\mathrm{sg}}^{2}}{2D}=\frac{4C_{\mathrm{g}}}{D}\left(\frac{Du_{\mathrm{sg}}\rho_{\mathrm{g}}}{\mu_{\mathrm{g}}}\right)^{-m}\frac{\rho_{\mathrm{g}}u_{\mathrm{sg}}^{2}}{2} \tag{4-76}$$

$$\left(\frac{\mathrm{d}p}{\mathrm{d}x}\right)_{\mathrm{sl}}=\frac{4f_{\mathrm{l}}\rho_{\mathrm{l}}u_{\mathrm{sl}}^{2}}{2D}=\frac{4C_{\mathrm{l}}}{D}\left(\frac{Du_{\mathrm{sl}}\rho_{\mathrm{l}}}{\mu_{\mathrm{l}}}\right)^{-n}\frac{\rho_{\mathrm{l}}u_{\mathrm{sl}}^{2}}{2} \tag{4-77}$$

将式(4-75)、式(4-76)和式(4-77)联立，并再定义两个无量纲量 X 和 Y，即

$$X=\sqrt{\left(\frac{\mathrm{d}p}{\mathrm{d}x}\right)_{\mathrm{sl}}\Big/\left(\frac{\mathrm{d}p}{\mathrm{d}x}\right)_{\mathrm{sg}}} \tag{4-78}$$

$$Y=\frac{(\rho_{\mathrm{l}}-\rho_{\mathrm{g}})\sin\theta}{\left(\frac{\mathrm{d}p}{\mathrm{d}x}\right)_{\mathrm{sg}}} \tag{4-79}$$

则可得到层状流的无量纲力平衡方程式，即

$$X^{2}\left[(\tilde{u}_{\mathrm{l}}\tilde{D}_{\mathrm{l}})^{-n}\tilde{u}_{\mathrm{l}}^{2}\frac{\tilde{S}_{\mathrm{l}}}{\tilde{A}_{\mathrm{l}}}\right]-\left[(\tilde{u}_{\mathrm{g}}\tilde{D}_{\mathrm{g}})^{-m}\tilde{u}_{\mathrm{g}}^{2}\left(\frac{\tilde{S}_{\mathrm{g}}}{\tilde{A}_{\mathrm{g}}}+\frac{\tilde{S}_{\mathrm{i}}}{\tilde{A}_{\mathrm{l}}}+\frac{\tilde{S}_{\mathrm{i}}}{\tilde{A}_{\mathrm{g}}}\right)\right]-4Y=0 \tag{4-80}$$

注意到，X 就是洛克哈特-马蒂内利参数。

式(4-80)中的符号“~”表示该量是无量纲的。各无量纲量的表达式分别为：

$$\tilde{h}_{\mathrm{l}}=\frac{h_{\mathrm{l}}}{D} \tag{4-81}$$

$$\tilde{S}_{\mathrm{g}}=\cos^{-1}(2\tilde{h}_{\mathrm{l}}-1) \tag{4-82}$$

$$\tilde{S}_{\mathrm{l}}=\pi-\tilde{S}_{\mathrm{g}} \tag{4-83}$$

$$\tilde{S}_{\mathrm{i}}=\sqrt{1-(2\tilde{h}_{\mathrm{l}}-1)^{2}} \tag{4-84}$$

$$\tilde{A}_{\mathrm{g}}=\frac{1}{4}[\tilde{S}_{\mathrm{g}}-(2\tilde{h}_{\mathrm{l}}-1)\tilde{S}_{\mathrm{i}}] \tag{4-85}$$

$$\tilde{A}_{\mathrm{l}}=\frac{1}{4}(\pi-4\tilde{A}_{\mathrm{g}}) \tag{4-86}$$

$$\tilde{u}_{\mathrm{g}}=\frac{\pi}{4\tilde{A}_{\mathrm{g}}} \tag{4-87}$$

$$\tilde{u}_{\mathrm{l}}=\frac{\pi}{4\tilde{A}_{\mathrm{l}}} \tag{4-88}$$

$$\tilde{D}_{\mathrm{g}}=\frac{4\tilde{A}_{\mathrm{g}}}{\tilde{S}_{\mathrm{g}}+\tilde{S}_{\mathrm{i}}} \tag{4-89}$$

$$\tilde{D}_{\mathrm{l}}=\frac{4\tilde{A}_{\mathrm{l}}}{\tilde{S}_{\mathrm{l}}} \tag{4-90}$$

注意到在式(4-81)至式(4-90)中的所有无量纲变量都是 $\tilde{h}_1$ 的函数，所以在式(4-80)中，变量仅仅是 $\tilde{h}_1$，X 和 Y。对于气液相处于层流来说，$C_g=C_l=16$，$m=n=1.0$；对于紊流来说，$C_g=C_l=0.046$，$m=n=0.2$。这样，在层状流时，不论液体性质、管径、流量和管子倾角如何，每一对 X 和 Y 值都对应有一个 $\tilde{h}_1$ 值；指定一个 Y 值，就可以由式(4-80)求出如图 4-7 所示的 X 和 $\tilde{h}_1$ 的关系曲线。图中，实线表示气相、液相均处于紊流状态，而虚线表示液相处于紊流状态、气相处于层流状态。当 $Y=0$ 时，相当于水平流动。

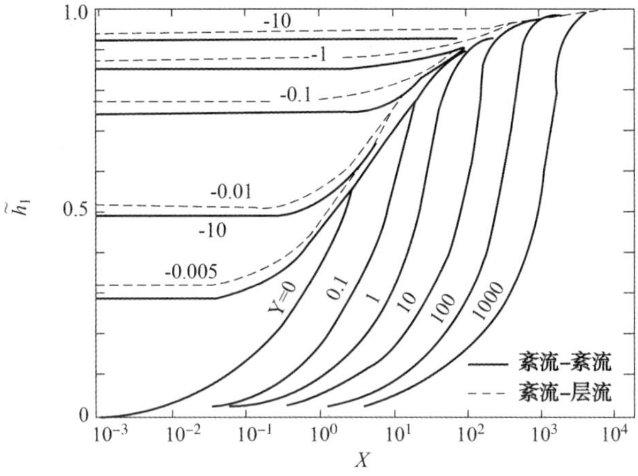

图 4-7　无量纲变量 $\tilde{h}_1$，X 和 Y 的关系

2. 流动形态确定

泰特尔和杜克勒通过分析流动形态转变的机理，给出了判别流动形态的准则。

(1) 由分层流转变为冲击流或环状流的判别。

分层流包括层状流和波状流。对于层状流来说，随着气体流量的增加，液面将形成波浪而成为波状流，当液体流量较大、管内液面较高时，被气体吹起的液波可能高达管顶，阻塞管路的整个过流断面，形成液体段塞而成为冲击流。相反，当液体流量较小、管内液面较低时，管内液量不足以阻塞管路，被气液吹向管壁，形成液环而成为环状流。在很高的气体流量下，部分液体被气流吹散成液滴夹杂在气流中，而形成环雾流。

观察如图 4-8 所示的波浪。在波浪顶峰处，由于伯努利(Bernoulli)效应，气体流速的增大将使该处的压力降低，即

$$p-p'=\frac{1}{2}\rho_g(u'^2_g-u^2_g) \tag{4-91}$$

式中　p——气液平滑界面处的压力；

p'——波峰处的压力；

u_g——气液平滑界面处的气相速度；

u'_g——波峰处的气相速度。

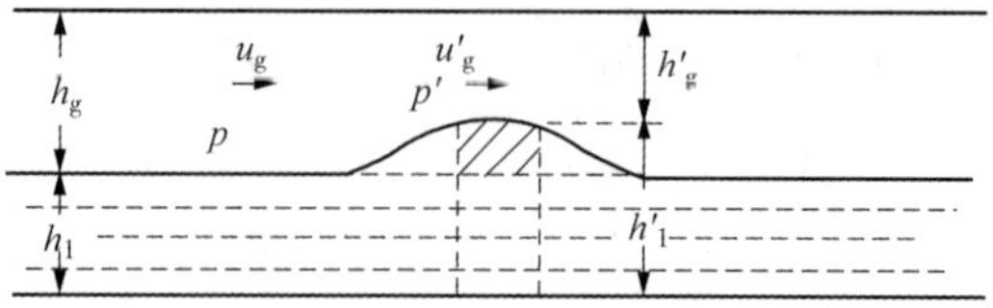

图 4-8　单个波浪示意图

另一方面，突起的波浪受重力作用有恢复正常液面的趋势。当气相流速变化引起的压力差大于波浪在气流中的位能时，波浪将增大。所以波浪增大的条件为：

$$p-p'>(h_g-h'_g)(\rho_1-\rho_g)g \tag{4-92}$$

式中　h_g——气液平滑界面处的气相高度；

h'_g——波峰处的气相高度。

由连续性方程式得

$$u_g A_g = u'_g A'_g$$

$$u'_g = \frac{A_g}{A'_g} u_g \tag{4-93}$$

式中　A'_g——波峰处的气体过流断面面积。

将式(4-93)代入式(4-94)得

$$p-p' = \frac{1}{2}\rho_g u_g^2 \frac{A_g^2 - A'^2_g}{A'^2_g} \tag{4-94}$$

联立式(4-92)和式(4-94)，并考虑到管路倾角 θ，则得：

$$u_g > \left[\frac{2g(\rho_1-\rho_g)(h'_1-h_1)\cos\theta}{\rho_g} \frac{A'^2_g}{A_g^2-A'^2_g}\right]^{\frac{1}{2}} \tag{4-95}$$

对于较小的波浪，A'_g 可按泰勒级数在 A_g 处展开，注意到管路过流断面面积 $A=A_1+A_g=A'_1+A'_g$，则波浪增大的条件为：

$$u_g > C_2 \left[\frac{gA_g(\rho_1-\rho_g)\cos\theta}{\rho_g \frac{dA_1}{dh_1}}\right]^{\frac{1}{2}} \tag{4-96}$$

$$C_2 = \frac{A'_g}{A_g} \tag{4-97}$$

式中　$\frac{dA_1}{dh_1}$——A_1 随 h_1 的变化率。

若管内液位较高时，波峰接近管顶，则 C_2 趋近于 0；相反，管内液位较低时，有限的波峰扰动对气体过流断面面积的影响很小，C_2 趋近于 1。因此，C_2 可以由式(4-98)估算：

$$C_2 = 1-\frac{h_1}{D} \tag{4-98}$$

将式(4-96)改写为无量纲表达式，并进行整理，得：

$$F^2\left(\frac{\tilde{u}_g^2\dfrac{d\tilde{A}_l}{d\tilde{h}_l}}{\dfrac{1}{C_2^2}\tilde{A}_g}\right)\geqslant 1 \tag{4-99}$$

式中

$$F=\sqrt{\frac{\rho_g}{\rho_l-\rho_g}}\frac{u_{sg}}{\sqrt{Dg\cos\theta}} \tag{4-100}$$

$$\frac{d\tilde{A}_l}{d\tilde{h}_l}=\sqrt{1-(2\tilde{h}_l-1)^2} \tag{4-101}$$

式(4-99)既是气液界面处波浪增大的条件，也是由分层流转变为冲击流或环状流的判别式。

式(4-99)括号中的各项都是 $\tilde{h}_l$ 的函数，而由图 4-7 或式(4-80)又知 $\tilde{h}_l$ 是无量纲量 X，Y 的单值函数。因此，式(4-99)实际上是由无量纲量 X，Y 和 F 表示的分层流转变为冲击流或环状流的判别准则。

对于水平管路，$Y=0$，当气相、液相的流量、物性及管径已知时，由式(4-78)和式(4-100)可求得 X 和 F 值。另外，由式(4-80)求出 $\tilde{h}_l$，进而由式(4-85)、式(4-87)、式(4-98)及式(4-101)可求出 $\tilde{A}_g$，$\tilde{u}_g$，C_2 及 $\frac{d\tilde{A}_l}{d\tilde{h}_l}$。若所求得的数值满足式(4-99)，则可判别为冲击流或环状流，否则为分层流。同样，对于倾斜管路，$Y\neq 0$，也可以用类似的方法判断其流动形态。

(2) 由冲击流转变为环状流的判别。

当满足式(4-99)时，分层流是发展为冲击流还是发展为环状流，泰特尔和杜克勒认为，唯一的决定因素是管内的液面高度。波浪增大时需要从邻近波浪两侧的管路内补充液体，从而在波浪两侧出现波谷，使管内液面形状类似于正弦波。当管内平均液面高于管中心线时，即 $\tilde{h}_l\geqslant 0.5$，则分层流将转变为冲击流；当平均液面低于管中心线时，即 $\tilde{h}_l<0.5$，管内没有足够的液体使波峰达到管顶，于是管内液体被高速气流吹向管壁形成环状流。所以，泰特尔和杜克勒选 $\tilde{h}_l=0.5$ 作为冲击流和环状流的转变界限。

因为该流动形态的转变发生于这一特定的 $\tilde{h}_l$ 值，对于水平管流来说，$Y=0$，因此它只会发生于唯一的 X 值，当取 $Y=0$ 和 $\tilde{h}_l=0.5$ 时，解式(4-80)或由图 4-7 得 $X=1.6$。也就是说，水平流动时，若满足式(4-99)且 $X\geqslant 1.6$，则流动形态将由分层流转变为冲击流；若满足式(4-99)且 $X<1.6$，则流动形态将由分层流转变为环状流。同理，可以求出倾斜管路 $Y\neq 0$ 时冲击流与环状流分界的 X 值，用以判别流动形态的转变。

(3) 由层状流转变为波状流的判别。

分层流又可细分为层状流和波状流两种。当压力和切力对波所做的功超过波的黏滞耗

损时，波将在液导的表面被激起。杰弗里斯（Jeffreys）提出以下式作为波浪产生的条件，即

$$(u_g-c)^2c>\frac{4\nu_1 g(\rho_1-\rho_g)}{s\rho_g} \tag{4-102}$$

式中 ν_1——液相的运动黏度；

s——杰弗里斯掩蔽系数；

c——波浪向下游传播的速度。

从层状流转变为波状流时，通常 $u_g \gg c$。有关水波的理论和实验都证实：随着液体雷诺数的增加，波速与液体平均流速之比（c/u_1）下降。从层状流转变为波状流时，比值 c/u_1 的大致范围为 1~1.5，泰特尔和杜克勒建议取 $c/u_1=1$。本杰明（Benjamin）根据实验提出 s 的范围为 0.01~0.03，泰特尔和杜克勒建议取 $s=0.01$。

将以上有关系数代入式（4-102），并考虑管路倾角 θ，则有

$$u_g>\left[\frac{4\nu_1(\rho_1-\rho_g)g\cos\theta}{s\rho_g u_1}\right]^{\frac{1}{2}} \tag{4-103}$$

将式（4-103）无量纲化，则层状流转变为波状流的判别式为：

$$K\geqslant\frac{2}{\tilde{u}_g\sqrt{\tilde{s u}_1}} \tag{4-104}$$

式中

$$K=F^2Re_{sl}=\left[\frac{\rho_g u_{sg}^2}{(\rho_1-\rho_g)Dg\cos\theta}\right]\left(\frac{Du_{sl}}{\nu_1}\right) \tag{4-105}$$

由于 $\tilde{u}_1$，$\tilde{u}_g$ 是 $\tilde{h}_1$ 的函数，而 $\tilde{h}_1$ 又是 X，Y 的函数。因此式（4-105）所表示的流动形态转变的判别准则取决于三个无量纲量 X，Y 和 K。对于水平管路，$Y=0$，则判别准则仅取决于 X 和 K。对于水平管路，$Y=0$，则判别准则仅仅取决于 X 和 K。

（4）由冲击流转变为分散泡状流的判别。

当液体的波浪达到管顶形成液塞时，波浪两侧存在波谷。当管内液体流量较大致使液面高达管顶，而且此时液体的紊流脉动十分激烈足以克服使气体存在于管顶处的浮力时，气体就有与高速流动的液体混合的趋势，于是冲击流就向分散泡状流转变。

单位管长上气体所受的浮力为：

$$F_b=g\cos\theta(\rho_1-\rho_g)A_g \tag{4-106}$$

紊流脉动所产生的力，列维奇用式（4-107）估算：

$$F_t=\frac{1}{2}\rho_1\bar{u}'^2S_i \tag{4-107}$$

式中 u'——径向脉动速度。

径向脉动速度的均方根值近似等于切应力速度，即

$$\bar{u}'=u_1\left(\frac{\lambda}{8}\right)^{\frac{1}{2}} \tag{4-108}$$

当 $F_t \geqslant F_b$ 时，将使气体在液体中弥散，流动形态将由冲击流转变为分散泡状流，即有

$$\frac{1}{2}\rho_l u_l^2\left(\frac{\lambda_l}{8}\right)S_i \geqslant g\cos\theta(\rho_l-\rho_g)A_g \tag{4-109}$$

整理得：

$$u_l \geqslant \left[\frac{16A_g g\cos\theta}{S_i\lambda_l}\left(1-\frac{\rho_g}{\rho_l}\right)\right]^{\frac{1}{2}} \tag{4-110}$$

将式(4-110)无量纲化，则可改写为：

$$T \geqslant \left[\frac{8\tilde{A}_g}{\tilde{S}_i\tilde{u}_l^2\ (\tilde{u}_l\tilde{D}_l)^{-n}}\right]^{\frac{1}{2}} \tag{4-111}$$

式中

$$T=\left[\frac{\dfrac{4C_l}{D}\left(\dfrac{u_{sl}D\rho_l}{\mu_l}\right)^{-n}\dfrac{\rho_l u_{sl}^2}{2}}{(\rho_l-\rho_g)g\cos\theta}\right]^{\frac{1}{2}}=\sqrt{\frac{\left|\left(\dfrac{dp}{dx}\right)_{sl}\right|}{(\rho_l-\rho_g)g\cos\theta}} \tag{4-112}$$

式(4-111)为冲击流转变为分散泡状流的判别式。对于水平管路，$Y=0$，则此判别准则仅取决于无量纲量 X 和 T。

3. 流动形态分布图

泰特尔和杜克勒利用他们所推荐的流动形态判别准则，作出了气液两相水平管流的流动形态分布图，如图 4-9 所示。此图是一个无量纲流动形态分布图，其横坐标为无量纲量 X，纵坐标为无量纲量 K，T 或 F。

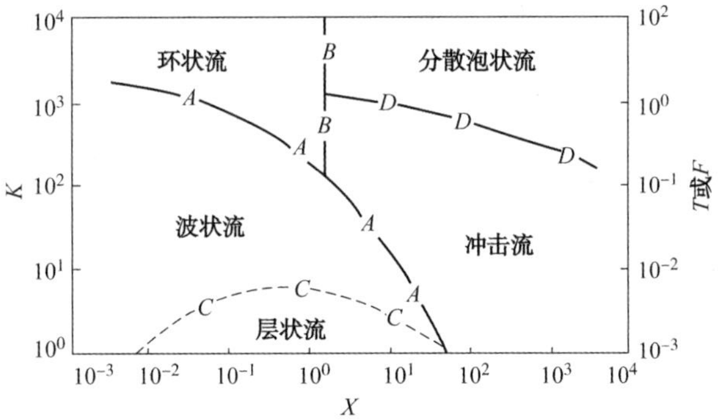

图 4-9 泰特尔-杜克勒的流动形态分布图

曲线：A 及 B C D 坐标：$F-X$ $K-X$ $T-X$

泰特尔和杜克勒还用他们的流动形态判别准则，在曼德汉等的流动形态分布图所用的坐标系内，绘出了流动形态的分布，如图 4-10 所示。由图可以看出，泰特尔和杜克勒基于理论分析所得的流动形态分布图与曼德汉等用实验数据所绘制的流动形态分布图非常相似。这正好是对泰特尔-杜克勒模型的检验。

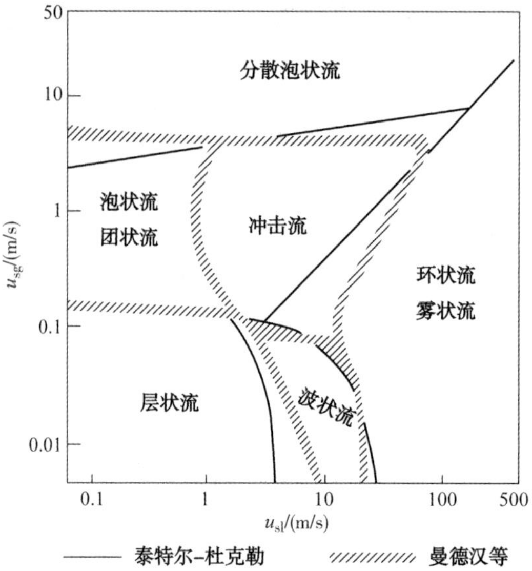

图 4-10 泰特尔-杜克勒模型与曼德汉等的流动形态分布图的比较

工作条件：水-空气，25℃，0.101MPa，管径 25mm，水平气液两相管流

根据泰特尔-杜克勒模型的计算结果，得出了管径对于流动形态界限的影响，如图 4-11 所示。

使用泰特尔-杜克勒模型，对原油-天然气在 38℃ 和 6.7MPa 下的水平两相管流进行计算，可以得出如图 4-12 所示的流动形态分布图。将图 4-12 与图 4-11 进行比较，可以看出流体性质对流动形态界限的影响。从横坐标来看，在高压下由层状流向波状流转变的界限以及波状流向环状流转变的界限都向气相折算速度较小的方向移动了大约一个数量级。

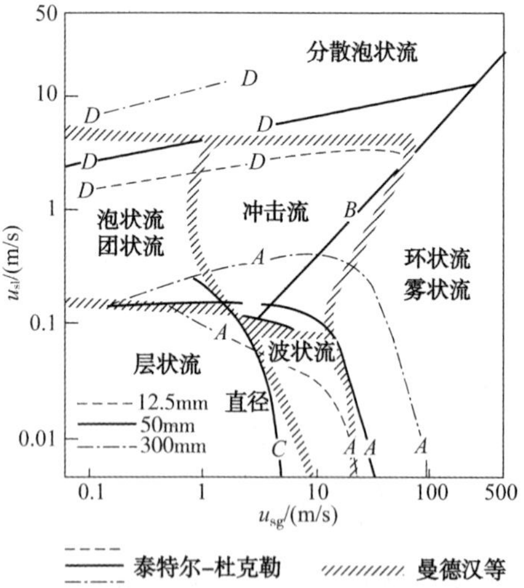

图 4-11 管径对于流动形态界限的影响

工作条件：水-空气，25℃，0.101MPa，水平气液两相管流

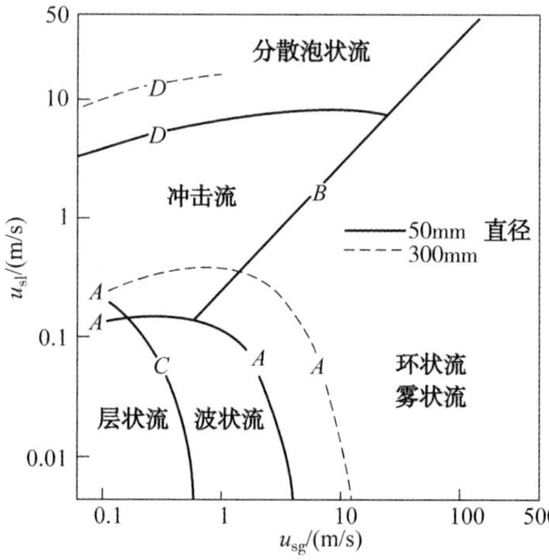

图 4-12 流体性质对于流动形态界限的影响

工作条件：原油-天然气，38℃，6.7MPa，水平气液两相管流

使用泰特尔-杜克勒模型，对向下倾斜的两相管流进行计算，可以得出如图 4-13 所示的流动形态分布图。它说明了向下倾斜角度对于流动形态界限的影响。正如人们所知，管道的较小向下倾斜将会增强流动形态的层状化。

图 4-14 给出了向上倾斜角度对于流动形态界限的影响。正如人们所知，管道的较小向上倾斜将会促进液体段塞的形成。

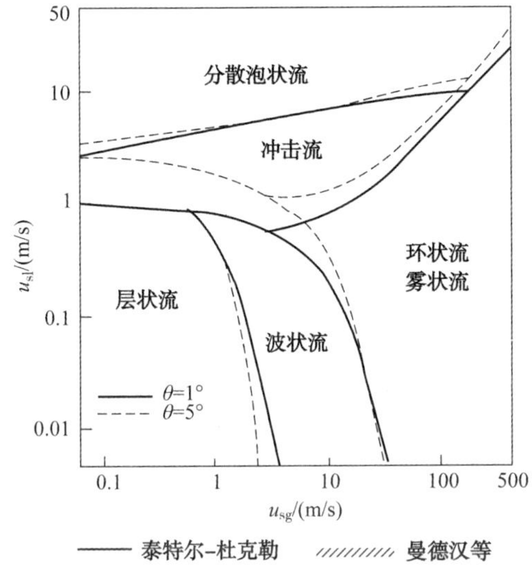

图 4-13　向下倾下角度对于流动形态界限的影响

工作条件：水-空气，25℃，0.101MPa，管径 50mm，向下倾斜的气液两相管流

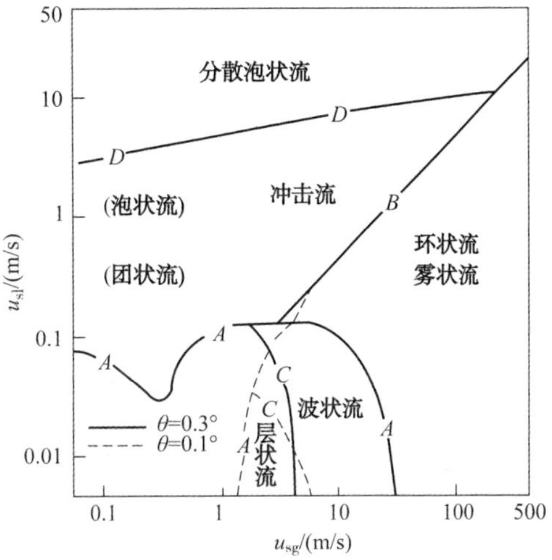

图 4-14　向上倾斜角度对于流动形态界限的影响

工作条件：水-空气，25℃，0.101MPa，管径 50mm，向上倾斜的气液两相管流

此外，泰特尔-杜克勒模型还可以用于分析管路的倾斜角度对于流动形态界限的影响。

泰特尔和杜克勒基于流动形态转变的机理分析而提出的流动形态判别方法，较全面地考虑了影响流动形态转变的各种因素，对研究气体-牛顿液体两相水平管流流动形态的判别进行了开创性的工作。同时，他们针对层状流所建立的无量纲力平衡方程式，也为后人研究分离流动的压差及持液率起到了指导作用。

八、肖-肖恩-布里尔方法

1990 年肖(Xiao)-肖恩-布里尔对水平管路及接近水平管路中的气液两相流动进行了研究。他们参照前人的研究成果，将水平管中气液两相的流动形态划分为分层流(包括层状流和波状流)、间歇流(包括团状流和冲击流)、环状流(包括环状流和环雾流)和分散泡状流 4 种主要形式，并给出了各种流动形态的判别方法，进而针对各种流动形态的流动机理和特点，分别建立了描述其流动特性的模型。

1. 流动形态的判别

肖等判别流动形态主要是依据泰特尔-杜克勒提出的判别准则来进行的。

(1) 由分层流转变为间歇流或环状流的判别。

对于由分层流转变为间歇流或环状流流动形态的判别，主要是应用波浪的发育机理来进行的。首先假定有限波浪可以存在于平衡分层流的气液界面上，而后将凯尔文(Kelvin)-赫姆霍尔兹(Helmholtz)理论推广于分析管路中的有限波浪的稳定性。正如泰特尔-杜克勒所指的那样：当负压抽吸大于重力时，波浪有增大的趋势，因而不能维持分层流。将式(4-98)代入式(4-96)，则得

$$u_g > \left(1-\frac{h_l}{D}\right)\left[\frac{gA_g(\rho_l-\rho_g)\cos\theta}{\rho_g\dfrac{dA_l}{dh_l}}\right]^{\frac{1}{2}} \tag{4-113}$$

式(4-113)所表示的转变界限如图 4-15 中的曲线 A 所示。

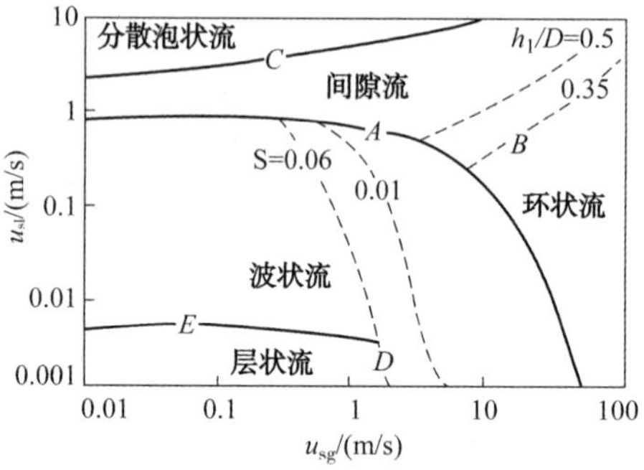

图 4-15　肖等的流动形态分布图

工作条件：空气-水，管径 50mm，倾角-1°

用式(4-113)可以较好的判别分层流-间歇流的转变。但关于分层流-环状流的转变，林(Lin)和汉拉蒂(Hanratty)的研究表明：对于大直径管路来说，夹带-沉积作用是主要的；而对于小直径管路来说，波浪发育的作用是主要的。由于尚无以夹带-沉积机理为基础的通用模型，故对于大直径管路仍采用式(4-113)判别流动形态。

(2) 间歇流与环状流的判别。

当波浪不稳定时，依据是否有足够的液体来补充，流动形态可以转变为间歇流或环状流。泰特尔和杜克勒曾给出$\dfrac{h_l}{D}$的临界值为 0.5，巴尼等修正了这一判据，给出

$$\frac{h_l}{D} < 0.35 \tag{4-114}$$

式(4-114)在图 4-15 表示为曲线 B。

(3) 由间歇流转变为分散泡状流的判别。

决定这一转变的主要因素是液体的紊流脉动作用。当液体的紊流强度达到足以克服浮力的作用时，气体就不能够保持在管子的上部，从而形成分散的泡状流。故这一转变的判据可以表示为：

$$u_l > \left[\frac{4A_g g\cos\theta}{S_i f_l}\left(1-\frac{\rho_g}{\rho_l}\right)\right]^{\frac{1}{2}} \tag{4-110a}$$

式(4-110a)在图 4-15 中表示为曲线 C。

（4）由层状流转变为波状流的判别。

在分层流中，气液界面可能是平滑的，也可能是波浪式的，因而在持液率和压差方面就会有完全不同的结果。对于由“风”的作用而产生的波浪，泰特尔和杜克勒根据杰弗里斯的理论，提出了下面的判别式，即

$$u_g > \left[\frac{4\mu_l(\rho_l - \rho_g)g\cos\theta}{s\rho_l\rho_g u_l}\right]^{\frac{1}{2}} \tag{4-103a}$$

泰特尔和杜克勒取式(4-103a)中的掩蔽系数 $s=0.01$，肖等则使用了 $s=0.06$ 的值。式(4-103a)所表示的流动形态转变界限如图 4-15 中的曲线 D 所示。

除了由于界面的剪切作用而产生波浪外，由于重力所引起的不稳定作用也会使液面产生波浪。巴尼等依据这一产生波浪的机理，给出了向下倾斜管路中层状流向波状流转变的判别式为：

$$\frac{u_l}{\sqrt{gh_l}} > 1.5 \tag{4-115}$$

式(4-115)在图 4-15 中表示为曲线 E。图中曲线 E 终止了曲线 D，表明此处的波浪被界面剪切所扰乱。

2. 分层流模型

在分层流中，由于重力的作用，液相在管路底部流动，而气相在管路顶部流动，如图 4-16 所示。忽略气液两相速度沿管路的变化，则两种流体的动量方程式可简化为力平衡方程式：

$$-A_l\left(\frac{dp}{dx}\right) + \tau_i S_i - \tau_{wl} S_l - A_l\rho_l g\sin\theta = 0 \tag{4-116}$$

$$-A_g\left(\frac{dp}{dx}\right) - \tau_i S_i - \tau_{wg} S_g - A_g\rho_g g\sin\theta = 0 \tag{4-117}$$

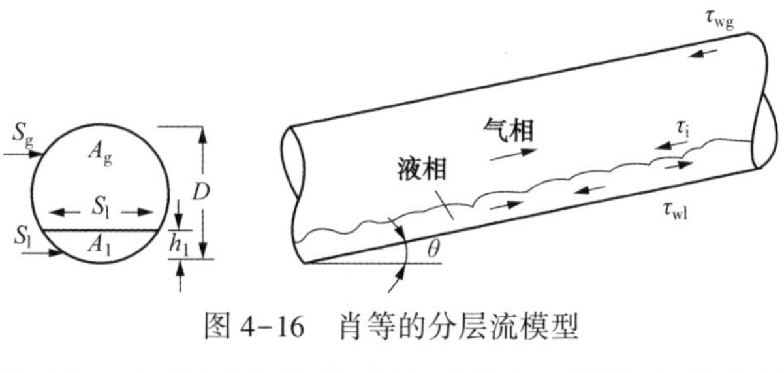

图 4-16 肖等的分层流模型

如果忽略液相断面上的水静压力梯度及表面张力，则两相中的压力梯度应相等。于是，可以从式(4-116)和式(4-117)中消去压力梯度，得出复合动量方程式：

$$\tau_{wl}\frac{S_l}{A_l} - \tau_{wg}\left[\frac{S_g}{A_g} + \frac{\tau_i}{\tau_{wg}}\left(\frac{S_i}{A_l} + \frac{S_i}{A_g}\right)\right] + (\rho_l - \rho_g)g\sin\theta = 0 \tag{4-118}$$

此式是关于$\frac{h_l}{D}$的隐式方程式，求解时在某些情况下会出现很多重根，通常取其最小值为实际值。

解出关于$\frac{h_1}{D}$的方程式(4-118)之后，根据几何关系便可以求得持液率 H_L 的值：

$$H_L = \frac{\alpha - \sin\alpha}{2\pi} \tag{4-119}$$

式中

$$\alpha = 2\cos^{-1}\left(1 - 2\frac{h_1}{D}\right) \tag{4-120}$$

利用所求得的持液率 H_L，便可以由式(4-116)和式(4-117)求出压力梯度$\frac{dp}{dx}$。另外，也可以将式(4-116)和式(4-117)相加，消去界面切应力，得出压力梯度：

$$-\left(\frac{dp}{dx}\right) = \frac{\tau_{wl}S_1 + \tau_g S_g}{A} + \left(\frac{A_1}{A}\rho_1 + \frac{A_g}{A}\rho_g\right) g\sin\theta \tag{4-121}$$

式(4-121)中，等号右侧的第一项表示摩阻压力梯度，第二项表示重位压力梯度。显然加速压力梯度被忽略了。

为了利用上述有关方程式求出分层流的持液率及压力梯度，首先应求得方程式中有关的流动参数。

(1) 剪切应力。

液相与管壁、气相与管壁以及气液界面上的剪切应力可以用范宁摩阻系数来计算，即

$$\tau_{wl} = f_1 \frac{\rho_1 u_1^2}{2}$$

$$\tau_{wg} = f_g \frac{\rho_g u_g^2}{2}$$

$$\tau_i = f_i \frac{\rho_g u_g^2}{2}$$

其中，f_1 和 f_g 可按式(4-122)和式(4-123)计算：

当 $Re \leqslant 2000$ 时，

$$f = \frac{16}{Re} \tag{4-122}$$

当 $Re > 2000$ 时，

$$\frac{1}{\sqrt{f}} = 3.48 - 4\lg\left(\frac{2\varepsilon}{D} + \frac{9.35}{Re\sqrt{f}}\right) \tag{4-123}$$

式中　ε——管壁的相对粗糙度。

其中，液相及气相的雷诺数和水利相当直径由式(4-71)~式(4-74)确定。

(2) 气液界面的范宁摩阻系数。

肖等在求气液界面的范宁摩阻系数时，将安德里特绍斯(Andritsos)-汉拉蒂和贝克方法结合起来使用。

如果 D 不大于 0.127m，则采用安德里特绍斯-汉拉蒂提出的关系式计算 f_i，即

当 $u_{sg} \leqslant u_{sgt}$时，

$$\frac{f_{\mathrm{i}}}{f_{\mathrm{wg}}}=1 \tag{4-124}$$

当 $u_{\mathrm{sg}}>u_{\mathrm{sgt}}$时，

$$\frac{f_{\mathrm{i}}}{f_{\mathrm{wg}}}=1+15\sqrt{\frac{h_{\mathrm{l}}}{D}}\left(\frac{u_{\mathrm{sg}}}{u_{\mathrm{sgt}}}-1\right) \tag{4-125}$$

$$u_{\mathrm{sgt}}=5\sqrt{\frac{101325}{p}} \tag{4-126}$$

式中　u_{sgt}——层状流向波状流转变时临界的气相折算速度，m/s；

p——工作压力(绝对)，Pa。

如果 $D>0.127\mathrm{m}$，则采用贝克等提出的方法计算 ε_{i}，即

当 $N_{\mathrm{we}}N_{\mu}\leqslant 0.005$ 时，

$$\varepsilon_{\mathrm{i}}=\frac{34\sigma}{\rho_{\mathrm{g}}u_{\mathrm{l}}^{2}} \tag{4-127}$$

当 $N_{\mathrm{we}}N_{\mu}>0.005$ 时，

$$\varepsilon_{\mathrm{i}}=\frac{170\sigma\ (N_{\mathrm{we}}N_{\mu})^{0.3}}{\rho_{\mathrm{g}}u_{\mathrm{l}}^{2}} \tag{4-128}$$

式中　ε_{i}——气液界面的相对粗糙度，它的值应限制在 ε 和 $0.25\left(\frac{h_{\mathrm{l}}}{D}\right)$之间。

韦伯(Weber)数 N_{we}和液相黏度准数 N_{μ} 被定义为：

$$N_{\mathrm{we}}=\frac{\rho_{\mathrm{g}}u_{\mathrm{l}}^{2}\varepsilon_{\mathrm{i}}}{\sigma} \tag{4-129}$$

$$N_{\mu}=\frac{\mu_{\mathrm{l}}^{2}}{\rho_{\mathrm{g}}\sigma\varepsilon_{\mathrm{i}}} \tag{4-130}$$

于是，气液界面的范宁摩阻系数f_{i} 便可以根据气液界面的相对粗糙度 ε_{i} 和气相雷诺数 Re_{g} 由式(4-123)求得。

另外，对于平衡分层流，肖等认为f_{i} 可取 0.0142。

3. 间歇流模型

间歇流的特点是液相和气相交替流动。如图 4-17 所示，充满整个管子横断面的液体段塞被气体段塞分开。所谓气体段塞，包括在管子底部流动的液体薄层，所以又称为液膜区。

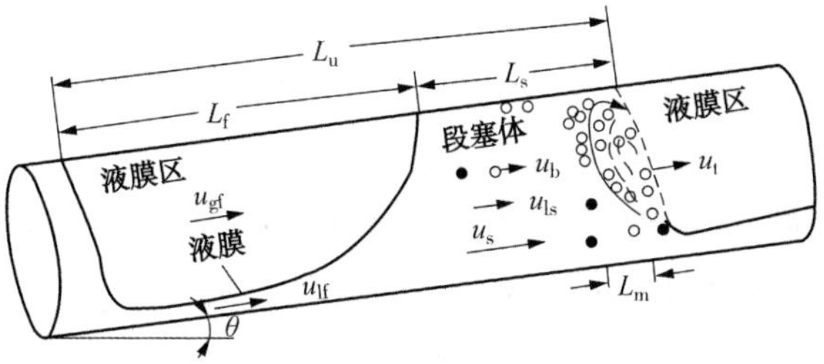

图 4-17　肖等的间歇流模型

设液膜区液面不变且液相和气相是不可压缩的，则对于一个液塞单元来说，整个液体的质量平衡式为：

$$u_{sl}L_u=u_{ls}H_{LS}L_s+u_{lf}H_{LF}L_f \tag{4-131}$$

式中　L_u，L_s，L_f——段塞单元、段塞体、液膜区的长度；

u_{sl}——液相折算速度；

u_{ls}——段塞体中的液相速度；

u_{lf}——液膜区的液相速度；

H_{LS}——段塞体的持液率；

H_{LF}——液膜区的持液率。

质量平衡还可以应用于以运输速度移动的坐标系中的两个横断面上，对于液相，结果为：

$$(u_t-u_{ls})H_{LS}=(u_t-u_{lf})H_{LF} \tag{4-132}$$

式中　u_t——液膜区泰勒气泡的运动速度。

因在段塞单元的任一横断面上总体积流量是不变的，所以在段塞体的横断面上，有

$$u_s=u_{sl}+u_{sg}=u_{ls}H_{LS}+u_b(1-H_{LS}) \tag{4-133}$$

式中　u_s——段塞体内的混合物速度；

u_b——段塞体内分散气泡的运动速度。

在液膜区的横断面上，有

$$u_s=u_{lf}H_{LF}+u_{gf}(1-H_{LF}) \tag{4-134}$$

式中　u_{gf}——液膜区的气相速度。

由式(4-131)~式(4-134)4个方程式能够得出几个重要的关系。根据式(4-133)可以得到段塞体内的液相速度 u_{ls}。将式(4-132)加以整理，可以得到液膜区内液相速度 u_{lf}的表达式。把式(4-134)加以整理，可以得到液膜区内气相速度 u_{gf}的表达式。段塞单元内的平均持液率被定义为：

$$H_L=\frac{H_{LS}L_s+H_{LF}L_f}{L_u} \tag{4-135}$$

由式(4-131)、式(4-132)和式(4-133)，可以得出 H_L 的关系式，即：

$$H_L=\frac{u_tH_{LS}+u_b(1-H_{LS})-u_{sg}}{u_t} \tag{4-136}$$

由于已经假定液膜区的液面均匀不变，所以对液膜区可以得出类似于分层流的复合动量方程式，即

$$\tau_f\frac{S_f}{A_f}-\tau_g\left[\frac{S_g}{A_g}+\frac{\tau_i}{\tau_g}\left(\frac{S_i}{A_f}+\frac{S_i}{A_g}\right)\right]+(\rho_l-\rho_g)g\sin\theta=0 \tag{4-137}$$

式中　τ_f，τ_g——液膜与管壁、气体与管壁的剪切应力；

S_f，S_g——管子横截面上液膜、气体的湿周；

S_i——管子横截面上气体与液膜分界线的长度；

A_f，A_g——液膜、气体占据的过流断面面积。

类似地，求解式(4-137)，可以得出液膜区的平衡液面或持液率。然后可以计算液体

和气体的速度及剪切应力。考虑到段塞体的长度是可以知道的，于是根据式(4-131)和 $L_u=L_s+L_f$，可以得到段塞单元的长度，即

$$L_u=L_s\frac{u_{ls}H_{LS}-u_{lf}H_{LF}}{u_{sl}-u_{lf}H_{LF}} \tag{4-138}$$

根据段塞单元的受力平衡，可以计算间歇流的平均压力梯度，即

$$-\left(\frac{dp}{dx}\right)=\frac{1}{L_u}\left[\frac{\tau_s\pi D}{A}L_s+\left(\frac{\tau_f S_f+\tau_g S_g}{A}\right)L_f\right]\rho_u g\sin\theta \tag{4-139}$$

式中　τ_s——段塞体与管壁的剪切应力；

ρ_u——段塞单元内气液混合物的平均密度。

式(4-139)中，等号右侧第一项是摩阻压力梯度，它是由段塞体的摩阻损失和液膜区内的摩阻损失造成的；第二项是重位压力梯度，而加速压力梯度则被忽略了。

上述方程式中有关的流动参数确定如下。

(1) 气液混合物的物性。

段塞单元内气液混合物的平均密度为：

$$\rho_u=H_l\rho_l+(1-H_L)\rho_g \tag{4-140}$$

段塞体内气液混合物的密度为：

$$\rho_s=H_{Ls}\rho_l+(1-H_{Ls})\rho_g \tag{4-141}$$

段塞体内气液混合物的黏度为：

$$\mu_s=H_{Ls}\mu_l+(1-H_{Ls})\mu_g \tag{4-142}$$

(2) 剪切应力。

剪切应力的计算方法类似于分层流中所用的方法，即

$$\tau_f=f_f\frac{\rho_l|u_{lf}|u_{lf}}{2} \tag{4-143}$$

$$\tau_g=f_g\frac{\rho_g|u_{gf}|u_{gf}}{2} \tag{4-144}$$

$$\tau_s=f_s\frac{\rho_s u_s^2}{2} \tag{4-145}$$

$$\tau_i=f_i\frac{\rho_g|u_{gf}-u_{lf}|(u_{gf}-u_{lf})}{2} \tag{4-146}$$

式中　f_f，f_g——液膜区内液膜与管壁、气体与管壁的范宁摩阻系数；

f_s——段塞体内的气液混合物与管壁的范宁摩阻系数；

f_i——液膜区气体-液膜界面的范宁摩阻系数。

式(4-143)~式(4-145)中的 f_f，f_g 和 f_s 可按式(4-122)或式(4-123)计算，其中相应的雷诺数分别由式(4-147)~式(4-149)三式确定，即

$$Re_{\mathrm{f}}=\frac{\rho_{\mathrm{l}}u_{\mathrm{lf}}D_{\mathrm{f}}}{\mu_{\mathrm{l}}} \tag{4-147}$$

$$Re_{\mathrm{g}}=\frac{\rho_{\mathrm{g}}u_{\mathrm{gf}}D_{\mathrm{g}}}{\mu_{\mathrm{g}}} \tag{4-148}$$

$$Re_{\mathrm{s}}=\frac{\rho_{\mathrm{s}}u_{\mathrm{s}}D}{\mu_{\mathrm{s}}} \tag{4-149}$$

式中

$$D_{\mathrm{f}}=\frac{4A_{\mathrm{f}}}{S_{\mathrm{f}}} \tag{4-150}$$

$$D_{\mathrm{g}}=\frac{4A_{\mathrm{g}}}{S_{\mathrm{g}}+S_{\mathrm{i}}} \tag{4-151}$$

气体-液膜界面的范宁摩阻系数可以取常数，即$f_{\mathrm{i}}=0.0142$。

(3) 泰勒气泡和分散气泡的运动速度。

本迪克森(Bendiksen)提出，液膜区泰勒气泡的运动速度 u_{t} 可以由式(4-152)计算：

$$u_{\mathrm{t}}=Cu_{\mathrm{s}}+0.35\sqrt{gD}\sin\theta+0.54\sqrt{gD}\cos\theta \tag{4-152}$$

式中　C——与段塞体内的速度分布有关的常数，层流取 $C=2$；紊流取 $C=1.2$。

段塞体内分散气泡的运动速度 u_{b} 可以由式(4-153)计算：

$$u_{\mathrm{b}}=1.2u_{\mathrm{s}}+1.35\left[\frac{\sigma g(\rho_{\mathrm{l}}-\rho_{\mathrm{g}})}{\rho_{\mathrm{l}}^{2}}\right]^{\frac{1}{4}}H_{\mathrm{LS}}^{0.1}\sin\theta \tag{4-153}$$

式中，$H_{\mathrm{LS}}^{0.1}$是考虑了段塞体内“气泡群”的效应。

(4) 段塞体内的持液率。

肖等采用格雷戈里提出的关系式计算段塞体内的持液率，即

$$H_{\mathrm{LS}}=\frac{1}{1+\left(\frac{u_{\mathrm{s}}}{8.66}\right)^{1.39}} \tag{4-154}$$

式中　u_{s}——段塞体内的混合物速度，m/s。

由式(4-154)所求得的 H_{LS}应限制在 0.48~1.0。

(5) 段塞体的长度。

关于段塞体的长度，肖等使用了斯科特(Scott)提出的关系式，即

$$\ln(L_{\mathrm{s}})=-26.8+28.5\left[\ln D+3.67\right]^{0.1} \tag{4-155}$$

式中　L_{s}——段塞体的长度，m；

　　D——管径，m。

如果 $D<0.0381$m，可以采用近似值 $L_{\mathrm{s}}=30D$。

4. 环状流模型

在环状流中，气体携带液滴从环形液膜中央穿过，而液体则以两种形态存在：沿管壁流动的液膜和被夹带的气芯中的液滴，其形态如图 4-18 所示。

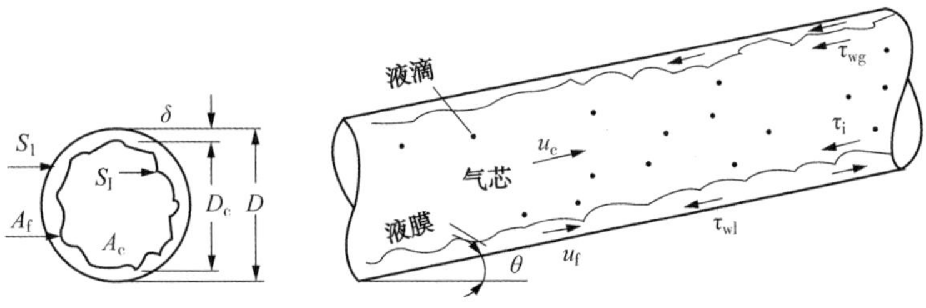

图 4-18　肖等的环状流模型

与铅直管流的情况不同，在水平和倾斜管流中，管壁周围的液膜并不是均匀的，通常底部要比顶部厚一些。为了便于研究，肖等假定在管壁周围有一平均液膜厚度，并且假定气芯中的液滴是以与气相相同的速度移动，从而将气芯看作是均质流体。于是，对于环状流的分析可以类似于分层流，只是两者具有不同的几何形状，并且两种流体是指管壁周围的液膜和包含气体及其所夹带的液滴在内的气芯。

由液膜和气芯的动量平衡式，可以得：

$$-A_f\left(\frac{\mathrm{d}p}{\mathrm{d}x}\right)+\tau_i S_i-\tau_{wl}S_l-A_f\rho_l g\sin\theta=0 \tag{4-156}$$

$$-A_c\left(\frac{dp}{dx}\right)-\tau_i S_i-A_c\rho_c g\sin\theta=0 \tag{4-157}$$

式中　A_f，A_c——液膜、气芯占据的过流断面面积；

ρ_c——气芯中的气液混合物密度。

从式(4-156)和式(4-157)中消去压力梯度，得到复合动量方程式，即

$$\tau_{wl}\frac{S_l}{A_f}-\tau_i S_i\left(\frac{1}{A_f}+\frac{1}{A_c}\right)+(\rho_l-\rho_c)g\sin\theta=0 \tag{4-158}$$

式中，气芯的气液混合物密度由式(4-15a)给出：

$$\rho_c=H_{LC}\rho_l+(1-H_{LC})\rho_g \tag{4-159}$$

式中，H_{LC}为气芯中的持液率，它与液体夹带率 FE 的关系为：

$$H_{LC}=\frac{u_{sl}FE}{u_{sg}+u_{sl}FE} \tag{4-160}$$

与分层流的情况类似，复合动量方程式(4-158)中所有的几何参数都是无量纲平均液膜厚度$\frac{\delta}{D}$的函数。求解关于$\frac{\delta}{D}$的复合动量方程式(4-158)后，便可以由式(4-161)计算持液率：

$$H_L=1-\left(1-2\frac{\delta}{D}\right)\frac{u_{sg}}{u_{sg}+u_{sl}FE} \tag{4-161}$$

由式(4-156)和式(4-157)消去界面剪切力项，则得压力梯度：

$$-\left(\frac{\mathrm{d}p}{\mathrm{d}x}\right)=\tau_{wl}\frac{S_l}{A}+\left(\frac{A_f}{A}\rho_l+\frac{A_c}{A}\rho_c\right)g\sin\theta \tag{4-162}$$

显然，整个压力梯度是摩阻压力梯度与重位压力梯度之和，而忽略了加速压力梯度。上述方程式中的有关流动参数可以确定如下。

(1) 剪切应力。

剪切应力的计算与分层流类似，即

$$\tau_{wl}=f_f\frac{\rho_l u_f^2}{2} \tag{4-163}$$

$$\tau_i=f_i\frac{\rho_c(u_c-u_f)^2}{2} \tag{4-164}$$

式中 u_f，u_c——液膜、气芯的速度；

f_f，f_l——液膜与管壁、气芯与液膜界面的范宁摩阻系数。

其中的液膜速度 u_f 和气芯速度 u_c 分别由以下两式计算：

$$u_f=\frac{u_{sl}(1-FE)}{4\frac{\delta}{D}\left(1-\frac{\delta}{D}\right)} \tag{4-165}$$

$$u_c=\frac{u_{sg}+u_{sl}FE}{\left(1-2\frac{\delta}{D}\right)^2} \tag{4-166}$$

液膜与管壁的范宁摩阻系数 f_f 可以根据液膜的雷诺数 Re_f 的大小，由式(4-122)或式(4-123)计算。而 Re_f 可按式(4-167)计算：

$$Re_f=\frac{\rho_l u_f D_f}{\mu_l} \tag{4-167}$$

式中

$$D_f=\frac{4\delta(D-\delta)}{D} \tag{4-168}$$

(2) 液体夹带率和界面摩阻系数。

肖等采用奥利曼斯(Oliemans)等根据铅直环状流动实验所提出的关系是确定液体夹带率和气芯-液膜界面的范宁摩阻系数，这些关系式为：

$$\frac{FE}{1-FE}=10^{-2.52}\rho_l^{1.08}\rho_g^{0.18}\mu_l^{0.27}\mu_g^{0.28}\sigma^{-1.80}D^{1.72}u_{sl}^{0.70}u_{sg}^{1.44}g^{0.46} \tag{4-169}$$

$$f_i=f_c\left[1+2250\frac{\frac{\delta}{D}}{\frac{\rho_c(u_c-u_f)^2\delta}{\sigma}}\right] \tag{4-170}$$

式中 ρ_l，ρ_g——液相、气相的密度，kg/m^3；

μ_l，μ_g——液相、气相的黏度，Pa · s；

σ——表面张力，N/m；

D——管径，m；

u_{sl}，u_{sg}——液相、气相的折算速度，m/s；

g——重力加速度，m/s^2；

f_c——气芯的范宁摩阻系数。

气芯的范宁摩阻系数可以由式(4-122)或式(4-123)计算，气芯的雷诺数被定义为：

$$Re_{c}=\frac{\rho_{c}u_{c}D_{c}}{\mu_{c}} \tag{4-171}$$

式中

$$\mu_{c}=H_{LC}\mu_{l}+(1-H_{LC})\mu_{g} \tag{4-172}$$

$$D_{c}=D-2\delta \tag{4-173}$$

5. 分散泡状流模型

在分散泡状流中，由于两相之间没有滑动，所以用平均性质表示的拟单相模型适用于这种流动形态。因此，持液率是无滑动持液率：

$$H'_{L}=\frac{u_{sl}}{u_{m}} \tag{4-174}$$

式中　u_{m}——气液混合物的平均流速。

压力梯度可以像单相流动一样计算，只是有关参数要用气液混合物的平均值，即

$$-\left(\frac{dp}{dx}\right)=\frac{2f_{m}\rho_{m}u_{m}^{2}}{D}+\rho_{m}g\sin\theta \tag{4-175}$$

式中　ρ_{m}——气液混合物的平均密度；

f_{m}——气液混合物的范宁摩阻系数。

肖-肖恩-布里尔方法是基于对不同流动形态的流动机理和特点进行深入的流体力学分析而得出的。为了检验其实用性，肖等利用抽取自油田及实验室的426个数据，以平均百分误差ε_1、平均绝对百分误差ε_2、标准百分偏差ε_3、平均误差ε_4、平均绝对误差ε_5和标准偏差$\varepsilon_6$6个误差统计参数，对他们的方法进行了检验，同时与贝格斯-布里尔、马克赫杰-布里尔、杜克勒及杜克勒-伊顿(Eaton)4种压差计算方法进行了比较，其结果见表4-2。

表4-2　压差计算方法的对比

压差计算方法	误差参数					
	ε_1/%	ε_2/%	ε_3/%	ε_4/%	ε_5/%	ε_6/%
肖-肖恩-布里尔	-11.7	30.5	50.6	-8.6	12.2	22.0
贝格斯-布里尔	10.9	35.0	94.2	9.6	13.2	31.6
马克赫杰-布里尔	39.4	60.5	128	16.3	21.3	40.5
杜克勒	32.9	43.0	107	17.3	18.7	36.7
杜克勒-伊顿	21.5	35.4	89.3	13.8	16.0	33.9

从表4-2可以看出，虽然肖-肖恩-布里尔方法所计算的压差较实测值偏小，但在6个误差统计参数中，都以肖等的误差最小。说明该方法优于其他4种方法。这也反映了这种根据不同流动形态的流动机理和特点，分别采用不同的模型进行压差计算的方法具有普遍性和实用性。

九、对水平气液两相管流压力损失和持液率的计算方法的评价

1974年，曼德汉、格雷戈里和阿济兹以水平气液两相管流的2685个持液率的实测

值，从均方根误差、平均绝对误差、平均百分绝对误差和平均百分误差五个方面，对洛克哈特-马蒂内利、胡金杜尔恩(Hoogendoorn)、伊顿等、休马克、古兹霍夫(Guzhov)等、乔拉、贝格斯-布里尔、杜克勒等、斯科特、阿格雷沃尔等和利维(Levy)等的12个持液率计算方法进行了评价。

评价工作首先是以曼德汉等的流动形态分布图将2685个实测值分类，然后按不同的计算方法求得持液率的计算值，最后加以比对。曼德汉等按照不同的流动形态，根据其计算的准确程度，依次推荐出3种计算方法，见表4-3。

表4-3　曼德汉等推荐的持液率计算方法

流动形态	持液率计算		
	方法一	方法二	方法三
泡状流、团状流	休马克	古兹霍夫等	洛克哈特-马蒂内利
层状流	阿格雷沃尔等	杜克勒等	乔拉
波状流	乔拉	洛克哈特-马蒂内利	杜克勒等
冲击流	休马克	洛克哈特-马蒂内利	乔拉
环状流、雾状流	洛克哈特-马蒂内利	休马克	乔拉
分散的泡状流	贝格斯-布里尔	杜克勒等	休马克

1977年，曼德汉、格雷戈里和阿济兹以水平气液两相管流的10583个压力损失实测值，从与前述相同的5个方面，对洛克哈特-马蒂内利、奇斯霍姆、贝克、杜克勒等、乔拉、胡金杜尔恩、胡金杜尔恩-比特拉(Buitelaar)、伯图奇(Bertuzzi)等、切诺维思-马丁、巴罗克齐(Baroczy)、贝格斯-布里尔、戈维尔-阿济兹、阿格雷沃尔等、休马克和列维等的16个压力损失计算方法进行了评价。

评价工作首先是以曼德汉等的流动形态分布图将10583个实测值分类，然后按不同的计算方法求得压力损失的计算值，最后加以对比。曼德汉等按照不同的流动形态，根据其计算的准确程度，依次推荐出3种方法，见表4-4。

表4-4　曼德汉等推荐的压力损失计算方法

流动形态	持液率计算		
	方法一	方法二	方法三
泡状流、团状流	切诺维斯-马丁	杜克勒等	贝格斯-布里尔
层状流	阿格雷沃尔等	乔拉	杜克勒等
波状流	杜克勒等	贝格斯-布里尔	洛克哈特-马蒂内利
冲击流	曼德汉等	杜克勒等	贝格斯-布里尔
环状流、雾状流	切诺维斯-马丁	奇斯霍姆	洛克哈特-马蒂内利
分散泡状流	曼德汉等	伯图奇等	杜克勒等

下面介绍表4-4中所提到的曼德汉等的压力损失计算方法。曼德汉等根据约4000个实测值得出了冲击流和分散泡状流两种流动形态下压力损失的计算方法。

(1) 冲击流：

其计算方法是对洛克哈特-马蒂内利方法的改进，具有$\lg\phi'_g - \lg X'$的形式，其中

$$\phi'_g=\frac{\frac{dp}{dL}}{\left(\frac{dp}{dL}\right)_g} \tag{4-176}$$

$$\left(\frac{dp}{dL}\right)_g=\frac{2fu_{sg}^2\rho_g}{D} \tag{4-177}$$

$$X'=\left(\frac{u_{sl}}{u_{sg}}\right)^{0.5}\left(\frac{\rho_l}{\rho_g}\right)^{0.375}\left(\frac{\mu_l}{\mu_g}\right)^{0.1} \tag{4-178}$$

式中　ϕ'_g——改进的分气相折算系数；

$\frac{dp}{dL}$——两相流动的压力梯度；

$\left(\frac{dp}{dL}\right)_g$——假设只有单相气体在整个管道中流动的压力梯度；

f——根据科尔布鲁克(Colebrook)公式计算得出的范宁系数，其中 $Re=\frac{Du_{sg}\rho_g}{\mu_g}$；

X'——某参数，它与 ϕ'_g 的关系见表 4-5。

表 4-5　X'与 ϕ'_g 的关系

X'	0.01	0.2	0.4	0.7	1.1	1.7	3.0	6.0	46.0
ϕ'_g	1.01	1.03	1.08	1.20	1.35	1.80	3.10	7.70	100.0

（2）分散泡状流：

分散泡状流计算方法也是对洛克哈特-马蒂内利方法的改进，具有 $\lg\phi'_g-\lg X'$的形式，其中

$$\phi'_g=2.20\,(X'')^{0.862} \tag{4-179}$$

$$X''=\left(\frac{u_{sl}}{u_{sg}}\right)^{0.875}\left(\frac{\rho_l}{\rho_g}\right)^{0.375}\left(\frac{\mu_l}{\mu_g}\right)^{1.25} \tag{4-180}$$

在以上的计算中，式(4-176)和式(4-177)仍然适用，但 X''为另一参数。

十、气体-非牛顿液体的两相流动

气体-非牛顿液体的两相流动是20世纪中叶兴起的一个研究领域。由于生产的需要，随着气液两相流体力学和非牛顿流体力学的发展，以及大型计算机的出现和实验手段的改善，这项研究正在受到人们的重视而日益活跃起来。

气体-非牛顿液体的两相流动可以在许多工业领域中遇到，石油工业中的油气常温混输就是一个明显的例子。某些油田的原油，在低于某温度时，其流变性呈现屈服应力和剪切稀释的特点，属于非牛顿液体。这时的油气混输就属于气体-非牛顿液体的两相流动。

1. 奥利弗-扬·胡恩的研究

奥利弗(Oliver)和扬·胡恩(Young Hoon)是气体-非牛顿液体的两相流动的早期研究者。1968年他们在《非牛顿两相流》一文中报告了其研究成果。他们从理论上分析了冲击流和环状流，提出了两者的简单模型，并且进行了实验研究。他们使用的非牛顿液体是羧甲基纤维素钠(SCMC)水溶液和聚氧化乙烯(Polyox WSR 301)水溶液，两者都是幂律液体。实验时，观察了流动形态，测定了两相流动的压降和持液率。

他们把实验结果与洛克哈特-马蒂内利相关规律进行了对比，发现尽管洛克哈特-马蒂内利相关规律可以较好地用于气体-非牛顿液体体系，但是它的计算值要高于气体-非牛顿液体两相流动的实验值。这种偏离在冲击流和环雾流时则更为显著。

虽然奥利弗和扬·胡恩的工作没能给出实际可用的结果，但是他们的工作是具有开拓意义的，后来的研究者常可作为借鉴。

2. 艾森伯格-温伯格方法

1978年艾森伯格(Eisenberg)和温伯格(Weinberger)撰文《气体-非牛顿液体两相环状流》，提出了一个环状流模型及压降和持液率的计算方法，并进行了实验。其实验值与计算值吻合得很好。

他们认为，环状流动时由于两相之间的相互作用，实际的气液界面不会是光滑的，而是一个不规则的波动界面，这正是引起能量损失的重要原因。

他们设想，既然洛克哈特-马蒂内利相关规律能够较好的解决气体-非牛顿液体两相流动问题，那么根据非牛顿液体的特点可以对该相关规律进行适当的修正，修正后的洛克哈特-马蒂内利相关规律也应该能够应用于气体-非牛顿液体体系。艾森伯格和温伯格正是本着这样的思路，针对环状流的层流液膜，使用了幂律液体旳剪切速率与视黏度的非线性关系，改进了洛克哈特-马蒂内利相关规律，提出了气体-幂率液体两相环状流的压降和持液率的计算方法。

艾森伯格-温伯格计算方法是一个迭代过程，可以编排如下：

① 假设一个空隙率 ϕ；

② 根据 ϕ 和幂率液体的流性指数 n，计算系数 k：

$$k=\left\{\frac{n+1}{(3n+1)\left[1-\phi-\frac{2n}{3n+1}(1-\phi^{\frac{8n+1}{2n}})\right]}\right\}^{n-1} \tag{4-181}$$

③ 计算经过修正的液相单独流动时的压力梯度 $\left(\frac{\mathrm{d}p}{\mathrm{d}L}\right)_1^0$：

$$\left(\frac{\mathrm{d}p}{\mathrm{d}L}\right)_1^0=k\frac{2\eta_w}{R}\frac{3n+1}{4n}\frac{4Q_1}{\pi R^3} \tag{4-182}$$

式中 η_w——液相在管壁处的视黏度；

R——管子的直径；

Q_1——液相的体积流量。

对于幂律液体来说，视黏度为：

$$\eta=K\left(\frac{\mathrm{d}w}{\mathrm{d}r}\right)^{n-1} \tag{4-183}$$

式中　K——幂律液体的稠度系数；

$\frac{\mathrm{d}w}{\mathrm{d}r}$——剪切速率。

因此

$$\eta_{\mathrm{w}}=K\left(\frac{\mathrm{d}w}{\mathrm{d}r}\right)_{\mathrm{w}}^{n-1} \tag{4-184}$$

式中　$\left(\frac{\mathrm{d}w}{\mathrm{d}r}\right)_{\mathrm{w}}$——液相在管壁处的剪切速率。

④ 计算经过修正的参数 X^0：

$$X^0=\left[\left(\frac{\mathrm{d}p}{\mathrm{d}L}\right)_{\mathrm{l}}\Big/\left(\frac{\mathrm{d}p}{\mathrm{d}L}\right)_{\mathrm{g}}\right]^{\frac{1}{2}} \tag{4-185}$$

⑤ 利用 X^0，参照洛克哈特-马蒂内利相关规律，检验所设的 ϕ 值是否合理。如果所设的 ϕ 值不符合精度要求，则重复迭代上述计算步骤；

⑥ 使用以上得出的合理的 X^0 值代替洛克哈特-马蒂内利相关规律中的参数 X，求出洛克哈特-马蒂内利的分液相折算系数 ϕ_{l}^2。然后，计算两相环状流的压力梯度$\frac{\mathrm{d}p}{\mathrm{d}L}$：

$$\frac{\mathrm{d}p}{\mathrm{d}L}=\phi_{\mathrm{l}}^2\left(\frac{\mathrm{d}p}{\mathrm{d}L}\right)_{\mathrm{l}}^0 \tag{4-186}$$

⑦ 根据式(4-187)，可以求得持液率 H_{L}：

$$H_{\mathrm{L}}=1-\phi \tag{4-187}$$

艾森伯格和温伯格以自己的和其他研究者的实验数据检验了以上计算方法，两者吻合得很好。检验所用液体的流变参数范围为 $n=0.340\sim1$，$K=0.0143\sim8.96\mathrm{Pa\cdot s}^n$；所用管子直径的范围为 2.90~12.7mm。

3. 穆贾沃-饶方法

1981 年穆贾沃(Mujawar)和饶(Rao)发表了题为《水平管中气体-非牛顿液体的两相流动》的文章。他们对洛克哈特-马蒂内利相关规律加以改进，将其扩展到气体-非牛顿液体两相流动，并进行了室内实验研究，推导出了所有流动区域压降和持液率的计算式。

他们的实验是在内径为 12.1mm 的聚乙烯管中进行的，所用的气体为空气，所用的液体分别为水、质量比为 0.3%和 0.5%的藻朊酸钠水溶液以及质量比为 0.5%和 1.0%的羧甲基纤维素钠水溶液。

他们按照液相和气相折算雷诺数的不同，将全部流动区域分为以下 4 组：

(1) 液相层流-气相层流(ll)即 $Re_{\mathrm{l}}<1000$，$Re_{\mathrm{g}}<1000$；

(2) 液相层流-气相紊流(lt)即 $Re_{\mathrm{l}}<1000$，$Re_{\mathrm{g}}>2000$；

(3) 液相紊流-气相层流(tl)即 $Re_{\mathrm{l}}>2000$，$Re_{\mathrm{g}}<1000$；

(4) 液相紊流-气相紊流(tt)即 $Re_{\mathrm{l}}>2000$，$Re_{\mathrm{g}}>2000$。

液相的折算雷诺数 Re_l 按式(4-188)计算：

$$Re_l = \frac{D^{n'} u_{sl}^{2-n'} \rho_l}{m} \tag{4-188}$$

$$m = K' 8^{n'-1} \tag{4-189}$$

式中 D——管子的直径；

n'——流变模式 $\tau_w = K'\left(\frac{8u}{D}\right)^{n'}$ 中的流性指数，其中 τ_w 为管壁处的剪切应力，u 为平均流速；

u_{sl}——液相的折算速度；

ρ_l——液相的密度；

K'——流变模式中 $\tau_w = K'\left(\frac{8u}{D}\right)^{n'}$ 的稠度系数。

气相的折算雷诺数 Re_g 按式(4-190)计算：

$$Re_g = \frac{D u_{sg} \rho_g}{\mu_g} \tag{4-190}$$

式中 u_{sg}——气相的折算速度；

ρ_g——气相的密度；

μ_g——气相的黏度。

经简单推导，得出液相单独流动时的压力梯度 $\left(\frac{dP}{dL}\right)_l$ 和修正的洛克哈特-马蒂内利参数 X^2 的计算式如下：

(1) 液相层流-气相层流(ll)：

$$\left(\frac{dP}{dL}\right)_l = \frac{32 m M_l^{\ n'}}{\left(\frac{\pi}{4}\right)^{n'} D^{3n'+1} \rho_l^{n'}} \tag{4-191}$$

$$X^2 = \frac{\left(\frac{\pi}{4}\right) m M_l^{n'} \rho_g D^4}{\left(\frac{\pi}{4}\right)^{n'} \mu_g M_g \rho_l^{n'} D^{3n'+1}} \tag{4-192}$$

式中 M_l——液相的质量流量；

M_g——气相的质量流量。

(2) 液相层流-气相紊流(lt)：

按式(2-262)计算 $\left(\frac{dP}{dL}\right)_l$，而

$$X^2 = \frac{\left(\frac{\pi}{4}\right)^{1.75} (16) m M_l^{n'} \rho_g D^{4.75}}{\left(\frac{\pi}{4}\right)^{n'} (0.079) \mu_g^{0.25} M_g^{1.75} \rho_l^{n'} D^{3n'+1}} \tag{4-193}$$

(3) 液相紊流-气相层流(tl)：

$$\left(\frac{dP}{dL}\right)_l=\frac{2am^bM_l^x}{\left(\frac{\pi}{4}\right)^xD^y\rho_l^z} \tag{4-194}$$

$$X^2=\frac{\left(\frac{\pi}{4}\right)am^bM_l^x\rho_gD^4}{\left(\frac{\pi}{4}\right)^x(16)\mu_gM_g\rho_l^xD^y} \tag{4-195}$$

其中

$$x=2-2b+n'b \tag{4-195a}$$

$$y=5+3n'b-4b \tag{4-195b}$$

$$z=1-b+n'b \tag{4-195c}$$

式中　a，b——道奇(Dodge)-梅茨纳(Metzner)实验值，见表4-6。

表4-6　*a*和*b*值

n'	0.2	0.3	0.4	0.6	0.8	1.0	1.4	2.0
a	0.0646	0.658	0.0712	0.0740	0.0761	0.0779	0.0804	0.0826
b	0.349	0.325	0.307	0.281	0.263	0.250	0.231	0.213

(4) 液相紊流-气相紊流(tt)：

按式(4-194)计算$\left(\frac{dP}{dL}\right)_l$。而

$$X^2=\frac{\left(\frac{\pi}{4}\right)^{1.75}am^bM_l^x\rho_gD^{4.75}}{\left(\frac{\pi}{4}\right)^x(0.079)\mu_g^{0.25}M_g^{1.75}\rho_l^zD^y} \tag{4-196}$$

穆贾沃和饶通过实验，给出了气体-非牛顿液体两相流动时洛克哈特-马蒂内利的分液相折算系数ϕ_l^2的计算式(4-197)，即

$$\phi_l^2=1+\frac{C}{X}+\frac{1}{X^2} \tag{4-197}$$

式中C值见表4-7。

表4-7　*C*值

流动区域	液相层流-气相层流(ll)	液相层流-气相紊流(lt)	液相紊流-气相层流(tl)	液相紊流-气相紊流(tt)
C	6.6	12.0	8.0	12.7

这样就可以计算气体-非牛顿液体两相流动的压力梯度：

$$\frac{dP}{dL}=\phi_l^2\left(\frac{dP}{dL}\right)_l \tag{4-198}$$

他们还通过实验，给出了持液率H_L的关联式。对于液相层流-气相层流(ll)区域和液相紊流-气相层流(tl)区域：

$$H_L=\left(\frac{10}{\phi_g}\right)^{0.5} \tag{4-199}$$

对于液相层流–气相紊流(lt)和液相紊流–气相紊流(tt)的区域：

$$H_L=\left(\frac{1}{\phi_g}\right)^{\frac{1}{5.68}} \tag{4-200}$$

式中，ϕ_g 值为洛克哈特–马蒂内利的分气相折算系数开方值，即

$$\phi_g=\left[\frac{dp}{dL}\Big/\left(\frac{dp}{dL}\right)_g\right]^{\frac{1}{2}} \tag{4-201}$$

4. 法鲁奇–理查森的研究

1982 年法鲁奇(Farooqi)和理查森(Richardson)发表了题为《光滑管中空气–液体(牛顿型和非牛顿型)的水平流动》的文章，报告了他们的实验研究。实验是在直径为 41.7mm 的水平管中进行的，所用的牛顿液体为水–甘油混合物，所用的非牛顿液体为高岭土–水–甘油混合物。

他们用射线 γ 吸收法测量了两相流动的持液率，然后用洛克哈特–马蒂内利参数和流性指数 n' 关联了实验数据，除了团状流和冲击流的持液率 H_L 计算公式，见表 4–8。其实验范围：液相折算速度为 0.25～2m/s，气相折算速度为 0.1～7m/s，液相黏度为 1～32.7mPa · s^n，液相密度为 1000～1200kg/m^3。

表 4–8 持液率 H_L 的计算公式

X 的范围	1～5	5～50	50～500
H_L 计算公式	$H_L=1.186+0.0191X$	$H_L=0.01432X^{0.42}$	$H_L=\frac{1}{0.97+19/X}$

在表 4–8 中，如果液相处于紊流状态，则 X 的计算就按洛克哈特–马蒂内利的定义式，即

$$X=\left[\left(\frac{dp}{dL}\right)_l\Big/\left(\frac{dp}{dL}\right)_g\right]^{\frac{1}{2}} \tag{4-202}$$

如果液相处于层流状态，则取

$$X=\lambda_c\left[\left(\frac{dp}{dL}\right)_l\Big/\left(\frac{dp}{dL}\right)_g\right]^{\frac{1}{2}} \tag{4-203}$$

其中

$$\lambda_c=[u_{sl}/(u_{sl})_c]^{1-n'} \tag{4-204}$$

式中 $(u_{sl})_c$——对应式(4–188)的液相折算雷诺数 $Re_l=2000$ 时的液相折算速度。

在划分两相流动的流动区域时，法鲁奇和理查森所用的标准与穆贾沃和饶所用的相同，也将全部流动区分为以下 4 组：

(1) 液相层流–气相层流(ll)即 $Re_l<1000$，$Re_g<1000$；

(2) 液相层流–气相紊流(lt)即 $Re_l<1000$，$Re_g>2000$；

（3）液相紊流-气相层流（tl）即 $Re_l>2000$，$Re_g<1000$；

（4）液相紊流-气相紊流（tt）即 $Re_l>2000$，$Re_g>2000$。

法鲁奇和理查森还从实验中发现，对于空气和剪切稀释性液体的两相流动来说，如果在加入气相之前，液相是处于层流状态，那么在开始加入气相之后，两相流动的压降会减小，即此时的洛克哈特-马蒂内利分液相折算系数 ϕ_l^2 会小于 1，他们把这一现象称为减阻现象。当气相折算速度继续增加时，压降还会减小到一个最小值，然后将随着气相折算速度的增加而压降变大。这一减阻现象在生产上是有实用意义的。他们还给出了计算这个最小值的公式，见表 4-9。

表 4-9　$(\phi_l^2)_{min}$的计算公式

λ_c 的范围	0.05~0.35	0.35~0.6	0.6~1
$(\phi_l^2)_{min}$的计算公式	$(\phi_l^2)_{min}=1.9\lambda_c$	$(\phi_l^2)_{min}=1-0.0315\lambda_c^{-2.25}$	$(\phi_l^2)_{min}=\lambda_c^{0.205}$

另外，法鲁奇和理查森还指出，对于空气和剪切稀释性液体的两相流动来说，当液相处于紊流状态时，使用洛克哈特-马蒂内利相关规律来计算压力梯度，可以获得令人满意的结果。

5. 查哈布拉-理查森的研究

查哈布拉（Chhabra）和理查森在总结前人工作的基础上，对气体-非牛顿液体两相流动的流动形态进行了深入的研究。1984 年他们发表了题为《水平管中气体和非牛顿液体两相流动的流动形态的预测》的论文。文中指出，流体的物理性质对于流动形态的影响甚微。这一结论被许多研究者的实验所证实。这样，人们就可以把气体-牛顿液体两相流动形态的研究成果，直接应用到气体-非牛顿液体两相流动中。

查哈布拉和理查森根据 7190 个实验数据，参考曼德汉和韦斯曼（Weisman）等的气体-牛顿液体两相流动形态分布图，绘制了气体-非牛顿液体两相流动形态分布图（图 4-19）。图中的纵坐标是液相折算速度 u_{sl}，横坐标是气相折算速度 u_{sg}，使用起来非常方便。该图是在以下的参数范围内制成的：管径为 2.9~207mm，液相折算速度为 0.021~6.1m/s，气相折算速度为 0.011~55m/s，液相流性指数为 0.103~0.96，液相稠度系数为 0.0037~45Pa·s^n。

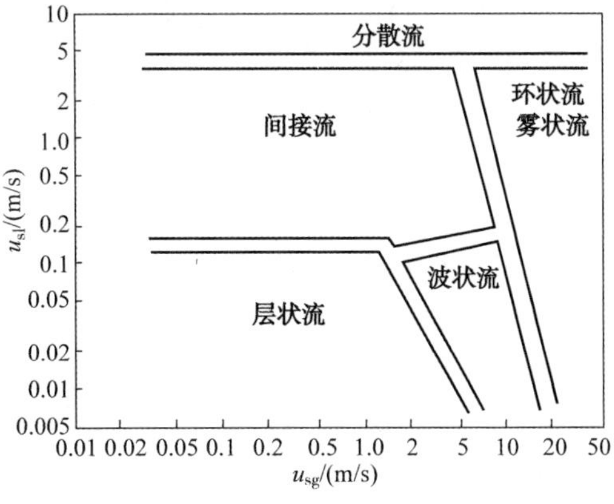

图 4-19　查哈布拉-理查森的流动形态分布图

6. DPI 第一法

1993 年大庆石油学院陈家琅等采用长 8m、内径分别为 19. 2mm、25. 0mm 和 59. 0mm 的三根透明有机玻璃管，以空气和聚丙烯酰胺水溶液为两相介质，对气体-幂律液体两相水平管流进行了研究。实验研究中有关参数变化范围：液相流性指数为 0. 593~0. 911，稠度系数为 0. 071~1. 264Pa · s^n；气相折算速度为 0. 02~30. 2m/s；液相折算速度为 0. 017~3. 96m/s。他们在实验研究的基础上，根据不同流动形态的特点，分别给出了不同的压力梯度计算方法及持液率的相关规律。

（1）流动形态的判别。

陈家琅等根据三种管径、四种不同流变性液体的 27595 组实验数据，将气体幂律液体两相水平管流的流动形态划分为泡状流、层状流、波状流、团状流、冲击流及环状流六种，根据实验数据所绘制的流动形态分布图 4-20 所示。

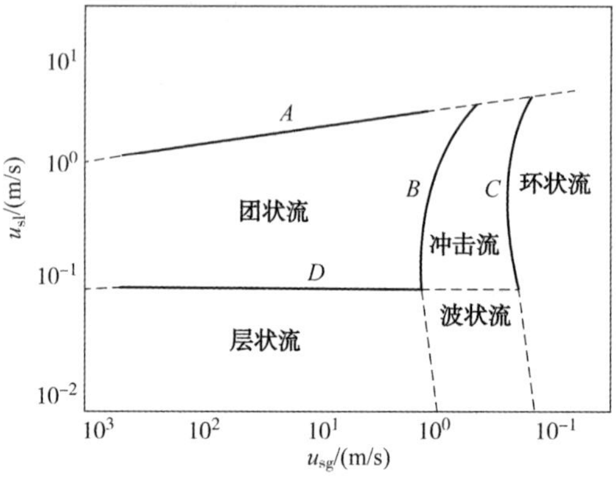

图 4-20　气体-幂律液体两相水平管流的流动形态分布图

图中各个流动形态界限的回归方程如下：

A 线为泡状流与团状流、冲击流及环状流的转变线：

$$u_{sl}=2.1480D^{0.1288}u_{sg}^{0.15} \tag{4-205}$$

B 线为团状流与冲击流及层状流与波状流的转变线：

$$u_{sg}=10-9.15u_{sl}^{0.01376}\exp(-0.06461u_{sl}) \tag{4-206}$$

C 线为冲击流与环状流及波状流及环状流的转变线：

$$u_{sg}=10-7.467u_{sl}^{0.2194}\exp(-0.32671u_{sl}) \tag{4-207}$$

D 线为层状流与团状流及波状流与冲击流的转变线：

$$u_{sl}=0.08 \tag{4-208}$$

式(4-205)~式(4-208)中　u_{sl}——液相的折算速度，m/s。

u_{sg}——气相的折算速度，m/s。

D——管子的直径，mm。

（2）压力梯度。

① 层状流和波状流：

层状流和波状流均属气液分层流动。对于气体-幂律液体两相层状流动，同样可以使用泰特尔-杜克勒的层状流模型。所以，当 $\theta=0$ 时，式(4-63)和式(4-64)可以简化为：

$$-A_l\left(\frac{dp}{dx}\right)-\tau_{wl}S_l+\tau_iS_i=0 \tag{4-209}$$

$$-A_g\left(\frac{dp}{dx}\right)-\tau_{wg}S_g-\tau_iS_i=0 \tag{4-210}$$

从式(4-209)和式(4-210)中消去压力梯度，得：

$$\frac{\tau_{wg}S_g}{A_g}-\frac{\tau_{wl}S_l}{A_l}+\tau_iS_i\left(\frac{1}{A_l}+\frac{1}{A_g}\right)=0 \tag{4-211}$$

式中的 τ_{wl}，τ_{wg} 和 τ_i 仍可由式(4-66)~式(4-68)确定，也可以由式(4-212)~式(4-214)表示：

$$\tau_{wl}=\lambda_l\frac{\rho_lu_l^2}{8} \tag{4-212}$$

$$\tau_{wg}=\lambda_g\frac{\rho_gu_g^2}{8} \tag{4-213}$$

$$\tau_i=\lambda_i\frac{\rho_g(u_g-u_l)^2}{8} \tag{4-214}$$

式(4-212)~式(4-214)中的 λ_l，λ_g，λ_i 为液相、气相、气液分界面的沿程阻力系数。沿程阻力系数以伯拉休斯公式的形式表示：

$$\lambda_l=\frac{a}{Re_l^b} \tag{4-215}$$

$$\lambda_g=\frac{c}{Re_g^d} \tag{4-216}$$

式中的气相雷诺数 Re_g 仍可以用式(4-72)计算，而液相雷诺数则由式(4-217)确定：

$$Re_l=\frac{D_l^nu_l^{n-2}\rho_l}{K8^{n-1}\left(\frac{1+3n}{4n}\right)^n} \tag{4-217}$$

式中　K——幂律液体的稠度系数；

n——幂律液体的流性指数。

式(4-215)和式(4-216)中的常数选取方法如下：当气相、液相都处于层流状态时，$a=c=64$，$b=d=1$；当气相处于紊流状态时，$c=0.3164$，$d=0.25$；当液相处于紊流状态时，a，b 分别由式(4-218)和式(4-219)确定：

$$a=0.3164n^{0.133} \tag{4-218}$$

$$b=0.25n^{-0.217} \tag{4-219}$$

气相、液相的流动状态分别由气相、液相的折算雷诺数判断。气相的临界折算雷诺数可取1000，液相的临界折算雷诺数与流性指数有关，即

$$Re_{slc}=\frac{610(2n+1)(3n+2)(4n+3)}{(3n+1)^3} \tag{4-220}$$

将上述有关关系式代入式(4-211)，并引进洛克哈特-马蒂内利参数 X，则可以得出层状流的无量纲力平衡方程式：

$$X^2=\frac{\tilde{D}_1^{(1+nb)}\tilde{u}_1^{(2-n)b-2}}{4\tilde{D}_g^d\tilde{u}_g^{d-2}}\frac{1}{\tilde{A}_g}\left(\tilde{S}_g+\frac{\pi}{4}\frac{\tilde{S}_i}{\tilde{A}_1}\right) \tag{4-221}$$

式中，各无量纲量的表达式同式(4-81)~式(4-90)。

由式(4-81)~式(4-90)及式(4-221)可知，洛克哈特-马蒂内利参数 X 与$\frac{h_1}{D}$之间存在着确定的函数关系，且这种函数关系与幂律液体的性质有关。当液体性质已知时，求解式(4-221)，即可得$\frac{h_1}{D}$值。

由持液率的定义可知，持液率 H_L 可以由式(4-222)确定：

$$H_L=\frac{A_1}{A} \tag{4-222}$$

或

$$H_L=\frac{4\tilde{A}_1}{\pi} \tag{4-223}$$

另外，将式(4-209)与式(4-210)相加，则得层状流的压力梯度：

$$-\frac{dp}{dx}=\frac{\tau_{wl}S_1+\tau_{wg}S_g}{A} \tag{4-224}$$

这样，用已知的参数求出 X 后，便可以由式(4-221)至式(4-223)求得层状流的持液率和压力梯度。

对于波状流，可以近似地采用层状流的有关公式，求得它的持液率和压力梯度。

② 泡状流：

泡状流时，两相之间没有滑动，所以可以采用均流模型计算其压力梯度，即

$$-\left(\frac{dp}{dx}\right)=\lambda_m\frac{u_m^2\rho_m^2}{2D}\left[v_1+\frac{x}{2}(v_g-v_1)\right] \tag{4-225}$$

式中 λ_m——气液混合物的沿程阻力系数；

u_m——气液混合物的平均速度；

ρ_m——气液混合物的平均密度；

v_1，v_g——液相、气相的就地比体积；

x——质量含气率。

在式(4-225)中，ρ_m，u_m 可以分别由气相和液相的密度、折算速度求得。气液混合物的沿程阻力系数 λ_m 可以由式(4-226)计算：

$$\lambda_m=A_0\lambda_{tp}^{B_0} \tag{4-226}$$

其中

$$\lambda_{tp}=\lambda_{sg}x+\lambda_{sl}(1-x) \tag{4-227}$$

$$\lambda_{sg}=\frac{c}{Re_{sg}^d} \tag{4-228}$$

$$\lambda_{sl}=\frac{a}{Re_{sl}^{b}} \tag{4-229}$$

$$A_0=0.3804n^{-2.0255} \tag{4-230}$$

$$B_0=0.8911n^{-0.8448} \tag{4-231}$$

式中　Re_{sg}——气相的折算雷诺数；

Re_{sl}——液相的折算雷诺数。

③ 团状流和冲击流：

团状流和冲击流均属间歇流动。这种流动的流动机理较为复杂，因此，陈家琅等根据实验数据，采用量纲分析法来确定其压力梯度。他们首先定义无量纲压力梯度为：

$$\frac{\mathrm{d}p/\mathrm{d}x}{g(\rho_l-\rho_g)}$$

并选择无量纲量$\frac{Q_l}{Q_g}$，Re_{sg}和Re_{sl}进行相关分析。于是团状流和冲击流的无量纲压力梯度可以表示为：

$$-\frac{\mathrm{d}p/\mathrm{d}x}{g(\rho_l-\rho_g)}=f\left(\frac{Q_l}{Q_g},\ Re_{sg},\ Re_{sl}\right) \tag{4-232}$$

考虑到气液两相流动中，压力梯度是气液两相综合作用的结果，所以定义两相雷诺数Re_{tp}为：

$$Re_{tp}=Re_{sg}^{x}Re_{sl}^{(1-x)} \tag{4-233}$$

这样，团状流和冲击流的无因次压力梯度可以表示为：

$$-\frac{\mathrm{d}p/\mathrm{d}x}{g(\rho_l-\rho_g)}=f\left(\frac{Q_l}{Q_g},\ Re_{tp}\right) \tag{4-234}$$

通过对实验数据的相关分析，表明采用式(2-305)是合理的，所得无量纲压力梯度计算式为：

$$-\frac{\mathrm{d}p/\mathrm{d}x}{g(\rho_l-\rho_g)}=A_1\left(\frac{Q_l}{Q_g}\right)^{B_1}Re_{tp}^{B_2} \tag{4-235}$$

式中　Q_g，Q_l——气相、液相的体积流量；

A_1，B_1，B_2——与管径、液体性质有关的系数。

团状流：

$$A_1=10^{-a_0} \tag{4-236}$$

$$a_0=10^{-0.5667}D^{0.4944}K^{-0.3291} \tag{4-237}$$

$$B_1=-10^{-2.5230}D^{0.3037}K^{-0.9231} \tag{4-238}$$

$$B_2=10^{-0.2061}D^{0.2169}n^{2.1338} \tag{4-239}$$

冲击流：

$$A_1=10^{-a_0} \tag{4-240}$$

$$a_0=10^{-0.5667}D^{0.4944}K^{-0.3291} \tag{4-241}$$

$$B_1=-10^{-2.5230}D^{0.3037}K^{-0.9231} \tag{4-242}$$

$$B_2=10^{-0.2061}D^{0.2169}n^{2.1338} \tag{4-243}$$

式中 D——管径，mm；

K——幂律液体的稠度系数，Pa·s^n；

n——幂律液体的流性指数，无量纲。

由式(4-236)~式(4-243)，可以求得团状流或冲击流的相关参数，然后由式(4-235)求出压力梯度。

④ 环状流：

环状流时，管路中气体占主导地位，液体以液膜和液滴两种形式存在。为此，陈家琅等将分气相折算系数 ϕ_g^2 与洛克哈特-马蒂内利参数 X 用实验数据进行了关联，其结果为：

$$\phi_g^2=1+CX+X^2 \tag{4-244}$$

其中

$$C=15.60n^{1.68} \tag{4-245}$$

由式(4-244)和式(4-245)求得 ϕ_g^2 后，可由式(4-246)求得环状流的压力梯度，即

$$\frac{dp}{dx}=\phi_g^2\left(\frac{dp}{dx}\right)_{sg} \tag{4-246}$$

(3) 持液率。

陈家琅等对实验数据进行了回归分析，结果表明：当液体的性质一定时，持液率 H_L 主要与洛克哈特-马蒂内利参数 X 有关。尽管不同流动形态下的流动机理不同，但当流动形态由一种向另一种转变时，由试验数据所绘得的 H_L-X 曲线是连续、光滑变化的。因此，可以用另一个通式计算六种流动形态下的持液率，即

$$H_L=\frac{X}{X+C} \tag{4-247}$$

其中

$$C=8.1365n^{-0.7183} \tag{4-248}$$

式中 n——幂律液体的流性指数。

7. DPI 第二法

1994 年大庆石油学院陈涛平和陈家琅在 DPI 第一法进行流动形态划分及判别的基础上，从不同流动形态的流动机理入手，对气体-幂律液体两相水平管流进行了研究，利用室内实验数据确定了不同流动形态水力计算模型中的有关参数，形成了不同流动形态的水力计算方法。数据确定了不同流动形态水力计算模型中的有关参数，形成了不同流动形态的水力计算方法。

(1) 层状流。

在层状流中，考虑气相、液相流动的速度差异后，采用与 DPI 第一法相同的方法，可以得出无量纲力平衡方程，即

$$X^2=\frac{4\tilde{D}_l^{(1+nb)}}{4\tilde{D}_g^{d}}\frac{\tilde{u}_l^{(2-n)b-2}}{\tilde{u}_g^{d-2}}\frac{1}{\tilde{A}_g}\left[\tilde{S}_g+\frac{\pi}{4}\frac{\tilde{S}_i}{\tilde{A}_l}\left(1-\frac{\tilde{A}_g}{\tilde{A}_l}\frac{1}{R}\right)^2\right] \tag{4-249}$$

或

$$X^2=\frac{4\tilde{D}_l^{(1+nb)}}{4\tilde{D}_g^d}\frac{\tilde{u}_l^{(2-n)b-2}}{\tilde{u}_g^{d-2}}\frac{1}{\tilde{A}_g}\left[\tilde{S}_g+\frac{\pi}{4}\frac{\tilde{S}_i}{\tilde{A}_l}\left(1-\frac{1}{s}\right)^2\right] \tag{4-249a}$$

其中

$$R=\frac{Q_g}{Q_l} \tag{4-250}$$

$$s=\frac{u_g}{u_l} \tag{4-251}$$

式中　R——气相与液相的体积流量比；

s——滑动比。

于是，用已知的参数求出 X 后，采用试算法由式(4-249)便可求得层状流中过流断面上液相的高度，从而由式(4-222)～式(4-224)求出层状流的持液率和压力梯度。

(2) 波状流。

在波状流中，气液两相介质的分布与层状流非常类似，它也属于气液分层流动，因而也可以进行类似于层状流的分析。波状流与层状流的根本区别在于波状流时的气相速度比层状流的气相速度大，气液分界面出现波浪，所以有：$u_{sg}>>u_{sl}$，$\lambda_i\neq\lambda_g$，因此，气液两相分界面的剪切应力为：

$$\tau_i=\lambda_i\frac{\rho_g u_g^2}{8} \tag{4-252}$$

根据安德里特绍斯和汉拉蒂的研究，波状流中气液分界的沿程阻力系数可以由式(2-253)确定：

$$\lambda_i=\lambda_g\left[1+15\left(\frac{h_l}{D}\right)^{\frac{1}{2}}\left(\frac{u_{sg}}{u_{sgB}}-1\right)\right]=F_B\lambda_g \tag{4-253}$$

式中　F_B——波状流中气液两相分界面的沿程阻力系数与气相的沿程阻力系数的比值；

u_{sgB}——层状流向波状流转变时的气相折算速度，经过对实验数据回归分析后得

$$u_{sgB}=10-9.516u_{sl}^{0.01376}\exp(-0.0646u_{sl}) \tag{4-254}$$

采用类似于层状流的研究方法，可以得出波状流的无量纲力平衡方程式，即

$$X^2=\frac{4\tilde{D}_l^{(1+nb)}}{4\tilde{D}_g^d}\frac{\tilde{u}_l^{(2-n)b-2}}{\tilde{u}_g^{d-2}}\frac{1}{\tilde{A}_g}\left(\tilde{S}_g+\frac{\pi}{4}\frac{\tilde{S}_i}{\tilde{A}_l}F_B\right) \tag{4-255}$$

同样，采用试算法由式(4-255)求得波状流中过流断面上液相的平均高度 h_l 后，便可以由式(4-222)～式(4-224)求出波状流的持液率和压力梯度。

(3) 分散泡状流。

在分散泡状流中，气相与液相之间没有滑动，所以可用均流模型计算其压力梯度。通常在分散泡状流中，加速压力梯度比摩阻压力梯度小很多，可以忽略不计。所以，分散泡

状流的压力梯度可以由式(2-326)确定，即

$$-\left(\frac{\mathrm{d}p}{\mathrm{d}x}\right)=\lambda_{\mathrm{m}}\frac{u_{\mathrm{m}}^{2}\rho_{\mathrm{m}}^{2}}{2D}\left[v_{\mathrm{l}}+\frac{x}{2}(v_{\mathrm{g}}-v_{\mathrm{l}})\right]$$

因气相与液相之间没有滑动，所以持液率是无滑动持液率，即

$$H'_{\mathrm{L}}=\frac{u_{\mathrm{sl}}}{u_{\mathrm{sg}}+u_{\mathrm{sl}}} \tag{4-256}$$

分散泡状流时气液混合物的平均密度、平均速度可以分别由气相和液相的密度、折算速度直接求得，气液混合物的压力梯度与质量含气率和流动状态有关。现定义气液混合物的雷诺数为：

$$Re_{\mathrm{m}}=Re_{\mathrm{sg}}^{x}Re_{\mathrm{sl}}^{(1-x)} \tag{4-257}$$

式中 Re_{m}——气液两相混合物的雷诺数；

Re_{sg}，Re_{sl}——气相、液相的折算雷诺数；

x——气液混合物的质量含气率。

经过对实验数据回归分析后得知，气液混合物的沿程阻力系数是气液混合物雷诺数的函数，即

当 $Re_{\mathrm{m}}\leqslant 2100$ 时

$$\lambda_{\mathrm{m}}=\frac{80}{Re_{\mathrm{m}}^{1.1414}} \tag{4-258a}$$

当 $Re_{\mathrm{m}}>2100$ 时

$$\lambda_{\mathrm{m}}=\frac{0.1514}{Re_{\mathrm{m}}^{0.25}} \tag{4-258b}$$

（4）团状流和冲击流。

团状流和冲击流又统称为间歇流或段塞流。其特点在于充满整个横断面的液体段塞被气体段塞分开。在气体段塞中，包括有管子底部流动的液膜。这种流动的机理是在气塞和液塞交替流动过程中，流得快的液体段塞会超过在它前面流得慢的液膜，而管子上部液体段塞前面的小气泡随时可能进入液体段塞内。

设在段塞单元任一横截面上总体积流量不变且气塞区液膜有一稳定的平均高度，则可将一个段塞单元划分为液塞区与带液膜的气塞区两个区域，而采用肖等的间歇流模型。

① 液塞区：

液塞区的液体中混有许多分散的小气泡，可以像分散泡状流那样，采用均流模型计算其压力梯度，即

$$-\left(\frac{\mathrm{d}p}{\mathrm{d}x}\right)_{\mathrm{s}}=\lambda_{\mathrm{s}}\frac{u_{\mathrm{s}}^{2}\rho_{\mathrm{s}}^{2}}{2D}\left[v_{\mathrm{l}}+\frac{x_{\mathrm{s}}}{2}(v_{\mathrm{g}}-v_{\mathrm{l}})\right] \tag{4-259}$$

式中 $\left(\frac{\mathrm{d}p}{\mathrm{d}x}\right)_{\mathrm{s}}$——液塞区的压力梯度；

λ_{s}——液塞区气液混合物的沿程阻力系数；

u_s——液塞区气液混合物的平均速度；

ρ_s——液塞区气液混合物的平均密度；

x_s——液塞区气液混合物的质量含气率。

考虑到气液两相流动实际上的不稳定性，液塞区气液混合物的平均速度由库巴(Kouba)公式确定，即

$$u_s = 1.21(0.1134+0.94u_{sl}+u_{sg}) \tag{4-260}$$

液塞区气液混合物的平均密度及质量含气率分别由式(4-261)和式(4-262)确定，即

$$\rho_s = \rho_g(1-H_{LS})+\rho_l H_{LS} \tag{4-261}$$

$$x_s = \frac{\rho_g u_{sgs}}{\rho_g u_{sgs}+\rho_l u_{sls}} \tag{4-262}$$

式中　H_{LS}——液塞区的持液率；

u_{sgs}，u_{sls}——液塞中气相、液相的折算速度。

其中，液塞区的持液率仍由格雷戈里等提出的关系式确定，即

$$H_{LS} = \frac{1}{1+\left(\dfrac{u_s}{8.656}\right)^{1.39}} \quad (0.48 \leqslant H_{LS} \leqslant 1.0) \tag{4-263}$$

液塞中气相的折算速度为：

$$u_{sgs} = u_{gs}(1-H_{LS}) \tag{4-264}$$

式中　u_{gs}——液塞中分散气泡的运动速度。

由于假定段塞单元任一界面上总体积流量不变，所以有

$$u_{sls} = u_s - u_{sgs} \tag{4-265}$$

或

$$u_{sls} = u_{sl} H_{LS} \tag{4-265a}$$

式中　u_{sls}——液塞中液相的速度。

液塞中分散气泡的运动速度可以由式(4-266)计算：

$$u_{gs} = 1.2u_s \tag{4-266}$$

由假设条件可得

$$\begin{aligned} u_s &= u_{sls}+u_{sgs} \\ &= u_{ls}H_{LS}+u_{gs}(1-H_{LS}) \end{aligned}$$

整理后得出液塞中液相的速度为：

$$u_{ls} = \frac{1}{H_{LS}}[u_s - u_{gs}(1-H_{LS})] \tag{4-267}$$

与分散泡状流类似，液塞中气液混合物的沿程阻流系数是液塞中气液混合物雷诺数的函数，经过对试验数据回归分析后，得出结果如下。

团状流：

当 $Re_m \leqslant 2100$ 时

$$\lambda_s = \frac{90}{Re_s^{1.0403}} \tag{4-268a}$$

当 $Re_m > 2100$ 时

$$\lambda_s = \frac{0.3477}{Re_s^{0.2921}} \tag{4-268b}$$

冲击流：

当 $Re_m \leqslant 2100$ 时

$$\lambda_s = \frac{93}{Re_s^{1.0024}} \tag{4-268c}$$

当 $Re_m > 2100$ 时

$$\lambda_s = \frac{0.2970}{Re_s^{0.2682}} \tag{4-268d}$$

其中，液塞中气液混合物的雷诺数被定义为：

$$Re_s = Re_{sgs}^{x_s} Re_{sls}^{(1-x_s)} \tag{4-269}$$

式中 Re_s——液塞中气液混合物的雷诺数；

Re_{sgs}——液塞区气相的折算雷诺数；

Re_{sls}——液塞区液相的折算雷诺数。

于是，便可以由式(4-259)和式(4-263)求得液塞区的持液率和压力梯度。

② 带液膜的气塞区：

对于带液膜的气塞区，可以像层状流或波状流那样采用分流模型进行研究。两种流体的力平衡方程如下：

液相：

$$-A_f\left(\frac{dp}{dx}\right)_f - \tau_{wf}S_f + \tau_i S_i = 0 \tag{4-270}$$

气相：

$$-A_g\left(\frac{dp}{dx}\right)_f - \tau_{wg}S_f - \tau_i S_i = 0 \tag{4-271}$$

式中 $\left(\frac{dp}{dx}\right)_f$——气塞区的压力梯度；

A_g，A_f——气塞、液膜的过流断面面积；

S_g，S_f——过流断面上气塞、液膜的湿周；

S_i——过流断面上气液分界线的长度；

τ_{wg}，τ_{wf}——气塞与管壁、液膜与管壁的剪切应力；

τ_i——气液分界面的剪切应力。

类似的，从式(4-270)和式(4-271)中消去气液分界面的剪切应力，则得气塞区的压力梯度，即

$$-\left(\frac{dp}{dx}\right)_f = \frac{\tau_{wf}S_f + \tau_{wg}S_g}{A} \tag{4-272}$$

由持液率的定义可得

$$H_{LF} = \frac{A_f}{A} \tag{4-273}$$

式中 H_{LF}——气塞区的持液率。

为了求得式(4-270)~式(4-272)中的各个剪切应力，需要确定气塞区的气塞速度及液膜速度。将物质平衡原理应用于以输送速度移动的坐标系统中，对液相则有

$$(u_t-u_{ls})H_{LS}=(u_t-u_{lf})H_{LF} \tag{4-274}$$

整理得

$$u_{lf}=u_t-(u_t-u_{ls})\frac{H_{LS}}{H_{LF}} \tag{4-275}$$

式中　u_t——泰勒气泡的运动速度。

根据本迪克森的推荐，泰勒气泡的运动速度可由式(4-276)确定：

$$u_t=C_0u_s+0.54\sqrt{gD} \tag{4-276}$$

其中，C_0 取决于液塞中的速度分布。对于层流，$C_0=2$；对于紊流，$C_0=1.2$。

由假设条件可得

$$u_s=u_{lf}H_{LF}+u_{gf}(1-H_{LF}) \tag{4-277}$$

整理得

$$u_{gf}=\frac{u_s-u_{lf}H_{LF}}{1-H_{LF}} \tag{4-278}$$

设团状流中气塞区气液分界面是平滑的，取 $\lambda_i=\lambda_g$；冲击流中气塞区气液分界面是非平滑的，取 $\lambda_i=F_B\lambda_g$。从式(4-270)和式(4-271)中消去压力梯度，则得气塞区的无量纲力平衡方程式如下：

团状流：

$$X^2=\frac{\tilde{D}_f^{(1+nb)}}{4\tilde{D}_g^{d}}\frac{\tilde{u}_f^{(2-n)b-2}}{\tilde{u}_g^{d-2}}\frac{1}{\tilde{A}_g}\left[\tilde{S}_g+\frac{\pi}{4}\frac{\tilde{S}_i}{\tilde{A}_f}\left(1-\frac{1}{s}\right)^2\right] \tag{4-279}$$

冲击流：

$$X^2=\frac{\tilde{D}_f^{(1+nb)}}{4\tilde{D}_g^{d}}\frac{\tilde{u}_f^{(2-n)b-2}}{\tilde{u}_g^{d-2}}\frac{1}{\tilde{A}_g}\left(\tilde{S}_g+\frac{\pi}{4}\frac{\tilde{S}_i}{\tilde{A}_f}F_B\right) \tag{4-280}$$

用已知的参数求出 X 后，采用试算法求解式(4-279)和式(4-280)，便可求得团状流和冲击流中气塞区的液膜高度 h_f，从而由式(4-272)和式(4-273)求出气塞区的压力梯度和持液率。

一旦求得液塞区，气塞区的压力梯度和持液率后，间歇流的压力梯度和平均持液率便可由式(4-281)~式(4-284)计算

$$\left(\frac{dp}{dx}\right)=\frac{1}{L_u}\left[\left(\frac{dp}{dx}\right)_s L_s+\left(\frac{dp}{dx}\right)_f L_f\right] \tag{4-281}$$

$$H_L=\frac{H_{LS}L_s+H_{LF}L_f}{L_u} \tag{4-282}$$

或

$$H_L=H_{LS}+\frac{u_{sl}-u_{ls}H_{LS}}{u_t} \tag{4-283}$$

$$H_L=H_{LS}+\frac{u_{sl}-u_s+u_{gs}(1-H_{LS})}{u_t} \tag{4-284}$$

式中 L_u——段塞单元长度；

L_s——液塞长度；

L_f——带液膜的气塞长度。

③ 环状流：

在环状流中，气体携带着液滴以较高速度从环形液膜中央穿过。设环形液膜有一平均厚度且气芯中的液滴与气体以相同速度向前移动，则可以忽略液膜沿管壁的垂向流动，并将气芯看作均质流体，而采用肖等的环状流模型。此时液膜和气芯的力平衡方程式如下：

液膜：

$$-A_f\left(\frac{dp}{dx}\right)-\tau_{wl}S_l+\tau_iS_i=0 \tag{4-285}$$

气芯：

$$-A_c\left(\frac{dp}{dx}\right)-\tau_iS_i=0 \tag{4-286}$$

式中 A_c，A_f——气芯、液膜的过流断面面积；

S_l——过流断面上液膜的湿周；

S_i——过流断面上气芯与液膜的分界线长度；

τ_i——气芯与液膜之间的剪切应力。

由于气芯与液膜在同一管段上的压力梯度应该是相等的，所以从式(4-285)和式(4-286)中消去气芯与液膜之间的剪切应力并加以整理，则可得环状流的压力梯度计算式，即

$$-\left(\frac{dp}{dx}\right)=\frac{\tau_{wl}S_l}{A} \tag{4-287}$$

另外，在环状流中，液体是以沿管壁流动的液膜和被夹带在气芯中的液滴两种形式存在，所以由持液率的定义可得：

$$H_L=\frac{A_f}{A}+\frac{A_c}{A}H_{LC} \tag{4-288}$$

$$H_{LC}=\frac{u_{sl}FE}{u_{sg}+u_{sl}FE} \tag{4-289}$$

式中 H_{LC}——气芯的持液率；

FE——液体夹带率，它等于气芯中夹带的液滴体积与管路中液体的总体积之比。

根据气芯的持液率与液体夹带率 FE 的关系式及环状流的几何关系可得：

$$H_L=1-\left(1-\frac{2\delta}{D}\right)\frac{u_{sg}}{u_{sg}+u_{sl}FE} \tag{4-290}$$

斯蒂恩和沃里斯指出，当液膜为完全紊流或 $u_{sl}\left[\dfrac{\rho_l}{gD(\rho_l-\rho_g)}\right]^{0.5}>0.2$，液体夹带率 FE 是无量纲量 u_{sgc} 的函数，即

当 $u_{sgc}\times10^4\leqslant4$ 时

$$FE=5.515\times10^3\ (u_{sgc}\times10^4)^{2.858} \tag{4-291}$$

当 $u_{sgc}\times10^4>4$ 时

$$FE=\left(\frac{u_{sgc}\times10^4-4}{24.21}\right)^{\frac{1}{3.478}} \tag{4-292}$$

其中

$$u_{sgc}=\frac{u_{sg}\mu_g}{\sigma}\left(\frac{\rho_g}{\rho_l}\right)^{0.5} \tag{4-293}$$

为了求得式(4-285)~式(4-287)中的各个剪切应力，需要确定气芯速度 u_c 及液膜速度。对气相、液相分别运用质量平衡原理，则有：

$$u_{sg}A=u_cA_c-u_{sl}A\cdot FE$$
$$u_{sl}A=u_fA_f+u_{sl}A\cdot FE$$

整理得：

$$u_c=\frac{u_{sg}+u_{sl}FE}{\left(1-\dfrac{2\delta}{D}\right)^2} \tag{4-294}$$

$$u_f=\frac{u_{sl}(1-FE)}{4\dfrac{\delta}{D}\left(1-\dfrac{\delta}{D}\right)} \tag{4-295}$$

环状流中气芯与液膜之间的沿程阻力系数是气芯的沿程阻力系数、韦伯数及液膜厚度的函数，经过对实验数据回归分析后，得

$$\lambda_i=\left(1+1500\frac{\tilde{\delta}}{We_i}+100\tilde{\delta}\right)\lambda_c=F_c\lambda_c \tag{4-296}$$

$$We_i=\frac{\rho_c\ (u_c-u_f)^2\delta}{\sigma} \tag{4-297}$$

式中 λ_i——气芯与液膜之间的沿程阻力系数；

λ_c——气芯的沿程阻力系数；

F_c——气芯与液膜之间的沿程阻力系数和气芯的沿程阻力系数的比值；

$\tilde{\delta}$——无量纲液膜厚度；

We_i——韦伯数。

液膜厚度 δ 是一未知量，为利用式(4-287)和式(4-290)求得环状流的压力梯度和持液率，必须首先求出 δ 的值。为此，从式(4-285)和式(4-286)中消去压力梯度，得环状流的无量纲力平衡方程式为：

$$X^2=\frac{\tilde{D}_l^{bn}\ \tilde{u}_f^{(2-n)b-2}\ \tilde{\mu}_c^{d}}{\tilde{D}_c^{d+1}\ \tilde{u}_c^{d-2}\ \tilde{\rho}_c^{d-1}}F_c\left(1-\frac{1}{s_{cf}}\right)^2 \tag{4-298}$$

其中

$$s_{cf}=\frac{u_c}{u_f}=\frac{R+FE4\tilde{\delta}(1-\tilde{\delta})}{1-FE}\frac{}{(1-2\tilde{\delta})} \tag{4-299}$$

式中 s_{cf}——气芯与液膜的滑动比。

式(4-298)和式(4-299)中，各无量纲量的表达式如下：

$$\tilde{\delta}=\frac{\delta}{D} \tag{4-300}$$

$$\tilde{D}_c=\frac{D_c}{D}=1-2\tilde{\delta} \tag{4-301}$$

$$\tilde{D}_l=\frac{D_l}{D}=4\tilde{\delta}(1-\tilde{\delta}) \tag{4-302}$$

$$\tilde{u}_c=\frac{u_c}{u_{sg}}=\frac{R+FE}{R\tilde{D}_c^2} \tag{4-303}$$

$$\tilde{u}_f=\frac{u_f}{u_{sl}}=\frac{1-FE}{\tilde{D}_l^2} \tag{4-304}$$

$$\tilde{\mu}_c=\frac{\mu_c}{\mu_g} \tag{4-305}$$

$$\tilde{\rho}_c=\frac{\rho_c}{\rho_g} \tag{4-306}$$

其中

$$\rho_c=\rho_g(1-H_{LC})+\rho_l H_{LC} \tag{4-307}$$

$$\mu_c=\mu_g(1-H_{LC})+K\left(\frac{8u_c}{D_c}\right)^{n-1}H_{LC} \tag{4-308}$$

采用试算法求解式(4-298)便可求得液膜厚度 δ，从而由式(4-287)和式(4-290)求出环状流的压力梯度和持液率。

第二节 垂直管流的常用方法

石油工业中我们能够经常遇到多相混合物在铅直管道中的流动。油气水混合物的流动形态沿着整个井筒是不断变化的。此时，流动形态可以分为以下5种：泡状流、弹状流、段塞流、环状流和雾状流。

下面将介绍计算铅直气液两相管流的压降常用的几种方法。

一、阻力系数法

1. 平均流速

随着流体的压力沿着整个铅直管不断地变化，油气水混合物的体积流量和平均流速也是不断变化的。沿井口自下而上的各个过流断面处，油气水混合物的体积流量和平均流速逐渐增大，并且在各个过流断面处，油、气、水混合物的各种运动要素都是不稳定的，经常发生波动。这些情况是和单相液流不同的。

根据平均流速的定义，有

$$u=\frac{Q}{\frac{\pi D^2}{4}} \tag{4-309}$$

式中 u——在某压力 p 和温度 T 下(在某过流断面处)，油气水混合物的平均流速，m/s；

Q——在某压力 p 和温度 T 下(在某过流断面处)，油气水混合物的(总)体积流量，m^3/s；

D——管子的直径，m。

显然，沿整个井筒，Q 是一个变量。为了研究方便起见，需要找出一个不变的体积作为研究的基础。在稳定生产时，单位时间内生产的地面脱气原油的体积是不变的，而且是容易知道的。于是，在油气水混合物流动的研究中，取 $1m^3$ 地面脱气原油的体积作为分析基础。应有

$$Q=Q_o V_t \tag{4-310}$$

式中 Q_o——产油量，m^3/s；

V_t——在某压力 p 和温度 T 下，伴随每生产 $1m^3$ 地面脱气原油的油气水混合物的总体积，m^3/m^3。

将式(4-310)代入式(2-380)，得

$$u=\frac{Q_o}{\frac{\pi D^2}{4}}V_t \tag{4-311}$$

为了求出油、气、水混合物在各个过流断面的平均流速，需要重点讨论 V_t。为此，需要分别求出每生产 $1m^3$ 地面脱气原油时，在某压力 p 和温度 T 下(即在某过流断面处)油、气、水三者应该具有的体积。

当地面每生产 $1m^3$ 脱气原油时，在压力 p 和温度 T 下原油应该具有的体积，可以通过压力 p 和温度 T 下的原油体积系数 B_o 来表示。原油体积系数等于地下原油体积同地面脱气原油体积(指标准状态下的脱气原油体积。标准状态是指压力为 1.01325×10^5 Pa，温度为 293.15K 的状态)的比值，单位为 m^3/m^3。图 4-21 给出了某油田的原油和天然气的物性参数曲线。

当地面每生产 $1m^3$ 脱气原油时，在压力 p 和温度 T 下水应该具有的体积，可以通过生产水油比 V_w 来表示。生产水油比等于产水量比产油量，单位为 m^3/m^3。由于水的压缩性

很小，所以可以认为井筒内各个过流断面出水的体积是不变的。

当地面每生产 1m³脱气原油时，在压力 p 和温度 T 下天然气应该具有的体积，可以按照以下的分析并通过气体状态方程式求得：

$$V_{st}=S_p-S_s \tag{4-312}$$

式中 S_p——生产油气比，等于产气量比产油量，m^3/m^3；

S_s——溶解油气比，m^3/m^3。它是指在压力和温度下溶解于相当 1m³地面脱气原油中的天然气化到标准状态时所占的体积。

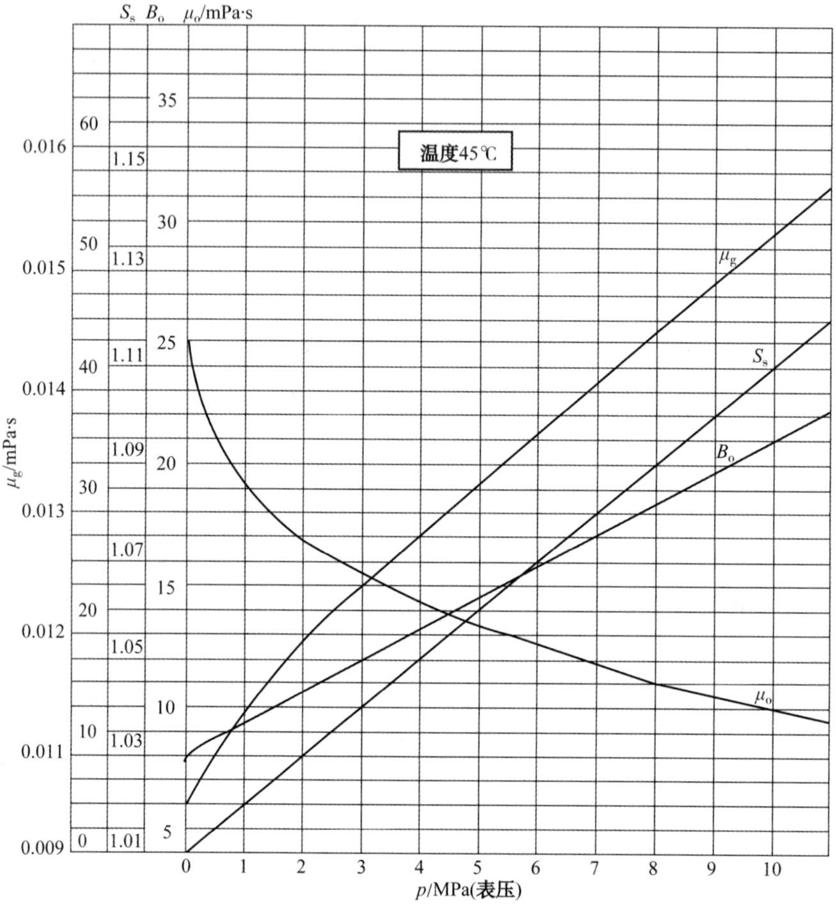

图 4-21 原油和天然气的物性参数曲线

但是应该注意：天然气体积 V_{st}是在标准状态下的。为了求得在压力 p 和温度 T 下天然气的体积，还需通过气体状态方程将 V_{st}进行变换。

根据气体的状态方程式，知

$$p_{st}V_{st}=nRT_{st} \tag{4-313}$$

和

$$pV=ZnRT \tag{4-314}$$

式中 p_{st}——标准压力(绝对)，采用 1.01325×10^5Pa；

T_{st}——标准温度，取 293.15K；

V_{st}——在标准压力和标准温度下天然气的体积，m^3；

p——某压力(绝对)，Pa；

T——某热力学温度，K；

V——在压力 p 和温度 T 下天然气的体积，m^3；

Z——气体压缩因子，无量纲；

R——气体的状态常数，J/(mol·K)；

n——气体摩尔数，mol。

将式(4-313)和式(4-314)联立，求得天然气体积：

$$\frac{p_{st}V_{st}}{pV}=\frac{T_{st}}{ZT}$$

$$V=\frac{Zp_{st}V_{st}T}{pT_{st}} \tag{4-315}$$

将式(4-312)代入式(4-315)，得出当每生产 $1m^3$ 地面脱气原油时，在压力 p 和温度 T 下天然气应该具有的体积为：

$$V=\frac{ZP_{st}T}{pT_{st}}(S_p-S_s) \tag{4-316}$$

综合以上分析，得出当每生产 $1m^3$ 地面脱气原油时，在压力 p 和温度 T 下(在某过流断面处)油气水混合物的体积为：

$$V_t=B_o+\frac{Zp_{st}T}{pT_{st}}(S_p-S_s)+V_w \tag{4-317}$$

根据式(4-317)和式(4-311)就可以求出某压力和温度下油、气、水混合物的平均流速。

有时候，更需要了解某压力范围和相应的温度范围内(某深度范围内)油气水混合物平均流速的平均值 $\bar{u}$。于是，根据式(4-311)，得：

$$\bar{u}=\frac{Q_o}{\frac{\pi D^2}{4}}\bar{V}_t \tag{4-318}$$

式中 $\bar{V}_t$ 为在某压力范围(p_1 和 p_2)和相应的温度范围内 V_t 的平均值，满足

$$\bar{V}_t=\frac{\int_{p_1}^{p_2}V_t\mathrm{d}p}{p_2-p_1} \tag{4-319}$$

当 p_1 和 p_2 相差不大时，一般用式(4-317)来计算 $\bar{V}_t$。这时只是式(4-317)中的应该采用该压力范围 p_1 和 p_2 的平均值 $\bar{p}$，T 应该采用该温度范围的平均值 $\bar{T}$，其他随压力和温度而变化的各值(如 B_o，Z，S_s)也应该采用相应于 $\bar{p}$ 和 $\bar{T}$ 下的数值。于是，得：

$$\bar{V}_t=B_o+\frac{Zp_{st}\bar{T}}{\bar{p}T_{st}}(S_p-S_s)+V_w \tag{4-320}$$

2. 密度

因为沿井筒自上而下的各个过流断面处，油气水混合物的体积流量是逐渐增大的，而质量流量始终不变，所以油气水混合物的密度是逐渐减小的。

由于每生产 $1m^3$ 地面脱气原油，其油、气、水的总质量为一常数，所以根据标准状态下的油气水的质量，可以求得：

$$M_t=\rho_o+\rho_{ng}S_p+\rho_w V_w \tag{4-321}$$

式中 M_t——伴随每生产 $1m^3$ 地面脱气原油的油、气、水的总质量，kg/m^3；

ρ_o——生产的地面脱气原油的密度，kg/m^3；

ρ_{ng}——生产的天然气的密度，kg/m^3；

ρ_w——生产的水的密度，kg/m^3。

根据密度的定义，得油气水混合物的密度：

$$\rho=\frac{M_t}{V_t} \tag{4-322}$$

有时候，需要了解某压力范围和相应的温度范围内，油气水混合物的密度的平均值 $\bar{\rho}$，则根据式(4-322)有

$$\bar{\rho}=\frac{M_t}{\bar{V}_t} \tag{4-323}$$

于是，根据式(4-323)、式(4-321)和式(4-320)可以求得 $\bar{\rho}$ 值。

3. 能量方程式和水头损失

当油气水混合物在井筒中自下而上作均匀稳定流动时，假如不对外作功，并考虑到深度 h 的坐标现在是从地面向下取的，则流体在两个过流断面之间的能量方程式可以写成

$$-g\Delta h+\int_{p_2}^{p_1}\frac{dp}{\rho}+\Delta\frac{u^2}{2}+gh_w=0 \tag{4-324}$$

式中 Δh——两个过流断面之间的深度差，m；

h_w——两个过流断面之间，流体的水头损失，包括摩擦损失和滑脱损失等，m；

g——重力加速度，采用 $9.80665m/s^2$。

有些研究者认为，沿井筒自上而下，油气水混合物的总水头损失 h_w 也可以近似地仿照式(4-317)进行计算，即

$$h_w=\frac{\lambda(-\Delta h)\bar{u}^2}{2gD} \tag{4-325}$$

式中 λ——铅直管中油气水混合物的阻力系数，无量纲。

油气水混合物的流动虽然与单相液体的流动有共同之处，但也有其特殊性。混合物的流动形态是多种多样的，并且深受气液质量比的影响。因而，在油气水混合物流动时，影响阻力系数 λ 的因素较之单相流液体流动时要复杂得多。根据油田的生产数据，得出了铅直管中油、气、水混合物的阻力系数 λ 与气液两相混合物雷诺数(Reynods) Re_{tp} 之间的关系曲线。如图 4-22 所示。

Re_{tp} 中包含气液质量比的因素。Re_{tp} 的经验公式是：

$$Re_{tp} = Re_{sg}^{\frac{10K}{10K+1}} Re_{sl}^{\exp\left(\frac{1}{K}\right)} \tag{4-326}$$

其中

$$Re_{sg} = \frac{D \times \dfrac{Q_o(S_p - S_s)\rho_{ng}}{\pi D^2/4}}{\mu_g} \tag{4-327}$$

$$Re_{sl} = \frac{D \times \dfrac{Q_o(\rho_o + \rho_{ng}S_s + \rho_w V_w)}{\pi D^2/4}}{\mu_l} \tag{4-328}$$

$$K = \frac{(S_p - S_s)\rho_{ng}}{\rho_o + \rho_{ng}S_s + \rho_w V_w} \tag{4-329}$$

式中　Re_{sg}——气相折算雷诺数，无量纲；

Re_{sl}——液相折算雷诺数，无量纲；

K——气液质量比，它等于某过流断面处气体的质量比液体的质量，kg/kg；

μ_g——在压力 p 和温度 T 下气相的黏度，Pa · s；

μ_l——在压力 p 和温度 T 下液相的黏度，Pa · s。

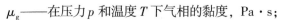

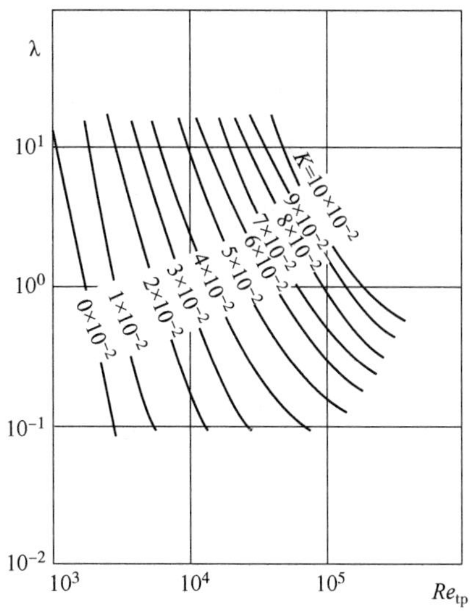

图 4-22　$\lambda-Re_{tp}$ 关系曲线

经回归分析，图 4-22 中的 $\lambda-Re_{tp}$ 曲线可以表达为：

$$\lambda = 10^{a_0 + a_1 \lg Re_{tp} + a_2 (\lg Re_{tp})^2} \tag{4-330}$$

其中

$$a_0 = \frac{-2.01919}{(100K)^5 + 0.12378} + 36.38606 - 2.85044(100K) + 0.21200\,(100K)^2$$

$$a_1 = \frac{1.0286}{(100K)^{4.95712} + 0.10732} - 17.15179 + 1.93051(100K) - 0.12118\,(100K)^2$$

$$a_2 = \frac{-0.15604}{(100K)^5 + 0.10732} + 1.88304 - 0.25875(100K) + 0.01549\,(100K)^2$$

λ 在 0.1~10 之间取值。

图 4-22 所示的 $\lambda-Re_{tp}$ 关系曲线是根据 112 口自喷井的生产数据得出的。这些生产数据的范围是：

产油量/(t/d)	7~134
产水量/(t/d)	0~150
产气量/(m^3/d)	737~9592
含水率/(t/t)	0~83 %
生产汽油比/(m^3/d)	19~657
实测井底流压(绝对)/MPa	6.7~10.8
油层中部深度/m	930~1188
油管内径/mm	62

应该指出，当油气混合物流动时，呈游离气体状态的天然气是较轻质的碳氢化合物，

而处于溶解状态的天然气是较重质的碳氢化合物。所以严格来说，式(4-327)、式(4-328)和式(4-329)中的天然气的密度与生产的天然气的密度是不尽相同的。但是为了计算上简便起见，在工程计算所要求的准确度范围内，都采用了生产的天然气的密度 ρ_{ng}。

4. 压力梯度

当油井产量不是特别大时，油气水混合物在两个过流断面之间的动能差是很小的。可以忽略不计，所以能量方程式(4-324)可以写成：

$$-g\Delta h+\int_{p_1}^{p_2}\frac{\mathrm{d}p}{\rho}+gh_{\mathrm{w}}=0 \tag{4-331}$$

然后，将式(4-322)和式(4-335)代入式(4-331)，得

$$-g\Delta h+\int_{p_1}^{p_2}\frac{V_{\mathrm{t}}\mathrm{d}p}{M_{\mathrm{t}}}+\frac{\lambda(-\Delta h)\bar{u}^2}{2D}=0$$

$$-g\Delta h+\frac{1}{M_1}\int_{p_1}^{p_2}V_{\mathrm{t}}\mathrm{d}p-\frac{\lambda\Delta h\bar{u}^2}{2D}=0$$

将式(4-319)代入该式，得

$$-g\Delta h+\frac{\bar{V}_{\mathrm{t}}}{M_{\mathrm{t}}}(p_2-p_1)-\frac{\lambda\Delta h\bar{u}^2}{2D}=0$$

$$\frac{\bar{V}_{\mathrm{t}}}{M_{\mathrm{t}}g}(p_2-p_1)=\Delta h\left(1+\frac{\lambda\bar{u}^2}{2gD}\right)$$

$$\frac{\bar{V}_{\mathrm{t}}}{M_{\mathrm{t}}g}\Delta p=\Delta h\left(1+\frac{\lambda\bar{u}^2}{2gD}\right)$$

所以，油气水混合物在两个过流断面之间的平均压力梯度为：

$$\frac{\Delta p}{\Delta h}=\frac{M_{\mathrm{t}}g}{\bar{V}_{\mathrm{t}}}\left(1+\frac{\lambda\bar{u}^2}{2gD}\right) \tag{4-332}$$

或者进一步将式(4-318)和式(4-323)代入式(4-332)，得：

$$\begin{aligned}\frac{\Delta p}{\Delta h}&=\bar{\rho}g\left(1+\frac{\lambda Q_{\mathrm{o}}^2M_{\mathrm{t}}^2}{\frac{\pi^2D^4}{4^2}\times 2gD}\right)\\&=\bar{\rho}g\left(1+\frac{\lambda Q_{\mathrm{o}}^2M_{\mathrm{t}}^2}{\frac{\pi^2D^4}{4^2}\times 2gD\vec{\rho}^2}\right)\\&=\bar{\rho}g+\frac{\lambda Q_{\mathrm{o}}^2M_{\mathrm{t}}^2}{1.234D^5\bar{\rho}}\end{aligned} \tag{4-333}$$

根据式(4-333)可以求出油气水混合物的压力沿井筒的分布规律，并且进而可以预测某一深度处的压力值。

现介绍自喷井油管柱上某一深度处压力的计算步骤如下：

(1) 在油管柱上选一点(如井口)，该点的流体流量、流体的物性参数、压力和温度

等都是已知的；

（2）估计油井的温度梯度；

（3）任选一个管段压差 Δp，但它应该小于全井总压差的10%，且小于1MPa，并求出该管段的平均压力；

（4）对应于 Δp，假设一个该管段的深度差 Δh，并求出该管段的平均深度；

（5）根据油井的温度梯度和该管段的平均深度，确定该管段的平均温度；

（6）求出该管断的平均压力和平均温度下流体的物性参数；

（7）计算该管段内油气水混合物的压力梯度 $\Delta p/\Delta h$；

（8）根据压力梯度 $\Delta p/\Delta h$ 和所选管段的压差 Δp，计算该管段的深度差 Δh。检验此计算的 Δh 值与步骤(4)假设的 Δh 值是否相近，如果两者的差别不满足精度要求，则需从步骤(4)起重新计算；

（9）沿油管柱逐渐重复以上步骤进行计算，直至诸管段 Δh 之和稍大于所求压力点的深度；

（10）作压力沿油管柱深度的变化曲线，用内插法查得所求深度处的压力值。

二、丹斯－若斯方法

1961年若斯(Ros)研究了铅直管中气液两相流动的相关规律，1963年丹斯(Duns)和若斯对以上成果进行了改进和扩充。其总压差按式(4-19)计算：

$$\Delta p = \Delta p_{fr} + \Delta p_{h} + \Delta p_{a}$$

式中　Δp_{fr}——摩阻压差；

Δp_{h}——重位压差；

Δp_{a}——加速压差。

根据量纲分析，若斯于1961年确定：为了全面地描绘气液两相流动现象，需要十个无量纲群。因此，无量纲形式的压力梯度可以用其他九个无量纲群来表达。他进一步解释说：在铅直两相流动中，只有四个无量纲群是真正有意义的，它们分别是：

液相速度准数：$$N_{wl} = u_{sl}\sqrt[4]{\rho_l/g\sigma} \tag{4-334}$$

气相速度准数：$$N_{wg} = u_{sg}\sqrt[4]{\rho_l/g\sigma} \tag{4-335}$$

管道直径准数：$$N_{D} = D\sqrt[4]{\rho_l/g\sigma} \tag{4-336}$$

液相黏度准数：$$N_{l} = \mu_l\sqrt[4]{g/\rho_l\sigma^3} \tag{4-337}$$

式中　u_{sl}——液相折算速度，m/s；

u_{sg}——气相折算速度，m/s；

ρ_l——液相的密度，kg/m^3；

σ——表面张力，N/m；

D——管子的直径，m；

μ_l——液相的黏度，Pa・s。

若斯在实验室中以长10m的铅直管进行了约4000次气液两相流动实验，获得了约20000个数据点。这些实验数据的范围是：

管子的直径/mm	32~142.3
液相的密度/(kg/m^3)	828~1000
液相的运动黏度/(m^2/s)	(1~337)×10^{-6}
表面张力/(N/m)	24.5~72
气相折算速度/(m/s)	0~100
液相折算速度/(m/s)	0~3.2

1. 流动形态

若斯根据实验结果得到流动形态分布图，如图 4-23 所示，他把流动形态分成 3 个区域：

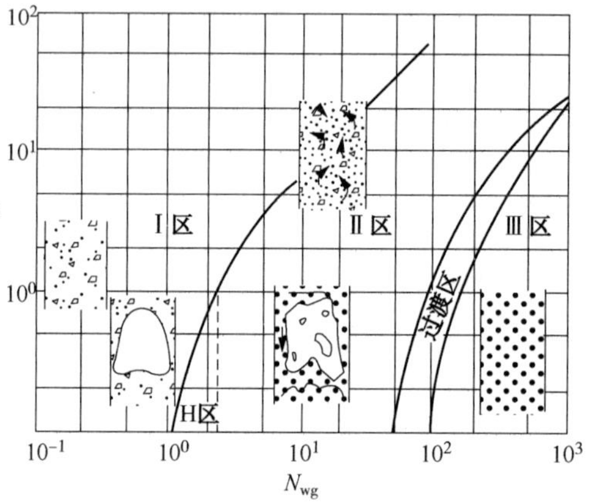

图 4-23　若斯的流动形态分布图

Ⅰ区：液相是连续的。包括泡状流、弹状流和部分的沫状流；

Ⅱ区：液相和气相交替出现。包括段塞流和沫状流的其余部分；

Ⅲ区：气相是连续的。指雾状流。

在不同的区域内，持液率、阻力系数等的规律是不同的。另外，需要说明的是：Ⅱ区中的 H 区是指气弹顶部逐渐变平的区域，它是不稳定的。

2. 重位压差和持液率

气液混合物的真实密度可以表示为：

$$\rho = \phi\rho_g + (1 - \phi)\rho_l$$

因此，重位压差为：

$$\Delta p_h = [\phi\rho_g + (1 - \phi)\rho_l]g\Delta z \tag{4 - 338}$$

式中　ρ——气液混合物的密度，kg/m^3；

ρ_g——气相的密度，kg/m^3；

ϕ——空隙率，m^3/m^3；

$1-\phi$——持液率，m^3/m^3；

Δp_h——重位压差，Pa；

Δz——位置高差，m。

为了研究方便起见，若斯不是以持液率，而是以滑脱速度组成无因次群，然后与其他有关参数关联起来。他定义滑脱速度准数为：

$$N_s = \Delta u \sqrt[4]{\rho_l / g\sigma} \tag{4-339}$$

式中　Δu——滑脱速度，m/s。

当 N_s 已知时，可以求得滑脱速度 Δu。而

$$\Delta u = u_g - u_l = \frac{Q_g}{A_g} - \frac{Q_l}{A_l} = \frac{Q_g/A}{A_g/A} - \frac{Q_l/A}{A_l/A} = \frac{u_{sg}}{\phi} - \frac{u_{sl}}{1-\phi} \tag{4-340}$$

进而可以计算空隙率、持液率和重位压差。

根据实验结果，得出了各个区域的滑脱速度准数 N_s 的计算式如下：

(1) 第Ⅰ区：

发生在 $N_{wg} \leqslant L_1 + L_2 N_{wl}$ 的范围内。此时

$$N_s = F_1 + F_2 N_{wl} + F'_3 \left(\frac{N_{wg}}{1 + N_{wl}} \right) \tag{4-341}$$

式中

$$F'_3 = F_3 - \frac{F_4}{N_D} \tag{4-342}$$

其中 F_1、F_2、F_3、F_4、作为 N_l 的函数在图 4-24 中给出，L_1 和 L_2 作为 N_D 的函数在图 4-25 中给出。

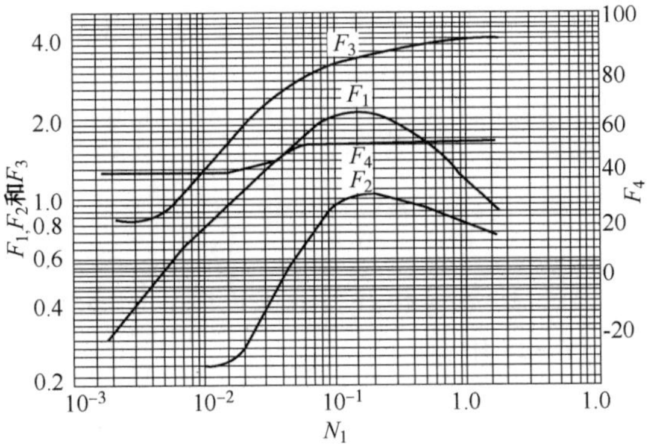

图 4-24　若斯的因数 F_1、F_2、F_3 和 F_4

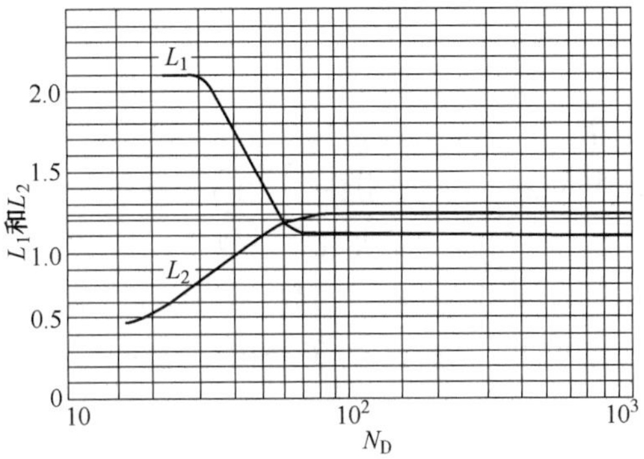

图 4-25　若斯的因数 L_1 和 L_2

(2) 第Ⅱ区：

发生在 $L_1 + L_2 N_{wl} \leqslant N_{wg} \leqslant 50 + 36 N_{wl}$ 的范围内。此时

$$N_s = (1 + F_5) \frac{N_{wg}^{0.982} + F'_6}{(1 + F_7 N_{wl})^2} \tag{4-343}$$

式中

$$F'_6 = 0.029 N_D + F_6 \tag{4-344}$$

其中 F_5、F_6和 F_7可由图 4-26 中给出。

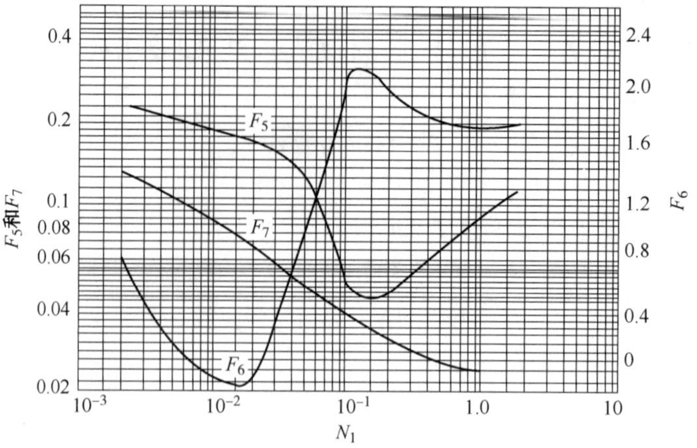

图 4-26　若斯的因数 F_5、F_6和 F_7

(3) 第Ⅲ区：

发生在 $N_{wg} \geqslant 75+84N_{wl}^{0.75}$的范围内。此时，假设滑脱速度 $\Delta u=0$。

3. 摩阻压差

(1) 第Ⅰ区和第Ⅱ区：

若斯提出：可以把这两个区域同样地进行处理，因为两者都涉及到一个连续的液相。仿照范宁公式，取摩阻压差

$$\Delta p_{fr}=\frac{2f_R u_{sl}^2 \rho_1}{D}\left(1+\frac{u_{sg}}{u_{sl}}\right)\Delta z \tag{4-345}$$

其中

$$f_R=f_1\left(\frac{f_2}{f_3}\right) \tag{4-346}$$

式中　Δp_{fr}——摩阻压差，Pa；

f_R——若斯阻力系数，无量纲。

式(4-346)中，因数 f_1是惯用的单相范宁系数，因数 f_2和 f_3用来校正滑脱的影响。f_1和 f_2可以分别由图 4-27 和图 4-28 查得。此时图 4-27 中：

$$Re=Re_1=\frac{Du_{sl}\rho_1}{\mu_1}$$

k 是管壁粗糙度(m)。图中因数 f_3 是次一级的校正系数，只有在液相的运动黏度超过 $50\times10^{-6}m^2/s$ 时才是重要的。它由式(4-347)求得：

$$f_3=1+f_1\sqrt{\frac{u_{sg}}{50u_{sl}}} \tag{4-347}$$

(2) 第Ⅲ区：

在这个区域内，气相是连续的，气体与管壁之间发生摩擦。因此摩阻压差应以气相的

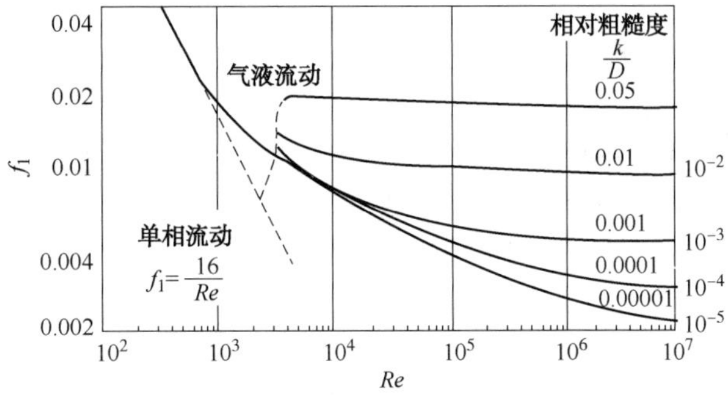

图 4-27　若斯的因数 f_1

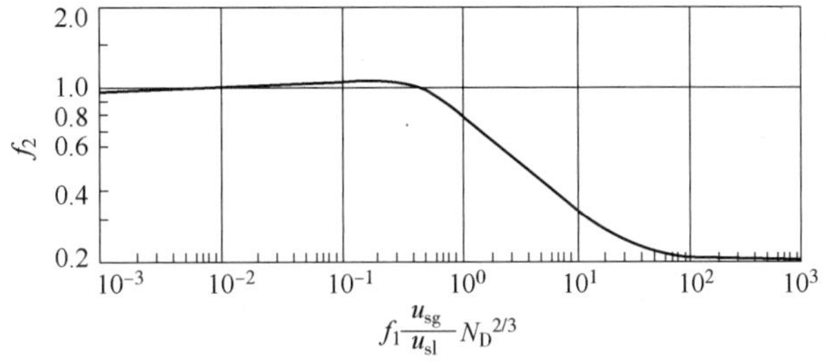

图 4-28　若斯的因数 f_2

速度来计算。仿照范宁公式，取

$$\Delta p_{fr}=\frac{2f_R u_{sg}^2\rho_1}{D}\left(1+\frac{u_{sl}}{u_{sg}}\right)\Delta z \tag{4-348}$$

此时 $f_R=f_1$。但在使用图 4-26 时，必须取

$$Re=Re_g=\frac{Du_{sg}\rho_g}{\mu_g}$$

式中　μ_g——气相的黏度，Pa · s。

同时必须取液膜粗糙度 k' 代替管壁粗糙度 k 。液膜粗糙度可由图 4-29 查得。

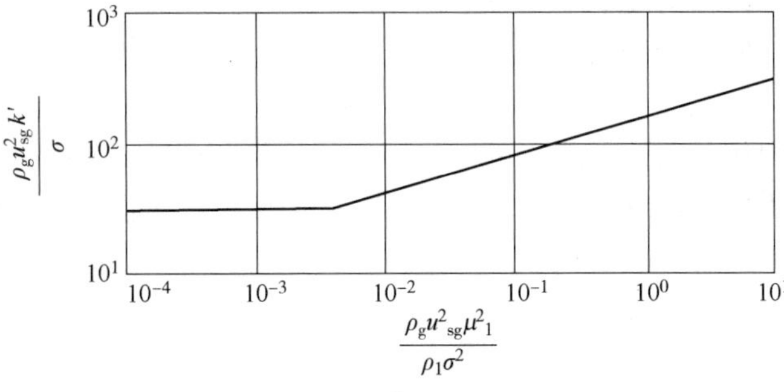

图 4-29　丹斯-若斯关于液膜粗糙度的关系曲线

4. 加速压差

几乎所有的井内流动情况下，加速度都非常小，因此可以忽略加速压差。仅仅在雾状区域，才不得不加以考虑。

由加速度所引起的压力梯度，反映出气液混合物被加速时的动量变化。在雾状流中，没有滑脱现象，且可以认为混合物的流动速度等于气相的折算速度 u_{sg}。但混合物的质量速度是常数，它等于 $\rho_l u_{sl}+\rho_g u_{sg}$。所以由加速度引起的压力梯度为：

$$\frac{dp_a}{dz}=-(\rho_l u_{sl}+\rho_g u_{sg})\frac{du_{sg}}{dz} \tag{4-349}$$

由于有悬浮液体的存在，气体膨胀可以认为是等温的，因此 pu_{sg}是常数。所以

$$u_{sg}\frac{dp}{dz}+p\frac{du_{sg}}{dz}=0$$

$$\frac{du_{sg}}{dz}=-\frac{u_{sg}}{p}\frac{dp}{dz} \tag{4-350}$$

将式(4-350)代入式(4-349)，得

$$\frac{dp_a}{dz}=(\rho_l u_{sl}+\rho_g u_{sg})\frac{u_{sg}}{p}\frac{dp}{dz} \tag{4-351}$$

在管道的有限长度上，根据式(4-351)可以得出加速压差

$$\Delta p_a=(\rho_l u_{sl}+\rho_g u_{sg})\frac{u_{sg}}{p}\Delta p \tag{4-352}$$

式中 Δp_a——加速压差，Pa；

Δp——气相混合物的总压差，Pa；

p——气相混合物的压力，Pa。

将式(4-352)代入式(4-19)，得出气液混合物的总压差：

$$\Delta p=\Delta p_{fr}+\Delta p_h+(\rho_l u_{sl}+\rho_g u_{sg})\frac{u_{sg}}{p}\Delta p$$

$$\Delta p=\frac{\Delta p_{fr}+\Delta p_h}{1-(\rho_l u_{sl}-\rho_g u_{sg})\dfrac{u_{sg}}{p}} \tag{4-353}$$

对于过渡区来说，目前还缺乏数据。必要时，可以用内插法求其压差。

丹斯-若斯方法适用于较短的管段。对于深井或压差很大的井，必须采取一连串的分段计算才能应用。

若斯指出，他的相关规律所指出的结果与巴克森德尔(Baxendell)-托马斯(Thomas)相关规律对高产油井所得的结果基本一致。1967 年奥奇思则斯基(Oekiszewski)指出：若斯方程所求得的压力梯度与 148 口井的实测值相比，平均误差为 2.4%，标准偏差为 27%。1965 年克恩(Kern)和尼科尔森(Nicholson)也指出：若斯方法可以在工程上达到很好的准确度。

三、哈格多恩-布朗方法

1965 年哈格多恩(Hagedorn)和布朗(Brown)针对油气水混合物在铅直管中的流动，基

于单相流体的机械能量守恒定律，在 Δz 管段上得出了压力梯度的表达式：

$$\frac{\Delta p}{\Delta z}=\bar{\rho}g+\frac{\lambda Q_0^2 M_t^2}{1.234D^5\bar{\rho}}+\frac{\bar{\rho}\Delta\left(\frac{\bar{u}^2}{2}\right)}{\Delta z} \tag{4-354}$$

式中　Δp——油气水混合物在管段 Δz 上的(总)压差，Pa；

Δz——管段的位置高差，m；

$\bar{\rho}$——就地混合物的有效密度，kg/m³；

λ——阻力系数，无量纲；

Q_0——产油量，m³/s；

M_t——伴随每生产 1m³ 地面脱气原油的油、气、水的总质量，kg/m³；

D——管子的直径，m；

$\bar{u}$——就地混合物的平均流速，m/s。

在哈格多恩-布朗方法中，有效密度的阻力系数是需要着重指出的。

1. 有效密度

哈格多恩和布朗采用的就地混合物的有效密度为：

$$\bar{\rho}=\phi'\rho_g+(1-\phi')\rho_l \tag{4-355}$$

式中　ϕ'——就地混合物的有效空隙率，m³/m³；

ρ_g——就地气相的密度，kg/m³；

$1-\phi'$——就地混合物的有效持液率，m³/m³；

ρ_l——就地液相的密度，kg/m³。

他们在装有三种规格油管(直径分别为 25.4mm，31.75mm 和 38.1mm)、457m 深的实验井中，以 10mPa·s，30mPa·s，35mPa·s 和 110mPa·s 的油、天然气和水混合物流动的实验数据计算了有效空隙率 ϕ'。哈格多恩和布朗强调：ϕ' 与就地混合物的真实含气率 ϕ 可以是不一样的。他们采用若斯提出的无量纲准数(N_{wl}，N_{wg}，N_D 和 N_1)，进一步得出了有效空隙率 ϕ' 的相关规律。其间，为了减小由于压力变化而造成的数据分散，引入了压力比参数 p/p_a(p_a 为绝对大气压力，Pa)，另外还引入了两个系数 C 和 ψ，其相关关系如图 4-30、图 4-31 和图 4-32 所示。通过以上三个图，可以求得有效空隙率，进而可以计算有效密度。

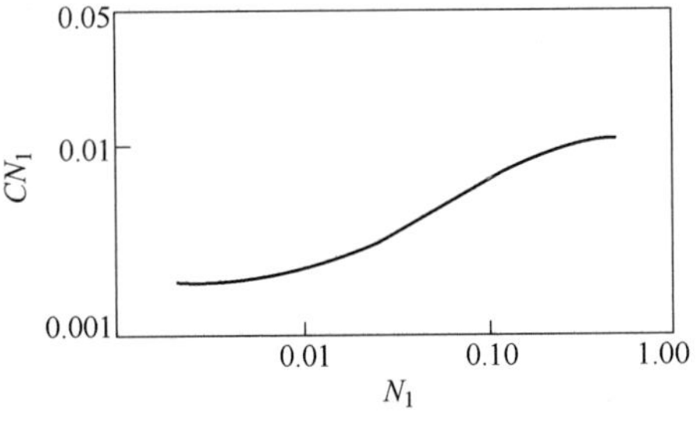

图 4-30　哈格多恩和布朗因数 CN_1

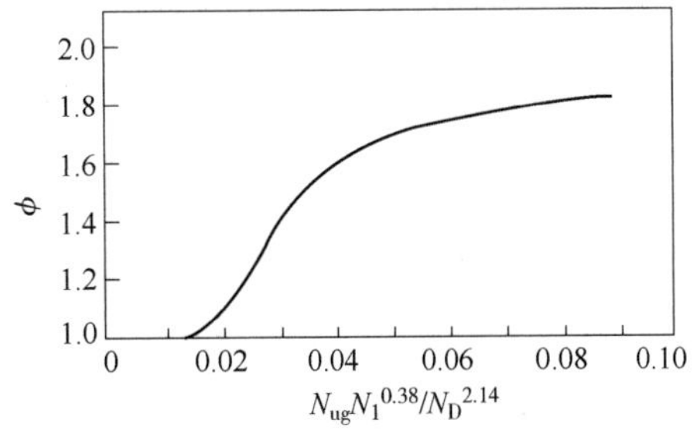

图 4-31　哈格多恩和布朗因数 ϕ

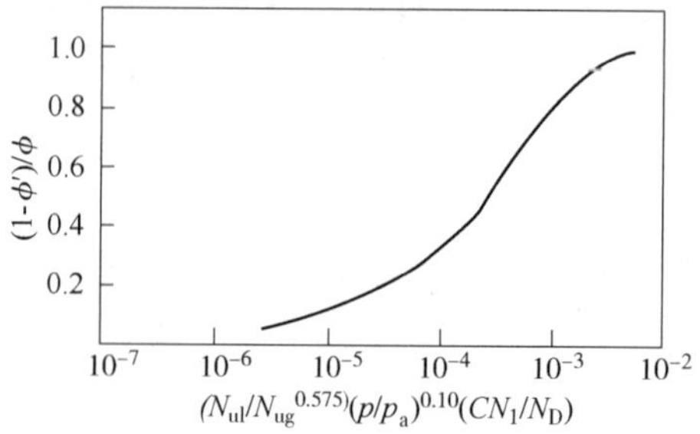

图 4-32 哈格多恩和布朗的有效渗透率 ϕ'的关系曲线

相关规律的依据：管径 25~50mm(1~2in)；黏度 0.86~110mPa·s

2. 阻力系数

哈格多恩和布朗规定：油气水混合物流动的阻力系数 λ 的规律与单相流动的相同，可以由单相流动的阻力系数与雷诺数之间的相关关系求得，只是雷诺数 *Re* 必须选用式(4-356)的形式：

$$Re = \frac{4Q_o M_t}{\pi D \mu_l^{(1-\phi')} \mu_g^{\phi'}} \qquad (4-356)$$

式中 μ_l——就地液相的黏度，Pa·s；

μ_g——就地气相的黏度，Pa·s。

哈格多恩-布朗的相关规律完全是经验性的。尽管如此，在某些情况下这个方法还是给出了令人满意的结果。1967 年奥齐思泽斯基指出：他发现用 148 口不同流动条件的油井的实测值与计算值相比，平均误差仅 0.7%，标准偏差仅 24.2%。

四、奥齐思泽斯基方法

1967 年奥齐思泽斯基将前人的压力梯度计算方法分为三类，每类中选出具有代表性的方法，共 5 个，以 148 口井的数据对它们进行了检验和对比。然后，在不同的流动形态下择其优者，并加上他自己的研究结果，综合得出一个新的方法。

奥齐思泽斯基方法的组成见表 4-10。

表 4-10 奥齐思泽斯基方法的组成

流动形态	所选用的方法
泡状流	格里菲斯(Griffith)方法
段塞流	密度项用格里菲斯-沃利斯(Wallis)方法；摩阻压力梯度项用奥齐思泽斯基本人的方法丹斯-若斯方法
段塞流与雾状流的过渡区	丹斯-若斯方法
雾状流	丹斯-若斯方法

1. 压力梯度

气液混合物铅直管流在某一管段内的总压差，可以写成：

$$\Delta p=\frac{(\bar{\rho}g+\tau_{\mathrm{f}})\Delta z}{1-\dfrac{MQ_{\mathrm{g}}}{A^{2}\bar{\rho}}} \tag{4-357}$$

或者，该管段的位置高差为：

$$\Delta z=\frac{\Delta p\left(1-\dfrac{MQ_{\mathrm{g}}}{A^{2}\bar{\rho}}\right)}{(\bar{\rho}g+\tau_{\mathrm{f}})} \tag{4-358}$$

而总压力梯度可以写成：

$$\frac{\Delta p}{\Delta z}=\frac{(\bar{\rho}g+\tau_{\mathrm{f}})}{1-\dfrac{MQ_{\mathrm{g}}}{A^{2}\bar{p}}} \tag{4-359}$$

式中　Δp——管段的总压差，Pa；

Δz——管段的位置高差，m；

$\bar{\rho}$——该管段内气液混合物的密度，kg/m^3；

g——重力加速度，m/s^2；

τ_{f}——管段的摩阻压力梯度，Pa/m；

M——气液混合物的质量流量，kg/s；

Q_{g}——在该管段的平均压力和平均温度下气相的体积流量，m^3/s；

A——管子的断面积，m^2；

$\bar{p}$——管段的平均压力，Pa。

在式(4-357)～式(4-359)中，由于$\bar{\rho}$、τ_{f}和Q_{g}都是压力和温度的函数，所以在计算时必须将井筒分成若干管段，使得每个管段中的流体物理性质及流动特性没有明显的变化。根据经验，在工程计算所要求的准确度范围内，每个管段的压差应在全井压差的10%以内，并且每个管段的压差不应大于1MPa。

从式(4-357)和式(4-358)可以看出，对于每个管段来说，在计算时可以定Δz求Δp，也可以定Δp求Δz。然而由于压力对流体的物理性质和流动特性影响较大，所以一般采取定Δp求Δz的办法，依次计算每个管段的长度Δz。如果计算的Δz值与估计该管段井温时所假设的Δz值的差值不满足精度要求，则应重新假设Δz值再进行计算。

下面讨论式(4-357)、式(4-358)和式(4-359)中有关量的计算。

(1) 管段的平均压力$\bar{p}$和平均温度$\bar{T}$：

管段的平均压力$\bar{p}$可以按式(4-360)计算

$$\bar{p}=p_{1}+\frac{\Delta p}{2} \tag{4-360}$$

式中　p_1——管段的始点压力，Pa。

根据实测的或推算的井筒内温度分布的规律、始点位置和假设的管段长度Δz，可以求出该管段的始点温度和终点温度，然后计算该管段的平均温度$\bar{T}$。

（2）气液混合物的质量流量 M：

$$M = Q_o M_g = M_o(\rho_o + \rho_{ng}S_P + \rho_w V_w) \quad (4-361)$$

式中 Q_o——产油量，m^3/s。

（3）气体体积流量 Q_g：

$$Q_g = Q_o V = \frac{Z p_{st} \bar{T}}{\bar{p} T_{st}} Q_o (S_p - S_s) \quad (4-362)$$

（4）气液混合物的平均密度 $\bar{\rho}$ 和摩阻压力梯度 τ_f：

$\bar{\rho}$ 和 τ_f 的计算是比较复杂的，它们与流动形态有关。关于流动形态的确定以及 $\bar{\rho}$ 和 τ_f 的计算，将在以后专门讨论。

2. 流动形态

在这个计算方法中，气液多相流动的流动形态被分为泡状流、段塞流、过渡形态和雾状流 4 种。它们可以按照表 4-11 的界限来确定。

表 4-11 流动形态的界限

流动形态	泡状流	段塞流	过渡形态	雾状流
界限	$\frac{Q_g}{Q} < L_B$	$\frac{Q_g}{Q} > L_B$，$N_{wg} < L_S$	$L_M > N_{wg} > L_S$	$N_{wg} > L_M$

表中，各无量纲数和有关量的计算方法如下：

（1）气相速度准数 N_{wg}。

根据丹斯和若斯的定义，气相速度准数记为：

$$N_{wg} = \frac{Q_g \sqrt[4]{\rho_l / g\sigma}}{A} \quad (4-363)$$

式中 ρ_l——在管段的平均压力和平均温度下液相的密度，kg/m^3；

σ——在该管段的平均压力和平均温度下液相的表面张力，N/m。

可以知道，在该管段的平均压力和平均温度下，液相的质量流量 $Q_o(\rho_o+\rho_{ng}R_s+\rho_w V_w)$ 其体积流量为 $Q_o(B_o+V_w)$。所以

$$\rho_l = \frac{\rho_o + \rho_{ng}R_s + \rho_w V_w}{B_o + V_w} \quad (4-364)$$

（2）泡状流界限数 L_B。

泡状流界限数 L_B 可以按式(2-436)计算：

$$L_B = 1.071 - 0.7277 \frac{\bar{u}^2}{D} \quad (4-365)$$

式中 $\bar{u}$——在该管段的平均压力和平均温度下油气水混合物的平均流速，m/s；

D——管子的直径，m。

$\bar{u}$ 可按式(4-366)计算：

$$\bar{u} = \frac{Q_o\left[B_o + \frac{Z p_{st}\bar{T}}{\bar{p} T_{st}}(S_p - S_s) + V_w\right]}{A} \quad (4-366)$$

实验表明，L_B 的范围应为 $L_B \geqslant 0.13$，如果 $L_B < 0.13$，则取 $L_B = 0.13$。

(3) 段塞流界限数 L_s。

段塞流界限数 L_s 是无量纲数，可以按式(4-367)计算：

$$L_s = 50 + 36N_{wg}\frac{Q_l}{Q_g} \tag{4-367}$$

式中 Q_l——在该管段的平均压力和平均温度下，液相的体积流量，m^3/s。

可以计算如下：

$$Q_l = Q_o(B_o + V_w) \tag{4-368}$$

(4) 雾状流界限数 L_M。

雾状流界限数 L_M 也是无量纲数，可以按式(4-369)计算：

$$L_M = 75 + 84\left(\frac{N_{wg}Q_l}{Q_g}\right)^{0.75} \tag{4-369}$$

(5) 混合物的体积流量 Q。

在该管段的平均压力和平均温度下，油气水混合物的体积流量：

$$Q = Q_l + Q_g \tag{4-370}$$

3. 混合物密度和摩阻压力梯度

气液混合物密度 $\bar{\rho}$ 和摩阻压力梯度 τ_f 的规律，因流动形态而不同。它们的计算方法，按各种流动形态分别介绍如下。

(1) 泡状流。

a. 空隙率 ϕ：

泡状流的空隙率 ϕ 按式(4-371)计算：

$$\phi = \frac{1}{2}\left[1 + \frac{Q}{\Delta uA} - \sqrt{\left(1 + \frac{Q}{\Delta uA}\right)^2 - \frac{4Q_g}{\Delta uA}}\right] \tag{4-371}$$

式中 Δu——滑脱速度，m/s；实验表明，平均来说可以取 $\Delta u = 0.24$m/s。

b. 平均密度 $\bar{\rho}$：

泡状流形态下，油气水混合物的平均密度 ρ 根据式(4-371)的 ϕ 值，按式(4-372)计算：

$$\bar{\rho} = \phi\rho_g + (1 - \phi)\rho_l \tag{4-372}$$

式中 ρ_g——在该管段的平均压力和平均温度下气相的密度，kg/m^3。

在该管段的平均压力和平均温度下，天然气的质量流量为 $Q_o(S_p - S_s)\rho_{ng}$，体积流量为 $\frac{Zp_{sg}\bar{T}}{\bar{p}T_{sg}}Q_o(S_p - S_s)$。所以

$$\rho_g = \frac{\rho_{ng}}{\frac{Zp_{st}\bar{T}}{\bar{p}T_{st}}} = \frac{\bar{p}T_{st}\rho_{ng}}{Zp_{st}\bar{T}} \tag{4-373}$$

c. 摩阻压力梯度 τ_f：

泡状流的摩阻压力梯度 τ_f 按式(4-374)计算：

$$\tau_f = \frac{\lambda \rho_1 u_1^2}{2D} \tag{4-374}$$

式中　λ——单相液体的沿程阻力系数；

u_1——在该管段的平均压力和平均温度下液相的平均速度，m/s。

u_1 可以按式(4-375)计算：

$$u_1 = \frac{Q_1}{A(1-\phi)} \tag{4-375}$$

此时，雷诺数为：

$$Re = \frac{D u_1 \rho_1}{\mu_1} \tag{4-376}$$

式中　μ_1——在该管段的平均压力和平均温度下液相的黏度，Pa · s。

(2) 段塞流。

a. 平均密度 $\bar{\rho}$：

段塞流形态下，油气水混合物的平均密度 $\bar{\rho}$ 按式(4-377)计算：

$$\bar{\rho} = \frac{M + \rho_1 u_b A}{Q + u_b A} + C_0 \rho_1 \tag{4-377}$$

式中　u_b——气泡的上升速度，m/s；

C_0——液相分布系数。

气泡的上升速度 u_b 按式(4-378)计算：

$$u_b = C_1 C_2 \sqrt{gD} \tag{4-378}$$

式中　C_1——系数，由图 4-33 查得；

C_2——系数，由图 4-34 查得。

在图 4-33 中，Re_b 是气泡雷诺数，无量纲。其计算方法为：

$$Re_b = \frac{D u_b \rho_1}{\mu_1} \tag{4-379}$$

在图 4-34 中，Re'的计算方法为：

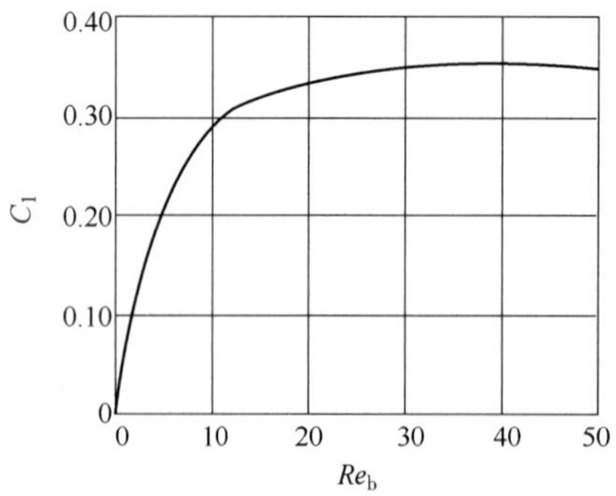

图 4-33　C_1-Re_b 关系曲线

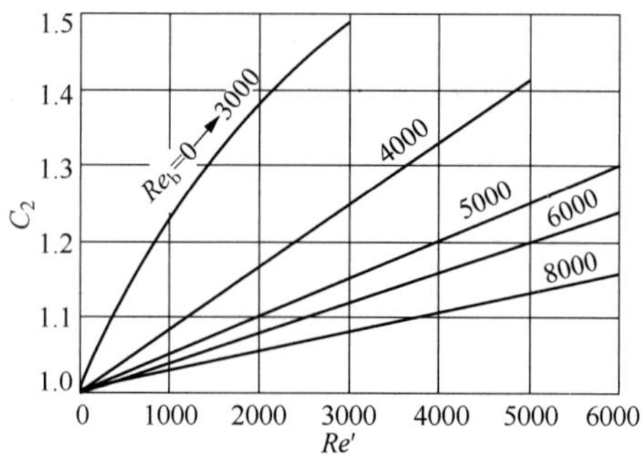

图 4-34　C_2-Re'关系曲线

$$Re' = \frac{D\bar{u}\rho_l}{\mu_l} \tag{4-380}$$

当 $Re_b \leqslant 3000$ 时，

$$u_b = (0.546 + 8.74 \times 10^{-6} Re')\sqrt{gD} \tag{4-381}$$

当 $3000 < Re_b < 8000$ 时，

$$u_b = \frac{1}{2}\left(u_{bl} + \sqrt{u_{bl}^2 + 11167\frac{\mu_l}{\rho_l\sqrt{D}}}\right) \tag{4-382}$$

其中

$$w_{bl} = (0.251 + 8.74 \times 10^{-6} Re')\sqrt{gD} \tag{4-383}$$

当 $Re_b \geqslant 8000$ 时，

$$u_b = (0.35 + 8.74 \times 10^{-6} Re')\sqrt{gD} \tag{4-384}$$

显然，气泡的上升速度 u_b 需用试算法求得。

液相分布系数 C_0 的计算，应该根据表 4-12 中的 4 种不同情况，选用不同的公式。

表 4-12 关于 C_0 的公式选用

连续的液相	水		油	
平均速度 $\bar{u}$/(m/s)	<3	>3	<3	>3
使用公式	式(4-385)	式(4-386)	式(4-387)	式(4-388)

式(2-456)至式(2-459)分别为：

$$C_0 = \{[0.00252\lg(1000\mu_l)]/D^{1.38}\} - 0.782 + 0.232\lg\bar{u} - 0.428\lg D \tag{4-385}$$

$$C_0 = \{[0.0174\lg(1000\mu_l)]/D^{0.799}\} - 1.352 - 0.162\lg\bar{u} - 0.888\lg D \tag{4-386}$$

$$C_0 = \{[0.00236\lg(1000\mu_l + 1)]/D^{1.415}\} - 0.140 + 0.167\lg\bar{u} + 0.113\lg D \tag{4-387}$$

$$C_0 = \{[0.00537\lg(1000\mu_l + 1)]/D^{1.371}\} + 0.455 + 0.569\lg D - (\lg\bar{u} + 0.516)\{[0.0016\lg(1000\mu_l + 1)]/D^{1.571} + 0.722 + 0.63\lg D\} \tag{4-388}$$

为了保证各流动形态之间压力变化的连续性，对液相分布系数 C_0 有以下要求：

$$C_0 \geqslant -0.213\bar{u} \tag{4-389}$$

以及当 $\bar{u} > 3$m/s 时，应该

$$C_0 \geqslant -\frac{u_b A}{Q + u_b A}\left(1 - \frac{\bar{\rho}}{\rho_l}\right) \tag{4-390}$$

b. 摩阻压力梯度 τ_f：

段塞流的摩阻压力梯度 τ_f 按式(4-391)计算：

$$\tau_f = \frac{\lambda\rho_l\bar{u}^2}{2D}\left(\frac{Q_l + u_b A}{Q + u_b A} + C_0\right) \tag{4-391}$$

式中 λ——单相液体的沿程阻力系数，无量纲，λ 值根据式(4-380)的 Re' 求得。

c. 过渡形态:

过渡形态的 $\bar{\rho}$ 和 τ_f 可以根据段塞流和雾状流的 $\bar{\rho}$ 和 τ_f，分别按照式(4-392)和式(4-393)进行线性加权求得

$$\bar{\rho} = \frac{L_M - N_{wg}}{L_M - L_s}\bar{\rho}_s + \frac{N_{wg} - L_s}{L_M - L_s}\bar{\rho}_M \tag{4-392}$$

$$\tau_f = \frac{L_M - N_{wg}}{L_M - L_s}\tau_{fs} + \frac{N_{wg} - L_s}{L_M - L_s}\tau_{fM} \tag{4-393}$$

式中 $\bar{\rho}_s$、$\bar{\rho}_M$——段塞流、雾状流时的 $\bar{\rho}$ 值;

τ_{fs}、τ_{fM}——段塞流、雾状流时的 τ_f 值。

4. 雾状流

(1) 空隙率 ϕ。

雾状流时，由于在气液两相之间没有滑脱现象，所以雾状流的空隙率 ϕ 可以按式(4-394)计算:

$$\phi = \frac{1}{1 + \frac{Q_l}{Q_g}} \tag{4-394}$$

(2) 平均密度 $\bar{\rho}$。

雾状流形态下油气水混合物的平均密度 $\bar{\rho}$ 可以根据上式的 ϕ 值，按式(4-395)计算:

$$\bar{\rho} = \phi\rho_g + (1 - \phi)\rho_l \tag{4-395}$$

(3) 摩阻压力梯度 τ_f。

雾状流的摩阻压力梯度 τ_f 可以按式(4-396)计算:

$$\tau_f = \frac{\lambda\rho_g u_{sg}^2}{2D} \tag{4-396}$$

式中 λ——单相气体的沿程阻力系数;

u_{sg}——在该管段的平均压力和平均温度下，气相的折算速度，m/s。

当计算单相气体的沿程阻力系数时，需要知道雷诺数和液膜的相对粗糙度。雾状流时，雷诺数是指气相的雷诺数 Re_g。实验表明，雾状流时液膜的相对粗糙度 k'/D 为 0.001~0.5，它可以按式(4-397)、式(4-398)计算:

当 $N_w<0.005$ 时，

$$k'/D = \frac{34\sigma}{\rho_g u_{sg}^2 D} \tag{4-397}$$

当 $N_w>0.005$ 时，

$$k'/D = \frac{174.8\sigma\ (N_w)^{0.802}}{\rho_g u_{sg}^2 D} \tag{4-398}$$

而

$$N_w = 1.01\left(\frac{u_{sg}\mu_l}{\sigma}\right)^2\frac{\rho_g}{\rho_l} \tag{4-399}$$

五、阿济滋-戈威尔-福格拉锡方法

1972 年阿济滋(Aziz)、戈威尔(Govier)和福格拉锡(Fogarasi)推荐一个方法。该方法需要先按照他们提出的流动形态分布图确定流动形态，然后再计算持液率和压降。他们对泡状流和段塞流提出了新的相关规律。当流动形态属于环状流和雾状流时，他们推荐采用丹斯-若斯方法。对于过渡形态，他们建议使用丹斯-若斯的内插法。

1. 流动形态

阿济滋-戈威尔-福格拉锡的流动形态分布图如图 4-35 所示，在图中，流动形态取决于以下变量：

$$N_x = 3.28u_{sg}\left(\frac{\rho_g}{\rho_a}\right)^{1/3}\left(\frac{\rho_l\sigma_w}{\rho_w\sigma}\right)^{1/4} \tag{4-400}$$

$$N_y = 3.82u_{sl}\left(\frac{\rho_l\sigma_w}{\rho_w\sigma}\right)^{\frac{1}{4}} \tag{4-401}$$

$$N_1 = 0.51(100N_y)^{0.172} \tag{4-402}$$

$$N_2 = 8.6 + 3.8N_y \tag{4-403}$$

$$N_3 = 70(100N_y)^{-0.152} \tag{4-404}$$

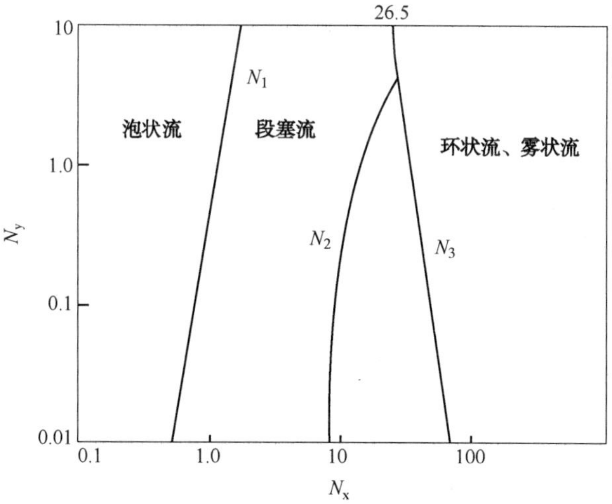

图 4-35　阿济兹-戈威尔-福格拉锡的流动形态分布图

式中　u_{sg}——气相的折算速度，m/s；

u_{sl}——液相的折算速度，m/s；

ρ_g——流动状态下的气相密度，kg/m³；

ρ_l——流动状态下的液相密度，kg/m³；

σ——流动状态下的液相表面张力，mN/m；

ρ_a——标准状态下空气的密度，kg/m³；

ρ_w——标准状态下水的密度，kg/m³；

σ_w——标准状态下水的表面张力，mN/m。

2. 持液率和压力梯度

(1) 泡状流。

泡状流存在的界限为：

$$N_x < N_1 \tag{4-405}$$

a. 气液混合物的平均密度：

持液率为：

$$H_L = 1 - \frac{u_{sg}}{u_{bf}} \tag{4-406}$$

其中

$$u_{bf} = 1.2u_m + u_{bs} \tag{4-407}$$

$$u_{bs} = 1.41\left[\frac{\sigma g(\rho_l - \rho_g)}{\rho_l^2}\right]^{\frac{1}{4}} \tag{4-408}$$

式中 H_L——持液率，无量纲；

u_{bf}——在液流中，气泡的上升速 m/s,；

u_m——气液混合物的平均流速，m/s；

u_{bs}——在静止液体中，气泡的上升速度，m/s；

g——重力加速度，m/s^2。

因此，气液混合物的平均密度为：

$$\bar{\rho} = \rho_l H_L + \rho_g(1 - H_L) \tag{4-409}$$

b. 摩阻压力梯度：

泡状流摩阻压力定义为：

$$\frac{\Delta p_1}{\Delta z} = \frac{\lambda\bar{\rho}u_m^2}{2D} \tag{4-410}$$

式中 $\frac{\Delta p_1}{\Delta z}$——摩阻压力梯度，Pa/m；

D——管子的直径，m；

λ——沿程阻力系数，无量纲，用式(4-411)计算的雷诺数查图 4-36 穆迪图求得。

$$Re = \frac{Du_m\rho_l}{\mu_l} \tag{4-411}$$

式中 μ_l——液相的黏度，Pa · s^n。

c. 加速压力梯度：

在泡状流形态下，加速压力梯度可以忽略不计。

(2) 段塞流。

段塞流存在的界限为：

$$N_y < 4 \text{ 且 } N_1 < N_x < N_2 \tag{4-412}$$

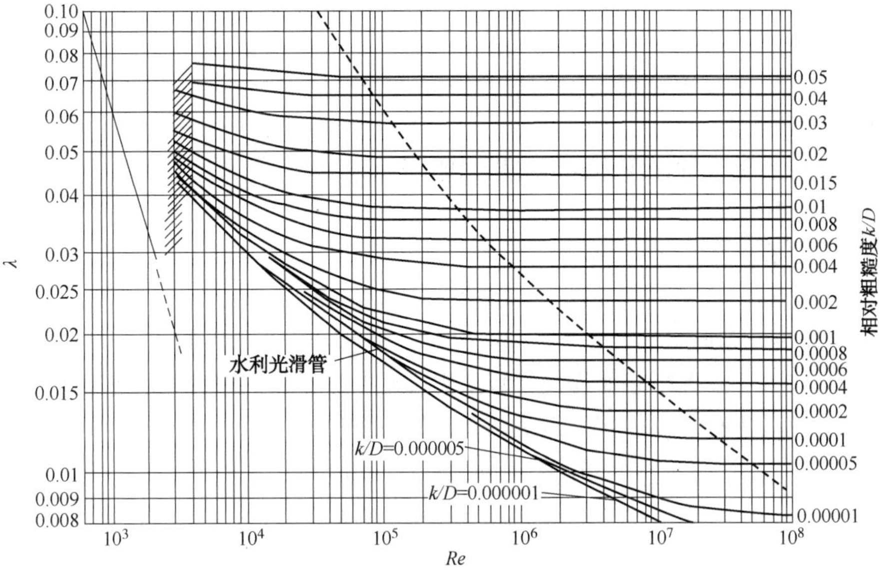

图 4-36　穆迪图

或

$$N_y \geq 4 \text{ 且 } N_1 < N_x < 26.5 \tag{4-413}$$

a. 气液混合物的密度：

持液率仍按式(4-406)计算，u_{bf}仍按式(4-407)计算，只是

$$u_{bs} = C\left[\frac{gD(\rho_1 - \rho_g)}{\rho_1}\right]^{1/2} \tag{4-414}$$

其中

$$C = 0.345[1 - \exp(-0.029N_w)]\left[1 - \exp\left(\frac{3.37 - N_E}{m}\right)\right] \tag{4-415}$$

无量纲群

$$N_w = \frac{[gD^3\rho_1(\rho_1 - \rho_g)]^{\frac{1}{2}}}{\mu_1} \tag{4-416}$$

$$N_E = \frac{gD^2(\rho_1 - \rho_g)}{\sigma} \tag{4-417}$$

式(4-415)中的 m 值计算见表 4-13。

表 4-13　m 值的计算

N_w	≥250	$250>N_w>18$	≤18
m	10	$69N_w^{-0.35}$	25

b. 摩阻压力梯度：

段塞流摩阻压力梯度定义为：

$$\frac{\Delta p_1}{\Delta z}=\frac{\lambda\rho_1 H_L u_m^2}{2D} \tag{4-418}$$

式中沿程阻力系数 λ 可用式(4-411)计算的雷诺数由穆迪图查得。

c. 加速压力梯度:

在段塞流形态下，加速压力梯度可以忽略不计。

(3)过渡形态。

过渡形态存在的界限为:

$$N_y<4 \text{ 且 } N_2<N_x<N_3 \tag{4-419}$$

N_y>4 时，不存在过渡形态。

当流动形态处于过渡形态而需要计算压力梯度时，必须同时使用段塞流、环状流和雾状流的公式，然后进行线性加权。这类似于丹斯-若斯方法。

$$\frac{\Delta p_1}{\Delta z}=A\left(\frac{\Delta p_1}{\Delta z}\right)_S+B\left(\frac{\Delta p_1}{\Delta z}\right)_{CM} \tag{4-420}$$

$$A=\frac{N_3-N_x}{N_3-N_2} \tag{4-421}$$

$$B=\frac{N_x-N_2}{N_3-N_2}=1-A \tag{2-422}$$

式中 $\left(\frac{\Delta p_1}{\Delta z}\right)_S$、$\left(\frac{\Delta p_1}{\Delta z}\right)_{CM}$——段塞流、环状流和雾状流的$\left(\frac{\Delta p_1}{\Delta z}\right)$值。

(4) 环状流和雾状流。

环状流和雾状流存在的界限为:

$$N_y<4 \text{ 且 } N_x>N_3 \tag{4-423}$$

$$N_y>4 \text{ 且 } N_x>26.5 \tag{4-424}$$

当流动形态处于环状流或雾状流时，可以采用丹斯-若斯方法按第Ⅲ区进行计算。

六、哈桑-卡比尔方法

1986 年哈桑和卡比尔通过对铅直圆管中气液两相流动形态转变的机理性分析，得出了每一种流动形态的判别准则，提出了流动形态的判别方法，进而给出了各种流动形态下压力梯度的计算方法。与此同时，对铅直环空中气液两相流动的个别问题也进行了讨论。

1. 流动形态的划分

哈桑和卡比尔按照气液两相介质分布的外形，将铅直圆管中气液两相的流动形态划分为泡状流、段塞流、搅动流和环状流 4 种。如图 4-37 所示。

2. 流动形态的判别

哈桑和卡比尔认为，气液两相的流动形态除了主要受各相的速度、密度等参数的影响外，气液两相的形成过程、偏离水动力学就地平衡的程度和少量杂质的存在等，也可能对流动形态有一定的影响。人们通常用流动形态分布来描述不同流动形态存在的范围。为了使流动形态分布图具有一般性，需要对所有的坐标参数加以选择，使其足以能够反映各种

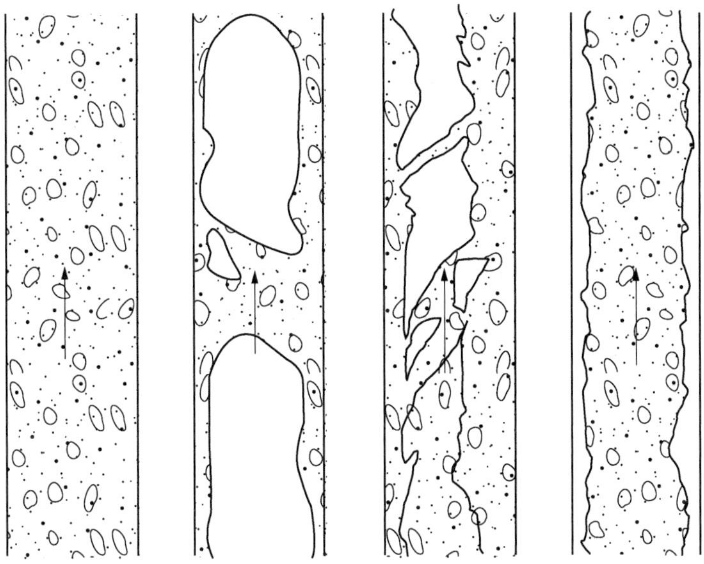

图 4-37　铅直管中气液两相的流动形态

流动形态的转变。然而，由于不同的流动形态受到不同的水动力条件控制，因此真正广义的流动形态分布图实际上是得不到的。于是，哈桑和卡比尔利用水动力学原理，通过机理性的分析，得出了流动形态的判别准则。

(1)泡状流。

从小气泡分散在整个过流断面的状态，转变到大气泡大到足以充满整个过流断面的状态，需要一个气泡聚集的过程：小气泡在液体中上升时，通常是以不规则的路线前进的。这就导致了小气泡的碰撞，随之发生聚集，形成大气泡。这一聚集过程随着气泡流量的增大而加快。当气泡碰撞与聚集达到某一程度时，泡状流将转变为段塞流。许多学者证实，这一转变发生在空隙率为 0.25~0.30 时，哈桑和卡比尔也发现这一转变约发生在空隙率为 0.25 时，甚至在油井的油套环形空间中也是如此。

哈桑和卡比尔取空隙率为 0.25 作为由泡状流转变为段塞流的准则，但他们将这一准则用可以测量的变量来表示，并在泡状流的空隙率与气体折算速度之间使用了如下关系式：

$$u_g = \frac{u_{sg}}{\phi} = 1.2u_m + u_{0\infty} \tag{4-425}$$

或

$$u_{sg} = \frac{1.2u_{sl}\phi + u_{0\infty}\phi}{1 - 1.2\phi} \tag{4-426}$$

式中　u_g——气相的真实速度，m/s；

u_{sg}——气相的折算速度，m/s；

u_m——气液混合物的速度，m/s；

u_{sl}——液相的折算速度，m/s；

$u_{0\infty}$——单个气泡的极限上升速度，m/s；

ϕ——空隙率，无量纲。

当取 ϕ 为 0.25 时，得

$$u_{sg} = 0.429u_{sl} + 0.357u_{0\infty} \tag{4-427}$$

从另一方面看，当几乎占据整个过流断面的泰勒气泡的速度小于气液混合物的速度时，则上升的小气泡将逼近泰勒气泡的尾部，与之合并使泰勒气泡的体积增大，最终转变为段塞流。

哈森和卡比尔通过以上的理论分析并借助于前人的工作，得出了泡状流的判别准则为：

$$u_{sg} < 0.429u_{sl} + 0.357u_{0\infty} \tag{4-428a}$$

及

$$u_{0\infty} < u_T \tag{4-428b}$$

其中，$u_{0\infty}$ 由式(4-429)确定：

$$u_{0\infty} = 1.53\left[\frac{g(\rho_l - \rho_g)\sigma}{\rho_l^2}\right]^{\frac{1}{4}} \tag{4-429}$$

式中 ρ_l——液相的密度，kg/m^3；

ρ_g——气相的密度，kg/m^3；

g——重力加速度，m/s^2；

σ——表面张力，N/m。

根据尼克林(Nicklim)公式，有

$$u_T = 0.35\sqrt{\frac{gD(\rho_l - \rho_g)}{\rho_l}} \tag{4-430}$$

式中 u_T——泰勒气泡的极限上升速度，m/s；

g——重力加速度，m/s^2；

D——管子的直径，m；

ρ_l——液相的密度，kg/m^3；

ρ_g——气相的密度，kg/m^3。

哈桑和卡比尔指出，式(4-428a)只能适用于较小或中等流量下泡状流和段塞流的转变。在大流量的情况下，紊流对已经聚集的气泡具有破碎作用，因此抑制了向段塞流的转变。在此情况下，甚至当空隙率超过 0.25 时，同时保持泡状流。这种泡状流是由于液体中大气泡的破裂和分散而形成的，所以称为分散泡状流。这时的判别准则为：

$$\phi < 0.52 \tag{4-431}$$

及泰特尔公式

$$u_m^{1.12} > 5.88D^{0.48}\left[\frac{g(\rho_l-\rho_g)}{\sigma}\right]^{0.5}\left(\frac{\sigma}{\rho_l}\right)^{0.6}\left(\frac{\rho_m}{\mu_l}\right)^{0.08} \quad (4-432)$$

式中　ρ_m——气液混合物的密度，kg/m³；

μ_l——液相的黏度，Pa·s。

(2) 段塞流。

在段塞流中，由小气泡聚集成的泰勒气泡几乎占据了管子的整个过流断面，液体段塞被泰勒气泡分割，并且在管壁处围绕泰勒气泡形成下落的液膜。随着流量的增加，下落的液膜与上升的泰勒气泡之间的相互作用也会增加，当其相互作用大到足以破坏泰勒气泡时，将会出现段塞流的上限，形成向搅动流的转变。

哈桑和卡比尔根据式(4-428a)和休伊特-罗伯茨(Hewitt - Roberts)流动形态分布图中段塞流向搅动流转变的界限，得出段塞流的判别准则为：

$$u_{sg} > 0.429u_{sl} + 0.357u_{0\infty} \quad (4-433)$$

及

$$\rho_g u_{sg}^2 < 25.4\lg(\rho_l u_{sl}^2) - 38.9(\text{如果}\ \rho_l u_{sl}^2 > 74.4) \quad (4-434)$$

或

$$\rho_g u_{sg}^2 < 0.0051\ (\rho_l u_{sl}^2)^{1.7}(\text{如果}\ \rho_l u_{sl}^2 < 74.4) \quad (4-435)$$

(3)搅动流。

当气体的流量足够大时，搅动流或段塞流将转变为环状流。环状流时，有液体沿管壁流动，形成液膜，同时气体在管子中央核心部分向上流动。液膜具有波形的表面，并且有时会破裂而以液滴的形式进入中央气流。因此，在环状流的气流中携带有保持悬浮状态的液滴。如果气体的速度不足以保持液滴处于悬浮状态，则液滴将下落，聚集，形成液桥，最终称为搅动流或段塞流。保持液滴处于悬浮状态所需要的气体最低速度可以由作用在液滴上的拖拽力与重力之间的平衡来确定。哈桑和卡比尔借助于特纳(Turner)、泰特尔(Taitel)等的研究成果，得出这一最低速度为：

$$u_{sg} = 3.1\left[\frac{\sigma g(\rho_l-\rho_g)}{\rho_g^2}\right]^{0.25} \quad (4-436)$$

哈桑和卡比尔根据以上的分析和式(4-434)、式(4-435)，得出搅动流的判别准则为：

$$u_{sg} < 3.1\left[\frac{\sigma g(\rho_l-\rho_g)}{\rho_g^2}\right]^{0.25} \quad (4-437)$$

及

$$\rho_g u_{sg}^2 > 25.4\lg(\rho_l u_{sl}^2) - 38.9(\text{如果}\ \rho_l w_{sl}^2 > 74.4) \quad (4-438)$$

或

$$\rho_g u_{sg}^2 > 0.0051\ (\rho_l u_{sl}^2)^{1.7}(\text{如果}\ \rho_l w_{sl}^2 < 74.4) \quad (4-439)$$

(4) 环状流。

根据以上的分析和式(4-436)，得出环状流的判别准则为：

$$u_{sg} > 3.1\left[\frac{\sigma g(\rho_l-\rho_g)}{\rho_g^2}\right]^{0.25} \quad (4-440)$$

3. 压力梯度

哈桑和卡比尔指出，气液两相流动和单相流动一样，其总压力梯度是重位压力梯度、摩阻压力梯度和加速压力梯度三者之和，即

$$\frac{dp}{dz}=\left(\frac{dp}{dz}\right)_h+\left(\frac{dp}{dz}\right)_{fr}+\left(\frac{dp}{dz}\right)_a+\left(\frac{dp}{dz}\right)_{fr}+\left(\frac{dp}{dz}\right)_a \tag{4-441}$$

式中 $\frac{dp}{dz}$——总压力梯度，Pa/m；

$\left(\frac{dp}{dz}\right)_h$——重位压力梯度，Pa/m；

$\left(\frac{dp}{dz}\right)_{fr}$——摩阻压力梯度，Pa/m；

$\left(\frac{dp}{dz}\right)_a$——加速压力梯度，Pa/m。

式(4-441)也可以写成

$$-\frac{dp}{dz}=\rho_m g+\frac{2f_m u_m \rho_m}{D}+\rho_m u_m\frac{du_m}{dz} \tag{4-442}$$

式中 f_m——汽液混合物的范宁摩阻系数，无量纲；

z——标高，m。

其中，气液混合物密度为：

$$\rho_m=\phi\rho_g+(1-\phi)\rho_l \tag{4-443}$$

哈桑和卡比尔指出，对于铅直两相气液管流来说，摩阻压力梯度项可以按范宁公式计算。除了环状流之外，重位压力梯度在总压力梯度中始终是主要的，而加速压力梯度一般很小，可以忽略不计。

由式(4-442)和式(4-443)可知，在计算重位压力梯度、摩阻压力梯度和加速压力梯度时，都要已知混合物的密度，而空隙率则是计算混合物密度的重要参数。因此，下面将针对不同的流动形态，分别介绍空隙率及压力梯度的计算方法：

(1) 泡状流。

a. 空隙率：

根据式(4-443)有：

$$\phi=\frac{u_{sg}}{C_0 u_m+u_{0\infty}} \tag{4-444}$$

其中，$u_{0\infty}$按式(4-443)计算，对于圆管：

$$C_0=1.2 \tag{4-445}$$

对于环形空间：

$$C_0=1.2+0.371\frac{D_o}{D_i} \tag{4-446}$$

式中 D_o——外管内径，m；

D_i——内管外径，m。

b. 摩阻压力梯度：

此时，哈桑和卡比尔将两相流动视为均相流动，于是根据范宁公式，有：

$$\left(\frac{\mathrm{d}p}{\mathrm{d}z}\right)_{\mathrm{fr}}=\frac{2f_{\mathrm{m}}u_{\mathrm{m}}^{2}\rho_{\mathrm{m}}}{D} \tag{4-447}$$

f_{m} 是根据$\frac{Du_{\mathrm{m}}\rho_{\mathrm{m}}}{\mu_{\mathrm{l}}}$按照标准的范宁曲线求得，$\rho_{\mathrm{m}}$ 按照式(4-443)计算。哈桑和卡比尔指出，在泡状流中，摩阻压力梯度在总压力梯度中所占的份额一般小于5%。

(2)段塞流。

a. 空隙率：

对于段塞流的分析类似于对泡状流的分析。根据式(4-425)有：

$$\phi=\frac{u_{\mathrm{sg}}}{C_{1}u_{\mathrm{m}}+u_{\mathrm{T}}} \tag{4-448}$$

对于圆管：

$$C_{1}=1.2 \tag{4-449}$$

而按照式(4-430)计算。对于环形空间：

$$C_{1}=1.2+0.90\frac{D_{\mathrm{o}}}{D_{\mathrm{i}}} \tag{4-450}$$

$$u_{\mathrm{T}}=\left(0.30+0.22\frac{D_{\mathrm{o}}}{D_{\mathrm{i}}}\right)\left[\frac{g(D_{\mathrm{o}}-D_{\mathrm{i}})(\rho_{\mathrm{l}}-\rho_{\mathrm{g}})}{\rho_{\mathrm{l}}}\right]^{0.5} \tag{4-451}$$

b. 摩阻压力梯度：

哈桑和卡比尔指出，在段塞流中，大部分的液体段塞向上流动，但也有小部分液体沿着液膜向下流动，所以液体实际流动的距离为 $z(1-\phi)$，根据这样的认识，参照式(4-447)，取

$$\left(\frac{\mathrm{d}p}{\mathrm{d}z}\right)_{\mathrm{fr}}=\frac{2f_{\mathrm{m}}u_{\mathrm{m}}^{2}\rho_{\mathrm{m}}}{D}(1-\phi) \tag{4-452}$$

其中，f_{m} 和 ρ_{m} 求取与泡状流相同。

(3) 搅动流。

a. 空隙率：

对于搅动流，人们研究很少。暂时仍仿照段塞流，按式(4-448)计算空隙率。不过，在搅动流中，由于液体流动的混掺作用，使得混合物的速度分布和气体的浓度分布趋于平坦，所以取

$$C_{1}=1.0 \tag{4-453}$$

b. 摩阻压力梯度：

暂时仍然仿照段塞流，按式(4-452)计算摩阻压力梯度。其中混合物密度仍按式(4-443)计算。

(4)环状流。

在环状流中，液体的大部分通常以液滴的形式被携带于中央气流中，因此管子中央核心部分的流体密度不同于单相气体的密度；同时，管壁附近的液膜表面是一个不稳定的粗

糙面。

这时，如果假定液滴的速度与核心部分的气体速度相等，则总压力梯度的表达式可以写成：

$$-\frac{\mathrm{d}p}{\mathrm{d}z}=\rho_c g+\frac{2f_c u_g^2\rho_c}{D}+\rho_c u_g\frac{\mathrm{d}u_g}{\mathrm{d}z} \tag{4-454}$$

利用气体状态方程式，式(4-454)可以进一步写成：

$$-\frac{\mathrm{d}p}{\mathrm{d}z}=\frac{\rho_c g+\dfrac{2f_c u_g^2\rho_c}{D}}{1-\dfrac{u_c^2\rho_c}{p}} \tag{4-455}$$

式中 ρ_c——管子中央核心部分的液体密度，$\mathrm{kg/m^3}$；

f_c——气体沿液膜粗糙面流过时的摩阻系数，无量纲；

p——压力(绝对)，Pa。

于是问题被简化为如何计算流体密度 ρ_c 和摩阻系数 f_c。

a. 流体密度 ρ_c：

为了计算核心部分的流体密度，需要知道被携入气体核心的液体量占总液体量的分数 FE。斯蒂恩(Steen)和沃利斯指出：在液膜呈现完全紊流的情况下，即液相雷诺数大于3000时，FE 是 u_{sgc} 的函数，u_{sgc} 的定义如下：

$$u_{sgc}=\frac{u_{sg}\mu_g\left(\dfrac{\rho_g}{\rho_l}\right)^{0..5}}{\sigma}=\frac{M_m x\mu_g}{\sigma\sqrt{\rho_l\rho_g}} \tag{4-456}$$

式中 μ_g——气相的黏度，Pa·s。

如果 $u_{sgc}\times10^4<4$，则

$$FE=0.0055\,(u_{sgc}\times10^4)^{2.86} \tag{4-457}$$

如果 $u_{sgc}\times10^4>4$，则

$$FE=0.857\lg(u_{sgc}\times10^4)-0.20 \tag{4-458}$$

进而可以得出：

$$\rho_c=\frac{u_{sg}\rho_g+FEu_{sl}\rho_l}{u_{sg}+FEu_{sl}} \tag{4-459}$$

b. 摩阻系数 f_c：

计算摩阻系数 f_c 采用沃利斯提出的相关式，即

$$f_c=f_g[1+75(1-\phi)]=\frac{0.079[1+75(1-\phi)]}{(Re_g)^{0.25}} \tag{4-460}$$

可以按照洛克哈特-马蒂内利(Lockhart - Martinelli)相关规律计算，即

$$\phi=(1+X^{0.8})^{-0.378} \tag{4-461}$$

式中　X——洛克哈特-马蒂内利参数，无量纲。

当气液两相都呈现紊流，X 可以通过质量含气率和流体性质计算。

$$X = \left(1 - \frac{1-x}{x}\right)^{0.9} \left(\frac{\rho_g}{\rho_l}\right)^{0.5} \left(\frac{\mu_l}{\mu_g}\right)^{0.1} \tag{4-462}$$

在计算质量含气率时，应该计入被携入中央核心部分的液滴的质量。

对于泡状流、段塞流和搅动流，当忽略加速度时，将混合物密度 ρ_m 代入式(4-442)中，并用所求的的摩阻压力梯度 $\left(\frac{dp}{dz}\right)_{fr}$ 代替式(4-442)中等号右侧的第二项，即可求得其总压力梯度。对于环状流，由式(4-455)所求得总压力梯度。

七、安萨瑞等方法

1990 年安萨瑞(Ansari)、西尔维斯特(Sylvester)、肖恩(Shoham)和布里尔(Brill)对井筒中气液两相流动进行了研究。他们在前人工作的基础上，给出了井筒中气液两相的流动形态判别方法，并对各种流动形态的流动机理和特点进行了分析，建立了描述泡状流、段塞流和环状流流动特性的模型。

1. 流动形态的判别

安萨瑞等参照泰特尔等的研究结果，将井筒中气液两相的流动形态划分为泡状流、段塞流、搅动流和环状流四种。由于搅动流很复杂，他们对其未进行深入的研究，只将其作为段塞流的一部分进行处理。

(1) 泡状流与段塞流之间的转变。

按照泡状流的形成机理可以将泡状流分成气泡流和分散泡状流两种。

a. 气泡流与段塞流之间的转变界限：

泰特尔等得出的出现气泡流的最小管径为：

$$D_{min} = 19.01 \left[\frac{(\rho_l - \rho_g)\sigma}{\rho_l^2 g}\right]^{\frac{1}{2}} \tag{4-463}$$

式中　D_{min}——出现气泡流的最小管径，m；

ρ_g——气相的密度，kg/m^3；

ρ_l——液相的密度，kg/m^3；

σ——表面张力，N/m；

g——重力加速度，m/s^2。

当管子直径大于 D_{min} 时，小气泡将聚合成大的泰勒气泡从而转变为段塞流。实验发现，当空隙率大约为 0.25 时发生这种转变。使用此空隙率值，这种转变可以用折算速度和气泡上升速度表示为：

$$u_{sg} = 0.25u_{0\infty} + 0.333u_{sl} \tag{4-464}$$

式中　u_{sg}——气相折算速度，m/s；

u_{sl}——液相折算速度，m/s；

$u_{0\infty}$——气泡上升速度，m/s，由式(4-429)确定。

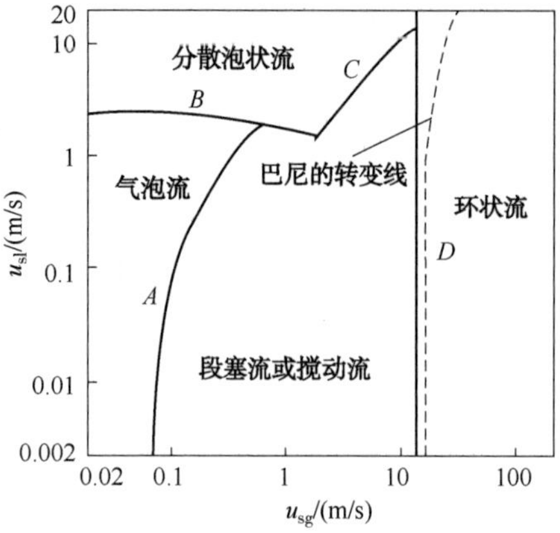

图 4-38　井筒中典型的流型分布图

式(4-464)所表示的气泡流与段塞流之间的转变界限如图 4-38 中的曲线 A 所示。

b. 气泡流与分散泡状流之间的转变界限：

当液体流量较高时，在液体脉动力的作用下，即使空隙率大于 0.25，大气泡也会破碎成为小气泡，因而产生了巴尼(Barnea)等给出的向分散泡状流转变的条件，即

$$2\left[\frac{0.4\sigma}{(\rho_1-\rho_g)g}\right]^{\frac{1}{2}}\left(\frac{\rho_1}{\sigma}\right)^{\frac{3}{5}}\left[\frac{2}{D}C_1\left(\frac{D}{\nu_1}\right)^{-n}\right]^{\frac{2}{5}}$$

$$(u_{sl}+u_{sg})^{\frac{2(3-n)}{5}}=0.725+4.15\left(\frac{u_{sg}}{u_{sg}+u_{sl}}\right)^{\frac{1}{2}} \tag{4-465}$$

式中　ν_1——液相的运动黏度，m^2/s；

C_1——光滑管中关联液相范宁摩阻系数与雷诺数的常数，无量纲；

n——光滑管中关联液相范宁摩阻系数与雷诺数的指数，无量纲。

式(4-465)所表示的气泡流与分散气泡流之间的转变界限如图 4-38 中的曲线 B 所示。

c. 分散泡状流与段塞流之间的转变界限：

在气泡流速高的情况下，当空隙率为 0.52 时，小气泡很快地聚合起来，所得出的分散泡状流与段塞流的转变界限为：

$$u_{sg}=1.08u_{sl} \tag{4-466}$$

此转变界限如图 4-38 中的曲线 C 所示。

(2) 向环状流的转变。

向环状流转变的判据是居于防止气流中的液滴回落所需气体流速。所得出的转变条件可以由式(4-436)表示，即

$$u_{sg}=3.1\left[\frac{\sigma g(\rho_1-\rho_g)}{\rho_g^2}\right]^{\frac{1}{4}}$$

此转变界限如图 4-38 中的曲线 D 所示。

巴尼通过分析液相厚度对这种转变的影响，模拟了此转变。一方面是在液体流量高的情况下，厚液膜将会搭接起来包住气芯，另一方面是在液体流量低的情况下，由于液膜的不稳定性而产生向下的流动，转变机理受形成段塞所需最小持液率的控制。

$$H_{LF}>0.24 \tag{4-467}$$

式中　H_{LF}——假设气芯中无液滴夹带时，管路的横截面被液膜占据的份额，无量纲。

可以利用洛克哈特-马蒂内尔参数 X 和 Y 反映液膜的不稳定性机理，即

$$Y=\frac{2-1.5H_{LF}}{H_{LF}^3(1-1.5H_{LF})}X^2 \tag{4-468}$$

其中，H_{LF}可以用最小无量纲液膜厚度 $\tilde{\delta}_{min}$ 表示为：

$$H_{LF}=4\tilde{\delta}_{min}(1-\tilde{\delta}_{min}) \qquad (4-469)$$

式中　$\tilde{\delta}$——无量纲液膜厚度，为液膜厚度与管子直径之比。

为了反映气芯中夹带的液滴的影响，安萨瑞等将式(4-467)改写为：

$$\left(H_{LF}+H'_{LC}\frac{A_c}{A}\right)>0.24 \qquad (4-470)$$

式中　A——管子的横截面积，m^2；

A_c——气芯的横截面积，m^2；

H'_{LC}——气芯的无滑动持液率，无量纲。

为了考虑液体的夹带，必须用气芯参数代替气体参数，重新定义式(4-467)中的 X 和 Y。

2. 泡状流模型

(1) 两相流动参数。

由于气泡流与分散泡状流的形成机理不同，所以对他们的流动参数应分别进行研究。

a. 气泡流：

在气泡流中，气泡超越液体而向上流动，因此必须考虑气液之间的滑动。假设由于混合物的紊流速度分布的作用，同时气泡的上升在管轴心处较之沿管壁处更为集中，则将式(4-425)变形可以得出气泡上升速度为：

$$u_{0\infty}=u_g-1.2u_m \qquad (4-471)$$

哈马奇(Harmathy)曾指出气泡上升速度 $u_{0\infty}$ 可以由式(2-500)确定。考虑到气泡群的影响，朱伯(Zuber)和亨奇(Hench)将其修正为：

$$u_{0\infty}=1.53\left[\frac{\sigma g(\rho_l-\rho_g)}{\rho_l^2}\right]^{\frac{1}{4}}H_L^{n'} \qquad (4-472)$$

关于 n' 值，各项研究所得的结果不尽相同。安萨瑞等发现 n' 值为 0.1 时能给出最好的结果。于是联立式(4-471)与式(4-472)，得：

$$1.53\left[\frac{\sigma g(\rho_l-\rho_g)}{\rho_l^2}\right]^{\frac{1}{4}}H_L^{0.1}=\frac{u_{sg}}{1-H_L}-1.2u_m \qquad (4-473)$$

此时为气泡流实际持液率隐式方程。由此求出持液率 H_L 后，既可以由式(4-474)和式(4-475)计算气液混合物的密度 ρ_m 与黏度 μ_m。

$$\rho_m=\rho_l H_L+\rho_g(1-H_L) \qquad (4-474)$$

$$\mu_m=\mu_l H_L+\mu_g(1-H_L) \qquad (4-475)$$

式中　ρ_m——气液混合物密度，kg/m^3；

μ_m——气液混合物黏度，Pa·s；

μ_l——液相的黏度，Pa·s；

μ_g——气相的黏度，Pa·s。

b. 分散泡状流：

分散泡状流可以近似地被看成拟单相流动。因此有关参数可以为：

$$H'_{\mathrm{L}}=\frac{u_{\mathrm{sl}}}{u_{\mathrm{sl}}+u_{\mathrm{sg}}} \tag{4-476}$$

$$\rho_{\mathrm{m}}=\rho_{\mathrm{l}}H'_{\mathrm{L}}+\rho_{\mathrm{g}}(1-H'_{\mathrm{L}}) \tag{4-477}$$

$$\mu_{\mathrm{m}}=\mu_{\mathrm{l}}H'_{\mathrm{L}}+\mu_{\mathrm{g}}(1-H'_{\mathrm{L}}) \tag{4-478}$$

$$u_{\mathrm{m}}=u_{\mathrm{sl}}+u_{\mathrm{sg}} \tag{4-479}$$

式中 H'_{L}——无滑动持液率，无量纲。

(2) 压力梯度。

泡状流的总压力梯度由重位压力梯度、摩阻压力梯度和加速压力梯度三部分组成，即

$$\frac{\mathrm{d}p}{\mathrm{d}L}=\left(\frac{\mathrm{d}p}{\mathrm{d}L}\right)_{\mathrm{h}}+\left(\frac{\mathrm{d}p}{\mathrm{d}L}\right)_{\mathrm{fr}}+\left(\frac{\mathrm{d}p}{\mathrm{d}L}\right)_{\mathrm{a}} \tag{4-480}$$

重度压力梯度由式(4-481)计算：

$$\left(\frac{\mathrm{d}p}{\mathrm{d}L}\right)_{\mathrm{h}}=\rho_{\mathrm{m}}g\sin\theta \tag{4-481}$$

式中 θ——管路与水平方向的夹角，(°)。

摩阻压力梯度由式(4-482)计算：

$$\left(\frac{\mathrm{d}p}{\mathrm{d}L}\right)_{\mathrm{fr}}=\frac{f_{\mathrm{m}}\rho_{\mathrm{m}}u_{\mathrm{m}}^2}{2D} \tag{4-482}$$

其中气液混合物的范宁摩阻系数 f_{m} 可以用奇格兰(Zigrang)和西尔威斯特给出的显式方程计算，即

$$\frac{1}{\sqrt{f_{\mathrm{m}}}}=-2\lg\left\{\frac{(k/D)}{3.7}-\frac{5.02}{Re_{\mathrm{m}}}\lg\left[\frac{(k/D)}{3.7}+\frac{13.0}{Re_{\mathrm{m}}}\right]\right\} \tag{4-483}$$

其中

$$Re_{\mathrm{m}}=\frac{\rho_{\mathrm{m}}u_{\mathrm{m}}D}{\mu_{\mathrm{m}}} \tag{4-484}$$

式中 k——管子的相对粗糙度，m；

Re_{m}——气液混合物的雷诺数，无量纲。

与以上两种压力梯度相比，加速度压力梯度可以忽略不计。

3. 段塞流模型

(1) 两相流动参数。

第一个详尽的段塞流模型是由费尔南德斯(Fernandes)等提出的，西尔威斯特则利用段塞流空隙率关系式对此模型进行了简化，所得的模型是针对发达的段塞流而言的。麦奎林和惠利在研究流动形态时，引出了发展中的段塞流的概念。考虑到流动的基本几何差别，安萨瑞等对发达的段塞流和发展中的段塞流分别进行了研究。

a. 发达的段塞流：

对于一个发达的段塞流单元，如图4-39(a)所示。全部气体和液体的质量平衡关系分别为：

$$u_{\mathrm{sg}}=\phi_1u_{\mathrm{gtb}}(1-H_{\mathrm{ltb}})+(1-\phi_1)u_{\mathrm{gls}}(1-H_{\mathrm{lls}}) \tag{4-485}$$

$$u_{\mathrm{sl}}=(1-\phi_1)u_{\mathrm{lls}}H_{\mathrm{lls}}+\phi_1u_{\mathrm{ltb}}H_{\mathrm{ltb}} \tag{4-486}$$

$$\phi_1 = \frac{L_{tb}}{L_{su}} \tag{4-487}$$

式中 u_{gtb}——泰勒气泡段得气相速度，m/s；

u_{gls}——液塞中的气泡速度，m/s；

u_{ltb}——泰勒气泡段的液膜下落速度，m/s；

u_{lls}——液塞中的液相速度，m/s；

H_{ltb}——泰勒气泡段的持液率，无量纲；

H_{lls}——液塞段的持液率，无量纲；

ϕ_1——泰勒气泡长度与段塞单元长度之比，无量纲；

L_{tb}——段塞单元中泰勒气泡的长度，m；

L_{su}——段塞单元的长度，m。

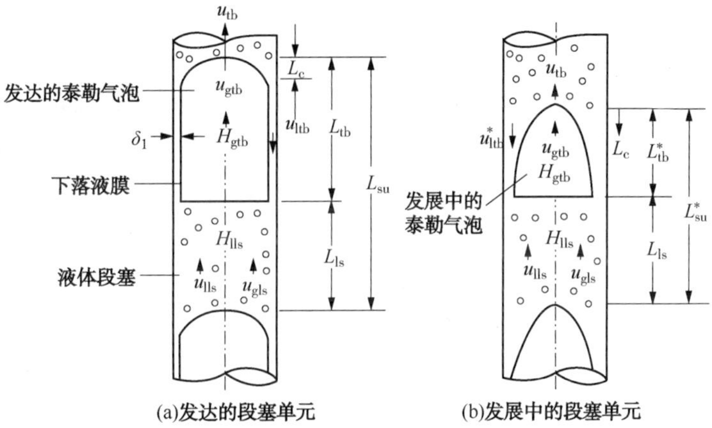

图 4-39 段塞流示意图

从液体段塞到泰勒气泡，对液体和气体分别研究质量平衡，得

$$(u_{lls} - u_{tb})H_{lls} = [u_{tb} - (-u_{ltb})]H_{ltb} \tag{4-488}$$

$$(u_{tb} - u_{gls})(1 - H_{llS}) = (u_{tb} - u_{gtb})(1 - H_{ltb}) \tag{4-489}$$

式中 u_{tb}——泰勒气泡的上升速度。

泰勒气泡的上升速度等于轴线速度加上静液柱中的泰勒气泡上升速度，即

$$u_{tb} = 1.2u_m + 0.35\left[\frac{gD(\rho_1 - \rho_g)}{\rho_1}\right]^{\frac{1}{2}} \tag{4-490}$$

式(4-490)中，右边第二项是由式(4-430)确定的气泡上升速度。类似地，液塞中的气泡速度为：

$$u_{gls} = 1.2u_m + 1.53\left[\frac{g\sigma(\rho_1 - \rho_g)}{\rho_1^2}\right]^{\frac{1}{4}} H_{lls}^{0.1} \tag{4-491}$$

式(4-491)中，右边第二项是由式(4-472)确定的气泡上升速度。

可以用布罗茨(Brotz)的关系式表达液膜下落速度 u_{1tb} 和液膜厚度 δ_1 之间的关系，即

$$u_{\mathrm{ltb}} = \sqrt{196.7g\delta_{\mathrm{l}}} \tag{4-492}$$

式中　δ_{l}——恒定的液膜速度，m。

u_{ltb}还可以用泰勒气泡段的空隙率 ϕ_{tb}表示，即

$$u_{\mathrm{ltb}} = 9.916\ [gD(1-\phi_{\mathrm{tb}}^{\frac{1}{2}})]^{\frac{1}{2}} \tag{4-493}$$

式中　ϕ_{tb}——泰勒气泡段的空隙率，无量纲。

液塞的空隙率 ϕ_{ls}可以用希尔维斯特根据菲尔南德斯等和施米特(Schmidt)的数据所提出的关系式得到，即

$$\phi_{\mathrm{ls}} = \frac{u_{\mathrm{sg}}}{0.425 + 2.65u_{\mathrm{m}}} \tag{4-494}$$

式中　ϕ_{ls}——液塞的空隙率，无量纲。

最后，用迭代法解式(4-485)、式(4-486)、式(4-488)~式(4-491)和式(4-493)、式(4-494)可以得出发达的段塞流模型的全部 8 个未知数。

b. 发展中的段塞流：

为了对图 4-39(b)所示的段塞流进行研究，应首先确定这种流动形态存在的条件。为此，需要计算和比较所形成的泰勒气泡的帽部长度及其总长度。麦奎林和惠利提出的帽部长度表达式为：

$$L_{\mathrm{c}} = \frac{1}{2g}\left[u_{\mathrm{tb}} + \frac{u_{\mathrm{ngtb}}}{H_{\mathrm{nltb}}}(1-H_{\mathrm{nltb}}) - \frac{u_{\mathrm{m}}}{H_{\mathrm{nltb}}}\right]^2 \tag{4-495}$$

其中，u_{ngtb}和 H_{nltb}可以用式(4-496)给出的液膜极限厚度 δ_{n} 来计算。

$$\delta_{\mathrm{n}} = \left[\frac{3}{4}D\,\frac{u_{\mathrm{nltb}}\mu_{\mathrm{l}}H_{\mathrm{nltb}}}{g(\rho_{\mathrm{l}}-\rho_{\mathrm{g}})}\right]^{\frac{1}{3}} \tag{4-496}$$

而

$$u_{\mathrm{nltb}} = \frac{u_{\mathrm{ngtb}}(1-H_{\mathrm{nltb}}) - u_{\mathrm{sg}}}{H_{\mathrm{nltb}}} \tag{4-497}$$

$$H_{\mathrm{nltb}} = 1 - \left(1 - \frac{2\delta_{\mathrm{n}}}{D}\right)^2 \tag{4-498}$$

式中　δ_{n}——极限液膜厚度，又称纳赛尔特(Nusselt)液膜厚度，m；

H_{nltb}——液膜厚度为 δ_{n} 时，泰勒气泡段的持液率，无量纲；

u_{ngtb}——液膜厚度为 δ_{n} 时，泰勒气泡段的气相速度，m/s；

u_{nltb}——液膜厚度为 δ_{n} 时，泰勒气泡段的液相速度，m/s。

为了确定 u_{ngtb}，可以用 δ_{n} 处的净流速得出如下关系式：

$$u_{\mathrm{ngtb}} = u_{\mathrm{tb}} - (u_{\mathrm{tb}} - u_{\mathrm{gls}})\,\frac{1-H_{\mathrm{lls}}}{1-H_{\mathrm{nltb}}} \tag{4-499}$$

液体段塞的长度可以根据经验按式(4-500)计算：

$$L_{\mathrm{ls}} = C'D \tag{4-500}$$

式中，杜克勒等求得 C'为 16~45，安萨瑞等取 C'为 30。于是就得出了泰勒气泡的长度为：

$$L_{tb}=\frac{L_{ls}}{(1-\phi_l)}\phi_l \tag{4-501}$$

将所求的 L_c 与 L_{tb} 进行比较，如果 $L_c>L_{tb}$，则这个流动就是发展中的段塞流。于是，需要计算的新的 L_{tb}^*，H_{ltb}^* 和 u_{ltb}^* 值(上角标“ * ”意指发展中的段塞流，下同)。

对于 L_{tb}^*，可以用泰勒气泡的体积表示：

$$V_{gtb}^*=\int_0^{L_{tb}^*}A_{tb}^*(L)\,\mathrm{d}L \tag{4-502}$$

其中，$A_{tb}^*(L)$ 可以用局部持液率 $h_{ltb}(L)$ 表示，而 $h_{ltb}(L)$ 又可以利用式(4-488)以速度来表示。于是，得出

$$A_{tb}^*(L)=\left[1-\frac{(u_{tb}-u_{lls})H_{lls}}{\sqrt{2gL}}\right]A \tag{4-503}$$

体积 V_{gtb}^* 可以按流动的几何尺寸表示为：

$$V_{gtb}^*=V_{su}^*-V_{ls} \tag{4-504a}$$

或

$$V_{gtb}^*=u_{sg}A\left(\frac{L_{tb}^*+L_{ls}}{u_{tb}}\right)-u_{gls}A(1-H_{lls})\frac{L_{ls}}{u_{tb}} \tag{4-504b}$$

将式(4-503)和式(4-504b)代入式(4-502)后，得：

$$u_{sg}\left(\frac{L_{tb}^*+L_{ls}}{u_{tb}}\right)-u_{gls}(1-H_{lls})\frac{L_{ls}}{u_{tb}}=\int_0^{L_{tb}^*}\left[1-\frac{(u_{tb}-u_{lls})H_{lls}}{\sqrt{2gL}}\right]\mathrm{d}L$$

对该式积分并化简，得：

$$L_{tb}^{*\;2}+\left(\frac{-2ab-4c^2}{a^2}\right)L_{tb}^*+\frac{b^2}{a^2}=0 \tag{4-505}$$

其中

$$a=1-\frac{u_{sg}}{u_{tb}} \tag{4-506}$$

$$b=\frac{u_{sg}-u_{gls}(1-H_{lls})}{u_{tb}}L_{ls} \tag{4-507}$$

$$c=\frac{u_{tb}-u_{lls}}{\sqrt{2g}}H_{lls} \tag{4-508}$$

求出 L_{tb}^* 之后，可以按式(4-509)~式(4-511)计算其他局部参数，即

$$u_{ltb}^*(L)=\sqrt{2gL}-u_{tb} \tag{4-509}$$

$$h_{ltb}^*(L)=\frac{(u_{tb}-u_{lls})H_{lls}}{\sqrt{2gL}} \tag{4-510}$$

$$\phi_l^*=\frac{L_{tb}^*}{L_{su}^*} \tag{4-511}$$

(2) 压力梯度。

在压力梯度计算中，考虑了液膜厚度变化的影响，而忽略了沿泰勒气泡的摩擦影响。

a. 发达的段塞流：

对于发达的段塞流，跨越一个段塞单元的重位压力梯度为：

$$\left(\frac{\mathrm{d}p}{\mathrm{d}L}\right)_{\mathrm{h}} = [(1-\phi_{\mathrm{l}})\rho_{\mathrm{ls}} + \phi_{\mathrm{l}}\rho_{\mathrm{g}}]g\sin\theta \tag{4-512}$$

其中

$$\rho_{\mathrm{ls}} = \rho_{\mathrm{l}}H_{\mathrm{lls}} + \rho_{\mathrm{g}}(1-H_{\mathrm{lls}}) \tag{4-513}$$

摩阻系数梯度只考虑液体段塞部分，由式(4-514)计算：

$$\left(\frac{\mathrm{d}p}{\mathrm{d}L}\right)_{\mathrm{fr}} = \frac{f_{\mathrm{ls}}\rho_{\mathrm{ls}}u_{\mathrm{m}}^2}{2D}(1-\phi_{\mathrm{l}}) \tag{4-514}$$

其中，f_{ls}按下式的雷诺数计算：

$$Re_{\mathrm{ls}} = \frac{D\rho_{\mathrm{ls}}u_{\mathrm{m}}}{\mu_{\mathrm{ls}}}$$

式中　μ_{ls}——液塞段气液混合物的黏度，Pa·s。

对于稳定的段塞流，加速压力梯度可以忽略不计。

b. 发展中的段塞流：

对于发展中的段塞流，跨越一个段塞单元的重位压力梯度为：

$$\left(\frac{\mathrm{d}p}{\mathrm{d}L}\right)_{\mathrm{h}} = [(1-\phi_{\mathrm{l}}^*)\rho_{\mathrm{ls}} + \phi_{\mathrm{l}}^*\bar{\rho}_{\mathrm{tb}}]g\sin\theta \tag{4-515}$$

其中，$\bar{\rho}_{\mathrm{tb}}$可以根据随液膜厚度变化的泰勒气泡的平均持液率$\bar{H}_{\mathrm{ltb}}$求得，即

$$\bar{\rho}_{\mathrm{tb}} = \rho_{\mathrm{l}}\bar{H}_{\mathrm{ltb}} + \rho_{\mathrm{g}}(1-\bar{H}_{\mathrm{ltb}}) \tag{4-516}$$

其中，$\bar{H}_{\mathrm{ltb}}$可以通过积分式(4-510)并换之以L_{tb}^*求得，即

$$\bar{H}_{\mathrm{ltb}} = \frac{2(u_{\mathrm{tb}}-u_{\mathrm{lls}})H_{\mathrm{lls}}}{\sqrt{2gL_{\mathrm{tb}}^*}} \tag{4-517}$$

摩阻压力梯度由式(4-518)计算：

$$\left(\frac{\mathrm{d}p}{\mathrm{d}L}\right)_{\mathrm{fr}} = \frac{f_{\mathrm{ls}}\rho_{\mathrm{ls}}u_{\mathrm{m}}^2}{2D}(1-\phi_{\mathrm{l}}^*) \tag{4-518}$$

对于发展中的段塞流，其加速压力梯度可以忽略。

4. 环状流模型

环状流动如图4-40所示。

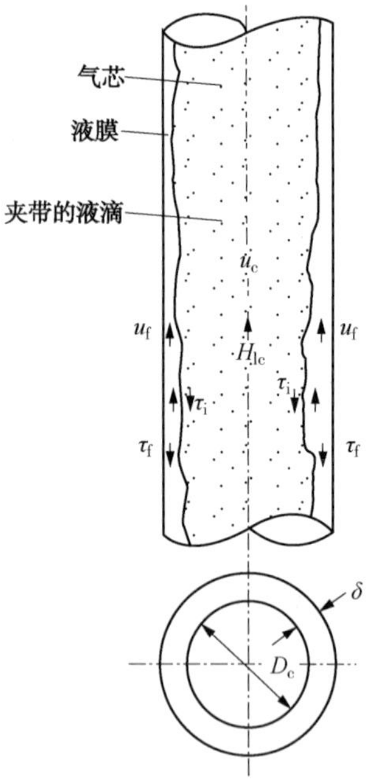

图4-40　环状流示意图

将质量守恒定律分别应用于气芯和液膜，得：

$$A_{\mathrm{c}}\left(\frac{\mathrm{d}p}{\mathrm{d}L}\right)_{\mathrm{c}} - \tau_{\mathrm{i}}S_{\mathrm{i}} - \rho_{\mathrm{c}}A_{\mathrm{c}}g\sin\theta = 0 \tag{4-519}$$

$$A_{\mathrm{f}}\left(\frac{\mathrm{d}p}{\mathrm{d}L}\right)_{\mathrm{f}} + \tau_{\mathrm{i}}S_{\mathrm{i}} - \tau_{\mathrm{f}}S_{\mathrm{f}} - \rho_{\mathrm{l}}A_{\mathrm{f}}g\sin\theta = 0 \tag{4-520}$$

式中　$\left(\frac{\mathrm{d}p}{\mathrm{d}L}\right)_{\mathrm{c}}$——气芯的压力梯度；

$\left(\frac{\mathrm{d}p}{\mathrm{d}L}\right)_{\mathrm{f}}$——液膜的压力梯度；

A_{c}——气芯的横截面积；

A_{f}——液膜的横截面积；

S_{i}——管子截面上气芯与液膜的周界长度；

S_{f}——管子截面上的液相湿周；

ρ_{c}——气芯的密度；

ρ_{l}——液相的密度；

τ_{i}——气芯和液膜界膜上的剪切应力；

τ_{f}——液膜与管壁的剪切应力。

其中，气芯的密度 ρ_{c} 和无滑动持液率 H_{LC} 分别可按式(4-521)和式(4-522)计算：

$$\rho_{\mathrm{c}} = \rho_{\mathrm{l}} H'_{\mathrm{LC}} + \rho_{\mathrm{g}}(1 - H'_{\mathrm{LC}}) \tag{4-521}$$

$$H'_{\mathrm{LC}} = 1 - \frac{u_{\mathrm{sg}}}{u_{\mathrm{sg}} + FEu_{\mathrm{sl}}} \tag{4-522}$$

式中，FE 为气芯中的液体夹带率，即气芯所夹带的液体占液体总体积的份额。沃利斯指出：

$$FE = 1 - \exp[-0.125(u_{\mathrm{crit}} - 1.5)] \tag{4-523}$$

其中

$$u_{\mathrm{crit}} = 10000\frac{u_{\mathrm{sg}}\mu_{\mathrm{g}}}{\sigma}\left(\frac{\rho_{\mathrm{g}}}{\rho_{\mathrm{l}}}\right)^{\frac{1}{2}} \tag{4-524}$$

液膜剪切应力可以表示为：

$$\tau_{\mathrm{f}} = f_{\mathrm{f}}\rho_{\mathrm{l}}\frac{u_{\mathrm{f}}^2}{2} \tag{4-525}$$

其中

$$f_{\mathrm{f}} = C_{\mathrm{f}}\left(\frac{D_{\mathrm{hf}}u_{\mathrm{f}}}{\nu_{\mathrm{l}}}\right)^{-n} \tag{4-526}$$

$$u_{\mathrm{f}} = \frac{Q_{\mathrm{l}}(1 - FE)}{A_{\mathrm{f}}} = \frac{u_{\mathrm{sl}}(1 - FE)}{4\tilde{\delta}(1 - \tilde{\delta})} \tag{4-527}$$

$$D_{\mathrm{hf}} = 4\tilde{\delta}(1 - \tilde{\delta})D \tag{4-528}$$

式中　C_{f}——光滑管中关联液膜范宁摩阻系数与雷诺数的常数。

这样便得到：

$$\tau_{\mathrm{f}} = \frac{1}{2}f_{\mathrm{sl}}(1 - FE)^{2-n}\rho_{\mathrm{l}}\left[\frac{u_{\mathrm{sl}}}{4\tilde{\delta}(1 - \tilde{\delta})}\right]^2 \tag{4-529}$$

其中

$$f_{\mathrm{sl}} = C_{\mathrm{f}}\left(\frac{u_{\mathrm{sl}}D}{\nu_{\mathrm{l}}}\right)^{-n} \tag{4-530}$$

应用液体折算摩阻系数压力梯度$\left(\frac{\mathrm{d}p}{\mathrm{d}L}\right)_{\mathrm{sl}}$的定义，约简式(4-529)，得：

$$\tau_{\mathrm{f}} = \frac{D}{4}\frac{(1 - FE)^{2-n}}{[4\tilde{\delta}(1 - \tilde{\delta})]^2}\left(\frac{\mathrm{d}p}{\mathrm{d}L}\right)_{\mathrm{sl}} \tag{4-531}$$

其中

$$\left(\frac{\mathrm{d}p}{\mathrm{d}L}\right)_{\mathrm{sl}} = \frac{2f_{\mathrm{sl}}u_{\mathrm{sl}}^2\rho_{\mathrm{l}}}{D} \tag{4-532}$$

对于气芯与液膜界上的剪切应力，可以采用相同的方法得到：

$$\tau_{\mathrm{i}} = \frac{D}{4}\frac{Z}{(1 - 2\tilde{\delta})^4}\left(\frac{\mathrm{d}p}{\mathrm{d}L}\right)_{\mathrm{sc}} \tag{4-533}$$

式中 $\left(\frac{\mathrm{d}p}{\mathrm{d}L}\right)_{\mathrm{sc}}$——气芯折算摩阻压力梯度；

Z——界面摩阻与液膜厚度的相关系数。

沃利斯的Z值表达式适用于薄液膜和高夹带的情况，而惠利-休伊特的表达式适用于厚液膜和低夹带的情况。于是

当$FE>0.9$时，取

$$Z = 1 - 300\tilde{\delta} \tag{4-534}$$

当$FE<0.9$时，取

$$Z = 1 + 24\left(\frac{\rho_{\mathrm{l}}}{\rho_{\mathrm{g}}}\right)^{\frac{1}{3}}\tilde{\delta} \tag{4-535}$$

为了求得环状流的压力梯度，现将上述方程带入式(4-519)和式(4-520)，得：

$$\left(\frac{\mathrm{d}p}{\mathrm{d}L}\right)_{\mathrm{c}} = \frac{Z}{(1 - 2\tilde{\delta})^5}\left(\frac{\mathrm{d}p}{\mathrm{d}L}\right)_{\mathrm{sc}} + \rho_{\mathrm{c}}g\sin\theta \tag{4-536}$$

$$\left(\frac{\mathrm{d}p}{\mathrm{d}L}\right)_{\mathrm{f}} = \frac{(1 - FE)^{2-n}}{64\tilde{\delta}^3(1 - \tilde{\delta})^3}\left(\frac{\mathrm{d}p}{\mathrm{d}L}\right)_{\mathrm{sl}} - \frac{Z}{4\tilde{\delta}(1 - \tilde{\delta})(1 - 2\tilde{\delta})^3}\left(\frac{\mathrm{d}p}{\mathrm{d}L}\right)_{\mathrm{sc}} + \rho_{\mathrm{l}}g\sin\theta \tag{4-537}$$

在式(4-536)和式(4-537)中的主要未知数是无量纲液膜厚度$\tilde{\delta}$。令气芯的压力梯度与液膜的压力梯度相等，则得关于$\tilde{\delta}$的隐式方程为：

$$\frac{Z}{(1 - 2\tilde{\delta})^5}\left(\frac{\mathrm{d}p}{\mathrm{d}L}\right)_{\mathrm{sc}} + \rho_{\mathrm{c}}g\sin\theta - \frac{(1 - FE)^{2-n}}{64\tilde{\delta}^3(1 - \tilde{\delta})^3}\left(\frac{\mathrm{d}p}{\mathrm{d}L}\right)_{\mathrm{sl}} + \frac{Z}{4\tilde{\delta}(1 - \tilde{\delta})(1 + 2\tilde{\delta})^3}\left(\frac{\mathrm{d}p}{\mathrm{d}L}\right)_{\mathrm{sc}} - \rho_{\mathrm{l}}g\sin\theta = 0 \tag{4-538}$$

为了简化此方程，引进阿尔维斯(Alves)定义的几个无量纲群，即

$$X_{\mathrm{m}}^2 = \frac{\left(\frac{\mathrm{d}p}{\mathrm{d}L}\right)_{\mathrm{sl}}}{\left(\frac{\mathrm{d}p}{\mathrm{d}L}\right)_{\mathrm{sc}}} \tag{4-539}$$

$$Y_m = \frac{g\sin\theta(\rho_l - \rho_c)}{\left(\frac{dp}{dL}\right)_{sc}} \tag{4-540}$$

$$\Phi_c^2 = \frac{\left(\frac{dp}{dL}\right)_c - g\rho_c\sin\theta}{\left(\frac{dp}{dL}\right)_{sc}} \tag{4-541}$$

$$\Phi_f^2 = \frac{\left(\frac{dp}{dL}\right)_f - g\rho_l\sin\theta}{\left(\frac{dp}{dL}\right)_{sl}} \tag{4-542}$$

引入上述无量纲群后，式(4-538)可以化简为：

$$X_m^2 \frac{(1-FE)^{2-n}}{[1-(1-2\tilde{\delta})^2]^3} - \frac{Z}{[1-(1-2\tilde{\delta})^2](1-2\tilde{\delta})^5} + Y_m = 0 \tag{4-543}$$

用迭代法求解方程(4-543)，就可以得出 $\tilde{\delta}$，一旦 $\tilde{\delta}$ 已知，根据式(4-536)和式(4-537)，即可求得无量纲群 Φ_c^2 和 Φ_f^2，进而用 Φ_c^2 和 Φ_f^2 的定义式，即可求得压力梯度：

$$\left(\frac{dp}{dL}\right)_c = \Phi_c^2\left(\frac{dp}{dL}\right)_{sc} + g\rho_c\sin\theta \tag{4-544}$$

$$\left(\frac{dp}{dL}\right)_f = \Phi_f^2\left(\frac{dp}{dL}\right)_{sl} + g\rho_l\sin\theta \tag{4-545}$$

根据方程(4-544)和方程(4-545)求得的压力梯度应当是相等的。

应注意到，以上所计算的压力梯度中不包括加速压力梯度。正如洛佩斯(Lopes)和杜克勒指出的，除了高液体质量的情况外，通常由于气芯与液膜之间的液滴交换而产生的加速压力梯度可以忽略不计。

安萨瑞等利用1775口油井的实测数据，对自己的方法进行了检验，并与哈格多恩-布朗、单斯-若斯、奥奇思泽斯基、贝格斯(Beggs)-布里尔、马克赫杰(Mukherjee)-布里尔和阿济兹6种方法进行了比较。结果表明，他们所给方法的整体性能优于其他6种方法。

八、乔西克等方法

1996年乔西克(Chokshi)、施密特和多蒂(Doty)利用大规模铅直气液两相管流实验装置，进行了铅直气液两相管流实验研究。他们将流动形态简化成泡状流、段塞流和环状流3种，分别给出了流动形态转变压力梯度预测模型。

1. 流动形态的判别

乔西科等采用平均流动参数，忽略各相之间的质量转移，将所求解问题简化为一维两相向上的稳定流动。

(1) 泡状流与段塞流之间的转变。

泡状流与段塞流之间转变的空隙率定义为0.25。应用漂移流动模型，静态液体中气泡的上升速度 u_{bs} 与平均液相速度 u_l 关系如式(4-546)：

$$u_{bs} = u_g - u_l = \frac{u_{sg}}{\phi} - C_0 u_m \tag{4-546}$$

式中 u_{bs}——静态液体中气泡的上升速度，m/s；

C_0——分布系数。

式(4-546)中的液体漂移速度(液体速度相对于混合物的折算速度)在段塞流中可忽略。乔克西等通过空隙率、流速和压力梯度等的实验研究，确定分布系数 C_0 为 1.08，将泡状流与段塞流转变的空隙率临界值 0.25 和 $u_m=u_{sl}+u_{sg}$ 代入式(4-546)则得：

$$u_{sg} = 0.37u_{sl} + 0.34u_{bs} \tag{4-547}$$

列维奇(Levich)和泰特尔曾给出气泡上升速度 u_{bs} 为：

$$u_{bs} = 0.0141\left[\frac{g\sigma_l(\rho_l - \rho_g)}{\rho_l^2}\right]^{1/4} \tag{4-548}$$

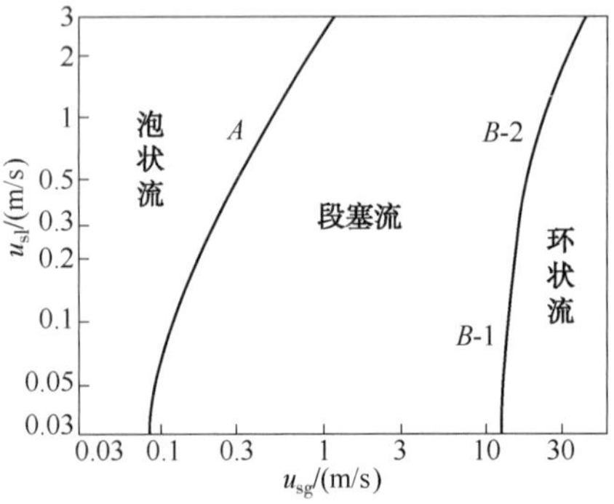

图 4-41 流动形态分布图

工作条件：压力 1.38MPa，空气-水，管径 76mm

泡状流与段塞流之间的转变如图 4-41 中的曲线 A 所示。

(2) 环状流与段塞流之间的转变。

环状流发生在气体流速较高且液体流速较低的情况下，液膜围绕着管线中央带有液滴的气体沿着管壁流动。假定气芯被堵塞时，即转变为段塞流。气芯的堵塞和由此产生的环形膜的不稳定性可由下面两个流动机理中的任意一个导致：

a. 液流速度较低时，由管壁液体的部分向下流动引起的液膜的不稳定性；

b. 液流速度较高时，由环状液膜向气芯供应大量液体而引起的气芯堵塞。

当由机理 a 导致不稳定性时，气芯夹带的液体量由式(4-549)修正：

$$X_m^2 = \frac{Z'(1 - H_{LF})H_{LF}^3 + ZH'_{LF}H_{LF}^2(3.5H_{LF} - 1)}{3H'_{LF}(1 - H_{LF})^{3.5}} \tag{4-549}$$

式中 X_m——洛克哈特－马蒂内里参数；

Z——界面摩阻定义的经验系数；

Z'——Z 对无量钢液膜厚度的导数；

H_{LF}——液膜持液率；

H'_{LF}——H_{LF}对无量纲液膜厚度的导数。

求解式(4-549)得到一个稳定液膜厚度 δ_{stable}，可以解释机理 a 时液膜的不稳定性。如果液膜厚度 δ 小于稳定液膜厚度 δ_{stable}，即可认为流动为环状流。该转变过程如图 4-41 中的曲线 $B-1$ 所示。

当机理 b 导致的不稳定性时。安萨瑞等假定从环状流到段塞流的转变在液膜持液率高于 12%，且气芯中无液体夹带的情况下发生，即

$$H_{LF} + H'_{LC}\frac{A_c}{A} = 0.12 \tag{4-550}$$

式中　H'_{LC}——气芯的无滑脱持液率；

A，A_c——管道及气芯的过流断面。

式(4-550)等号左边的值小于0.12时，可以认为流动为环状流，由式(4-549)可知此时的液膜厚度δ小于稳定液膜厚度δ_{stable}。该转变过程如图4-41中的曲线B-2所示。

2. 压力梯度预测模型

(1) 泡状流模型。

泡状流模型是基于漂移流动机理建立起来的，依据式(4-546)给出的气相折算速度与气泡上升速度之间的关系，其持液率可以表达为：

$$H_L = 1 - \phi = 1 - \frac{u_{sg}}{C_0 u_m + u_{bs}} \tag{4-551}$$

在忽略加速压力梯度的情况下，两相混合物的总压力梯度等于重位压力梯度与摩阻压力梯度之和，即

$$\frac{dp}{dL} = \left(\frac{dp}{dL}\right)_h + \left(\frac{dp}{dL}\right)_{fr} \tag{4-552}$$

重位压力梯度为：

$$\left(\frac{dp}{dL}\right)_h = \rho_m g \sin\theta \tag{4-553}$$

摩阻压力梯度为：

$$\left(\frac{dp}{dL}\right)_{fr} = \frac{f_m \rho_m u_m^2}{2D} \tag{4-554}$$

其中

$$f_m = f_m\left(\frac{\rho_m u_m D}{\mu_m}\right) \tag{4-555}$$

$$\rho_m = H_L\rho_l + (1 - H_L)\rho_g \tag{4-556}$$

$$\mu_m = H_L\mu_l + (1 - H_L)\mu_g \tag{4-557}$$

(2) 段塞流模型。

段塞流的流动结构如图4-42所示，可以简化成由长气泡和液塞单元组成的流动单元。

根据段塞单元的总的液体质量平衡，并考虑不可压缩液体中具有平滑鼻状的圆柱形气泡则有：

$$u_{sl} = u_{tbf}\frac{L_{ls}}{L_{su}}(1 - \phi_{ls}) + u_{tbf}\left(1 - \frac{L_{ls}}{L_{su}}\right)(1 - \phi_{tb}) - (u_{tbf} - u_{lls})(1 - \phi_{ls}) \tag{4-558}$$

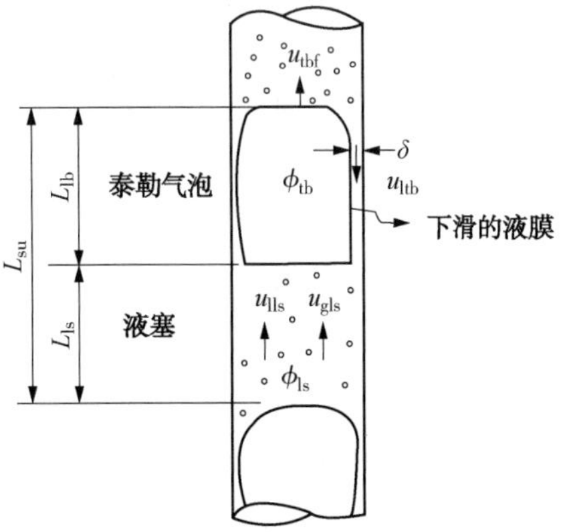

图4-42　段塞流简图

假定液塞密度为常数，在液塞过流断面上应用混合物的质量平衡，可得：

$$u_m = u_{lls}(1 - \phi_{ls}) + u_{gls}\phi_{ls} \tag{4-559}$$

液塞溢出的液量与相对气泡下滑的液膜中的

液量相等，液体交换量可以表达为：

$$(u_{\mathrm{tbf}}-u_{\mathrm{lls}})(1-\phi_{\mathrm{ls}})=(u_{\mathrm{tbf}}-u_{\mathrm{ltb}})(1-\phi_{\mathrm{tb}}) \tag{4-560}$$

气泡前缘速度(或平移速度) u_{tbf} 为静止液体中气泡的上升速度 u_{tbs} 和混合物速度 u_{m} 之和，即

$$u_{\mathrm{tbf}}=1.2u_{\mathrm{m}}+u_{\mathrm{tbs}}=1.2u_{\mathrm{m}}+0.345\sqrt{\frac{gD(\rho_{\mathrm{l}}-\rho_{\mathrm{g}})}{\rho_{\mathrm{l}}}} \tag{4-561}$$

液膜下滑速度 u_{ltb} 与恒定液膜厚度的关系可用布罗茨公式表示。假定液膜中无气泡，且泰勒气泡呈圆柱形，则 u_{ltb} 可以由气塞的空隙率表达，即

$$u_{\mathrm{ltb}}=-9.916\sqrt{gD(1-\sqrt{\phi_{\mathrm{tb}}})} \tag{4-562}$$

液塞中分散气泡的速度 u_{gls} 为液塞中液体速度和静止液体中气泡群的漂移速度 u_{bs} 之和，按朱伯等所给 u_{bs}，则有：

$$u_{\mathrm{gls}}=u_{\mathrm{lls}}+u_{\mathrm{bs}}=u_{\mathrm{lls}}+0.0141\left[\frac{g\sigma_{\mathrm{l}}(\rho_{\mathrm{l}}-\rho_{\mathrm{g}})}{\rho_{\mathrm{l}}}\right] \tag{4-563}$$

使方程组闭合的最后一个相关式为根据施密特的数据建立的液塞空隙率 ϕ_{ls}，即

$$\phi_{\mathrm{ls}}=\frac{u_{\mathrm{sg}}}{0.331+1.25u_{\mathrm{m}}} \tag{4-564}$$

由式(4-558)~式(4-564)的 7 个方程组成的方程组求解 7 个未知量的方法如下：

由式(4-564)和式(4-561)求出 ϕ_{ls} 和 u_{tbf} 之后，再由式(4-559)和式(4-563)求出 u_{gls} 和 u_{lls}，然后由式(4-560)和式(4-562)求出 u_{ltb} 和 ϕ_{tb}，最后由式(4-558)求出 $L_{\mathrm{ls}}/L_{\mathrm{su}}$。

由于液塞单元不是一个均质结构，因此，沿管线轴向的压降不是常数。当忽略气塞上的压降时，则可应用段塞单元上总的力平衡或液塞上的动量平衡计算压降。假定液塞区重力与剪切力相等，则可认为气塞中的压力为常数。这样，忽略加速压降后，段塞单元上总的压降为液塞区重位压降与摩阻压降之和。因此，段塞单元上的重位压降为：

$$\left(\frac{\mathrm{d}p}{\mathrm{d}L}\right)_{\mathrm{h}}=\frac{L_{\mathrm{ls}}}{L_{\mathrm{su}}}\rho_{\mathrm{ls}}g\sin\theta \tag{4-565}$$

其中，液塞密度 ρ_{ls} 由空隙率 ϕ_{ls} 计算，即

$$\rho_{\mathrm{ls}}=(1-\phi_{\mathrm{ls}})\rho_{\mathrm{l}}+\phi_{\mathrm{ls}}\rho_{\mathrm{g}} \tag{4-566}$$

段塞单元上的摩阻压降为：

$$\left(\frac{\mathrm{d}p}{\mathrm{d}L}\right)_{\mathrm{fr}}=\frac{L_{\mathrm{ls}}}{L_{\mathrm{su}}}\frac{f_{\mathrm{m}}\rho_{\mathrm{ls}}u_{\mathrm{m}}^{2}}{2D} \tag{4-567}$$

其中，穆迪摩阻系数 f_{m} 为：

$$f_{\mathrm{m}}=f_{\mathrm{m}}\left(\frac{\rho_{\mathrm{ls}}u_{\mathrm{m}}D}{\mu_{\mathrm{ls}}}\right) \tag{4-568}$$

液塞黏度 μ_{ls} 为：

$$\mu_{\mathrm{ls}}=(1-\phi_{\mathrm{ls}})\mu_{\mathrm{l}}+\phi_{\mathrm{ls}}\mu_{\mathrm{g}} \tag{4-569}$$

(3) 环状流模型。

环状流模型如图 4-43 所示。用双流体模型表征同心柱状三相流，由液膜和气芯的一

维动量平衡得：

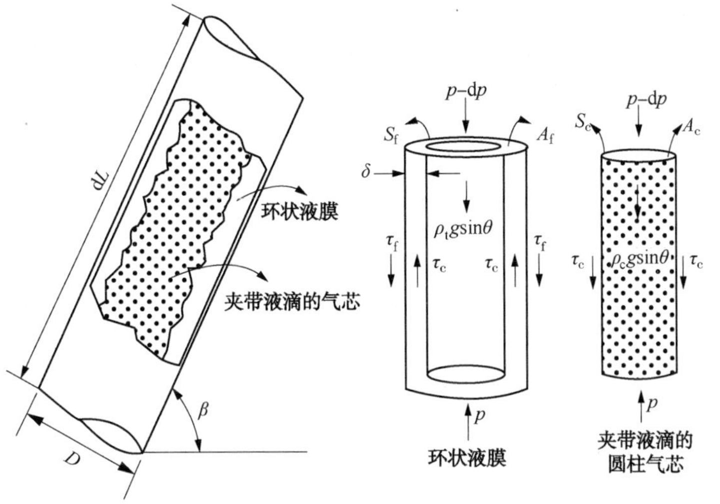

图 4-43　环状流简图

$$-A_f\left(\frac{\mathrm{d}p}{\mathrm{d}L}\right)_f-\tau_f S_f+\tau_c S_c-\rho_l A_f g\sin\theta=0 \tag{4-570}$$

$$-A_c\left(\frac{\mathrm{d}p}{\mathrm{d}L}\right)_c-\tau_c S_c-\rho_c A_c g\sin\theta=0 \tag{4-571}$$

假定液膜厚度 δ 和柱状气芯直径 D_c 为常数，相关几何参数为：

$$\tilde{\delta}=\delta/D \tag{4-572}$$

$$A_c=(1-2\tilde{\delta})^2A \tag{4-573}$$

$$A_f=4\tilde{\delta}(1-\tilde{\delta})A \tag{4-574}$$

$$S_c=(1-2\tilde{\delta})S \tag{4-575}$$

$$S_f=S=\pi D \tag{4-576}$$

$$D_c=(1-2\tilde{\delta})D \tag{4-577}$$

$$D_{hf}=4\tilde{\delta}(1-2\tilde{\delta})D \tag{4-578}$$

式中　D_{hf}——液膜的水力直径。

液膜和管壁之间的剪切力为：

$$\tau_f=\frac{f_f\rho_l u_{fl}^2}{8} \tag{4-579}$$

其中，液膜的穆迪摩阻系数 f_f 为：

$$f_f=f_f\left(\frac{D_{hf}u_{fl}\rho_l}{\mu_l}\right) \tag{4-580}$$

假定液体不可压缩，应用液膜上的质量平衡，可得平均液膜速度和液相折算速度之间

的关系，即

$$\frac{u_{\mathrm{fl}}}{u_{\mathrm{sl}}}=\frac{Q_{\mathrm{l}}(1-FE)/A_{\mathrm{f}}}{Q_{\mathrm{l}}/A_{\mathrm{f}}}=\frac{1-FE}{4\tilde{\delta}(1-\tilde{\delta})} \tag{4-581}$$

其中，气芯中液体的夹带量 FE 用沃利斯相关式预测，即

$$FE=1-\exp(-0.125u_{\mathrm{crit}}^{-1.5}) \tag{4-582}$$

其中

$$u_{\mathrm{crit}}=10000\frac{u_{\mathrm{sg}}\mu_{\mathrm{g}}}{\sigma_{\mathrm{l}}}\sqrt{\frac{\rho_{\mathrm{g}}}{\rho_{\mathrm{l}}}}$$

液相折算摩阻压力梯度为：

$$\left(\frac{\mathrm{d}p}{\mathrm{d}L}\right)_{\mathrm{sl}}=\frac{f_{\mathrm{sl}}\rho_{\mathrm{l}}u_{\mathrm{sl}}^{2}}{2D} \tag{4-583}$$

其中，液相折算摩阻系数 f_{sl} 为：

$$f_{\mathrm{sl}}=f_{\mathrm{sl}}\left(\frac{Du_{\mathrm{sl}}\rho_{\mathrm{l}}}{\mu_{\mathrm{l}}}\right) \tag{4-584}$$

联立式(4-579)、式(4-581)和式(4-583)可得

$$\tau_{\mathrm{f}}=\frac{f_{\mathrm{f}}}{f_{\mathrm{sl}}}\left[\frac{(1-FE)}{4\tilde{\delta}(1-\tilde{\delta})}\right]^{2}\frac{D}{4}\left(\frac{\mathrm{d}p}{\mathrm{d}L}\right)_{\mathrm{sl}} \tag{4-585}$$

忽略 u_{f} 的影响，气芯和液膜之间的界面剪切力为：

$$\tau_{\mathrm{c}}=\frac{f_{\mathrm{c}}\rho_{\mathrm{c}}u_{\mathrm{c}}^{2}}{8} \tag{4-586}$$

其中，气芯的穆迪摩阻系数 f_{c} 为：

$$f_{\mathrm{c}}=f_{\mathrm{c}}\left(\frac{D_{\mathrm{c}}u_{\mathrm{c}}\rho_{\mathrm{c}}}{\mu_{\mathrm{c}}}\right) \tag{4-587}$$

假定气芯不可压缩，由质量平衡可得：

$$\frac{u_{\mathrm{c}}}{u_{\mathrm{sc}}}=\frac{Q_{\mathrm{c}}/A_{\mathrm{c}}}{Q_{\mathrm{c}}/A}=\frac{1}{(1-2\tilde{\delta})^{2}} \tag{4-588}$$

气芯折算摩阻压力梯度为：

$$\left(\frac{\mathrm{d}p}{\mathrm{d}L}\right)_{\mathrm{sc}}=\frac{f_{\mathrm{sc}}\rho_{\mathrm{c}}u_{\mathrm{sc}}^{2}}{2D} \tag{4-589}$$

其中，气芯的折算摩阻系数 f_{sc} 为：

$$f_{\mathrm{sc}}=f_{sc}\left(\frac{Du_{\mathrm{sc}}\rho_{\mathrm{sc}}}{\mu_{\mathrm{sc}}}\right) \tag{4-590}$$

联立式(4-588)、式(4-589)和式(4-586)可得：

$$\tau_{\mathrm{c}}=\frac{f_{\mathrm{c}}}{f_{\mathrm{sc}}}\left[\frac{1}{(1-2\tilde{\delta})^{2}}\right]^{2}\frac{D}{4}\left(\frac{\mathrm{d}p}{\mathrm{d}L}\right)_{\mathrm{sc}} \tag{4-591}$$

假定夹带液滴的气芯为均质混合物，且气芯中的气体和液滴之间无滑动，则可给出气

芯特性参数，即

$$u_{sc} = u_{sg} + FEu_{sl} \tag{4-592}$$

$$\rho_c = H'_{LC}\rho_l + (1 - H'_{LC})\rho_g \tag{4-593}$$

其中，气芯的无滑脱持液率 H'_{LC} 为：

$$H'_{LC} = \frac{FEu_{sl}}{u_{sc}} = \frac{FEu_{sl}}{u_{sg} + FEu_{sl}} \tag{4-594}$$

气芯的折算黏度为：

$$\mu_{sc} = H'_{LC}\mu_l + (1 - H'_{LC})\mu_g \tag{4-595}$$

乔克希等在研究中，根据他们所测量的持液率和压力梯度数据无法建立起界面摩阻系数和液膜厚度之间的相关式。因此，他们按照安萨瑞的建议，当液膜较薄且气芯夹带的液量很高时，采用沃利斯给出的界面摩阻系数和液膜厚度之间的关系式，即

$$Z = \frac{f_c}{f_{sc}} = 1 + 300\tilde{\delta}，FE > 0.9 \tag{4-596}$$

而当液膜较厚时，可采用修正的惠利和休伊特相关式，即

$$Z = \frac{f_c}{f_{sc}} = 1 + 16\left(\frac{\rho_l}{\rho_g}\right)^{1/3}\tilde{\delta}，FE < 0.9 \tag{4-596a}$$

将式(4-572)~式(4-578)、式(4-585)和式(4-591)代入式(4-571)可得液膜的总压力梯度，即

$$\left(\frac{dp}{dL}\right)_f = \frac{f_f}{f_{sl}}\left[\frac{(1 - FE)^2}{[4\tilde{\delta}(1 - \tilde{\delta})]^3}\right]\left(\frac{dp}{dL}\right)_{sl} - \frac{f_c}{f_{sc}}\left[\frac{1}{4\tilde{\delta}(1 - \tilde{\delta})(1 - 2\tilde{\delta})^3}\right]\left(\frac{dp}{dL}\right)_{sc} + \rho_l g\sin\theta \tag{4-597}$$

类似得，式(4-571)中气芯的总压力梯度可表示为：

$$\left(\frac{dp}{dL}\right)_c = \frac{f_c}{f_{sc}}\left[\frac{1}{(1 - 2\tilde{\delta})^5}\right]\left(\frac{dp}{dL}\right)_{sc} + \rho_c g\sin\theta \tag{4-598}$$

到此为止，液膜厚度 δ 是方程组唯一的未知量。假定液膜和气芯之间平衡，由液膜和气芯的压力梯度相等可以求得 δ。由式(4-597)、式(4-598)以及修正的洛克哈特－马蒂内利参数和无夹带液膜持液率 H'_{LF} 可得：

$$Y_m = \frac{Z}{(1 - H'_{LF})^{2.5}H'_{LF}} - \frac{X_m^2}{H'^3_{LF}} \tag{4-599}$$

其中，修正的洛克哈特－马蒂内利参数 X_m^2 和 Y_m 分别为：

$$X_m^2 = (1 - FE)^2\frac{f_l}{f_{sl}}\frac{\left(\frac{dp}{dL}\right)_{sl}}{\left(\frac{dp}{dL}\right)_{sc}} \tag{4-600}$$

$$Y_m = \frac{(\rho_l - \rho_g)g\sin\theta}{\left(\frac{dp}{dL}\right)_{sc}} \tag{4-601}$$

无夹带液膜持液率 H'_{LF} 是指管道中的全部液体都在液膜中时，该液膜所占过流断面的份额，可用无量纲液膜厚度来表示，即

$$H'_{LF} = 4\tilde{\delta}(1 - \tilde{\delta}) \tag{4-602}$$

用试算法求解式(4-599)可得 H'_{LF} 或 $\tilde{\delta}$。求得 H'_{LF} 后，利用修正的洛克哈特–马蒂内利参数，液膜及气芯的总压力梯度则可由式(4-603)和式(4-604)确定：

$$\left(\frac{dp}{dL}\right)_f = \left[\frac{X_m^2}{H'^3_{LF}} - \frac{Z}{(1 - H'_{LF})^{1.5} H'_{LF}}\right]\left(\frac{dp}{dL}\right)_{sc} + \rho_l g\sin\theta \tag{4-603}$$

$$\left(\frac{dp}{dL}\right)_c = \frac{Z}{(1 - H'_{LF})^{2.5}}\left(\frac{dp}{dL}\right)_{sc} + \rho_c g\sin\theta \tag{4-604}$$

3. 检验与评价

乔克希等的实验是模拟实际油井参数进行的，实验管段置于一口 719m 深的井内，井的套管直径为 273mm；双管完井，注入管直径为 73mm，生产油管直径为 88.9mm；井下 701m 深处装有封隔器，形成一个隔离的油套环空，油管 411m 深处偏心工作筒内装有筛孔式气举阀。实验所用两相介质为水和空气。水由离心泵经注入管线从井口注到封隔器下方，然后沿油管向上流动；空气由地面的两级压缩机从井口油套环空注入到井筒中。当压缩空气的压力达到 5.171MPa 时，经气举阀进入油管，气–水两相混合物沿油管实验段向上流至井口；从井口流出的气液混合物经地面大型分离器分离后循环使用。在油管的 4.57m，70.10m，134.72m，164.29m，228.30m，321.26m，410.87m 和 416.05m 深处分别装有 1~8 号传感器，其中 7 号传感器探测注气点的油套环空压力、温度，其他传感器测量测试段内部的压力、温度；油管测试段的 148.44m 深处安装有常规 γ 射线密度仪进行持液率测量。乔克希等共采集了 324 组实验数据，实验数据的范围见表 4-14。

表 4-14　乔克希等的实验数据范围

项　目		数　值	项　目		数　值
实验段	两相流长度/m	460.3	149m 深处仪表读数	压力梯度/(kPa/m)	0.6786~2.689
	长径比	5346			
	管内径/mm	76		液相折算速度/(m/s)	0.03~0.174
	与铅直线夹角/(°)	0			
	液体流量/(m^3/d)	12.56~675.70		气相折算速度/(m/s)	0.183~15.3
	气体流量/(m^3/d)	1202.73~80181.92		无滑脱持液率/%	0.4~85
	气液比/(m^3/m^3)	2.88~2284.79			
	测量压降/MPa	0.218~2.875		持液率/%	6~89

乔克希等利用自己的 324 组实验数据(TUALP 数据集)和 TUFFP 数据库，采用平均百分误差 E_1、平均绝对百分误差 E_2、平均百分误差的标准偏差 E_3、平均误差 E_4、绝对平均误差 E_5、平均误差的标准偏差 E_6、安萨瑞定义的相对性能系数 *RPF* 以及因流动形态转变或两种不同流动形态压力梯度预测导致的数据不收敛数 *NC* 等 8 个指标，分别对自己的方

法进行了检验，并对安萨瑞等、阿济兹等、贝格斯-布里尔、丹斯-若斯、哈格多恩-布朗、哈桑-卡比尔、马克赫杰-布里尔和奥齐思泽斯基8种方法进行了评价，其结果见表4-15~表4-19。其中安萨瑞定义的相对性能系数 RPF 为：

$$RPF = \sum_{i=1}^{6} (|E_i| - |E_{min}|)/(|E_{max}| - |E_{min}|) \tag{4-605}$$

表4-15　针对TUALP数据集中所有点的压力梯度预测误差

计算方法	E_1/%	E_2/%	E_3/%	E_4/(kPa/m)	E_5/(kPa/m)	E_6/(kPa/m)	RPF
乔克希等	-0.3	12.8	15.6	0.000	0.498	0.588	0.00
安萨瑞等	-8.1	16.8	19.3	-0.226	0.612	0.701	1.00
阿济兹等	-8.2	23.5	28.9	-0.271	0.860	1.222	2.14
贝格斯-布里尔	14.5	22.3	32.5	0.294	0.792	1.131	2.25
丹斯-若斯	-3.5	17.3	25.2	-0.294	0.656	0.995	1.30
哈格多恩-布朗	-14.6	19.9	24.9	-0.792	0.905	1.267	2.95
哈桑-卡比尔	23.5	34.8	59.3	0.746	1.199	2.058	5.23
马克赫杰-布里尔	29.6	34.9	45.5	0.769	1.131	1.357	4.65
奥齐思泽斯基	28.6	42.9	71.3	0.249	1.176	1.561	4.93

表4-16　针对TUALP数据集中所有点的压力梯度预测误差(逆流方向计算)

计算方法	E_1/%	E_2/%	E_3/%	E_4/(kPa/m)	E_5/(kPa/m)	E_6/(kPa/m)	RPF	NC
乔克希等	-1.0	14.3	17.4	-65.6	590.4	708.4	0.15	2
安萨瑞等	-10.4	18.4	20.2	-357.4	728.4	819.9	1.45	4
阿济兹等	-6.4	23.0	28.5	-99.5	780.4	947.8	1.64	0
贝格斯-布里尔	8.8	19.4	23.3	151.6	719.3	875.4	1.32	0
丹斯-若斯	-1.2	16.4	22.9	-133.5	563.3	644.7	0.29	1
哈格多恩-布朗	-13.9	18.3	16.7	-683.1	809.8	782.7	1.98	0
哈桑-卡比尔	18.5	26.4	35.9	699.0	886.7	1126.5	3.50	1
马克赫杰-布里尔	30.1	32.3	32.4	920.6	1054.1	988.5	4.43	0
奥齐思泽斯基	25.9	39.5	65.4	221.7	1108.4	1343.7	5.04	0

表4-17　针对TUALP数据集中所有点的压力梯度预测误差(顺流方向计算)

计算方法	E_1/%	E_2/%	E_3/%	E_4/(kPa/m)	E_5/(kPa/m)	E_6/(kPa/m)	RPF	NC
乔克希等	1.4	12.0	17.2	-24.9	463.7	767.3	0.57	0
安萨瑞等	-6.6	13.8	16.9	214.9	504.4	590.4	1.30	9
阿济兹等	-7.4	17.3	22.4	149.3	610.4	696.7	1.81	3
贝格斯-布里尔	5.2	13.6	17.6	-43.0	493.1	597.2	0.92	27
丹斯-若斯	-1.3	11.6	17.1	104.1	285.6	427.5	0.25	0
哈格多恩-布朗	-10.3	14.2	13.5	488.6	599.4	567.8	2.09	0
哈桑-卡比尔	6.5	14.8	19.8	-291.8	472.8	524.8	1.42	33
马克赫杰-布里尔	18.8	20.8	24.3	-565.5	678.6	674.1	3.62	37
奥齐思泽斯基	20.0	31.5	49.8	-737.4	904.8	1122.0	5.27	19

表 4-18　针对 TUFFP 数据集中所有点的压力梯度预测误差(逆流方向计算)

计算方法	E_1/%	E_2/%	E_3/%	E_4/(kPa/m)	E_5/(kPa/m)	E_6/(kPa/m)	*RPF*	*NC*
乔克希等	1.5	16.8	25.6	282.8	3513.0	6315.7	0.26	1
安萨瑞等	-2.9	19.8	27.5	506.7	4062.7	6824.6	0.69	15
阿济兹等	-1.1	23.8	32.7	-712.5	4967.5	7616.4	1.26	2
贝格斯-布里尔	13.9	23.4	32.4	2169.3	4917.7	7270.3	1.87	1
丹斯-若斯	12.9	21.6	31.3	1748.6	4295.7	6336.0	1.44	0
哈格多恩-布朗	1.0	14.7	20.5	-1336.9	3920.1	6564.5	0.28	2
哈桑-卡比尔	29.2	38.0	53.8	6480.8	8739.6	15409.1	6.00	9
马克赫杰-布里尔	28.7	32.9	36.4	3954.1	5933.4	7401.5	3.42	2
奥齐思泽斯基	11.9	27.2	42.6	929.7	5700.4	9077.6	2.42	234

表 4-19　针对 TUFFP 数据集中所有点的压力梯度预测误差(顺流方向计算)

计算方法	E_1/%	E_2/%	E_3/%	E_4/(kPa/m)	E_5/(kPa/m)	E_6/(kPa/m)	*RPF*	*NC*
乔克希等	-1.5	9.8	14.1	-201.3	2017.8	3562.7	0.18	53
安萨瑞等	-3.6	11.8	16.7	47.5	2277.9	3709.8	0.76	25
阿济兹等	-1.4	12.2	16.8	-447.9	2614.9	4218.7	1.12	34
贝格斯-布里尔	6.9	14.4	20.3	925.2	3033.4	4655.3	2.48	194
丹斯-若斯	5.9	12.2	18.5	742.0	2499.6	3981.2	1.57	63
哈格多恩-布朗	1.2	9.2	13.6	-644.7	2325.4	4003.8	0.56	75
哈桑-卡比尔	9.9	17.5	25.7	2121.8	4058.1	7062.1	5.06	494
马克赫杰-布里尔	13.8	17.5	20.2	1755.4	25154.0	4854.4	4.07	402
奥齐思泽斯基	10.4	19.4	36.7	986.3	3884.0	6580.3	4.96	242

乔克西等指出，计算方向是压降预测误差应考虑的因素，通常大多数预测方法沿顺流方向计算更好一些，为此分别给出了按顺流方向与逆流方向进行压降预测计算时的误差。

表 4-15 给出了用乔克希等的实验数据对 9 种压力梯度预测方法的评价结果，其中乔克希等的方法具有最小的 *RPF*，安萨瑞等的方法排在第二，丹斯 - 若斯方法排在第三。

表 4-16 给出了用乔克希等的实验数据按逆流方向计算时的压降预测误差。总体上对比，乔克希等的方法、丹斯 - 若斯的方法和贝格斯 - 布里尔的方法分别列第一、二、三位，奥齐思泽斯基方法最差。安萨瑞等的方法和哈桑 - 卡比尔的方法因不能平滑过渡而存在不收敛问题。

由表 4-17 给出的按顺流方向计算时的压降预测误差可知，总的来说，因计算方向的改变，所有方法的误差都要比表 4-19 中的低，排在前三位的仍然是乔克希等的方法、丹斯 - 若斯的方法和贝格斯 - 布里尔的方法。马克赫杰 - 布里尔、哈桑 - 卡比尔、贝格斯 - 布里尔和奥齐思泽斯基的方法都有大量的不收敛问题。

总体来讲，相对于乔克希等的实验数据来说，丹斯 - 若斯的方法在所有方法中具有最小的绝对误差。

表 4-18 是用 TUFFP 数据库的 1710 组数据按逆流方向计算的压降误差，其中乔克希等的方法最好；其次是哈格多恩 - 布朗的方法，具有最小相对误差($E_1 \sim E_3$)；安萨瑞等的方法排第三。

表 4-19 给出了应用 TUFFP 数据库的 1310 组数据，按顺流方向计算的压降误差，总的来说比按逆流方向计算的误差要低得多。乔克希等的方法、哈格多恩 - 布朗的方法和安萨瑞等的方法仍然分别列前三位。

第三节　倾斜管流的常用方法

多年来，虽然对气液两相管流进行了广泛的研究，但是大多数的研究都是集中在水平流动或铅直流动。对于水平流动和铅直流动时压力降和持液率的计算，已经得出了一些良好的相关规律。但是，当这些相关规律被应用于倾斜流动时，则常是不成功的。

在油田上，有些油气集输管道要穿越丘陵或多山地带。这在单向流动时是没有什么问题的，因为上坡时的压能损失在下坡地段又恢复了，而两相流动的情况却不是这样，因为下坡流动时持液率和气液混合物的密度通常要比上坡时小得多，所以气液两相管道在下坡地段的压力恢复一般是不大的。

同时，斜井的数目正在日益增多。处于经济上的考虑，海上钻井经常是从一个平台上钻若干口定向井，他们通常与铅直方向成35°~45°。在永久冻土区，由于钻机基础的费用昂贵和运输上的困难，也需要从一个地点沿不同的方向钻若干口井。如果用现有的铅直流动相关规律去计算这些井的压力梯度，就常常会失败。

另外，海上油井的油气集输管道通常是敷设在海底，井向上倾斜延伸到海岸，与水平稍成倾斜的管道在上升时的位差压力梯度，会远大于摩阻压力梯度。

因此，倾斜气液两相管流的持液率和压降力的计算，正日益引起人们的注意。

一、弗拉尼根方法

1958 年弗拉尼根(Flanigan)分析了许多现场数据后，提出：

(1) 倾斜气液两相管流上坡段由于高差而产生的压力损失要比下坡段所能回收的压能大得多。因而，在管道的压降计算中，可以忽略下坡段所回收的压能。

(2) 倾斜气液两相管流由于爬坡而引起的位差压力损失与管道爬坡高度的总和成正比，而与管道爬坡的倾斜角、管道两端的高差关系不大。

(3) 上坡段的位差压力损失，随着气体流速的增加而减小。

弗拉尼根利用现场数据得出了位差压力损失 ΔP_{h}(Pa)的计算公式，即

$$\Delta P_{\mathrm{h}} = F_{\mathrm{c}}\rho_{\mathrm{l}} g \sum h \tag{4-606}$$

式中　F_{c}——起伏系数，无因次，可以由图 4-44 查得。图中 u_{sg}为气相折算速度，m/s；

$\sum h$——管道的起伏总高度，即所有上坡段高差的总和，m。

图 4-42 中曲线可以回归为表达式(4-607)：

$$F_{\mathrm{c}} = \frac{1}{1 + 1.0785 u_{\mathrm{sg}}^{1.006}} \tag{4-607}$$

当气相的折算速度 u_{sg}>15m/s 时，贝克建议采用式(4-608)计算起伏系数，即

$$F_{\mathrm{c}} = \frac{0.001905\ (M_{\mathrm{l}}/A)^{0.5}}{u_{\mathrm{sg}}^{0.7}} \tag{4-608}$$

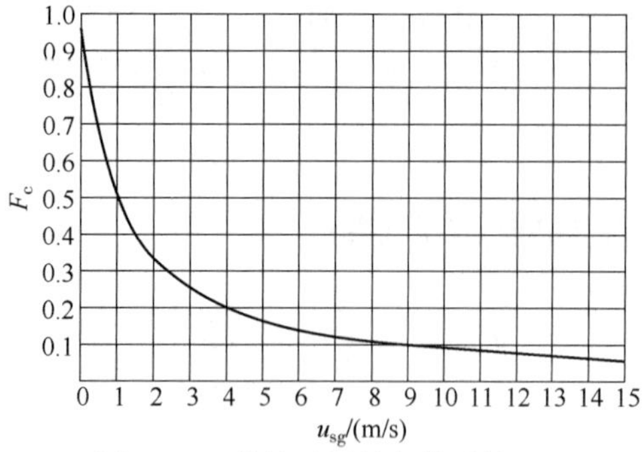

图 4-44 弗拉尼根的起伏系数 F_c

因此，倾斜气液两相管流的总压降 ΔP（Pa）：

$$\Delta P = \Delta P_{fr} + \Delta P_h \qquad (4-609)$$

式中 ΔP_{fr}——摩阻压降，Pa（可以按照水平气液两相管流计算）。

弗拉尼根方法是比较早期的一种方法，因其计算简便并有一定的准确性，故一直沿用至今。

二、贝格斯－布里尔方法

1973 年贝格斯和布里尔基于由均相流动能量守恒方程式所得出的压力梯度方程式，以空气－水混合物在长度为 15m 的倾斜透明管道中进行了大量实验，得出了持液率和阻力系数的相关规律。所研究的参数以及它们的范围如下：

气体流量/(m^3/s)	0~0.980
液体流量/(m^3/s)	0~0.0019
系统的平均压力(绝对)/kPa	241~655
管子的直径/mm	25.4~38.1
持液率/(kPa/m)	0~18
倾斜角度/(°)	-90~+90
流动形态	全部

这是目前在倾斜气液两相管流方面较全面的研究成果。

1. 压力梯度

假设外界没有对气液混合物作功，混合物也没对外作功，则对于单位质量的气液混合物来说，稳定流动的机械能量守恒方程的微分形式可写为：

$$\frac{dp}{\rho} + g dh + u du + dE = 0 \qquad (4-610)$$

对于向上或向下倾斜的管流来说：

$$dh = \sin\theta dz \qquad (4-611)$$

式中 dh——流动的铅直距离；

θ——管道与水平方向所成的夹角；

dz——流动的轴向距离。

将式(4-611)代入式(4-610)得：

$$-\frac{dp}{dz} = \rho\frac{dE}{dz} + \rho g\sin\theta + \rho u\frac{du}{dz} \qquad (4-612)$$

式(4-612)还可写成：

$$-\frac{dp}{dz} = \left(\frac{\partial p}{\partial z}\right)_{fr} + \left(\frac{\partial p}{\partial z}\right)_h + \left(\frac{\partial p}{\partial z}\right)_a \qquad (4-613)$$

即总压力梯度是摩阻压力梯度、位差压力梯度和加速压力梯度三者之和。

(1) 摩阻压力梯度。

根据定义，摩阻压力梯度为：

$$\left(\frac{\partial p}{\partial z}\right)_{\mathrm{fr}} = \frac{\lambda u^2}{2D}\rho = \frac{\lambda(M/A)u}{2D} \tag{4-614}$$

(2) 重位压力梯度。

在计算由于高度变化而引起的压力梯度时，有：

$$\left(\frac{\partial p}{\partial z}\right)_{\mathrm{h}} = \rho g\sin\theta \tag{4-615}$$

其中

$$\rho = \rho_{\mathrm{l}}H_{\mathrm{L}} + \rho_{\mathrm{g}}(1 - H_{\mathrm{L}}) \tag{4-616}$$

所以

$$\left(\frac{\partial p}{\partial z}\right)_{\mathrm{h}} = [\rho_{\mathrm{l}}H_{\mathrm{L}} + \rho_{\mathrm{g}}(1 - H_{\mathrm{L}})]g\sin\theta \tag{4-617}$$

(3) 加速压力梯度。

由于

$$u = u_{\mathrm{sl}} + u_{\mathrm{sg}} = \frac{M_{\mathrm{l}}/A}{\rho_{\mathrm{l}}} + \frac{M_{\mathrm{g}}/A}{\rho_{\mathrm{g}}}$$

所以

$$\left(\frac{\partial p}{\partial h}\right)_{\mathrm{a}} = \rho u\frac{\mathrm{d}u}{\mathrm{d}z} = \rho u\left[\frac{\mathrm{d}}{\mathrm{d}z}\left(\frac{M_{\mathrm{l}}/A}{\rho_{\mathrm{l}}}\right) + \frac{\mathrm{d}}{\mathrm{d}z}\left(\frac{M_{\mathrm{g}}/A}{\rho_{\mathrm{g}}}\right)\right]$$

由于液体和气体在压缩性上的差别，可以假设

$$\frac{\mathrm{d}}{\mathrm{d}z}\left(\frac{M_{\mathrm{l}}/A}{\rho_{\mathrm{l}}}\right) \ll \frac{\mathrm{d}}{\mathrm{d}z}\left(\frac{M_{\mathrm{g}}/A}{\rho_{\mathrm{g}}}\right)$$

所以

$$\begin{aligned}\left(\frac{\partial p}{\partial z}\right)_{\mathrm{a}} &= \rho u\frac{\mathrm{d}}{\mathrm{d}z}\left(\frac{M_{\mathrm{g}}/A}{\rho_{\mathrm{g}}}\right)\\ &= \rho u\left[\frac{\rho_{\mathrm{g}}\frac{\mathrm{d}}{\mathrm{d}z}(M_{\mathrm{g}}/A) - (M_{\mathrm{g}}/A)\frac{\mathrm{d}}{\mathrm{d}z}\rho_{\mathrm{g}}}{\rho_{\mathrm{g}}^2}\right]\\ &= \rho u\left[\frac{\frac{\mathrm{d}}{\mathrm{d}z}(M_{\mathrm{g}}/A)}{\rho_{\mathrm{g}}} - \frac{M_{\mathrm{g}}/A}{\rho_{\mathrm{g}}^2}\frac{\mathrm{d}}{\mathrm{d}z}\rho_{\mathrm{g}}\right]\end{aligned} \tag{4-618}$$

同样，可以假设气体的质量流速的变化远小于气体密度的变化，即

$$\frac{\frac{\mathrm{d}}{\mathrm{d}z}(M_{\mathrm{g}}/A)}{\rho_{\mathrm{g}}} \ll \frac{M_{\mathrm{g}}/A}{\rho_{\mathrm{g}}^2}\frac{\mathrm{d}}{\mathrm{d}z}\rho_{\mathrm{g}}$$

于是，式(4-618)可以写成：

$$\left(\frac{\partial p}{\partial z}\right)_{\mathrm{a}} = -\rho u\frac{M_{\mathrm{g}}/A}{\rho_{\mathrm{g}}^2}\frac{\mathrm{d}}{\mathrm{d}z}\rho_{\mathrm{g}} \tag{4-619}$$

根据气体的状态方程，有：

$$\rho_g = \frac{pU}{ZRT} \tag{4-620}$$

所以

$$\begin{aligned} \frac{d}{dz}\rho_g &= \frac{d}{dz}\left(\frac{pU}{ZRT}\right) \\ &= \frac{U}{ZRT}\frac{dp}{dz} + \frac{p}{ZRT}\frac{dU}{dz} - \frac{pU}{Z^2RT}\frac{dZ}{dz} - \frac{pU}{ZRT^2}\frac{dT}{dz} \end{aligned} \tag{4-621}$$

以 $\rho_g = \dfrac{pU}{ZRT}$ 化简式(4-621)，得

$$\frac{d}{dz}\rho_g = \rho_g\left(\frac{1}{p}\frac{dp}{dz} + \frac{1}{U}\frac{dU}{dz} - \frac{1}{Z}\frac{dZ}{dz} - \frac{1}{T}\frac{dT}{dz}\right) \tag{4-622}$$

在分析式(4-622)中各项的相对大小时，可以假设

$$\frac{1}{U}\frac{dU}{dz} - \frac{1}{Z}\frac{dZ}{dz} - \frac{1}{T}\frac{dT}{dz} \ll \frac{1}{p}\frac{dp}{dz}$$

所以

$$\frac{d}{dz}\rho_g = \frac{\rho_g}{p}\frac{dp}{dz} \tag{4-623}$$

将式(4-623)代入(4-619)，得：

$$\begin{aligned} \left(\frac{\partial p}{\partial z}\right)_a &= -\rho u\frac{M_g/A}{\rho_g^2}\frac{\rho_g}{p}\frac{dp}{dz} \\ &= -\frac{\rho u u_{sg}}{p}\frac{dp}{dz} \end{aligned} \tag{4-624}$$

最后，将式(4-614)、式(4-617)和式(4-624)代入式(4-613)得：

$$-\frac{dp}{dz} = \frac{\lambda(M/A)u}{2D} + [\rho_l H_L + \rho_g(1-H_L)]g\sin\theta - \frac{[\rho_l H_L + \rho_g(1-H_L)]uu_{sg}}{p}\frac{dp}{dz}$$

$$-\frac{dp}{dz} = \frac{[\rho_l H_L + \rho_g(1-H_L)]g\sin\theta + \dfrac{\lambda Mu}{2DA}}{1 - \{[\rho_l H_L + \rho_g(1-H_L)]uu_{sg}\}/p} \tag{4-625}$$

式中 p——管道的平均压力(绝对)，Pa；

z——轴向流动的距离，m；

ρ_l——液相的密度，kg/m^3；

ρ_g——气相的密度，kg/m^3；

H_L——持液率，m^3/m^3；

g——重力加速度，m/s^2；

θ——管道与水平的夹角，(°)；

λ——两相流动的沿程阻力系数，无量纲；

M——混合物的质量流量，kg/s；

u——混合物的平均速度，m/s；

u_{sg}——气相的折算速度，m/s；

D——管子的直径，m；

A——管子的断面积，m^2。

由式(4-625)可以看出，为了计算倾斜气液两相流动的压力梯度，必须研究持液率 H_L 和两相阻力系数 λ 的相关规律。

2. 持液率

根据实验数据绘制了一定流量下持液率与倾斜角度之间的关系曲线，如图 4-45 所示，发现持液率与角度之间有一定的依存关系。出乎意外的是，这些曲线的反转大约都发生在与水平成±50°的地方。这一现象可以用重力和黏度对于液相的影响来说明。在上坡流动中，当管子角度沿着正方向增加时，作用在液体上的重力使得液体的流动速度减小，因此增加了滑脱和持液率。随着角度的进一步增加，液体在全部管子里搭接起来，减少了两相之间的滑脱，因此也就减少了持液率。在下坡流动中，当角度沿着负方向增加时，使得液体的流动速度增大，因此减少了持液率。随着角度沿着负方向进一步增加，有更多的液体与管子表面接触，黏性的拖拽使得液体的流动速速减小，持液率增加。

(1) 两相倾斜管流的持液率。

气液两相倾斜管流的持液率可以表示为：

$$H_L(\theta) = H_L(0)\psi \tag{4-626}$$

式中　$H_L(\theta)$——管子倾斜角度为 θ 时的持液率，m^3/m^3；

$H_L(0)$——管子为水平时的持液率，m^3/m^3；

ψ——倾斜校正系数，无因次。

实验结果表明，倾斜校正系数 ψ 与管子倾角 θ 之间的关系如图 4-46 所示。

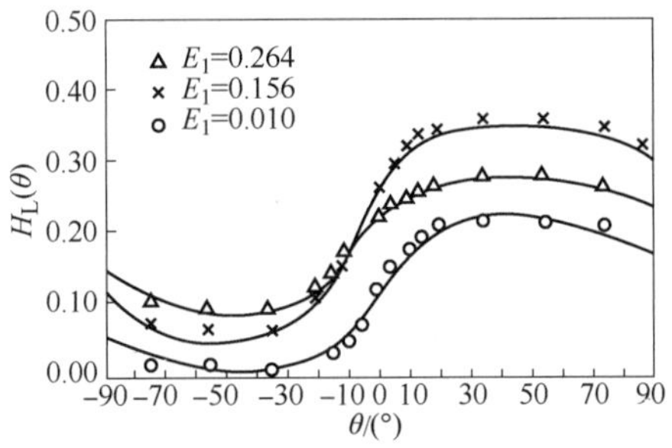

图 4-45　持液率与角度的关系曲线

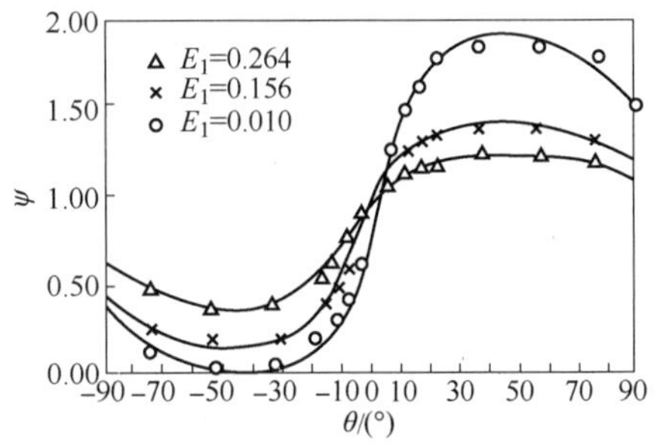

图 4-46　倾斜校正系数与角度的关系曲线

$$\psi = 1 + C\left[\sin(1.8\theta) - \frac{1}{3}\sin^3(1.8\theta)\right] \tag{4-627}$$

式中的 C 为系数，详见下述。

其中，$H_L(0)$与流动形态的种类，贝格斯－布里尔定义的弗劳德数 N_{FR} 及入口体积含液率 E_1 有关；系数 C 与流动形态的种类、N_{FR}、液相速度准数 N_{wl}、E_1 及管道的上坡或下坡有关(详见下述)。而

$$N_{FR} = \frac{u^2}{gD} \tag{4-628}$$

$$N_{wl} = u_{sl}\left(\frac{\rho_l}{g\sigma}\right)^{0.25} \tag{4-629}$$

$$E_l = \frac{Q'_l}{Q'_g + Q'_l} \tag{4-630}$$

式中　u_{sl}——液相的折算速度，m/s；

σ——液相的表面张力，N/m；

Q'_l——流入的气液两相混合物中，液相的体积流量 m^3/s；

Q'_g——流入的气液两相混合物中，气相的体积流量 m^3/s。

(2) 流动形态的确定。

在建立水平持液率的相关规律时，贝格斯和布里尔进行了多重的线性回归分析。其中，因变量为持液率，自变量选择了下列各量：液相速度准数 N_{wl}，气相速度准数 N_{wg}，管子的直径准数 N_D，雷诺数 Re，他们定义的弗劳德数 N_{FR}，压力比 p/p_a，气液比 Q_g/Q_l 和入口的体积含液率 E_l。分析结果表明，弗劳德数和入口的体积含液率是最重要的自变量。

使用以上结果，还得出了水平流动的流动形态分布图，如图 4-47 所示。

另外，也可以根据以下的计算方法来确定流动形态：

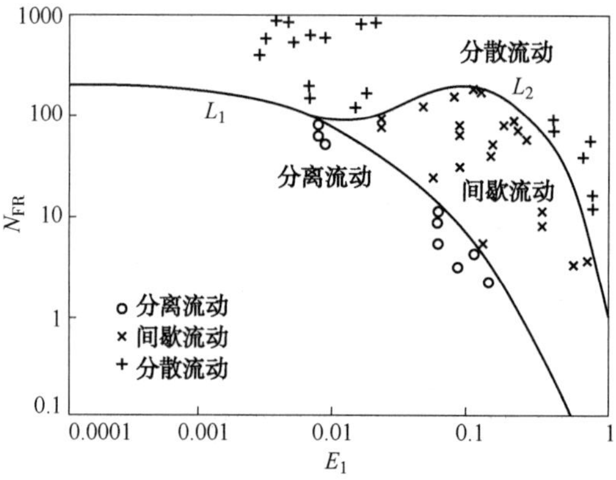

图 4-47　贝格斯和布里尔的流动形态分布图(水平流动)

① 分离流动：包括层状流，波状流和环状流。此时

$$N_{FR} < L_1 \tag{4-631}$$

② 间歇流动：包括团状流和段塞流。此时

$$L_1 < N_{FR} < L_2 \tag{4-632}$$

③ 分散流动：包括泡状流和雾状流。此时

$$N_{FR} > L_1 \tag{4-633}$$

以及

$$N_{FR} > L_2 \tag{4-634}$$

其中：

$$L_2 = \exp(1.061 - 4.602x - 1.609x^2 - 0.179x^3 + 0.635 \times 10^{-3}x^5) \tag{4-635}$$

$$L_1 = \exp(-4.62 - 3.757x - 0.481x^2 - 0.0207x^3) \tag{4-636}$$

式中

$$x = \ln E_1 \tag{4-637}$$

(3) $H_L(0)$和C的计算。

对于不同的水平流动形态，贝格斯和布里尔建立了不同的持液率相关规律以及系数C的计算公式。

① 分离流动：

$$H_L(0) = \frac{0.98E_1^{0.4846}}{N_{FR}^{0.0868}} \tag{4-638}$$

上坡时

$$C = (1 - E_1)\ln\left(\frac{0.011N_{wl}^{8.539}}{E_1^{3.768}N_{FR}^{1.614}}\right) \tag{4-639}$$

下坡时

$$C = (1 - E_1)\ln\left(\frac{0.011N_{wl}^{0.1244}}{E_1^{0.3692}N_{FR}^{0.5056}}\right) \tag{4-640}$$

② 间歇流动：

$$H_L(0) = \frac{0.845E_1^{0.5351}}{N_{FR}^{000173}} \tag{4-641}$$

上坡时

$$C = (1 - E_1)\ln\left(\frac{2.96E_1^{0.305}N_{FR}^{0.0978}}{N_{wl}^{0.4473}}\right) \tag{4-642}$$

下坡时的C与分离流动相同。

③ 分散流动：

$$H_L(0) = \frac{1.065E_1^{0.5824}}{N_{FR}^{0.0609}} \tag{4-643}$$

上坡时，$C=0$；下坡时的C与分离流动相同。

3. 沿程阻力系数λ的相关规律

根据实验结果，贝格斯和布里尔得出了气液两相流动的沿程阻力系数，即

$$\lambda = \lambda' e^s \tag{4-644}$$

其中

$$\lambda' = \left[2\lg\left(\frac{Re'}{4.5223\lg Re' - 3.8215}\right)\right]^{-2} \tag{4-645}$$

$$Re' = \frac{Du[\rho_l E_l + \rho_g(1 - E_l)]}{\mu_l E_l + \mu_g(1 - E_l)} \tag{4-646}$$

式中　λ'——“无滑脱”的沿程阻力系数，无量纲；

s——指数；

Re'——“无滑脱”的雷诺数；

μ_l，μ_g——液相、气相的黏度，Pa·s。

另外，式(4-644)中的指数可按式(4-647)计算，即

$$s=\frac{\ln Y}{-0.0523+3.182\ln Y-0.8725\,(\ln Y)^2+0.01853\,(\ln Y)^4} \tag{4-647}$$

其中

$$Y=\frac{E_1}{[H_L(\theta)]^2} \tag{4-648}$$

需要指出：当 $1<Y<1.2$ 时，应该使用式(4-649)求 s 而不用式(4-647)

$$s=\ln(2.2Y-1.2) \tag{4-649}$$

贝格斯和布里尔的研究结果表明：

（1）他们得出的相关规律可以准确地计算任何倾斜角度下空气－水在 25.4mm 和 38.1mm 光滑圆管中两相流动时的持液率和压力梯度。它也可以应用于石油工业和化学工业的许多场合。

（2）对于两相流动的管道来说，在许多情况下，管子的倾斜角度明显地影响着持液率和压力降。

（3）在倾斜的两相流动中，当管道与水平约成+50°的角度时，持液率达到最大值；当管道与水平约成-50°的角度时，持液率达到最小值。在+90°和+20°时，其持液率近乎相等；故铅直流动的持液率相关规律可以在一定程度上成功地应用于水平流动。

（4）在石油工业中，与铅直方向成 15°～20°倾斜的油井中的压力梯度大于铅直井中的压力梯度。

（5）气液两相管流在下坡时没有压力恢复这一假设，在某些情况下是正确的，但是在许多情况下，压力恢复却是相当大的，在丘陵和多山地带设计油气混输管道时必须予以考虑。

三、马克赫杰－布里尔方法

1983～1985 年马克赫杰和布里尔很据他们的实验结果，得出了气液两相倾斜管流的持液率相关规律及压力梯度计算方法。

马克赫杰和布里尔所用的实验管路参数：内径为 38mm 的普通钢管，管路呈倒 U 型，中部可以升降，从而使两侧与水平方向的夹角能在 0°～90°范围内变化。倒 U 型管路的每一侧长为 17m，其中，进口稳定段长为 6.7m，实验管段长为 9.8m。实验所用的气相为空气，液相分别为煤油和润滑油两种。在 15.56℃时，煤油的物性：表面张力为 26mN/m，密度为 816.9kg/m^3，黏度为 0.002Pa·s；同样，润滑油的物性：表面张力为 35mN/m，密度为 849kg/m^3，黏度为 0.029Pa·s。实验温度为-7.8℃～55.56℃。

1. 压力梯度

取坐标 z 的正向与流体的流动方向相反，则压力梯度方程为：

$$\frac{\mathrm{d}p}{\mathrm{d}z}=\frac{\rho_m g\sin\theta+f_m\rho_m u_m^2/(2D)}{1-\rho_m u_m u_{sg}/p} \tag{4-650}$$

2. 持液率

马克赫杰和布里尔根据所测得的1500 个实验数据，通过回归分析气液两相倾斜管流

的持液率相关规律，即

$$H_L = \exp\left[(c_1 + c_2\sin\theta + c_3\sin^2\theta + c_4 N_l^2) \frac{N_{wg}^{c_5}}{N_{wl}^{c_6}} \right] \quad (4-651)$$

其中

$$N_{wl} = u_{sl}\left(\frac{\rho_l}{g\sigma}\right)^{0.25} \quad (4-652)$$

$$N_{wg} = u_{sg}\left(\frac{\rho_l}{g\sigma}\right)^{0.25} \quad (4-653)$$

$$N_l = \mu_l\left(\frac{g}{\rho_l\sigma^3}\right)^{0.25} \quad (4-654)$$

式中　σ——液相的表面张力；

μ_l——液相的黏度；

$c_{1\sim6}$——系数，见表4-20。

表4-20　马克赫杰-布里尔持液率公式回归系数

流动方向	流型	c_1	c_2	c_3	c_4	c_5	c_6
上坡与水平	全部	-0.3801	0.1299	-0.1198	2.3432	0.4757	0.2887
下坡	分层流	-1.3303	4.8081	4.1716	56.2623	0.0800	0.5049
	其他	-0.5166	0.7898	0.5516	15.5192	0.3718	0.3940

3. 流动形态

马克赫杰-布里尔在计算气液两相混合物摩阻系数时考虑了流动形态的变化，流动形态由式(4-655)判别：

$$N_{wgsm} = 10^{1.401-2.694N_l+0.521N_{wl}^{0.329}} \quad (4-655)$$

若 $N_{wg} \geqslant N_{wgsm}$，则为环雾流，否则为泡状流-段塞流。

4. 摩阻系数

对于泡状流-段塞流，气液两相混合物摩阻系数 f_m 采用无滑脱摩阻系数 f_{ns}，可用管壁相对粗糙度 k/D 查莫迪图或由式(4-656)计算。

$$f_m = \begin{cases} \dfrac{64}{Re_{ns}} & Re_{ns} \leqslant 2300 \\ \left[1.14 - 2\lg\left(\dfrac{k}{D} + \dfrac{21.25}{Re_{ns}^{0.9}}\right)\right]^{-2} & Re_{ns} > 2300 \end{cases} \quad (4-656)$$

其中，

无滑脱雷诺数

$$Re_{ns} = \frac{u_m\rho_{ns}D}{\mu_{ns}} \quad (4-657)$$

无滑脱混合物密度

$$\rho_{ns} = (1 - H'_L)\rho_g + H'_l\rho_l = \frac{Q_g\rho_g + Q_l\rho_l}{Q_g + \rho_l} \tag{4-658}$$

无滑脱混合物黏度

$$\mu_{ns} = (1 - H'_L)\mu_g + H'_l\mu_l \tag{4-659}$$

无滑脱持液率

$$H'_L = u_{sl}/u_m \tag{4-660}$$

对于环雾流，气液两相混合物摩阻系数 f_m 考虑为相对持液率 H_r 和无滑脱摩阻系数 f_{ns} 的函数，确定步骤如下：

（1）计算相对持液率：

$$H_r = H'_L/H_L \tag{4-661}$$

（2）根据 H_r 按表 4-21 确定摩阻系数比 f_r；

（3）根据 Re_{ns} 由摩阻系数公式(4-656)计算无滑脱摩阻系数 f_{ns}；

（4）计算气液两相混合物摩阻系数：

$$f_m = f_r f_{ns} \tag{4-662}$$

表 4-21　H_r 与 f_r 的关系

H_r	0.01	0.20	0.30	0.40	0.50	0.70	1.00
f_r	1.00	0.98	1.20	1.25	1.30	1.25	1.00

四、DPI 流动形态法

1986 年大庆石油学院韩洪升和陈家琅等以空气和水为介质，在长度为 1.9m，直径分别为 15.48mm、20.20mm 和 22.31mm 的透明有机玻璃圆管中进行了倾斜气液两相流动规律的实验研究。绘制了流动形态分布图，并针对不同的流动形态，分别给出了其空隙率和压差的计算公式。

1. 流动形态

韩洪升和陈家琅所用的试验管路与水平方向的夹角可以在 0°～90°范围内变化，以便观察倾角对流动形态的影响。他们主要对泡状流、弹状流和段塞流进行了试验研究。试验中发现，当液相流量较大时，气相介质以小气泡形式分散于连续的液相中，这种流动形态为泡状流；当液相流量较小而气相流量较大时，由于气泡的趋中效应，许多小气泡聚并成大气泡。大气泡的形状是头部呈弹状，底部是平的，每个大气泡后面有许多小气泡，这种流动形态为弹状流。当气量再增大时，弹状大气泡几乎充满管子过流断面，较长的两个大气泡之间由塞状液相隔开，同时液塞中常有许多小气泡。气弹时而还会冲破液塞，使液体沿气弹周围滑落，这种流动形态为段塞流。

他们利用实验数据，在以液相折算速度 u_{sl} 为横坐标、气相折算速度 u_{sg} 为纵坐标的双对数坐标中，绘制了流动形态分布图。如图 4-48 所示。由图可以看出，当试验管路与水平方向的夹角不同时，其流动形态分布图也不尽相同。这说明管路倾斜角对于流动形态的

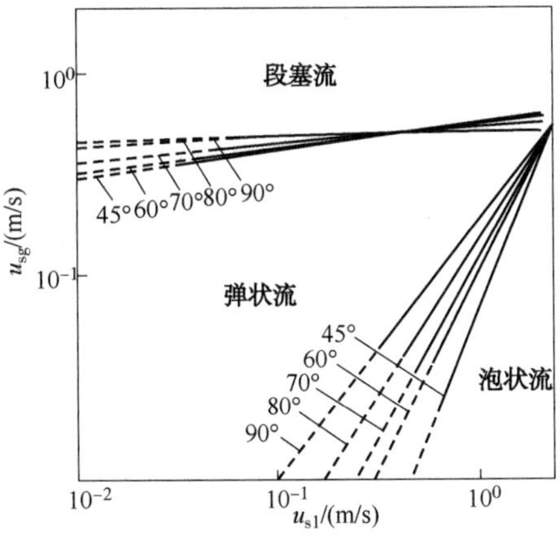

图 4-48　流动形态分布图

变化是有不同影响的。尤其是泡状流向弹状流转变，倾角越小(也就是越接近水平管路)越容易出现弹状流。其原因是倾角越小，小气泡越容易形成大气泡，从而形成弹状流动形态。经过回归分析，各流动形态的方程界限如下。

（1）泡状流与弹状流的转变线方程为：

$$u_{sgA} = (-0.09402 + 0.2475\sin\theta)u_{sl}^{5.5905-4.1393\sin\theta} \tag{4-663}$$

式中　u_{sgA}——泡状流与转变为弹状流的气相折算速度，m/s；

u_{sl}——液相折算速度，m/s；

θ——管路与水平方向的夹角，(°)。

（2）弹状流与段塞流的转变线方程为：

$$u_{sgB} = 0.52u_{sl}^{0.09788-0.07899\sin\theta} \tag{4-664}$$

式中　u_{sgB}——弹状流转变为段塞流时的气相折算速度，m/s。

显然，对于铅直圆管(θ=90°)中气液两相流动形态的界限方程为：

$$u_{sgA} = 0.1535u_{sl}^{1.4512} \tag{4-663a}$$

$$u_{sgB} = 0.52u_{sl}^{0.01889} \tag{4-664a}$$

根据式(4-663a)和式(4-664a)可判别气液两相在铅直圆管中的流动形态，即

泡状流：

$$u_{sg} < u_{sgA} \tag{4-665}$$

弹状流：

$$u_{sgA} \leqslant u_{sg} \leqslant u_{sgB} \tag{4-666}$$

段塞流：

$$u_{sg} > u_{sgB} \tag{4-667}$$

2. 空隙率和压差：

气液两相管流的压力损失 Δp 由摩阻压差 Δp_{fr}、重位压差 Δp_h 和加速压差 Δp_a 三部分组成，即

$$\Delta p = \Delta p_{fr} + \Delta p_h + \Delta p_a \tag{4-668}$$

式中　Δp——总压差；

Δp_{fr}——摩阻压差；

Δp_h——重位压差；

Δp_a——加速压差。

由于加速压差常远远小于摩阻压差和重位压差，可以忽略不计，因此式(4-668)又可简化为：

$$\Delta p = \Delta p_{fr} + \Delta p_h \tag{4-668a}$$

由此可知，求出摩阻压差和重位压差便可由式(4-668a)得出总压差。

(1) 空隙率和重位压差：

重位压差的计算公式为：

$$\Delta p_h = \rho g \Delta z \tag{4-669}$$

式中 ρ——气液两相混合物的密度；

Δz——位置高差。

将真实密度的计算公式代入式(4-669)，得

$$\Delta p_h = [\phi \rho_g + (1-\phi)\rho_l] g\Delta z \tag{4-669a}$$

由于气液两相流动中存在着相间的速度差，所以空隙率 ϕ 和体积含气率 β 是有差别的，而且这个差别随流动形态的不同而不同。不同的流动形态下空隙率的计算公式如下：

a. 泡状流：

$$\phi = 0.975\beta = 0.975\frac{Q_g}{Q_g + Q_l} \tag{4-670}$$

式中 Q_g，Q_l——气相、液相体积流量；

β——体积含气率。

b. 弹状流：

$$\phi = \frac{\beta}{1.2 + 0.345\sqrt{gD}/u} \tag{4-671}$$

式中 D——圆管直径；

u——气液混合物的平均流速。

c. 段塞流：

$$\phi = \frac{\beta}{1.2 + 0.552\sqrt{gD}/u} \tag{4-672}$$

(2) 摩阻压差：

气液两相的摩阻压差随流动形态的不同而不同，其计算公式如下：

a. 泡状流：

$$\Delta p_{fr} = \lambda \frac{\Delta z}{D}\frac{\rho u^2}{2} \tag{4-673}$$

式中 λ——摩擦阻力系数；

Δz——铅直圆管长度；

ρ——气液混合物的密度；

u——气液混合物的平均流速。

类似于单向流动，摩擦阻力系数 λ 是两相雷诺数 Re_{tp} 的函数，即

层流时：

$$\lambda = \frac{64}{Re_{tp}} \tag{4-674}$$

紊流时：

$$\lambda = \frac{0.3164}{Re_{tp}^{0.25}} \tag{4-675}$$

气液两相泡状流的雷诺数计算式为：

$$Re_{tp} = D\rho u\left[\frac{1}{\mu_l} + 0.867\beta\left(\frac{1}{\mu_g} - \frac{1}{\mu_l}\right)\right] \tag{4-676}$$

式中　μ_g，μ_l——气相、液相的黏度。

b. 弹状流和段塞流的摩阻压差计算公式相同，均为：

$$\Delta p_{fr} = (1-\phi)\lambda\frac{\Delta z}{D}\frac{\rho_l u^2}{2} \tag{4-677}$$

式中，摩擦阻力系数 λ 的计算也同样类似于单相流动，但其雷诺数的表达式为：

$$Re_{tp} = \frac{D\rho_l u}{\mu_l} \tag{4-678}$$

五、巴尼流动形态判别方法

1987 年巴尼根据前人和自己的研究成果，提出了判别倾斜管中气液两相流动形态的通用统一模型。当已知气相、液相流量、管路的尺寸和倾角以及流动性质时，用该模型可以判别其流动形态。用巴尼提出的通用统一模型判别流动形态的程序框图如图 4-49 所示，在图中，要求的公式为：

$$d_c = \left[0.725 + 4.15\left(\frac{u_{sg}}{u_m}\right)^{\frac{1}{2}}\right]\left(\frac{\sigma}{\rho_l}\right)^{\frac{3}{5}}\left(\frac{2f_m}{D}u_m^3\right)^{\frac{2}{5}} \tag{4-679}$$

式中　d_c——流动形态转变时的气泡直径；

u_{sg}——气相折算速度；

u_m——气液混合液的平均速度；

σ——表面张力；

ρ_l——液相的密度；

D——管径；

f_m——气液两相混合物的范宁摩阻系数。

$$d_{cd} = 2\left[\frac{0.4\sigma}{(\rho_l - \rho_g)g}\right]^{\frac{1}{2}} \tag{4-680}$$

$$d_{cb} = \frac{3}{8}\frac{\rho_l}{\rho_l - \rho_g}\frac{f_m u_m^2}{g\cos\theta} \tag{4-681}$$

式中　d_{cd}——气泡不发生变形的最大直径；

ρ_g——气相的密度；

g——重力加速度；

θ——管路与水平方向的倾角，向上倾斜流动时为“正”，向下倾斜流动时为“负”；

d_{cb}——能阻止气泡群运移至管子顶部的最大气泡直径。

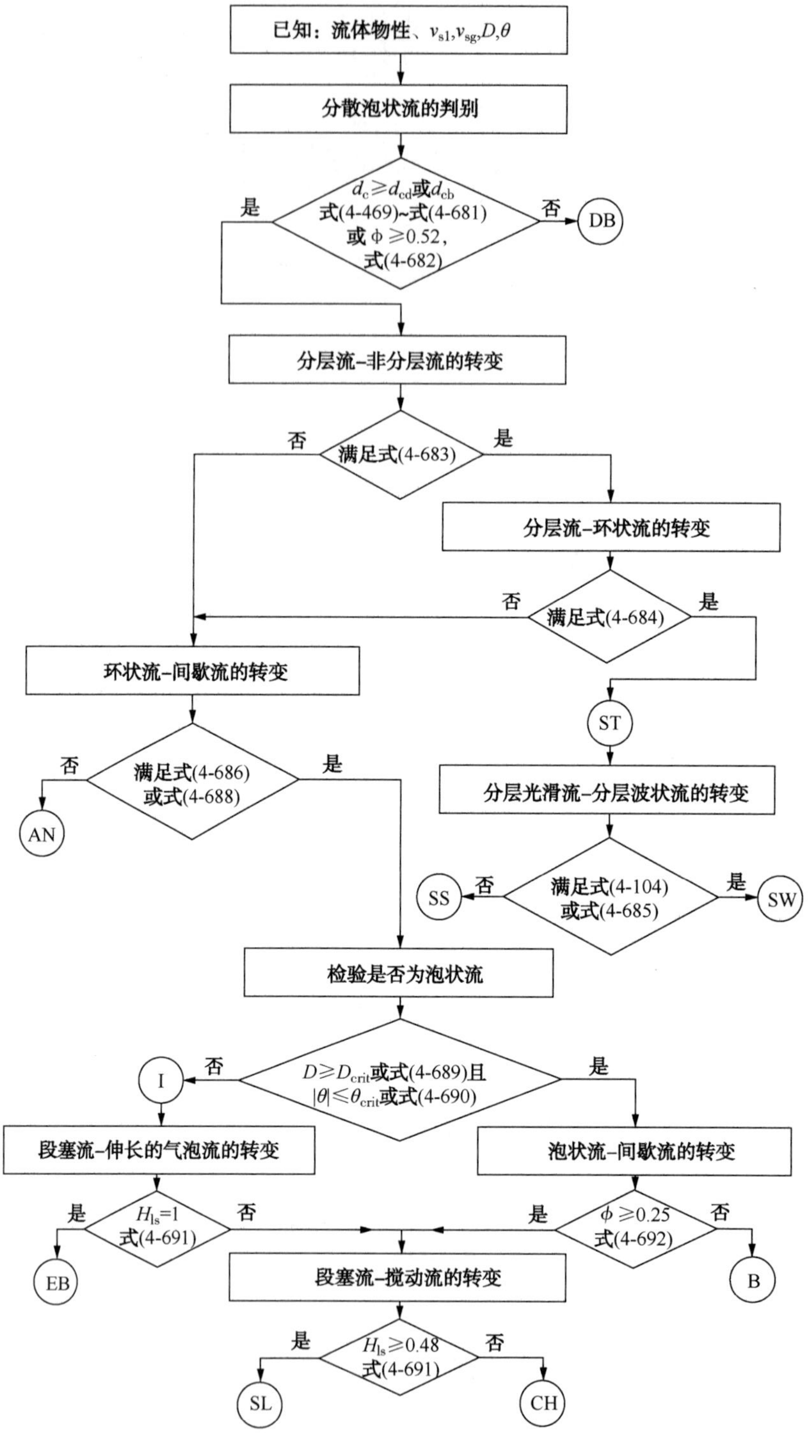

图 4-49　巴尼判别流动形态的程序框图

DB—分散泡状流；ST—分层流；SS—分层光滑流；SW—分层波状流；AN—环状流

I—间歇流；B—泡状流；EB—伸长的气泡流；SL—段塞流(冲击流)；CH—搅动流

$$u_{sl} = u_{sg} \frac{1 - \phi}{\phi} \qquad (4-682)$$

$$F^2 \left[\frac{1}{(1 - \tilde{h}_1)^2} \frac{\tilde{u}_g^2 \frac{d\tilde{A}_1}{d\tilde{h}_1}}{\tilde{A}_g} \right] \geqslant 1 \qquad (4-683)$$

式中，F 是用密度比修正的弗劳德数，被定义为：

$$F = \sqrt{\frac{\rho_g}{\rho_1 - \rho_g}} \frac{u_{sg}}{\sqrt{Dg\cos\theta}}$$

或将其写成无量纲形式：

$$Z = \frac{\left(\frac{dp}{dx}\right)_{sl}}{\rho_1 g\cos\theta} \geqslant 2 \left(\frac{\tilde{A}_1}{\tilde{A}}\right)^2 (1 - \tilde{h}_1) \frac{f_{sl}}{f_1} \qquad (4-684)$$

式中　f_1——液相的范宁摩阻系数；

　　　f_{sl}——由液相折算速度求得的范宁摩阻系数。

其中，对于粗糙管及大雷诺数时，$\frac{f_{sl}}{f_1} = 1$；对于光滑管，$\frac{f_{sl}}{f_1} = (\tilde{D}_1 \tilde{u}_1)^{-n}$。式中 n 为常数（液相紊流时 $n = 0.2$；液相层流时，$n = 1.0$）。

$$K \geqslant \frac{2}{\tilde{u}_g \sqrt{\tilde{u}_1} s}$$

$$K^2 = F^2 Re_{sl} = \left[\frac{\rho_g u_{sg}^2}{(\rho_1 - \rho_g) Dg\cos\theta} \right] \left(\frac{Du_{sl}}{\nu_1}\right)$$

$$W = \frac{u_{sl}}{\sqrt{gD}} \geqslant 1.5 \sqrt{\tilde{h}_1} \frac{\tilde{A}_1}{\tilde{A}} \qquad (4-685)$$

在式（4-683）~式（4-685）中，符号上面的"~"表示该量是无量纲的，各无量纲的定义见式（4-81）~式（4-90）

$$Y \geqslant \frac{2 - \frac{3}{2} H_L}{H_L^3 \left(1 - \frac{3}{2} H_L\right)} X^2 \qquad (4-686)$$

式中，持液率 H_L 由式（4-687）确定，即

$$Y = \frac{1 + 75 H_L}{(1 - H_L)^{2.5} H_L} - \frac{1}{H_L^3} X^2 \qquad (4-687)$$

式中，X 和 Y 的定义见式（4-78）和式（4-79）。

$$\frac{A_1}{A \cdot H_{lsmin}} = \frac{H_L}{H_{lsmin}} \geqslant 0.5 \qquad (4-688)$$

式中　H_{lsmin}——液体段塞的最小持液率，可取 $H_{lsmin} = 0.48$

$$D > \left[\frac{(\rho_l - \rho_g)\sigma}{\rho_l^2 g}\right]^{0.5} \tag{4-689}$$

$$\frac{\cos\theta}{\sin^2\theta} = \frac{3}{4}\cos 45° \frac{u_{0\infty}^2}{g}\left(\frac{C_1\gamma^2}{d}\right) \tag{4-690}$$

$$u_{0\infty} = 1.53\left[\frac{g(\rho_l - \rho_g)\sigma}{\rho_l^2}\right]^{0.25}$$

式中 C_1 ——常数，可取 $C_1 = 0.8$；

γ ——常数，取值范围为 1.1~1.5。

$$\phi_s = 1 - H_{LS} = 0.058\left[d_c\left(\frac{2f_m}{D}u_m^3\right)\left(\frac{\rho_l}{\sigma}\right)^{0.6} - 0.725\right]^2 \tag{4-691}$$

式中 ϕ_s ——间歇流时液塞的空隙率；

H_{LS} ——间歇流时液塞的持液率。

$$u_{sl} = \frac{1-\phi}{\phi}u_{sg} - 1.53(1-\phi)\left[\frac{g(\rho_l - \rho_g)\sigma}{\rho_l^2}\right]^{0.25}\sin\theta \tag{4-692}$$

式中 ϕ ——空隙率，此处取 ϕ 为 0.25。

巴尼所给出的统一模型，能够判别倾斜角度为-90°~+90°范围内的全部流动形态，这是在目前气液两相倾斜管流流动形态方面较全面的研究成果。显然，它也可以应用于铅直管流和水平管流。

六、卡亚等的方法

1999 年卡亚、萨里卡和布里尔在前人研究的基础上，对斜井中的气液两相流动进行了研究，给出了一个综合机械模型。该模型包括泡状流、段塞流、搅动流和环状流五种流动形态，能够预测铅直及斜井中气液两相流动的流动形态、持液率和压降。

1. 流动形态的预测模型

卡亚等对倾斜管中气液两相流动形态的划分，采用泰特尔等人铅直管中气液两相流动的 5 种流动形态。如图 4-50 所示。

卡亚等的流动形态预测模型综合了他们自己的泡状流转变模型、巴尼等的分散泡状流转变模型、坦格斯达尔(Tengesdal)等的搅动流转变模型和安萨瑞等的环状流转变模型。

(1) 泡状流和段塞流之间的转变。

泡状流中气相以气泡的形式分布在连续液相中。根据气液两相间有无滑脱，泡状流可进一步分为泡状流和分散泡状流。气液两相沿铅直和倾斜管道流动时，只有管道直径足够大才会出现泡状流。另外对于泡状流而言，当管道倾斜时，由于滑脱和浮力的影响，气泡区域沿管道顶部流动。如图 4-51(a)所示。

泰特尔等人根据长气泡和小气泡上升速度对比，提出了气泡流存在的最小管道直径：

$$D_{min} = 19.01\left[\frac{\sigma(\rho_l - \rho_g)}{\rho_l^2 g}\right]^{0.5} \tag{4-693}$$

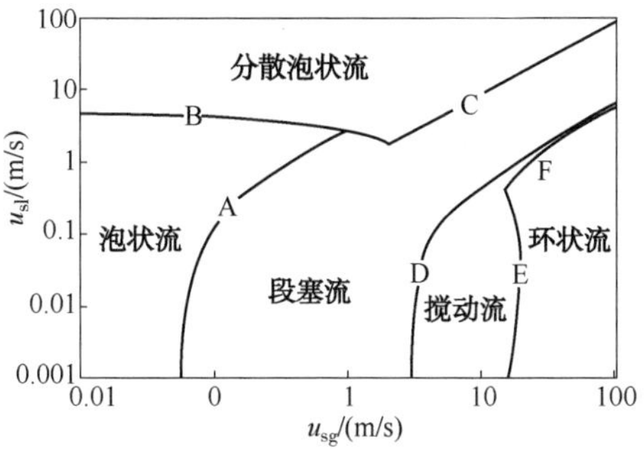

图 4-50　流动形态分布图
工作条件：向上倾斜 90°，管径 50.8mm

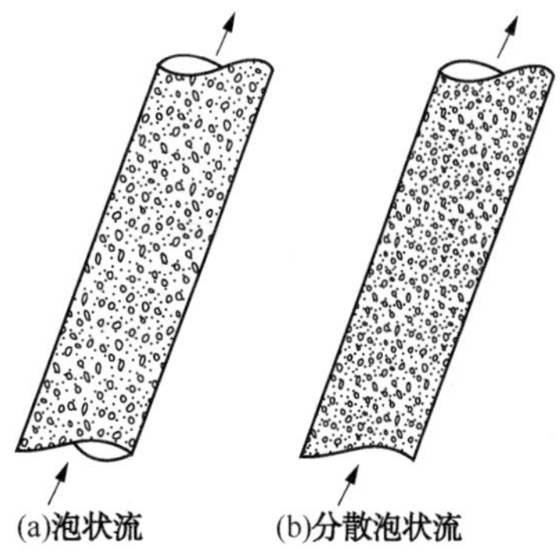

图 4-51　倾斜管中向上流动的泡状流与分散泡状流

巴尼等提出，只有当管道与水平方向的倾斜角度足够大时，才能阻止气泡由于浮力作用迁移到管线顶部。由单个气泡的浮力和拖拽力的平衡，得：

$$\frac{\cos\theta}{\sin^2\theta} = \frac{3}{4}\cos 45° \frac{u_{bs}^2}{g}\left(\frac{0.968}{D}\right) \tag{4-694}$$

式中　θ——临界倾斜角。

其中，静止液体的内气泡的上升的速度(滑脱速度) u_{bs} 由式(4-695)给出：

$$u_{bs} = 1.53\left[\frac{g\sigma(\rho_l - \rho_g)}{\rho_l^2}\right]^{0.25} \tag{4-695}$$

假定气泡之间无互相干扰，由单个气泡的浮力和拖拽力平衡，可得气泡群的相对速度。单个气泡的拖拽力和浮力分别为：

$$F_d = C_d\left(\frac{\pi d^2}{4}\right)\rho_l \frac{u_{bs}^2}{2} \tag{4-696}$$

$$F_b = (\rho_m - \rho_g)\sin\theta\iint(z_1 - z_2)\,dx dy \tag{4-697}$$

式中 z_1 和 z_2 为气泡表面的坐标，气液两相混合物的真实密度可由式(4-698)表示：

$$\rho_m = \frac{1}{A}\left\{\rho_l\int_0^r 2\pi r H_L(r)\,dr + \rho_g\int_0^r 2\pi r[1 - H_L(r)]\,dr\right\} \tag{4-698}$$

假定气泡均匀分布在过流断面上，则气液混合物的密度为：

$$\rho_m = (\rho_l - \rho_g)H_L + \rho_g \tag{4-699}$$

假定气泡为球形，将式(4-699)代入式(4-696)可得拖拽力：

$$F_b = (\rho_l - \rho_g)H_L g\frac{\pi d^3}{6}\sin\theta \tag{4-700}$$

有单个气泡的浮力和拖拽力的平衡可得：

$$u_{bs} = \sqrt{\frac{4}{3}\frac{(\rho_l - \rho_g)g}{\rho_l C_d}dH_L\sin\theta} \tag{4-701}$$

式中的拖拽系数 C_d 依赖于气泡的形状，皮尔布斯-加伯和哈马奇分别给出了不同的值：

$$C_d = \begin{cases} 0.95\sqrt{\dfrac{g(\rho_l - \rho_g)d^2}{\sigma}} & \text{皮尔布斯－加伯} \\ 0.575\sqrt{\dfrac{g(\rho_l - \rho_g)d^2}{\sigma}} & \text{哈马奇} \end{cases} \quad (4-702)$$

由于皮尔布斯－加伯是根据较大球形气泡的实验得出的，故采用哈马奇的拖拽系数，将式(4-702)代入式(4-701)可得滑脱速度相关式为：

$$u_s = 1.53\left[\frac{g\sigma(\rho_l - \rho_g)}{\rho_l^2}\right]^{0.25}\sqrt{H_L \sin\theta} \quad (4-703)$$

泰特尔等人通过实验指出，空隙率 $\phi = 0.25$ 可作为泡状流到段塞流的转变界限，据此，卡亚等将滑脱速度相关式(4-703)用以描述该转变界限，如图4-50中的A线所示，用折算速度表征该转变界限为：

$$u_{sg} = 0.333u_{sl} + 0.3825\left[\frac{g\sigma(\rho_l - \rho_g)}{\rho_l^2}\right]^{0.25}\sqrt{\sin\theta} \quad (4-704)$$

(2) 泡状流与分散泡状流之间的转变。

泰特尔等人指出了铅直管内泡状流与分散泡状流的第一个转变机理。他们认为：当湍流力超过表面张力以致气相破碎成小气泡时，分散泡状流才会出现。应用欣兹关于非混相液体中湍流力破碎低浓度分散相的理论，泰特尔等人给出了气相的最大稳定气泡直径，即

$$d_{max} = \left[4.15\left(\frac{u_{sg}}{u_m}\right)^{0.5} + 0.725\right]\left(\frac{\sigma}{\rho_l}\right)^{0.6}\left(\frac{2f_m}{D}\rho_m u_m^2\right)^{-0.4} \quad (4-705)$$

如果最大稳定气泡直径小于临界直径，则为分散泡状流，如图4-50中的B线所示。气泡直径大于临界直径就会产生变形，该临界直径为：

$$d_{cd} = 2\left[\frac{0.4\sigma}{(\rho_l - \rho_g)g}\right]^{0.5} \quad (4-706)$$

巴尼等修正了泰特尔的模型，使其可用于倾斜管线。他通过对比气泡的最大稳定直径和避免其迁移到管线顶部的临界直径，建立了一个统一的机械模型，定义临界气泡直径为：

$$d_{cb} = \frac{3}{8}\frac{\rho_l}{\rho_l - \rho_g}\frac{f_m u_m^2}{g\cos\theta} \quad (4-707)$$

(3) 分散泡状流和段塞流之间的转变。

当气流速度较高时，分散泡状流于段塞流的转变机理受气泡最大体积充填率的制约。若空隙率达到0.52，则湍流力不能再阻止气泡的聚并，分散泡状流将向段塞流转变，如图4-50中的C线表示。这一转变界限可用无滑脱空隙率来表征，取空隙率的临界值为0.48，用折算速度表示该转变界限为：

$$u_{sg} = 1.083u_{sl} \quad (4-708)$$

(4) 段塞流与搅动流之间的转变。

坦格斯达尔等详尽的描述了搅动流，根据漂移流动方法建立了一个新的适用于铅直和倾斜管线的转变准则，定义段塞单元的总体空隙率为：

$$\phi_{su} = \frac{u_{sg}}{1.2u_m + u_0} \quad (4-709)$$

式中的泰勒气泡上升速度 u_0 由本迪克森给出，即

$$u_0 = (0.35\sin\theta + 0.54\cos\theta)\left[\frac{g(\rho_l - \rho_g)D}{\rho_l}\right]^{0.5} \quad (4-710)$$

欧文(Owen)通过实验发现，当泰勒气泡区的空隙率约为 0.78 时，段塞流会向搅动流转变。坦格斯达尔等提出：应该用段塞单元的总体空隙率代替泰勒气泡区的空隙率来表征这一转变。将 $\phi_{su} = 0.78$ 代入式(4-709)，可得段塞流到搅动流的转变界限(图 4-50 中的 D 线)，即

$$u_{sg} = 12.19(1.2u_{sl} + u_0) \quad (4-711)$$

(5) 环状流与搅动流之间的转变。

卡亚等通过考察常用的环状流模型指出：对于高温高压环境，修正的安萨瑞模型性能最好，因此，他们采用该转变模型。

巴尼等将环状流到段塞流或搅动流的转变都归因于气芯的堵塞。他认为气芯的堵塞可由液膜等的不稳定和气芯的桥塞两种机理所致。

液流速度较低时，由于较低的界面剪切力，液膜会变得不稳定以致部分液体向下流动引起气芯堵塞，环状流将向搅动流转变，如图 4-50 中 E 线所示产生不稳定液膜的判据为

$$Y_m \geqslant \frac{2 - 1.5H_{LF}}{H_{LF}^3(1 - 1.5H_{LF})}X_m^2 \quad (4-712)$$

液膜持液率 H_{LF} 为液膜所占过流断面的份额，可用无量纲液膜厚度表示为：

$$H_{LF} = 4\tilde{\delta}(1 - \tilde{\delta}) \quad (4-713)$$

式中的无量纲液膜厚度可由动量方程式(4-714)求得

$$Y_m - \frac{Z}{4\tilde{\delta}(1 - \tilde{\delta})\ [1 - 4\tilde{\delta}(1 - \tilde{\delta})]^{2.5}} + \frac{X_m^2}{[4\tilde{\delta}(1 - \tilde{\delta})]^3} = 0 \quad (4-714)$$

其中修正的洛克哈特-马蒂内利参数 X_m 和 Y_m 分别为：

$$X_m = \sqrt{(1 - FE)^2 \frac{f_f\ (dp/dL)_{sl}}{f_{sl}\ (dp/dL)_{sc}}} \quad (4-715)$$

$$Y_m = \frac{g\sin\theta(\rho_l - \rho_c)}{(dp/dL)_{sc}} \quad (4-716)$$

液膜和气芯的折算摩阻压力梯度分别为：

$$\left(\frac{dp}{dL}\right)_{sl} = f_{sl}\rho_l \frac{u_{sl}^2}{2D} \quad (4-717)$$

$$\left(\frac{dp}{dL}\right)_{sc} = f_{sc}\rho_c \frac{u_{sc}^2}{2D} \quad (4-718)$$

对于界面摩阻系数 Z，卡亚等人采用安萨瑞等人的方法确定。

(6) 环状流和段塞流之间的转变。

液流速度较高时，由于环状流结构的特殊性及液膜容纳液体的有限性，液膜会向气芯供应大量液体而引起气芯桥塞。根据形成液塞的最小持液率，可得环状流到段塞流的转变界限(图 4-50 中 F 的线)为：

$$(H_{LF} + H'_{LC}A_c/A) > 0.12 \tag{4-719}$$

2. 流动特性的预测模型

卡亚等针对每种流动形态分别采用独立的水力计算模型；泡状流采用他们自己建立的模型，段塞流采用修正的乔克西等的模型，搅动流采用坦格斯达尔的搅动模型，环状流采用安萨瑞等的环状流模型。

(1) 泡状流模型。

卡亚等考虑到相间滑脱和气泡的不均匀分布，采用漂移流动模型研究泡状流。假定泡状流的速度分布为中央大管壁小。则滑脱速度为：

$$u_s = u_{sg}/(1 - H_L) - 1.2u_m \tag{4-720}$$

若考虑气泡群及管线倾斜角度的影响，则滑脱速度可由式(4-703)表示，联立式(4-720)和式(4-703)，可得持液率的隐式方程为：

$$1.53\left[\frac{g(\rho_l - \rho_g)}{\rho_l^2}\right]^{0.25}\sqrt{H_L\sin\theta} = \frac{u_{sg}}{1 - H_L} - 1.2u_m \tag{4-721}$$

应用数值法解式(4-721)可得 H_L，则气液混合物的物性参数为：

$$\rho_m = \rho_l H_L + \rho_g(1 - H_L) \tag{4-722}$$

$$\mu_m = \mu_l H_L + \mu_g(1 - H_L) \tag{4-723}$$

求得泡状流的所有两相参数之后，总的压力梯度可由式(4-724)确定：

$$\frac{dp}{dL} = \left(\frac{dp}{dL}\right)_h + \left(\frac{dp}{dL}\right)_{fr} + \left(\frac{dp}{dL}\right)_a \tag{4-724}$$

其中的重位压力梯度和摩阻压力梯度分别为：

$$\left(\frac{dp}{dL}\right)_h = \rho_m g\sin\theta \tag{4-725}$$

$$\left(\frac{dp}{dL}\right)_{fr} = \frac{f_m\rho_m u_m^2}{2D} \tag{4-726}$$

式中的穆迪摩阻系数 f_m 可由穆迪图和下面的雷诺数求得：

$$Re_m = \rho_m u_m D/\mu_m \tag{4-727}$$

对于泡状流而言，可忽略其加速压力梯度。

(2) 分散泡状流模型。

由于气泡均匀的分布在持续液相间且无滑动，因此可以采用均流模型求分散泡状流相关特性参数。通过简化，可将两相流视为拟单相流，即

$$H_L = H'_L = \frac{u_{sl}}{u_{sl} + u_{sg}} \tag{4-728}$$

于是，分散泡状流的两相参数和压降便可由式(4-722)~式(4-727)计算。

(3) 段塞流模型。

段塞流是最复杂的流动形态之一，它具有不稳定的特性参数。卡亚等采用乔克西等的段塞流模型并进行了修正。典型的段塞单元结构如图4-52所示。

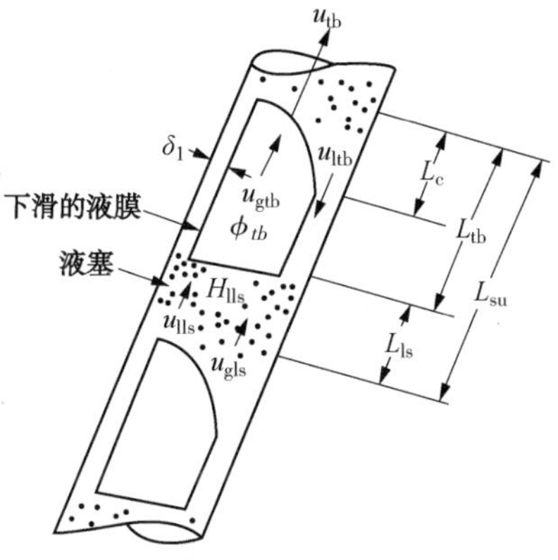

图 4-52　倾斜管中向上流动的段塞流

在以速度 u_{tb} 移动的段塞单元上，根据液体质量平衡可得：

$$u_{sl} = u_{tb}(L_{ls}/L_{su})(1 - \phi_{ls}) + u_{tb}(1 - L_{ls}/L_{su})(1 - \phi_{tb}) - (u_{tb} - u_{lls})(1 - \phi_{ls}) \tag{4-729}$$

假定液塞密度为常数，在液塞过流断面上应用混合物的体积平衡可得：

$$u_m = u_{lls}(1 - \phi_{ls}) + u_{gls}\phi_{ls} \tag{4-730}$$

由于液塞溢出的液量与相对于气泡下滑的液膜中的液量相等，即

$$(u_{tb} - u_{lls})(1 - \phi_{ls}) = (u_{tb} - u_{ltb})(1 - \phi_{tb}) \tag{4-731}$$

式(4-729)~式(4-731)中包含 7 个未知量，即液塞空隙率 ϕ_{ls}、气塞空隙率 ϕ_{tb}、泰勒气泡平移速度 u_{tb}、液膜下滑速度 u_{ltb}、液塞中气泡的速度 u_{gls}、液塞中液体的速度 u_{lls} 和 L_{ls}/L_{su}。为了使模型封闭，还需要 4 个关系式，分别介绍如下。

泰勒泡沫平移速度 u_{tb} 为静止液体中单个长气泡的上升速度 u_0（漂移速度）液塞轴线速度之和，即

$$u_{tb} = C_0 u_m + u_0 \tag{4-732}$$

对于倾斜流管，本迪克森提出了漂移速度相关式为：

$$u_0 = (0.35\sin\theta + 0.54\cos\theta)\sqrt{g(\rho_l - \rho_g)D/\rho_l} \tag{4-733}$$

对于依赖倾斜角的流动系数 C_0，卡亚等采用阿尔维斯给出的值，见表 4-22。

表 4-22　不同倾斜角范围的流动系数

倾斜角/(°)	10~50	50~60	60~90
流动系数	0.05	0.15	0.25

液膜下滑速度 u_{ltb} 与恒定液膜厚度的关系可用布罗茨公式表示。假定液膜中无气泡且泰勒气泡呈圆柱形，则 u_{ltb} 可以由气塞的空隙率表达，即

$$u_{ltb} = -9.916\sqrt{gD(1 - H_{ltb})} \tag{4-734}$$

液塞中气泡的速度 u_{gls} 为：

$$u_{gls}=C_0u_m+C_s\left[\frac{g\sigma(\rho_l-\rho_g)}{\rho_l^2}\right]^{0.25}\sqrt{\sin\theta} \tag{4-735}$$

朱伯等人通过理论和实验研究指出，当速度和空隙率均匀分布时，C_0 接近常数。乔克西等定义 $C_0=1.08$，卡亚等也采用了该值，朱伯等人建议 $C_s=1.41$，乔克西等和坦格斯达尔等的段塞流模型采用了该值，卡亚等也如此。

考虑到压降计算的影响，使方程组闭合的最后一个也是最有意义的一个关系式为液塞空隙率 ϕ_{ls}。坦格斯达尔等人曾根据段塞单元上总的气体质量平衡提出了一个关于 ϕ_{ls} 的改进关系式，卡亚等对该关系式进行了修正使其能够适用于斜井，即

$$\phi_{ls}=\frac{u_{sg}}{1.208u_m+1.41\left[\frac{g\sigma(\rho_l-\rho_g)}{\rho_l^2}\right]^{0.25}\sqrt{\sin\theta}} \tag{4-736}$$

由式(4-729)~式(4-732)以及式(4-734)~式(4-736)7个方程组求解7个未知量的方法如下：由式(4-732)和式(4-736)求出 u_{tb} 和 ϕ_{ls} 之后，再由式(4-730)和式(4-735)求出 u_{lls} 和 u_{gls}，然后由式(4-731)和式(4-734)求出 ϕ_{tb} 和 u_{ltb}，最后由式(4-729)求出 L_{ls}/L_{su}。

由于段塞单元不是一个均质结构，因此，沿管线轴线的压降不是常数。当忽略气塞上的压降时，则可应用段塞单元上总的力平衡或液塞上的动量平衡计算压降。假定气塞区重力与剪切力相等，则可认为气塞中的压力为常数，这样，忽略加速压降后，段塞单元上的总的压降为液塞区重位压降与摩阻压降之和，即

$$\frac{dp}{dL}=\frac{L_{ls}}{L_{su}}\rho_{ls}g\sin\theta+\frac{L_{ls}}{L_{su}}\frac{f_m\rho_{ls}u_m^2}{2D} \tag{4-737}$$

其中的液塞密度 ρ_{ls} 由 ϕ_{ls} 计算：

$$\rho_{ls}=\rho_l(1-\phi_{ls})+\rho_g\phi_{ls} \tag{4-738}$$

式中的范宁摩阻系数 f_m 可由穆迪图和式(4-739)的雷诺数求得

$$Re_m=\rho_{ls}u_mD/\mu_{ls} \tag{4-739}$$

式中，液塞黏度 μ_{ls} 为：

$$\mu_{ls}=\mu_l(1-\phi_{ls})+\mu_g\phi_{ls} \tag{4-740}$$

由于液体速度的局部变化，段塞单元内存在加速和减速，但加速和减速作用相互抵消从而在整个段塞单元没有出现净加速压降。因此，在段塞单元中没有考虑加速压力梯度项。

(4) 搅动流动模型。

搅动流具有高度的无序性和混沌性，如图4-53所示。现有文献中没有可用的机械模型能预测其水力特性，通常是将段塞流的水力模型不加修改的直接用于搅动流。坦格斯达尔等曾对搅动流给出了修正的段塞流水力模型，卡亚等对该模型进行了修正并用于倾斜管。

卡亚针对搅动流修正了输送速度式(4-732)中的流动系数，由于搅动流是气液在紊流条件下高度不规则地运动，最大轴线速度可以由混合物的平均速度概算。坦格斯达尔等在他们的漂移搅动流模型中，重新整理了施密特的搅动流数据并给出了 $C_0=1.0$，卡亚等也采用了该值。对于漂移速度的计算，卡亚等采用本迪克森的相关值。

根据施密特和马吉德(Majeed)的搅动流数据对液塞空隙率的评价，可得

$$\phi_{ls} = \frac{u_{sg}}{1.126u_m + 1.41\left[\frac{g\sigma(\rho_l - \rho_g)}{\rho_l^2}\right]^{0.25}\sqrt{\sin\theta}} \tag{4-741}$$

搅动流水力模型的其他特性参数计算与段塞流模型相同。

(5) 环状流模型。

环状流可描述为液膜围绕夹带液滴气芯的流动，如图 4-54 所示。

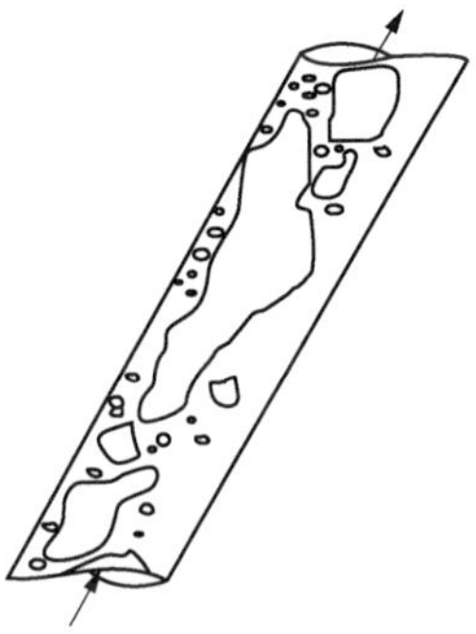

图 4-53 倾斜管中向上流动的搅动流

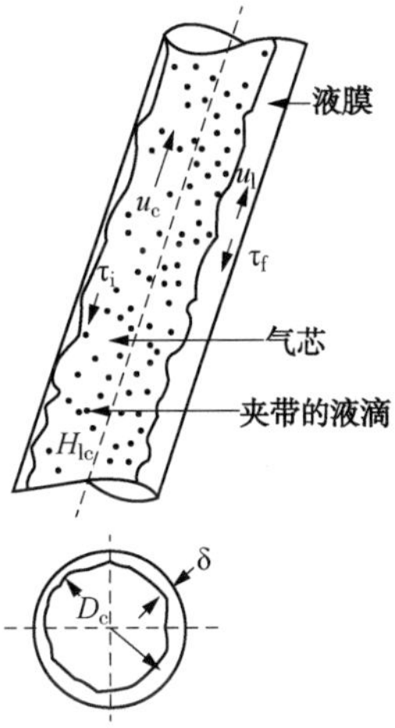

图 4-54 倾斜管中向上流动的环状流

对于倾斜管路，由于没有可用的环状流模型和充足的实验数据，因此，卡亚等采用安萨瑞模型处理，对气芯和液膜分别应用动量平衡可得：

$$\left(\frac{dp}{dL}\right)_c = \frac{Z}{(1-2\tilde{\delta})^5}\left(\frac{dp}{dL}\right)_{sc} + \rho_c g\sin\theta \tag{4-742}$$

$$\left(\frac{dp}{dL}\right)_f = \frac{(1-FE)^2}{64\tilde{\delta}^3(1-\tilde{\delta})^3}\left(\frac{f_f}{f_{sl}}\right)\left(\frac{dp}{dL}\right)_{sl} - \frac{Z}{4\tilde{\delta}(1-\tilde{\delta})(1-2\tilde{\delta})^3}\left(\frac{dp}{dL}\right)_{sc} + \rho_l g\sin\theta \tag{4-743}$$

由于液膜和气芯上压降相同，由式(4-732)和式(4-733)可得关于 $\tilde{\delta}$ 的一个隐式方程，即

$$\frac{Z}{4\tilde{\delta}(1-\tilde{\delta})(1-2\tilde{\delta})^5}\left(\frac{dp}{dL}\right)_{sc} - (\rho_l - \rho_c)g\sin\theta - \frac{(1-FE)^2}{64\tilde{\delta}^3(1-\tilde{\delta})^3}\left(\frac{f_f}{f_{sl}}\right)\left(\frac{dp}{dL}\right)_{sl} = 0 \tag{4-744}$$

解方程(4-744)所需要的相关式在环状流到段塞流的转变部分已经给出，不再赘述。解得 - 90° 之后，包括重位和摩阻压力梯度的总压力梯度即由式(4-742)和式(4-743)求出。加速压力梯度远小于由于波状界面产生的摩阻压力梯度，因此可以忽略。

3. 模型的评价

卡亚等利用 TUFFP 数据库中的 2052 组数据，采用平均百分误差 E_1、平均绝对百分误

差 E_2、平均百分误差的标准偏差 E_3、平均误差 E_4、绝对平均误差 E_5、平均误差的标准偏差 E_6，安萨瑞定义的相对性能系数 *PRF* 以及数据不收敛系数 *NC*8 各指标，分别对他们自己的、哈格多恩-布朗、乔克希等、坦格斯达尔等、阿济兹等、哈桑-卡比尔等、安萨瑞 7 种方法进行了评价，其结果见表 4-23。结果表明：他们自己的模型和 TUFFP 的数据达到了较好的一致性，性能最佳。

表 4-23　基于 TUFFP 数据库数据的评价结果

数据类型及组数	误差	计算方法						
		卡亚等	哈格多恩-布朗	乔克希等	坦格斯达尔等	阿济兹等	哈桑-卡比尔	安萨瑞等
全部数据 2052 组 顺流计算	E_1/%	-1.3	-0.8	-2.3	-1.2	-2.4	**-0.1**	-5.1
	E_2/%	**9.1**	9.9	9.9	9.2	12.9	13.3	12.5
	E_3/%	**12.7**	14.1	13.9	12.9	17.8	19.1	16.9
	E_4/%	**23.4**	-164.7	-43.4	-8.3	-111.7	-153.1	9.6
	E_5/%	**507.4**	606.7	524.7	515.0	690.9	757.0	599.2
	E_6/%	**887.4**	1028.0	903.2	892.2	1116.3	1232.8	959.8
	RPF	**0.216**	1.737	0.886	0.257	3.597	4.264	2.673
	NC	**54**	74	50	69	32	207	21
斜井 623 组	E_1/%	**1.0**	-2.5	1.6	2.0	-2.0	-1.5	2.9
	E_2/%	**6.2**	6.4	6.3	6.5	9.0	8.8	7.5
	E_3/%	8.8	9.2	**8.7**	8.8	11.4	12.1	9.5
直井 1429 组	E_1/%	-2.3	**-0.1**	-3.9	-2.5	-2.5	0.5	-8.5
	E_2/%	**10.3**	11.4	11.4	10.4	14.6	15.5	14.7
	E_3/%	**13.9**	15.7	15.3	14.0	20.0	21.6	18.2
段塞流 1267 组	E_1/%	-1.7	-0.9	-1.8	-1.7	**-0.8**	3.8	-5.7
	E_2/%	**10.4**	10.8	10.7	10.6	13.8	14.5	14.3
	E_3/%	**13.9**	15.2	14.3	14.1	18.6	19.8	17.6
搅动流 46 组	E_1/%	-3.1	-4.8	-26.7	**0.8**	-27.8	-35.4	-32.2
	E_2/%	**12.7**	15.6	27.2	**12.7**	37.2	36.3	36.6
	E_3/%	15.4	18.6	**13.1**	16.5	30.2	21.6	22.3
泡状流 44 组	E_1/%	-0.7	-1.6	-0.4	-0.8	-3.9	-3.8	-0.6
	E_2/%	**3.0**	4.1	3.4	3.2	5.3	5.3	3.3
	E_3/%	**3.9**	4.7	4.4	4.1	6.3	7.2	4.0
环状流 71 组	E_1/%	**-0.9**	10.6	-4.5	**-0.9**	4.3	-18.7	**-0.9**
	E_2/%	**9.5**	15.8	10.7	**9.5**	12.1	19.4	**9.5**
	E_3/%	**12.4**	16.4	15.1	**12.4**	16.1	13.2	**12.4**
全部数据 2052 组 逆流计算	E_1/%	0.9	-1.5	**-0.1**	1.2	-2.0	5.2	-5.2
	E_2/%	**15.1**	**15.1**	16.3	15.2	23.5	23.3	20.0
	E_3/%	21.9	**20.6**	23.6	21.8	32.0	33.5	26.0

注：黑体字为每行中的最小误差。

七、戈梅斯等的方法

2000 年戈梅斯、肖恩、施密特、乔克希和诺瑟格(Northug)在剖析过去三十多年发展起来的管线模型和井筒模型的基础上，对水平到垂直向上管路中稳态气液两相流动进行了系统的综合研究，给出了一个统一的机械模型。该模型由一个流动形态预测模型和分层流、段塞流、泡状流、环状流及分散泡状流 5 个压降预测模型组成，并提供了新的流动形态判据，解决了不同流动形态之间转变的不连续问题，实现了流动形态的平滑转变。他们的方法可以预测 0°~90°所有倾斜角度下稳态气液两相流动的流动形态、持液率及压降，能够适用于垂直、倾斜和水平井以及接近水平和水平的管线。

1. 流动形态的判别

戈梅斯等认为巴尼的流动形态判别方法适用于各种倾斜角度的流动，即从向上垂直流动到向下垂直流动($-90° \leqslant \theta \leqslant +90°$)。先将可以应用的流动形态转变准则概述如下。

(1) 分层流与非分层流之间的转变。

分层流与非分层流之间的转变准则早先由泰特尔－杜克勒基于凯尔文－赫姆霍尔兹稳态分析提出的流动形态转变准则相同，即

$$F^2\left[\frac{1}{(1-\tilde{h}_1)^2}\frac{\tilde{u}_g^2 d\tilde{A}_1/d\tilde{h}_1}{\tilde{A}_g}\right] \geqslant 1 \tag{4-745}$$

式中的上标“~”表示无量纲参数。无量纲参数 F 由式(4-746)确定：

$$F=\sqrt{\frac{\rho_g}{(\rho_1-\rho_g)}}\frac{u_{sg}}{\sqrt{dg\cos\theta}} \tag{4-746}$$

(2) 段塞流与分散泡状流之间的转变。

段塞流与分散泡状流之间的转变发生在高速液流条件下。当液流速度很高时，湍流力超过界面张力，使得气塞破碎且分散成小气泡，由此导致的最大气泡直径为：

$$d_{max}=\left[4.15\left(\frac{u_{sg}}{u_m}\right)^{0.5}+0.725\right]\left(\frac{\sigma}{\rho_1}\right)^{0.6}\left(\frac{2f_m u_m^3}{d}\right)^{-0.4} \tag{4-747}$$

在此需要考虑两种临界气泡直径。第一种是气泡无变形，因而避免了聚集或合并，此时临界直径为：

$$d_{cd}=2\left[\frac{0.4\sigma}{(\rho_1-\rho_g)g}\right]^{0.5} \tag{4-748}$$

第二种是在稍微倾斜(±10°)的管线中流动时，如果气泡直径大于某一临界直径，则由于浮力作用，气泡会浮到管线的上方而导致形成段塞流，这一临界直径为：

$$d_{cb}=\frac{3}{8}\frac{\rho_1}{(\rho_1-\rho_g)}\frac{f_m u_m^3}{g\cos\theta} \tag{4-749}$$

当由式(4-747)所求得的最大气泡直径小于上述两种临界直径时，段塞流将转变为分散泡状流，即

$$d_{max}<d_{cd}，且\ d_{max}<d_{cb} \tag{4-750}$$

当空隙率 $\phi \leqslant 0.52$ 时，由式(4-750)给出的转变界限是有效的，此处 $\phi=0.52$ 是一

个立方体单元内填充最大直径气泡时的值。当空隙率较大时，气泡将不再受湍流力的控制而发生聚集和合并，最终转变为段塞流，流动形态转变的临界空隙率为：

$$\phi_{ns}=\frac{u_{sg}}{u_{sg}+u_{sl}}=0.52 \tag{4-751}$$

式中 ϕ_{ns}——无滑脱空隙率。

(3) 环状流与段塞流之间的转变。

环状流的液相堵塞气芯时将转变为段塞流，该转变的两种机理都基于环状流的液膜结构特征。

① 由于液膜沿管壁向下流动而引起的液膜不稳定性。产生不稳定液膜的判据为下述两个无量纲联立方程的解，即

$$Y=\frac{1+75H_L}{(1-H_L)^{2.5}H_L}-\frac{1}{H_L^3}X^2 \tag{4-752}$$

$$Y\geqslant\frac{2-(3/2)H_L}{H_L^3[1-(3/2)H_L]}X^2 \tag{4-753}$$

其中，洛克哈特－马蒂内利参数 X 和无量纲重力参数 Y 分别由式(4-754)和式(4-755)定义，即

$$X^2=\frac{\dfrac{4C}{d}\left(\dfrac{\rho_l u_{sl} d}{\mu_l}\right)^{-n}\dfrac{\rho_l u_{sl}^2}{2}}{\dfrac{4C_g}{d}\left(\dfrac{\rho_g u_{sg} d}{\mu_g}\right)^{-n}\dfrac{\rho_g u_{sg}^2}{2}}=\frac{\left(\dfrac{dp}{dL}\right)_{sl}}{\left(\dfrac{dp}{dL}\right)_{sg}} \tag{4-754}$$

$$Y=\frac{(\rho_l-\rho_g)g\sin\theta}{\left(\dfrac{dp}{dL}\right)_{sg}} \tag{4-755}$$

注意：式(4-752)解出稳态持液率，而式(4-753)解出满足液膜不稳定性条件持液率。

② 由于液膜供应的大量液体而引起的界面波发育。如果能够提供足够的液体，界面波将不断发育以致桥塞管道，形成段塞流。该机理发生的条件为：

$$H_L\geqslant 0.24 \tag{4-756}$$

满足上述两个判据之一时，环状流将转变为段塞流。当倾斜角在整个倾斜范围内变化或管路操作条件改变时，两种流动机理之间将发生平滑的转变。

(4) 泡状流与段塞流之间的转变。

与从段塞流到分散泡状流的转变相比，泡状流到段塞流的转变发生在液流速度相对较低的情况下，若忽略湍流力，则转变是由气泡在临界空隙率 $\phi=0.25$ 时的聚并引起的，即

$$u_{sl}=\frac{1-\phi}{\phi}u_{sg}-1.53(1-\phi)^{0.5}\left[\frac{g(\rho_l-\rho_g)\sigma}{\rho_l^2}\right]^{0.25}\sin\theta \tag{4-757}$$

只要管径 $d>19[g(\rho_l-\rho_g)\sigma/\rho_l^2]^{0.5}$，并且管路倾角在60°～90°之间，泡状流就能存在于由式(4-757)所给定的低液流速度区域。

2. 流动形态转变不连续性的消除

由于不同流动形态转变界限的交叉性，导致预测多相流动压力分布的机械模型产生极

为明显的不连续问题，用不同的模型来预测不同流动形态的持液率和压降也会导致结果的不连续。为此，戈梅斯等使用下面的判据来消除不同模型之间的不连续问题。

(1) 段塞流与泡状流以及段塞流与分散泡状流之间的转变。

在段塞流到泡状流或者分散泡状流的转变边界附近，液塞体后面的液膜－气塞区长度 L_f 变小，较短的液膜－气塞长度能阻止段塞流的形成。这样，当所预测的段塞流接近流型转变边界时，可以采用下面的准则来解决相应的不连续问题。

$$\text{流动形态}\begin{cases}\text{泡状流} & L_f \leqslant 1.2d \text{ 且 } u_{sl} \leqslant 0.6\text{m/s} \\ \text{分散泡状流} & L_f \leqslant 1.2d \text{ 且 } u_{sl} > 0.6\text{m/s}\end{cases} \tag{4-758}$$

式(4-758)中，液膜长度与管径的比值 $L_f/d = 1.2$ 所依据的机理是：一旦泰勒气泡长度接近管线直径时，它就会变得不稳定并且可能破碎成小气泡。当液相折算速度较高时，湍流力强，气泡容易破碎和分散，段塞流就会转变为分散泡状流；当液相折算速度较低时，湍流力弱，小气泡容易聚并成较大的气泡，段塞流就会转变为泡状流。

(2) 段塞流与环状流之间的转变。

段塞流与环状流转变的边界存在双重不连续问题。首先，段塞流和环状流之间的压力梯度存在不连续性；其次，如果所预测的段塞流接近流型转变的边界时，由于高速气流的影响，液膜－气塞区变长，导致液膜厚度很薄，趋近于零，从而阻止段塞流的形成。为了解决双重不连续问题，戈梅斯等根据气相折算速度来判别段塞流与环状流之间的转变，并采用泰特尔等人所用液滴模型中的临界速度来预测其转变域，即

$$u_{sgcrit} = 3.1\left[\frac{\sigma g\sin\theta(\rho_l - \rho_g)}{\rho_g^2}\right]^{0.25} \tag{4-759}$$

于是，对于给定的液相折算速度，段塞流与环状流之间转变的依据为气相折算速度大于式(4-759)所给的临界速度，而小于由巴尼模型预测的环状流转变界限处的气相折算速度。因此，当所预测的段塞流处于转变域时，其压力梯度由段塞流和环状流的压力梯度平均求得。其相应的段塞流压力梯度由给定的液相折算速度和式(4-759)所给的临界气相速度计算。同样，相应的环状流压力梯度由给定的液相折算速度和由巴尼模型预测的环状流转变界限处的气相折算速度计算。这种平均方法消除了数值不连续问题，确保了段塞流与环状流转变界限处压力梯度的平滑性。

3. 分层流模型

分层流的物理模型如图 4-55 所示。戈梅斯等对此采用了修正的泰特尔－杜克勒模型，他们引入的两个修正是：由欧阳(Ouyang)－阿济兹定义的液体与管壁摩阻系数和贝克等人给出的临界摩阻系数。

(1) 动量平衡方程。

液相和气相的动量平衡方程分别为：

$$-A_l\frac{dp}{dL} - \tau_{wl}S_l + \tau_i S_i - \rho_l A_l g\sin\theta = 0 \tag{4-760}$$

$$-A_g\frac{dp}{dL} - \tau_{wg}S_g - \tau_i S_i - \rho_g A_g g\sin\theta = 0 \tag{4-761}$$

消去式(4-760)和式(4-761)中的压力梯度，得

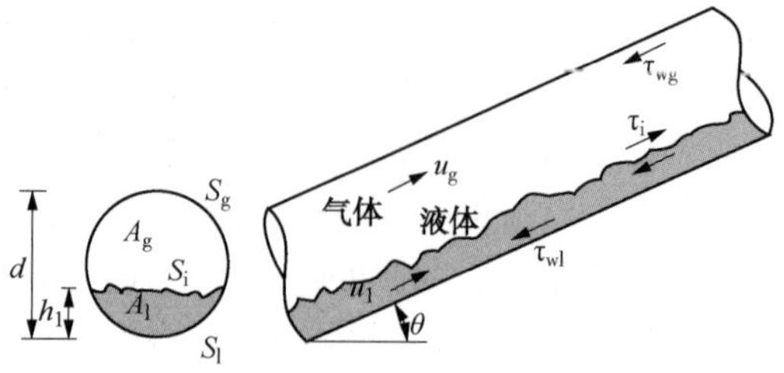

图 4-55　分层流的物理模型

$$\tau_{wl}\frac{S_l}{A_l}-\tau_{wg}\frac{S_g}{A_g}-\tau_i S_i\left(\frac{1}{A_l}+\frac{1}{A_g}\right)+(\rho_l-\rho_g)g\sin\theta=0 \tag{4-762}$$

式(4-762)是关于管中液位 h_l(或 h_l/d)的隐式方程，需要依据几何关系、速度和剪切力用试算法求解。在高速气液流情况下它会有多个解，此时三个解中的最小值就是实际解。

一旦确定出 h_l/d 的值，持液率 H_L 即可通过几何关系由式(4-763)直接求出，即

$$H_L=\frac{\pi-\cos^{-1}\left(2\frac{h_l}{d}-1\right)+\left(2\frac{h_l}{d}-1\right)\sqrt{1-\left(2\frac{h_l}{d}-1\right)^2}}{\pi} \tag{4-763}$$

确定出持液率 H_L 后，压力梯度可以由式(4-760)或式(4-761)求出，两式中都只考虑到了摩阻和重位压力损失，忽略了加速压力损失。

(2) 闭合关系式。

气液相与管壁的剪切力可用水力直径根据单相流分析给出，即

$$\tau_{wl}=f_l\frac{\rho_l u_l^2}{2},\quad \tau_{wg}=f_g\frac{\rho_g u_g^2}{2} \tag{4-764}$$

液相和气相的水力直径为：

$$d_l=\frac{4A_l}{S_l},\quad d_g=\frac{4A_g}{S_g+S_i} \tag{4-765}$$

各相的雷诺数为：

$$Re_l=\frac{d_l u_l\rho_l}{\mu_l},\quad Re_g=\frac{d_g u_g\rho_g}{\mu_g} \tag{4-766}$$

泰特尔-杜克勒曾提出，液相、气相摩阻系数可以通过标准摩阻系数图表求出，而欧阳-阿济兹发现，这种方法仅适用于气相。这是由于液相与管壁摩阻系数受界面剪切力的影响很大，尤其是在持液率很低的情况下。因此，戈梅斯等提出气相摩阻系数由标准图表计算，而液相摩阻系数由欧阳-阿济兹提出的包含气液相流速的新相关式计算，即

$$f_g=\begin{cases}\dfrac{16}{Re_g} & Re_g\leqslant 2300\\[2ex] 0.001375\left[1+\left(2\times10^4\dfrac{\varepsilon}{d}+\dfrac{10^6}{Re_g}\right)^{1/3}\right] & Re_g>2300\end{cases} \tag{4-767}$$

$$f_l=\frac{1.6291}{Re_l^{0.5161}}\left(\frac{u_{sg}}{u_{sl}}\right)^{0.0926} \tag{4-768}$$

界面剪切力为：

$$\tau_i = f_i \frac{\rho_g(u_g - u_l)|u_g - u_l|}{2} \tag{4-769}$$

层状流的界面摩阻系数为气相和管壁的摩阻系数，而波状流的界面摩阻系数，肖等建议采用贝克等人给出的值。

4. 段塞流模型

戈梅斯等的段塞流模型采用了泰特尔–巴尼对段塞流的综合分析，即液膜沿液膜–气塞区呈均匀分布；压降计算中采用段塞单元的总动量平衡式；液塞体的持液率计算采用戈梅斯等的新相关式；戈梅斯等假定倾斜86°~90°的管路中泰勒气泡周围具有对称的液膜，从而将泰特尔–巴尼的原始模型扩展到铅直流动。这样便大大化简了原始模型，既避免了沿液膜区的数值积分，在实际应用中又具有足够的精度。段塞流的物理模型如图4-56所示。

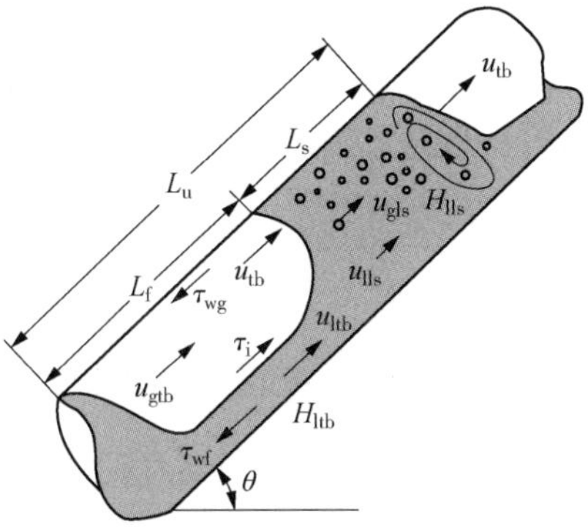

图4-56 段塞流的物理模型

（1）质量平衡方程。

由段塞单元上全部液相质量平衡可得：

$$u_{sl} = u_{lls}H_{lls}\frac{L_s}{L_u} + u_{ltb}H_{ltb}\frac{L_f}{L_u} \tag{4-770}$$

同样，质量平衡也可应用于液塞区和液膜区的两个过流断面处，在以输送速度 u_{tb} 移动的坐标系统中可以得：

$$(u_{tb} - u_{lls})H_{lls} = (u_{tb} - u_{ltb})H_{ltb} \tag{4-771}$$

因在段塞单元任一过流断面上的气液总体积流量守恒，所以在液塞区和液膜区的过流断面上，有

$$u_m = u_{sl} + u_{sg} = u_{lls}H_{lls} + u_{gls}(1 - H_{lls}) \tag{4-772}$$

$$u_m = u_{ltb}H_{ltb} + u_{gtb}(1 - H_{ltb}) \tag{4-773}$$

由于其他变量都可以通过闭合关系式给出，所以式(4-772)可以用来计算液塞区的液相速度 u_{lls}。给定液膜区的持液率 H_{ltb} 后，式(4-771)可以用来计算液膜区的液相速度。同样，也可以用式(4-773)计算气塞区的气相速度 u_{gtb}。

段塞单元的平均持液率定义为：

$$H_{LU} = \frac{H_{lls}L_s + H_{ltb}L_f}{L_u} \tag{4-774}$$

利用式(4-770)~式(4-772)，段塞单元的平均持液率表达式变为：

$$H_{LU} = \frac{u_{tb}H_{lls} + u_{gls}(1 - H_{lls}) - u_{sg}}{u_{tb}} \tag{4-775}$$

式(4-775)表明段塞单元的平均持液率与段塞单元内各区域的长度无关。

（2）液膜的水力方程。

由于假定液膜厚度是均匀的，所以对液膜–气塞区可以得出与分层流类似的复合动量

方程式，即

$$\frac{\tau_{wf}S_f}{A_l}-\frac{\tau_{wg}S_g}{A_g}-\tau_iS_i\left(\frac{1}{A_f}+\frac{1}{A_g}\right)+(\rho_l-\rho_g)g\sin\theta=0 \tag{4-776}$$

用试算法求解式(4-776)可得液膜区的平均夜膜厚度或持液率 H_{ltb}，进而求得液塞区以及液膜-气塞区的气相、液相速度。

液膜长度由式(4-777)给出：

$$L_f=L_u-L_s \tag{4-777}$$

给出闭合关系式之一的液塞长度 L_s 后，由式(4-770)可得段塞单元长度 L_u 为：

$$L_u=L_s\frac{u_{lls}H_{lls}-u_{ltb}H_{ltb}}{u_{sl}-u_{ltb}H_{ltb}} \tag{4-778}$$

(3) 压降预测。

段塞单元上的压降可由段塞单元总的力平衡方程计算。由于进出段塞单元控制体的动量守恒，所以通过具有均匀液膜段塞单元控制体的压降为：

$$\frac{\mathrm{d}p}{\mathrm{d}L}=\rho_u g\sin\theta+\frac{\tau_s\pi d}{A}\frac{L_s}{L_u}+\frac{\tau_{wf}S_f+\tau_{wg}S_g}{A}\frac{L_f}{L_u} \tag{4-779}$$

式(4-779)中的段塞单元平均密度 ρ_u 由式(4-780)给出：

$$\rho_u=H_{LU}\rho_l+(1-H_{LU})\rho_g \tag{4-780}$$

式(4-779)等号右边第一项为重位压力梯度，第二项、第三项分别为液塞区和液膜-气塞区的摩阻压力梯度，式中没有加速压力梯度。

(4) 闭合关系式。

欲求解上面给出的模型，还需要液塞长度 L_s、液塞区的持液率 H_{lls}、段塞输送速度 u_{tb} 和液塞区的气相速度 u_{gls} 4 个量才能使模型闭合可解。

在水平和垂直管流中完全发达且稳定的液塞，其长度分别取 $L_s=30d$ 和 $L_s=20d$；倾斜管流的液塞长度按倾斜角度加权平均；而对于水平和接近水平($\theta=\pm1°$)的大直径($d>$ 50.8mm)管线，则由斯科特等人提出的相关式确定，即

$$\ln\left(\frac{L_s}{0.3048}\right)=-25.4+28.5\left[\ln\left(\frac{d\times10^3}{25.4}\right)\right]^{0.1} \tag{4-781}$$

液塞的持液率 H_{lls} 用戈梅斯等提出的统一相关式确定，即

$$H_{lls}=\exp[-(7.85\times10^{-3}\theta+2.48\times10^{-6}Re_{sl})] \qquad 0°\leqslant\theta\leqslant90° \tag{4-782}$$

其中，液塞的折算雷诺数为：

$$Re_{sl}=\frac{\rho_l u_m d}{\mu_l} \tag{4-783}$$

段塞输送速度 u_{tb} 由本迪克森相关式给出：

$$u_{tb}=1.2u_m+(0.542\sqrt{gd}\cos\theta+0.351\sqrt{gd}\sin\theta) \tag{4-784}$$

液塞区的气相速度 u_{gls} 由哈桑-卡比尔提出的方法确定，如式(4-801)和式(4-802)，该计算方法需要用到液塞的持液率 H_{lls}。

5. 环状流模型

戈梅斯等将阿尔维斯等最初用于铅直或接近铅直管流的环状流模型拓展到 0°~90°的

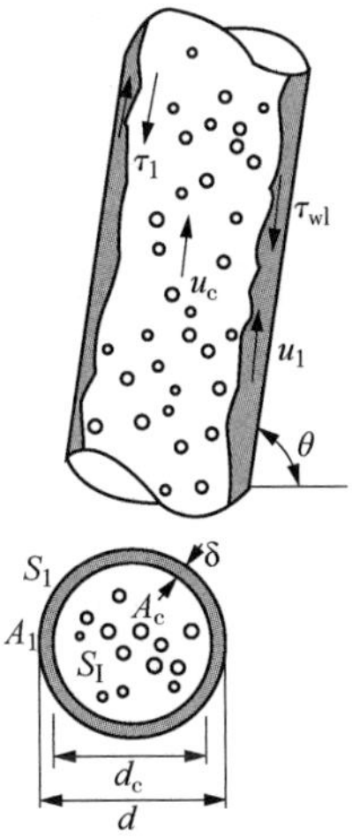

图 4-57　环状流的物理模型

倾斜管流，环状流的物理模型如图 4-57 所示。

环状流与分层流都属于分离流动，两者的模型相类似，其区别在于有不同的几何形状和闭合关系式，且环状流的气芯中夹带有液体。

(1) 动量平衡方程。

液膜和气芯的线性动量平衡方程为：

$$-\tau_{wf}\frac{S_f}{A_f}+\tau_i\frac{S_i}{A_f}-\left(\frac{dp}{dL}\right)_f-\rho_l g\sin\theta=0 \qquad (4-785)$$

$$-\tau_i\frac{S_i}{A_c}-\left(\frac{dp}{dL}\right)_c-\rho_c g\sin\theta=0 \qquad (4-786)$$

消去式(4-785)和式(4-786)中的压力梯度，则得环状流的复合动量方程，即

$$\tau_{wf}\frac{S_f}{A_f}-\tau_i S_i\left(\frac{1}{A_f}+\frac{1}{A_c}\right)+(\rho_l-\rho_g)g\sin\theta=0 \qquad (4-787)$$

式(4-787)是关于液膜厚度 δ（或 δ/d）的隐式方程，当给定几何关系、速度和闭合关系式后，可用试算法求解。

(2) 质量平衡方程。

液膜和气芯速度可根据简单的质量平衡计算如下：

$$u_f=u_{sl}\frac{(1-FE)d^2}{4\delta(d-\delta)} \qquad (4-788)$$

$$u_c=\frac{(u_{sg}+u_{sl}FE)d^2}{(d-2\delta)^2} \qquad (4-789)$$

气芯的空隙率、平均密度及黏度分别为：

$$\phi_c=\frac{u_{sg}}{u_{sg}+u_{sl}FE} \qquad (4-790)$$

$$\rho_c=\rho_g\phi_c+\rho_l(1-\phi_c) \qquad (4-791)$$

$$\mu_c=\mu_g\phi_c+\mu_l(1-\phi_c) \qquad (4-792)$$

(3) 闭合关系式。

液体与管壁的剪切力仍然用水力直径由单相流动公式求出。

环状流模型中最难的工作是确定界面剪切力 τ_i 和液体夹带率 FE，即使在水平或铅直管流中也是个尚未解决的难题。

环状流界面剪切力的定义为：

$$\tau_i=f_i\rho_c\frac{(u_c-u_f)|u_c-u_f|}{2} \qquad (4-793)$$

阿尔维斯等建议界面摩阻系数由式(4-794)表示：

$$f_i=f_{sc}I \qquad (4-794)$$

式(4-794)中的摩阻系数 f_{sc} 可由管线中只有气芯流动时求得。计算 f_{sc} 需要知道气芯的折算

速度($u_{sc}=u_{sg}+FEu_{sl}$)、气芯平均密度和黏度[式(4-791)和式(4-792)]. 界面相关参数 I 表示界面粗糙度的影响。阿尔维斯等仅对垂直管流给出了 I 的不同表达式。戈梅斯等提出参数 I 用水平相关参数 I_h 和铅直相关参数 I_v 按倾斜角度 θ 平均求得，即

$$I_\theta = I_h \cos^2\theta + I_v \sin^2\theta \tag{4-795}$$

恒斯托克(Henstock)和汉拉蒂给出的水平相关参数式为：

$$I_h = 1 + 850F_a \tag{4-796}$$

其中

$$F_a = \frac{[(0.707Re_{sl}^{0.5})^{2.5} + (0.0379Re_{sl}^{0.9})^{2.5}]^{0.4}}{Re_{sg}^{0.9}} \frac{u_l}{u_g}\left(\frac{\rho_l}{\rho_g}\right)^{0.5} \tag{4-797}$$

沃利斯给出的垂直相关参数式为：

$$I_v = 1 + 300\frac{\delta}{d} \tag{4-798}$$

夹带率 FE 也由沃利斯相关式给出，即

$$FE = 1 - \exp[-0.125(\psi - 1.5)] \tag{4-799}$$

其中

$$\psi = 10^4 \frac{u_{sg}\mu_g}{\sigma}\left(\frac{\rho_g}{\rho_l}\right)^{0.5} \tag{4-800}$$

6. 泡状流模型

在井筒倾斜角的整个范围内，泡状流中气泡上升的速度方向和流动方向一致，可将哈桑－卡比尔的泡状流模型拓展为统一泡状流模型，如图 4-58 所示。

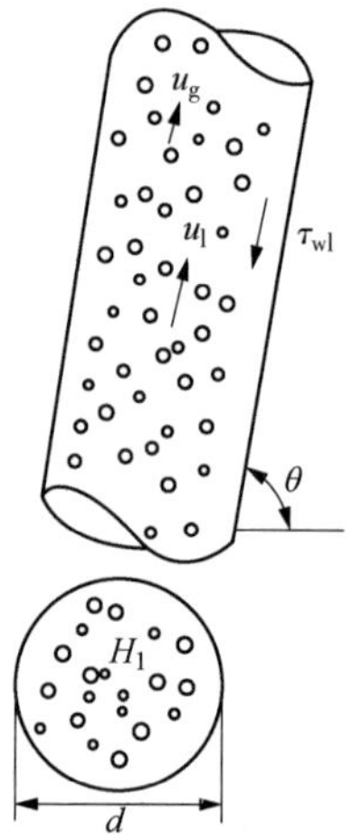

图 4-58　泡状流的物理模型

气相速度为：

$$u_g = C_0 u_m + u_{0\infty}\sin\theta H_L^{0.5} \tag{4-801}$$

式中　C_0——速度分布系数；

$u_{0\infty}$——气泡上升速度；

$H_L^{0.5}$——气泡群相关项。

按照乔克希等的建议，取 C_0 为 1.15。$u_{0\infty}$ 由汉拉蒂给出，即

$$u_{0\infty} = 1.53\left[\frac{g\sigma(\rho_l - \rho_g)}{\rho_l^2}\right]^{0.25} \tag{4-802}$$

用气相折算速度代替气相速度，得：

$$\frac{u_{sg}}{1 - H_L} = C_0 u_m + u_{0\infty}\sin\theta H_L^{0.5} \tag{4-803}$$

为了确定持液率 H_L，式(4-803)需采用数值求解。

一旦求得持液率，重位压力梯度和摩阻压力梯度都可直接解出。

7. 分散泡状流模型

戈梅斯等的分散泡状流模型采用沃利斯的均质无滑动模型，该模型的细节不再赘述。

8. 检验和评价

戈梅斯等的方法是在剖析前人模型的基础上，对水平到垂直向上管路中气液两相不同流动型态的流动机理和特点进行了深入系统的综合研究后提出的。为了检验其有效性和实用性，他们用实验室及现场数据对自己的方法进行了检验与评价。

(1) 有效性检验。

首先，戈梅斯等人从已发表的文献中收集了260组数据，从TUFFP数据库抽出了75组数据(表4-24)，分别对他们所给的四种流动型态模型的压降和持液率计算方法进行了检验，结果见表4-25。

表4-24　戈梅斯等的不同流动型态模型有效性检验的基础数据

流动型态	数据来源	倾斜角度/(°)	管线直径/mm	流体	液体密度/(kg/m^3)	压力/kPa	数据组数
分层流	米纳米(Minami)	0	76	空气-煤油/水	801/1000	345	100
段塞流	纽兰德等(Nuland)	10~60	102	稠密气 SF_6-石油	820	1000	52
段塞流	费利佐拉等(Felizala)	0~90	51	空气-煤油	801	1724	72
段塞流	施米特	90	51	空气-煤油	801	1551	15
泡状流	卡埃塔诺等(Caetana)	90	42/76(环空)	空气-煤油/水	801/1000	310	19
环状流	阿尔维斯等	90	64	天然气/原油	432	12066	2+75

表4-25　戈梅斯等的不同流动型态模型有效性的检验结果

流动型态	数据来源	倾斜角度/(°)	压力梯度		持液率	
			平均误差/%	平均绝对误差/%	平均误差/%	平均绝对误差/%
分层流	米纳米	0	—	—	-20.8	33.5
段塞流	纽兰德等	10~60	7.5	10.2	-6.7	9.6
段塞流	费利佐拉等	0~90	20.6	25.0	0.6	13.2
段塞流	施米特	90	—	—	-9.3	15.0
泡状流	卡埃塔诺等	90	—	—	-2.3	2.7
环状流(2组)	阿尔维斯等	90	1.5	1.5	—	—
环状流(75组)	阿尔维斯等	90	-0.9	9.8	—	—

由表4-25可以看出，用米纳米的持液率数据检验分层流模型，平均误差和平均绝对误差分别为-20.8%和33.5%；与米纳米曾经对泰特尔－杜克勒模型的检验结果相比，可以看出戈梅斯等对分层流模型中液壁摩阻系数和界面摩阻系数所做的修正，提高了分层流模型的预测精度。

段塞流模型所用的检验数据来自3篇文献，纽兰德等提供了倾斜0°，20°，45°，60°和90°下的持液率和压降数据；费利佐拉等提供了详细的段塞特征以及从10°~90°每10°为一间隔的全范围持液率和压降数据；施米特的数据为铅直流动持液率数据。从表4-25

可以看出，戈梅斯等的段塞流模型对持液率和压力梯度的预测都得到较好的一致性，其持液率的预测结果更为准确。

泡状流模型用卡埃塔诺等的数据检验，因该数据是在环空中测得的，因此仅限于持液率计算方法的检验，结果显示了极好的一致性，平均误差为-2.3%，平均绝对误差为2.7%。

用阿尔维斯等提供的2组新的现场数据和从TUFFP井筒数据库抽出的75组数据，对环状流模型的压力梯度计算方法进行了检验，平均误差分别为1.5%和-0.9%，具有很好的一致性。

其次，戈梅斯等用由安萨瑞等提供的TUFFP井筒数据库中的1723组数据，检验了他们所给整个统一模型的有效性。TUFFP井筒数据包含垂直和倾斜的实验室和现场数据，数据范围：管径为25.4~203.2mm；原油产量为0~4292.7m^3/d；天然气产量为0~3114.9m^3/d；原油密度为581~1012kg/m^3。与此同时，戈梅斯等利用该数据库对安萨瑞等、乔克希等、丹斯－若斯、贝格斯－布里尔、哈桑－卡比尔和格里菲斯－沃利斯修正的哈格多恩－布朗6种方法作了评价。结果表明，戈梅斯等的方法显示了很好的整体性能，平均误差和平均绝对误差分别为-3.8%和12.6%。由于该数据库包括约400组数据是哈格多恩－布朗为建立模型而收集的，所以哈格多恩－布朗的平均误差和平均绝对误差分别仅为1.2%和9.3%，是所有方法中误差最小的，但客观的比较应该排除这些数据点。

（2）实用性评价。

戈梅斯等用英国及挪威国家石油公司提供的86口定向井现场数据，系统地评价了他们提出的统一模型在现场条件下的整体性能。石油公司提供的数据分2批：第一批数据共21组，第二批数据共65组。

戈梅斯等用第一批的21组数据对他们给出的统一模型的压降预测性能进行了评价，并与乔克希等、哈格多恩－布朗以及安萨瑞等的模型性能进行了对比(表4-26)，结果表明，戈梅斯等的统一模型预测的结果与现场数据具有很好的一致性，平均误差为-5.2%，平均相对误差为13.1%。

表4-26　现场数据评价统一模型和其他模型的性能

压差计算方法	误差统计参数			
	平均误差/%	平均误差的标准偏差	平均绝对误差/%	平均绝对误差的标准偏差
戈梅斯等	-5.2	14.7	13.1	8.1
乔克希等	-10.5	12.2	12.3	10.3
哈格多恩-布朗	-11.7	12.1	14.5	8.3
安萨瑞等	-16.1	14.0	17.5	12.0

注：数据组数，21组；气油比范围，60.5~1030m^3/m^3；含水率范围，0~87%。

戈梅斯等用全部86组现场数据，对他们给出的统一模型的整体性能做了评价，并与乔克希等模型预测的精确性做了比较(表4-27)，结果表明，统一模型的预测结果和现场数据达到了较好的一致性，平均误差为-1.3%，平均绝对误差为5.5%。另外，戈梅斯等对他们给出的统一模型做了油井倾斜角度、采油方式和管线直径的敏感性分析，统一模型显示了很好的性能，除了3口小直径油井之外，其性能均比乔克希等的模型好。

表 4-27　统一模型的整体性能和敏感性分析结果

分类方式	油井描述	井数	戈梅斯等的模型				乔克希等的模型			
			平均误差/%	平均误差标准偏差	平均绝对误差/%	平均绝对误差标准偏差	平均误差/%	平均误差标准偏差	平均绝对误差/%	平均绝对误差标准偏差
倾斜角度/(°)	90	3	1.7	2.7	2.5	1.3	7.4	4.0	7.4	4.0
	0~90	19	-2.2	5.1	4.2	3.4	0.4	5.2	4.0	3.3
	45~90	64	-1.1	9.1	6.0	6.9	0.7	10.7	8.1	6.9
采油方式	自喷	59	0.1	4.1	3.2	2.5	4.6	4.7	5.7	3.4
	气举	27	-4.3	13.0	10.5	8.7	-7.2	12.4	10.5	9.6
管径/mm	73	3	-3.3	5.8	5.5	2.1	-0.9	4.6	3.5	2.0
	114.3	24	-0.1	10.8	5.9	9.0	1.7	9.5	7.3	6.1
	139.7	28	-3.3	8.8	6.7	6.4	-3.3	12.0	8.7	8.8
	177.8	31	-0.1	4.9	4.0	2.7	4.1	5.7	6.0	3.7
分类合计	86	-1.3	8.2	5.5	6.2	0.9	9.6	7.1	6.4	

数据库整体描述	数据组数	倾斜角度/(°)	管径/mm	产油量/(m^3/d)	产气量/(10^4m^3/d)	含水率/%
	86	0~90	73~177.8	12.6~423	0.1189~65.2561	0~80

戈梅斯等所给的统一模型的预测结果，是在没有对 *PVT* 模型或数据进行修正的条件下给出的，这为工业研究与设计提供了一个精确的两相流机械模型。

第四节　局部阻力的计算方法

在气液两相管道系统中，常装有突扩接头、突缩接头、弯头、阀门、三通等部件。气液两相流经这些管件时产生的阻力称为局部阻力。

管件的类型是多种多样的，但产生局部阻力的原因主要有以下几点：

(1) 气液两相流过管件时形成旋涡区，漩涡区内，流体质点之间发生摩擦与碰撞，因而造成能量损失；

(2) 气液两相流过管件时，其流速的大小和方向发生急剧变化，因而消耗能量；

(3) 在气液两相的界面之间发生能量交换，也必然伴随有能量损失。

由于气液两相在局部装置中的流动情况极为复杂，目前关于局部阻力的研究还不是很完善，现在扼要地介绍如下。

一、突扩接头的局部阻力

图 4-59 表示气液两相流过突扩接头的情况。由于流线只能是光滑曲线，因而在管壁和主流之间形成充满旋涡的死流区。现取 1-1 和 1-2 两个断面。1-1 断面的主流部分可以被认为缓变流动，他被周围的死流区所包围。2-2 断面取在流速不再变化的地方。

现将动量定理应用于1-1和2-2断面之间的气液两相流动。动量定理认为：单位时间内，物体沿轴向的动量增量等于该物体的同一方向所受外力的合力。

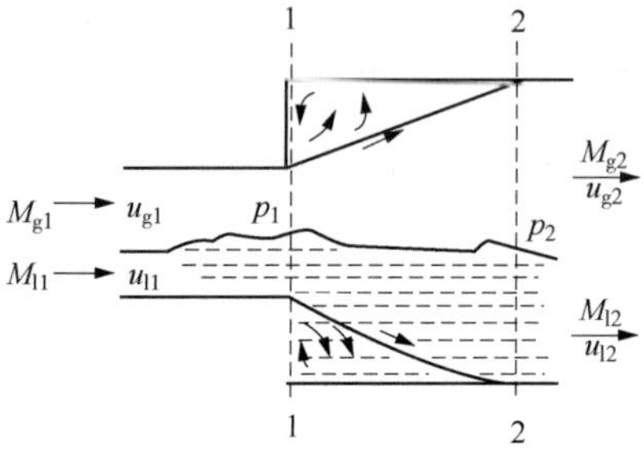

图4-59　突扩接头

单位时间内，气液两相沿轴向的动量增量为：

$$M_{g2}u_{g2}+M_{l2}u_{l2}-M_{g1}u_{g1}-M_{l1}u_{l1}$$

气液两相沿轴向所受外力包括：

(1) 作用在2-2断面上的总压力为p_2A_2；

(2) 作用在1-1断面上的总压力等于什么呢？考虑到主流部分是缓变流动，同时把旋涡区环形管壁对气液两相流的反作用力也假设为按水静压力分布。因此，作用在1-1断面上总压力为p_1A_2；

(3) 对于水平的突扩接头来说，重力沿轴向的分力为零；

(4) 对于流段很短，摩擦力可以忽略不计，所以，气液两相沿轴向所受外力的合力为$(p_1-p_2)A_2$。

根据动量定理有

$$M_{g2}u_{g2}+M_{l2}u_{l2}-M_{g1}u_{g1}-M_{l1}u_{l1}=(p_1-p_2)A_2 \tag{4-804}$$

再者，设气液两相之间没有质量交换，各自的密度没有明显变化，根据连续方程式，有：

$$M_{g1}=M_{g2}=Mx \tag{4-805}$$

$$M_{l1}=M_{l2}=M(1-x) \tag{4-806}$$

$$u_{g1}=\frac{M_{g1}}{\rho_gA_{g1}}=\frac{Mx}{\rho_gA_1\phi_1} \tag{4-807}$$

$$u_{g2}=\frac{M_{g2}}{\rho_gA_{g2}}=\frac{Mx}{\rho_gA_2\phi}=\frac{Mx}{\rho_gA_1\dfrac{A_2}{A_1}\phi_2} \tag{4-808}$$

$$u_{l1}=\frac{M_{l1}}{\rho_lA_{l1}}=\frac{M(1-x)}{\rho_lA_1(1-\phi_1)} \tag{4-809}$$

$$u_{l2}=\frac{M_{l2}}{\rho_lA_{l2}}=\frac{M(1-x)}{\rho_lA_2(1-\phi_2)}=\frac{M(1-x)}{\rho_lA_1\dfrac{A_2}{A_1}(1-\phi_2)} \tag{4-810}$$

将式(4-805)~式(4-810)代入式(4-804)，得：

$$Mx\frac{Mx}{\rho_gA_1\dfrac{A_2}{A_1}\phi_2}+M(1-x)\frac{M(1-x)}{\rho_lA_1\dfrac{A_2}{A_1}(1-\phi_2)}$$

$$-Mx\frac{Mx}{\rho_gA_1\phi_1}-M(1-x)\frac{M(1-x)}{\rho_lA_1(1-\phi_1)}=(p_1-p_2)A_2\frac{A_2}{A_1}$$

整理后，得：

$$p_2 - p_1 = \frac{M^2}{A_1^2\rho_1}\frac{A_1}{A_2}\left\{\left[\frac{(1-x)^2}{1-\phi_1} + \frac{\rho_1}{\rho_g}\frac{x^2}{\phi_1}\right] - \frac{A_1}{A_2}\left[\frac{(1-x)^2}{1-\phi_2} + \frac{\rho_1}{\rho_g}\frac{x^2}{\phi_2}\right]\right\} \tag{4-811}$$

设气液两相流过突扩接头时空隙率保持不变，即假设 $\phi_1=\phi_2=\phi$，式(4-811)可写成：

$$p_2 - p_1 = \frac{M^2}{A_1^2\rho_1}\frac{A_1}{A_2}\left(1-\frac{A_1}{A_2}\right)\left[\frac{(1-x)^2}{1-\phi} + \frac{\rho_1}{\rho_g}\frac{x^2}{\phi}\right] \tag{4-812}$$

对于均相流来说，真实含气率 ϕ 等于体积含气率 β。引入 $\beta = \dfrac{x}{x+(1-x)\dfrac{\rho_g}{\rho_1}}$ 后，式(4-812)可以化简为：

$$p_2 - p_1 = \frac{M^2}{A_1^2\rho_1}\frac{A_1}{A_2}\left(1-\frac{A_1}{A_2}\right)\left[1 + x\left(\frac{\rho_1}{\rho_g} - 1\right)\right] \tag{4-813}$$

将式(4-812)和式(4-813)与单相液相液体流过突扩接头的压差计算公式对比，显然可以看出，$\phi_1=\phi_2=\phi$ 时气液两相流过突扩接头时的全液相折算系数为：

$$\phi_{10}^2 = \frac{(1-x)^2}{1-\phi} + \frac{\rho_1}{\rho_g}\frac{x^2}{\phi} \tag{4-814}$$

而当 $\phi=\beta$ 时，其全液相折算系数为：

$$\phi_{10}^2 = 1 + \left(\frac{\rho_1}{\rho_g} - 1\right) \tag{4-815}$$

为了求得局部阻力损失，必须利用能量方程式(2-49)。参照能量方程式可得单位质量的气液两相混合物的机械能损失为：

$$\Delta E = -(p_2 - p_1)\left(\frac{x}{\rho_g} + \frac{1-x}{\rho_1}\right) + \frac{M^2}{A_1^2}\left[\frac{x}{2\rho_g^2\phi_1^2} + \frac{(1-x)^3}{2\rho_1^2(1-\phi_1)^2}\right] - \frac{M^2}{A_2^2}\left[\frac{x^3}{2\rho_g^2\phi_2^2} + \frac{(1-x)^3}{2\rho_1^2(1-\phi_2)^2}\right] \tag{4-816}$$

考虑到气液两相混合物的流动密度 ρ' 有式(4-817)的关系，即

$$\frac{1}{\rho'} = \frac{x}{\rho_g} + \frac{1-x}{\rho_1} \tag{4-817}$$

并且考虑到空隙率保持不变，即 $\phi_1=\phi_2=\phi$。于是式(4-816)可以写成：

$$\begin{aligned}\Delta E &= -\frac{p_2 - p_1}{\rho'} + \frac{M^2}{A_1^2}\left[\frac{x^3}{2\rho_g^2\phi^2} + \frac{(1-x)^3}{2\rho_1^2(1-\phi)^2}\right] - \frac{M^2}{A_1^2}\left(\frac{A_1}{A_2}\right)^2\left[\frac{x^3}{2\rho_g^2\phi^2} + \frac{(1-x)^3}{2\rho_1^2(1-\phi)^2}\right] \\ &= -\frac{p_2 - p_1}{\rho'} + \frac{M^2}{2A_1^2}\left\{\left[1-\left(\frac{A_1}{A_2}\right)^2\right]\left[\frac{x}{\rho_g^2\phi^2} + \frac{(1-x)^3}{\rho_1^2(1-\phi)^2}\right]\right\}\end{aligned} \tag{4-818}$$

将式(4-812)代入式(4-818)，可得：

$$\Delta E = -\frac{M^2}{2A_1^2\rho_1^2}\left\{\left[1-\left(\frac{A_1}{A_2}\right)^2\right]\left[\left(\frac{\rho_1}{\rho_g}\right)^2\frac{x^3}{\phi^2} + \frac{(1-x)^2}{(1-\phi)^2}\right]\right\} - \frac{M^2}{A_1^2\rho_1\rho'}\frac{A_1}{A_2}\left(1-\frac{A_1}{A_2}\right)\left[\frac{\rho_1}{\rho_g}\frac{x^2}{\phi} + \frac{(1-x)^2}{1-\phi}\right]$$

$$
=\frac{M^2}{A_1^2\rho_1\rho'}\left(1-\frac{A_1}{A_2}\right)\left\{\frac{\rho'\left(1+\frac{A_1}{A_2}\right)}{2\rho_1}\left[\left(\frac{\rho_1}{\rho_g}\right)^2\frac{x^3}{\phi^2}+\frac{(1-x)^3}{(1-\phi)^2}\right]-\frac{A_1}{A_2}\left[\frac{\rho_1}{\rho_g}\frac{x^2}{\phi}+\frac{(1-x)^2}{1-\phi}\right]\right\} \tag{4-819}
$$

于是，可以得出突扩接头的局部损失为：

$$
\Delta p_e=\rho'\Delta E
$$

$$
=\frac{M^2}{A_1^2\rho_1}\left(1-\frac{A_1}{A_2}\right)\left\{\frac{\rho'\left(1+\frac{A_1}{A_2}\right)}{2\rho_1}\left[\left(\frac{\rho_1}{\rho_g}\right)^2\frac{x^3}{\phi^2}+\frac{(1-x)^3}{(1-\phi)^2}\right]-\frac{A_1}{A_2}\left[\frac{\rho_1}{\rho_g}\frac{x^2}{\phi}+\frac{(1-x)^2}{1-\phi}\right]\right\} \tag{4-820}
$$

对于均相流动来说，$\phi=\beta$。引入 $\beta=\dfrac{x}{x+(1-x)\dfrac{\rho_g}{\rho_1}}$ 后，式(4-820)可以化简为：

$$
\Delta p_e=\frac{M^2}{2A_1^2\rho_1}\left(1-\frac{A_1}{A_2}\right)^2\left[1+x\left(\frac{\rho_1}{\rho_g}-1\right)\right] \tag{4-821}
$$

实验表明，采用空隙率保持不变($\phi_1=\phi_2=\phi$)这一假定所得出的计算公式，只能作为近似的估算。

二、突缩接头的局部阻力

图 4-60 表示气液两相流过突缩接头的情形，流体从断面 1-1 到断面 c-c 的流动，为收缩流动，在这一段里，流体的压能有一部分转化为动能，但涡流损失很小。突缩接头的阻力主要发生在从 c-c 到断面 2-2 的扩张流动。因此，在求突缩接头的局部阻力时，就可以把从 c-c 到断面 2-2 的区段看作是“突扩接头”，这部分的阻力损失就是突缩接头的局部阻力损失。

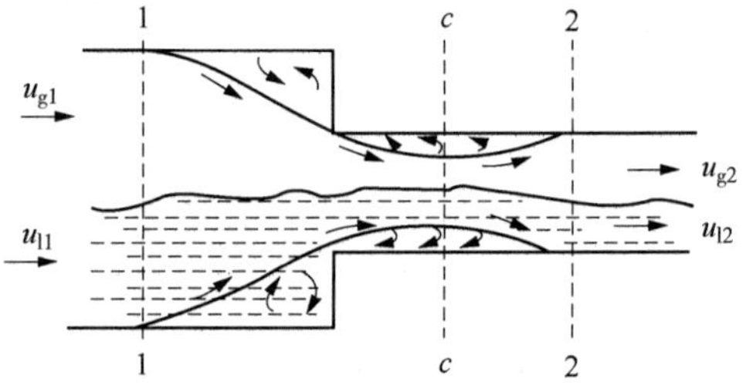

图 4-60　突缩接头

参照式(4-820)，显然突缩接头的局部阻力损失应为：

$$
\Delta p_c=\frac{M^2}{A_c^2\rho_1}\left(1-\frac{A_c}{A_2}\right)\left\{\frac{\rho'\left(1+\frac{A_c}{A_2}\right)}{2\rho_1}\left[\left(\frac{\rho_1}{\rho_g}\right)^2\frac{x^3}{\phi^2}+\frac{(1-x)^3}{(1-\phi)^2}\right]-\frac{A_c}{A_2}\left[\frac{\rho_1}{\rho_g}\frac{x^2}{\phi}+\frac{(1-x)^2}{1-\phi}\right]\right\}
$$

$$
=\frac{M^2}{A_c^2\rho_1}\left(\frac{A_2}{A_c}-1\right)\left\{\frac{\rho'\left(\frac{A_c}{A_2}+1\right)}{2\rho_1}\left[\left(\frac{\rho_1}{\rho_g}\right)^2\frac{x^3}{\phi^2}+\frac{(1-x)^3}{(1-\phi)^2}\right]-\left[\frac{\rho_1}{\rho_g}\frac{x^2}{\phi}+\frac{(1-x)^2}{1-\phi}\right]\right\} \tag{4-822}
$$

对于均相流动来说，$\phi=\beta$，引入 $\beta=\dfrac{x}{x+(1-x)\dfrac{\rho_g}{\rho_l}}$ 后，式(4-822)可以化简为：

$$\Delta p_c=\frac{M^2}{2A_2^2\rho_l}\left(\frac{A_2}{A_c}-1\right)^2\left[1+x\left(\frac{\rho_l}{\rho_g}-1\right)\right] \tag{4-823}$$

A_c/A_2 值与突缩接头的尺寸比值 A_2/A_1 有关，他可以按照单项紊流的实验数据估计，其值见表 4-28。

表 4-28　突缩接头的 A_c/A_2 值

A_2/A_1	0	0.2	0.4	0.6	0.8	1.0
A_c/A_2	0.568	0.598	0.625	0.686	0. 790	1.0

费雷尔(Ferrel)和盖格(Geiger)等的研究表明，气-水混合物流过突缩接头局部损失阻力的实验数据与式(4-823)符合得很好。

三、弯头的局部损失

当气液两相流过弯头时，其局部阻力损失可以按式(4-824)计算：

$$\Delta p_b=\zeta_{bo}\frac{M^2}{2A^2\rho_l}\left\{1+\left(\frac{\rho_l}{\rho_g}-1\right)\left[\frac{2}{\zeta_{bo}}x(1-x)\Delta\left(\frac{1}{s}\right)+x\right]\right\} \tag{4-824}$$

式中　Δp_b——弯头的局部阻力损失；

ζ_{bo}——单相流体流过弯头的局部阻力系数；

M——气液两相流动的质量流量；

x——质量含气率；

$\Delta\left(\dfrac{1}{s}\right)$——滑动增量。

奇斯霍姆根据空气-水、气-水混合物流过弯头的实验数据，提出了计算滑动增量的经验公式，即

$$\Delta\left(\frac{1}{s}\right)=\frac{1.1}{2+\dfrac{R}{D}} \tag{4-825}$$

式中　R——弯头的曲率半径；

D——弯头的直径。

奇斯霍姆实验室，所用弯头的 $\dfrac{R}{D}$ 分别为 1，1.5，2.36，5 和 5.02。

四、其他管件的局部阻力

气液两相流过阀门、三通和其他管件的局部损失，可以参照式(4-821)，借助于全液相折算系数的概念，表示为：

$$\Delta p=\zeta\frac{M^2}{2A^2\rho_l}\left[1+x\left(\frac{\rho_l}{\rho_g}-1\right)\right] \tag{4-826}$$

式中　Δp——气液两相流动的局部阻力损失；

ζ——气液两相流动的局部阻力系数。

气液两相流动的局部阻力系数 ζ，可以在单相流动局部阻力系数 ζ_0 的基础上加以校正，即

$$\zeta = c\zeta_0 \tag{4-827}$$

校正系数 c 可以按经验公式计算，即

$$c = 1 + c'\left[\frac{x(1-x)\left(1+\dfrac{\rho_l}{\rho_g}\right)\sqrt{1-\dfrac{\rho_g}{\rho_l}}}{1+x\left(\dfrac{\rho_l}{\rho_g}-1\right)}\right] \tag{4-828}$$

式中的系数 c'因管件的不同而不同，如闸阀取 $c'=0.5$，截止阀取 $c'=1.3$，三通取 $c'=0.75$。

第五章　非牛顿流体力学导论

所谓非牛顿流体，是指不符合牛顿内摩擦定律的流体。

第一节　力与变形

一般施加到材料上的力有 3 种或是这 3 种力的组合：一是使材料伸张的力，称为张力 F_T；二是使材料压缩的力，称为压缩力 F_P；三是使材料产生扭转等切向变形的力，称为切向力 F_S。在这些力的作用下，材料发生拉伸形变、压缩形变、剪切形变，如图 5-1 所示。一些复杂形变可以认为是由这些简单形变组合而成的。

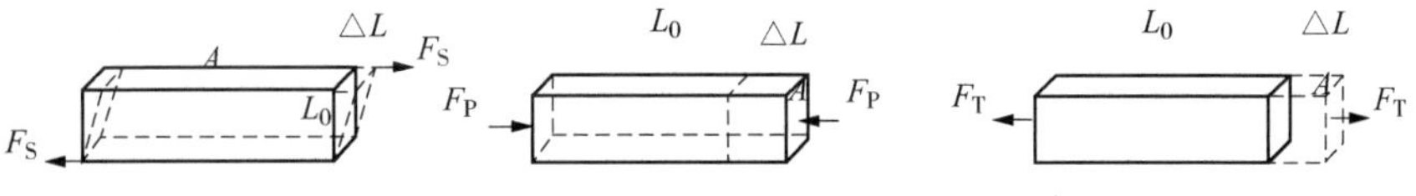

图 5-1　几种简单形变

在流变学中，描述物质或材料所受的外力要用应力。应力是作用于单位面积上的力。相对于三种力，有三种应力，即

拉力应力 τ_t：

$$\tau_t = \frac{F_T}{A} \quad \text{（力的方向与作用面 A 垂直）}$$

压缩应力 τ_p：

$$\tau_p = \frac{F_P}{A} \quad \text{（压缩力的方向与作用面 A 垂直 ）}$$

剪切应力 τ_s：

$$\tau_s = \frac{F_S}{A} \quad \text{（力的方向与作用面 A 平行）}$$

在流变学中应用应变描述材料的形变，应变指相对于长度、面积或体积等参考构形的形变度量，是无量纲量。相对于三种形变，三种应变形式为：

拉力应变 γ_T：

$$\gamma_T = \frac{\Delta L}{L_0} \quad \text{（}\Delta L\text{ 与 }L_0\text{ 均与力的方向平行）}$$

压缩应变 γ_p：

$$\gamma_p = \frac{\Delta L}{L_0} \quad \text{（}\Delta L\text{ 与 }L_0\text{ 均与力的方向平行）}$$

剪切应变 γ_s：

$$\gamma_s = \frac{\Delta L}{L_0} = \mathrm{tg}\theta \text{（}\Delta L\text{ 与力的方向平行，}L_0\text{ 与力的方向垂直）}$$

应力与应变的关系为：

$$\tau = K\gamma \tag{5-1}$$

根据物体的物态及变形形式的不同，K 的意义不同。对理想固体：

拉伸与压缩状态下：

$$\tau = E\gamma \tag{5-2}$$

式中 E——弹性模量。

剪切状态下：

$$\tau = G\gamma \tag{5-3}$$

式中 G——剪切模量。

流体静压力 p（各向同性应力）所引起的应变称为体积应变，$\gamma_v = \Delta V/V$。静压力与体积应变的关系为：

$$p = -K_v\gamma_v \tag{5-4}$$

其中，K_v 称为体积模量，负号表示体积随压力的增大而减小。

第二节 应变速率、剪切速率与速度梯度

通常用应变速率、剪切速率或速度梯度来描述流体的流动。应变速率是单位时间的应变变化。

$$\dot{\gamma} = \frac{\mathrm{d}\gamma}{\mathrm{d}t} \tag{5-5}$$

应变速率又分为拉伸应变速率和剪切应变速率。剪切应变速率描述流体的剪切流动，拉伸应变速率描述流体的拉伸流动。在简单剪切流动中，流体的流动方向与速度梯度方向垂直，如平行平板间的拖动流、流体在等直径圆管中的层流流动等；对简单拉伸运动来说，流体的运动方向与速度梯度方向相同，如纺丝过程等。

剪切速率就是剪切应变速率，即单位时间剪切应变的变化，常用 $\dot{\gamma}$ 表示剪切速率

简单剪切的应变可由图 5-2 所示，定义如下：

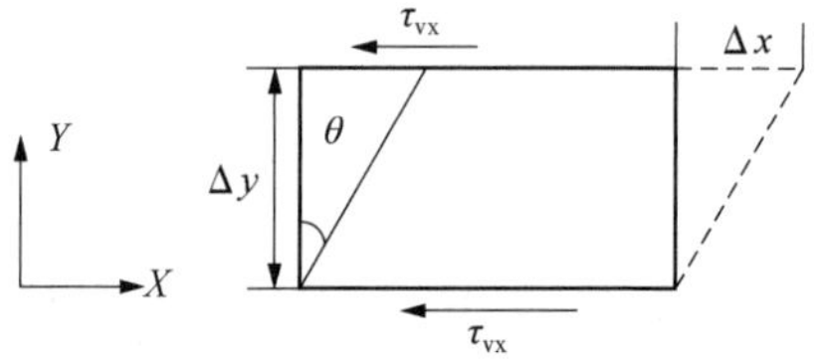

图 5-2 简单剪切的应变

$$\text{剪切应变 } \gamma = \frac{\Delta x\text{（相邻两个面的相对位移）}}{\Delta y\text{（两个面的距离）}} = \mathrm{tg}\theta$$

当 θ 很小时，可近似 $\mathrm{tg}\theta \approx \theta$。

简单剪切的剪切速率为：

$$\dot{\gamma} = \frac{\mathrm{d}\gamma}{\mathrm{d}t} = \frac{\mathrm{d}}{\mathrm{d}y}\left(\frac{\mathrm{d}x}{\mathrm{d}t}\right) = \frac{\mathrm{d}}{\mathrm{d}t}\left(\frac{\mathrm{d}x}{\mathrm{d}y}\right) = \frac{\mathrm{d}u_x}{\mathrm{d}y}$$

剪切速率与速度梯度是不同概念。速度梯度是流体的速度对空间坐标的导数，用 $\frac{\mathrm{d}u}{\mathrm{d}y}$

表示。在数学上，速度梯度与剪切速率有时是相等的，这是因为一般速度梯度 $\frac{\mathrm{d}u}{\mathrm{d}y}=\frac{\mathrm{d}L}{\mathrm{d}t}\Big/\mathrm{d}y=\frac{\mathrm{d}L}{\mathrm{d}y}\Big/\mathrm{d}t=\frac{\mathrm{d}\gamma}{\mathrm{d}t}=\dot{\gamma}$（剪切速率）。但需要特别注意的是，两者的物理意义不同，数值上也不总相等。下面举例进行说明。

例 1　在圆管稳态层流中，剪切面为同心圆面，剪切线为平行于管轴的直线。流体微团的运动迹线与剪切线重合。随半径 r 的增加，流体微团运动的速度减小，因此管流的剪切速率表示为：

$$\dot{\gamma}=-\frac{\mathrm{d}u}{\mathrm{d}r}$$

而速度梯度表示为：

$$\dot{\gamma}=\frac{\mathrm{d}u}{\mathrm{d}r}$$

例 2　如图 5-3 所示在同轴圆筒间的测黏流动中，设在圆筒间，任意半径 r 处流体的线速度为 u_θ，旋转角速度为 ω，则有

$$u_\theta=\omega r$$

速度梯度为：

$$\frac{\mathrm{d}u_\theta}{\mathrm{d}r}=\omega+r\frac{\mathrm{d}\omega}{\mathrm{d}r}$$

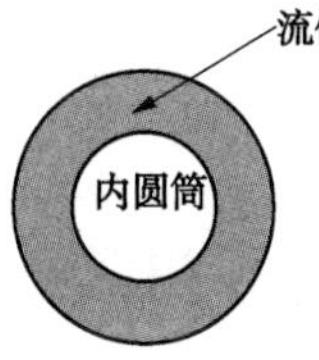

图 5-3　流体同轴圆筒间的流动

在这个速度梯度内，ω 是刚性旋转体的角速度，它不产生任何剪切运动，是不产生黏性阻力的，即内筒和外筒以同一速度 ω 旋转，离中心越远，液体角速度越大，其速度梯度为 ω，但液体间无相对运动。因此，剪切运动仅有 $r\frac{\mathrm{d}\omega}{\mathrm{d}r}$ 引起，即此项表示剪切速率。所以，对同轴圆筒旋转流变仪，其剪切速率公式为：

$$\dot{\gamma}=r\frac{\mathrm{d}\omega}{\mathrm{d}r}$$

对旋转运动，流体内的速度梯度等于剪切速率加刚性旋转体的旋转角速度。为使剪切速率的数值为正值，同轴圆筒间流体的剪切速率可写为：

$$\dot{\gamma}=\pm r\frac{\mathrm{d}\omega}{\mathrm{d}r}$$

当内筒固定，随 r 增大，ω 增大，上式取“+”号；当外筒固定，随 r 增大，ω 减小，上式取“-”号。

第三节　本构方程

反映物料宏观性质的数学模型称为本构方程，亦称流变状态方程和流变方程，它是关联物料所受的应力与其流变响应，如应变、应变速率和响应时间，甚至温度等变量的方程。寻求物质的流变方程是流变学研究的一个重要内容。流变方程的作用包括：

① 流变方程可以区分流体类型，不同类型的流体要用不同的流变方程来描述；

② 流变方程可以获得流体内部结构的相关信息，如相转变等；

③ 流变方程与有关流动方程相联立，可用于解决非牛顿流体的动量、热量和质量传递等工程问题。

由流变方程决定力学行为的物质是理想的物质，实际上的物质不会绝对遵循某一本构方程，但可以逼近或接近某个流变方程。

描述牛顿内摩擦定律的方程 $\tau = \mu\dot{\gamma}$ 就是最简单的流体流变方程，其中只有一个反映流体流变性质的参数，即动力黏度 μ 。对非牛顿流体来说，其流变方程至少有 2 个流变参数才能描述流体的流变性质。

对一些简单的流变性质的描述也可用曲线来表示，如剪切应力与剪切速率的关系曲线、黏度随剪切速率变化曲线等，并称之为流变曲线。

对一些比较复杂的流体，其流变方程往往要用张量来分析描述。

第四节　物料的流变学分类

一、根据受力与变形的关系划分

（1）刚体(欧几里德体)：

$$\gamma = 0 \qquad \text{(应变为零)} \tag{5-6}$$

（2）线性弹性体(虎克固体)：

$$\tau = E\gamma \quad \text{(其中 } E \text{ 为弹性模量)} \tag{5-7}$$

（3）黏弹性体：黏弹性液体、黏弹性固体：

$$\tau = F(\gamma,\ \dot{\gamma},\ t,\ \cdots) \tag{5-8}$$

（4）非线性黏性流体(纯黏性非牛顿体)：

$$\tau = F(\dot{\gamma},\ t,\ \cdots) \tag{5-9}$$

（5）线性黏性流体(牛顿流体)：

$$\tau = \mu\dot{\gamma} (\mu \text{ 为动力黏度}) \tag{5-10}$$

（6）无黏性流体(理想流体)：

$$\dot{\gamma} \to \infty \tag{5-11}$$

必须指出，上述分类仍是理想化、模型化的。在通常条件下，许多物料可以明显的归类为虎克固体或牛顿流体，而有些物料则介于这些谱类之间，他们既不是明显的固体，也不显明显的液体，只是在某种特定条件下，有某种特征占优势，同一物料在不同条件下会表现出不同的性质。这样就可以参考上述某一理想化的模式探讨其流变行为。

真实物料的流变行为常常是非常复杂的，比如，一种俗称“反跳胶泥”的有机硅材料与刚性地面相碰撞时，颇似弹性球，会产生反弹现象；但若放它在地面上，长时间观察它在重力作用下的运动特征时，就会发现它像黏性液体那样流向四周。就是说，在评论某些流变性的流变性行为时，常常需引入特征时间的概念。为此 Marcus Reiner 教授提出了一个流变相似准则，即德博拉准则(Dcborah)：

$$De = \frac{\text{物料的特征时间}}{\text{物料运动的特征时间}} \tag{5-12}$$

或者

$$De = \frac{\text{物料的记忆时间}}{\text{观察物料变形(或流动)经历的时间}} \tag{5-13}$$

这一准则将物料的流变学分类引入到了一般化的概念中。严格地说，我们不能脱离物料特定的运动特征来说某种现实物料是液体或固体。只要能使物料处于特定的运动特征中，任何一种物料都可呈现弹性或黏性。例如：水的特性时间为 10^{-13}s，但在急速运动中(如水锤现象)，它也呈现出弹性特征；山脉的特征时间为 10^{13}s，但若以若干亿年的时间尺度观察其运动时，山脉也会呈现黏性特征。由此可见，德博拉准则是用以表征物料分类的重要准则。若用很长的时间观察物料的力学响应特点像流体，呈黏性。这一点反映了流变学的一个基本原理，也就是古希腊哲学家赫拉克里特斯(Heraclitus)的一句哲学名言——万物皆流。反之，若物料的运动时间相对于物料的特征时间相当短时，即 De 很大，在这种条件下，物料的力学响应特点像固体，呈现弹性。当物料运动的特征时间与物料的特征时间相比在一个数量级时，物料的力学响应既有弹性又有黏性。因此，再论述某物料的流变特征时，常常需要说明物料的运动特征。

二、分散体系的概念

非牛顿流体往往是一种非均匀分散体系。所谓分散体系是指将物质(固态、液态或气态)分裂成或大或小的粒子，并将其分布在某种介质(固态、液态或气态)之中所形成的体系。分散体系可以是均匀的也可以是非均匀的系统。如果被分散的粒子小到分子状态的程度，则分散体系就成为均匀分散体系。均匀分散体系是由一相组成的单相体系，而非均匀分散系是由两相或两相以上所组成的多项体系。非均匀分散系必须具备以下 2 个条件：①在体系内各单位空间所含物质的性质不同；②存在着分界的物理界面。对非均匀分散体系，被分散的一相称为分散相或内相，把分散相分散于其中的一相称为分散介质，亦称为外相或连续相。

尽管非牛顿流体在微观上往往是非均匀的多相分散体系，或非均匀的多相混合流体，但在用连续介质理论或宏观方法研究其流变性问题时，一般可以忽略这种微观的非均匀性，而认为体系为一种均匀或假均匀分散体系。假均匀多相混合流体认为，分散相在分散介质中是均匀的，即在非紊流的情况下分散相依靠自身的布朗运动也能均匀的分布于连续相中。这种从宏观尺度上研究流体流变性的方法属于宏观流变学方法。

高分子聚合物类的溶液或熔体，尽管它是均匀的，但由于聚合物相对分子质量庞大，分子结构复杂，也往往表现出非牛顿流体的性质。

三、流体的流变性分类型

非牛顿流体的流变性有多种表现，与牛顿流体相比要复杂得多。对各类流体的流变性研究表明，流变学上各类流体(包括牛顿流体)大体可划分为如表 5-1 所示的各种流变类型。

表 5-1　流体的流变性分类

<table>
<tr><td colspan="7">纯黏性流体</td><td colspan="2">黏弹性流体</td></tr>
<tr><td colspan="6">与时间无关的流体</td><td colspan="3">与时间有关的流体</td></tr>
<tr><td rowspan="2">牛顿流体</td><td colspan="8">非牛顿流体</td></tr>
<tr><td>假塑性流体</td><td>胀流型流体</td><td>宾汉姆流体</td><td>屈服-假塑性流体</td><td>卡森流体</td><td>触变性流体</td><td>反触变性流体</td><td>多种类型</td></tr>
</table>

表 5-1 中流体流变性的类型是按照以下几个分类标准划分的。

(1) 按照流体是否符合牛顿内摩擦定律，分为牛顿流体和非牛顿流体：

流变性符合牛顿内摩擦定律的流体成为牛顿流体。牛顿流体是一种与时间无关的纯黏性流体。流变性不符合牛顿定律的流体称为非牛顿流体。非牛顿流体又包括各种类型，如与时间有关的流体，黏弹性流体等。

(2) 按照流体是否有弹性，分为纯黏性流体和黏弹性流体：

真实流体都是具有黏性的，若流体同时具有弹性，则称之为黏弹性流体，否则称之为纯黏性。高分子聚合物溶液或熔体以及浓度较高的悬浮液、乳状液一般为黏弹性流体。

(3) 按照流变性是否与时间有关，分为与时间无关的流体和与时间有关的流体：

若流体的流变性与时间无关，则称之为与时间无关的流体，它包括了牛顿流体和部分纯黏性流体；若流体的流变性随时间变化，则称之为与时间有关的流体，这类流体包括了部分纯黏性流体和黏弹性流体。

除此之外，流体按照本构方程-物料函数可划分为：幂律流体、Bingham 流体、Casson 流体、Boger 流体……。按流变性随剪切速率的变化可划分为：剪切稀化流体、剪切稠化流体。

第五节　非时变性非牛顿流体的流动性质及本构模型

一、牛顿流体

牛顿流体是这样被命名的，它的流变特性遵从于牛顿内摩擦定律，即认为流体受外力作用时，剪切速率与剪切应力的响应成正比。简单剪切流体的本构方程可表示为：

$$\tau = \eta\dot{\gamma} \tag{5-14}$$

式中，η 值是给定温度和压力下牛顿流体的特征比例常数，即物料常数，被称为动力黏度，单位为 Pa·s。$\dot{\gamma}$ 为剪切速率，单位为 s^{-1}；τ 为剪切应力，单位为 Pa。

实验证明：单相流体或低浓度的细分散假均匀混合物流体，在一定条件下都会呈现出牛顿流体的特性。特定条件下的原油也呈现牛顿流体的行为特性。

在恒温、恒压牛顿流体具有以下流动特点：

(1) 在简单剪切流动中产生的唯一应力是剪切应力 τ，第一法向应力差和第二法向应力差均为零；

(2) 动力黏度不随剪切时间而变化。当剪切停止时，流体中的应力立刻下降为零；

(3) 动力黏度不随剪切速率而变化；

(4)在不同类型形变中测定的黏度彼此总是成简单的比例关系。例如单轴拉伸流动中测定的黏度总是简单剪切黏度的 3 倍。

二剪切应力与剪切速率成正比。比例常数(黏度)只与温度、压力有关，而与剪切速率无关，与剪切时间无关。即一旦受力，即产生流动。

对式(5-14)两边取对数：

$$\lg\tau = \lg\eta + \lg\dot{\gamma} \tag{5-15}$$

由式(5-14)和式(5-15)可画出图 5-4 所示的流变曲线。

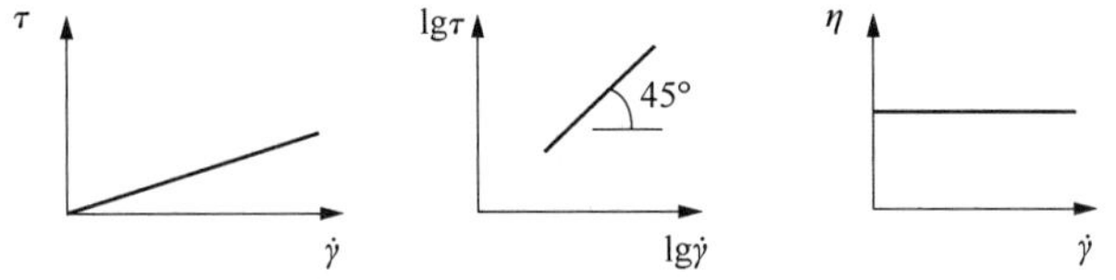

图 5-4　牛顿流体的流变曲线图

二、表观黏度

黏度是根据牛顿内摩擦定律来定义的。对于非牛顿流体，其表观黏度也是仿效牛顿流体黏度的定义而来的，但是由于非牛顿流体的黏度在一定的温度和压力下不是常数，影响因素甚为复杂，至今对于怎样构成非牛顿流体的“黏度”意见还不统一，以致在有关文献中符号不同，内容各异。这里介绍一下常用的表观黏度。

为了能把假塑性流体的黏稠程度与牛顿流体的动力黏度作比较，往往引入表观黏度的概念。在不至于混淆时，也可简称“黏度”。表观黏度定义为剪切应力与剪切速率之比，即

定义：

$$\eta_a = \frac{\tau}{\dot{\gamma}} \tag{5-16}$$

单位同牛顿流体黏度，为 Pa·s，mPa·s。

非牛顿流体表观黏度的特点之一为其随剪切速率变化。

三、假塑性流体

假塑性流体属于纯黏性非牛顿流体的一类。一般具备以下两个流体特性的流体称假塑性流体：

(1) 一旦受力，即产生流动，即 $\tau \neq 0$ 则 $\dot{\gamma} \neq 0$；

(2) 剪切速率上升，表观黏度下降，此特性称剪切稀释性也叫剪切稀化。

对于假塑性流体流动特性的描述，虽然有一些经验本构方程在有限的剪切速率范围内可以应用，但还没有单一参数的或形式简单的本构方程能完满地描述假塑性流体的流动特性，最简单的方程也至少含有两个表征流体性质的常数。为此，Rodriguez 于 1966 年对适用于假塑性流体的本构方程作了评述。下面仅介绍几种常用的流变模型。

1. 幂律模型

用于描述假塑性流体流变性的幂律模型，最常见的非牛顿流体本构方程，在工程上使用最为广泛，其本构方程为：

$$\tau = K\dot{\gamma}^{n} \tag{5-17}$$

式中，K是黏稠系数(或称幂律系数)，单位是$Pa \cdot s^n$，用来表征物料的黏稠程度；n是流变行为指数，无量纲量，表示流动特性偏离牛顿流体的程度($n=1$时即为牛顿流体)。

根据定义，幂律流体的表观黏度为：

$$\eta_a = K\dot{\gamma}^{n-1} \tag{5-18}$$

当$n<1$时，$\dfrac{d\eta_a}{d\dot{\gamma}} = (n-1)K\dot{\gamma}^{n-2} < 0$，随着剪切速率的增加，表观黏度是减小的，故具有剪切稀释性；且一旦受力，就会产生流动，所以$n<1$时，幂律模型描述的是假塑性流体。

幂律模型在工业上应用广泛，其原因是模型具有以下特点：

(1) 本构方程简单，只有2个反映流变性质的常数(非牛顿流体至少需要2个常数的流变方程，才能描述其流变行为)，且这两个常数的物理意义比较明确。例如，K反映了流体的黏稠程度，n(n小于1)反映了流体的剪切稀释性质。n越小，流体的剪切稀释性越强；

(2) 方程便于线性化，数学回归于简单，从而使得K，n便于求解。例如，对方程两边取对数，有：

$$\lg\tau = \lg K + n\lg\gamma \tag{5-19}$$

由式(5-17)和式(5-19)可画出图5-5所示的流变曲线。在双对数坐标系中，其流变曲线为直线，直线的斜率即为n，在纵轴(对应$\gamma=1$)上的截距即为K。K，n的几何意义明确；

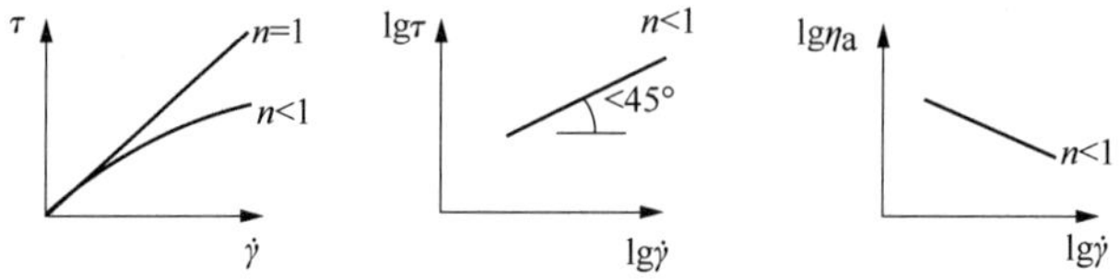

图5-5　假塑性-幂律流体的流变曲线图

(3) 幂律模型的本构方程便于工程上进行推导应用，例如，便于管层流压降公式的推导分析，以及紊流流态条件下的压降计算。目前提出的许多有关非牛顿流体流动条件下的摩擦阻力公式，都是建立在幂律方程基础上的经验公式或半经验半理论公式。

2. Cross 模型

Cross 于1965年推导了一个三参数的流变模型来描述假塑性流体的特性，该模型的本构方程表示为：

$$\frac{\mu_a - \mu_\infty}{\mu_0 - \mu_\infty} = \frac{1}{1 + A\dot{\gamma}^m} \tag{5-20}$$

或

$$\frac{\mu_0 - \mu_a}{\mu_a - \mu_\infty} = A\dot{\gamma}^m \tag{5-21}$$

式中，μ_0为剪切速率趋于0时的表观黏度(零切黏度)；μ_∞为剪切速率趋于无穷大时的表观黏度；一般$\mu_\infty \ll \mu_0$。m、A为模型参数。

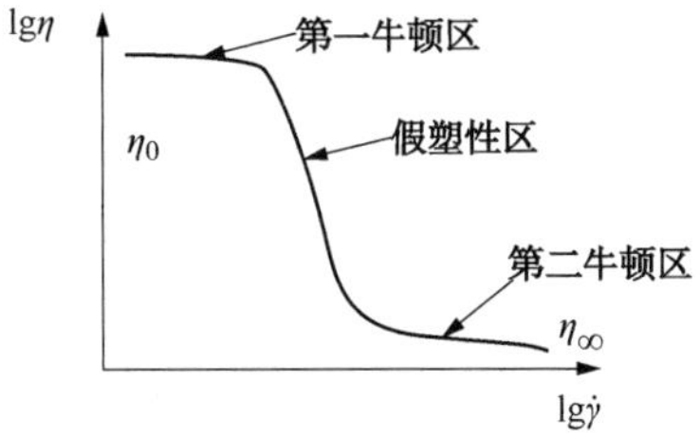

图5-6　假塑性-Cross流体的流变曲线图

Cross模型的特点：

(1) 剪切速率极低和极高时，表观黏度趋于确定值。而黏度与剪切速率无关是牛顿流体的特征，流变曲线如图5-6所示；

(2) 若$\mu_\infty \ll \mu_0$，则$\mu_a = \frac{\mu_0}{A\dot{\gamma}^m}$；令$K=\mu_0/A$，$m=1-n$，得$\mu_a = K\dot{\gamma}^{n-1}$。故在中等剪切速率范围内，表现出假塑性特征。

3. Prandtl-Eyring模型

Prandtl-Eyring模型是描述假塑性流体特性的第二个两参数的本构性方程，是以Eyring的液体运动理论为基础建立的，即

$$\tau = A\operatorname{arsinh}(\dot{\gamma}/B) \tag{5-22}$$

式中，A，B是物料的特征常数。式(5-22)用表观黏度表示为：

$$\mu_{ap} = \frac{A\operatorname{arsinh}(\dot{\gamma}/B)}{\dot{\gamma}} \tag{5-23}$$

像幂律模型一样，这个流变模式在限定剪切速率范围内与实验数据吻合得较好，在低剪切速率时该方程会逐渐接近牛顿定律。

4. Sisko方程

这是一个简单而通用的三参数方程，由Sisko于1958年提出，它是基于牛顿和非牛顿(幂律方程)应力叠加的基本概念建立的，方程表示为：

$$\tau = a\dot{\gamma} + b\dot{\gamma}^c \tag{5-24}$$

式中，有a，b，c为特征常数，Sisko认为此方程在一个很宽的剪切速率范围内，与一系列不同组分、不同性质的烃类润滑脂的测量数据吻合得好。式(5-24)用表观黏度表示，可写为：

$$\mu_{ap} = \frac{a\dot{\gamma} + b\dot{\gamma}^c}{\dot{\gamma}} \tag{5-25}$$

四、胀流性流体(或称膨胀性流体)

胀流型流体是纯黏性非牛顿流体的一类。该类流体一旦受力就产生流动，但剪切应力与剪切速率不成比例，随着剪切速率的增大，剪切应力的增加速率越来越大，即随着剪切速率的上升，流体的表观黏度增大，这种特性被称为剪切增稠性。也叫剪切稠化。

胀流性流体的本构方程也有多种形式，工程上常用的是幂律形式的方程，即

$$\tau = K\dot{\gamma}^n \qquad n > 1 \tag{5-26}$$

由于 $n>1$，上述表观黏度的计算公式为：

$$\eta_a = K\dot{\gamma}^{n-1} \tag{5-27}$$

$$\frac{d\eta_a}{d\dot{\gamma}} = (n-1)K\dot{\gamma}^{n-2}$$

体现出流体剪切增稠性的特点。流变曲线如图 5-7。

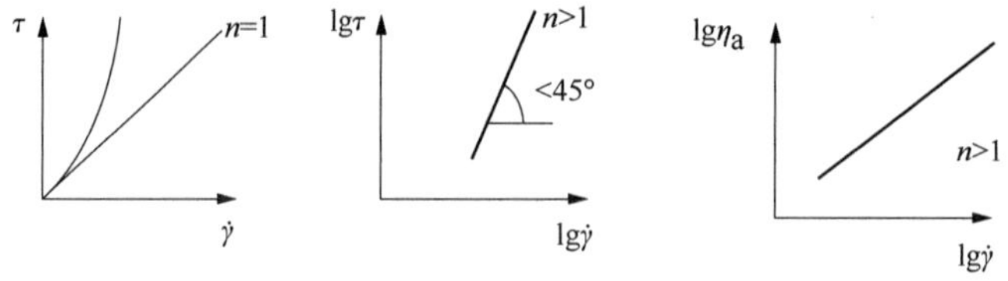

图 5-7　胀流性-幂律流体的流变曲线图

五、塑性流体

凡是具有屈服应力的流体均称为塑性流体。外力克服其屈服应力所产生的流动称为塑性流动。其中，屈服应力是使物料产生流动所需的最小剪切应力，既是流体产生大于零的剪切速率所需的最小剪切应力，也称之为屈服值，类似于物理学中的最大静摩擦力。屈服值的大小主要是由体系所形成的空间网络结构的性质所决定的。

常用的塑性流体的本构模型有 Bingham 模型和 Herschel-Bulkley 模型

1. Bingham 模型

本构方程为：

$$\begin{cases} \tau = \tau_y + \eta_p\dot{\gamma} & \tau > \tau_y \\ \dot{\gamma} = 0 & \tau < \tau_y \end{cases} \tag{5-28}$$

式中　τ_y ——屈服应力，Pa；

η_p ——塑性黏度，Pa · s。

Bingham 模型具有以下特点：

(1) 当 $\tau < \tau_y$ 时，$\dot{\gamma}=0$，流体不流动；

(2) 当 $\tau > \tau_y$ 时，满足 $(\tau - \tau_y) = \eta_p\dot{\gamma}$，流动符合牛顿流体特性；

(3) 表观黏度 $\eta_a = \frac{\tau_y}{\dot{\gamma}} + \eta_p$，流体具有剪切稀释性；

(4) 若 $\tau_y = 0$，则 $\tau = \eta_p\dot{\gamma}$，为牛顿流体。流变曲线如图 5-8 所示。

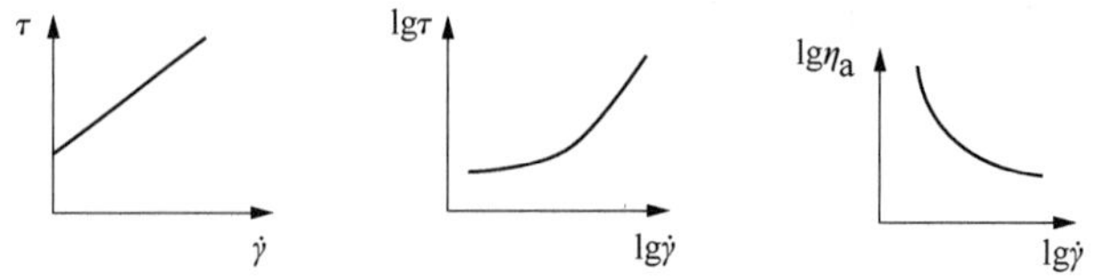

图 5-8　塑性-Bingham 流体的流变曲线图

2. Herschel-Bulkley 模型

本构方程为：

$$\begin{cases} \tau = \tau_y + K\dot{\gamma}^n & \tau > \tau_y \\ \dot{\gamma} = 0 & \tau < \tau_y \end{cases} \tag{5-29}$$

式中　τ_y——屈服应力，Pa；

K——黏稠系数(或称幂律系数)，$Pa \cdot s^n$；

n——流变行为指数。

Herschel-Bulkley 模型具有以下特点：

(1) 当 $\tau_y = 0$ 时，$\tau = K\dot{\gamma}^n$，此时该流体为幂律流体；

(2) 当 $\tau_y \neq 0$，$n = 1$ 时，$\tau = \tau_y + K\dot{\gamma}$，此时流体为宾汉姆流体；

(3) 若 $\tau_y = 0$，$n = 1$ 时，$\tau = K\dot{\gamma}$，此时流体为牛顿流体。

其表观黏度为：

$$\eta_a = \frac{\tau_y}{\dot{\gamma}} + K\dot{\gamma}^n \tag{5-30}$$

其中，当 $n<1$ 时具有剪切稀释性。流变曲线如图 5-9。

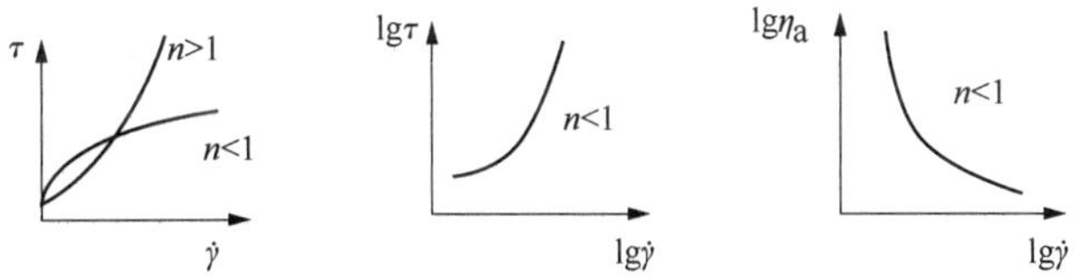

图 5-9　塑性-Herschel-Bulkley 流体的流变曲线图

六、纯黏性非牛顿流体广义微分本构方程

根据分散颗粒间所形成的结构随着剪切应力或剪切速率的增加而逐渐受到破坏

$$\frac{d\tau}{(\tau + c_1)^a} = m\frac{d\dot{\gamma}}{(\dot{\gamma} + c_2)^a} \tag{5-31}$$

其中，m，c_1，c_2为常数；$a(a \leq 1)$为无量纲量。

(1)当 $m=1$，$a=1$，$c_1=c_2=0$ 时，该流体是牛顿流体；

(2) 当 $a=1$，$c_1=c_2=0$ 时，$m \neq 1$，该流体是幂律流体。若 $m<1$ 时，该流体是假塑性流体；若 $m>1$ 时，该流体是胀流性流体；

(3) 当 $a=0$ 时，该流体是 Bingham 流体；

(4) 当 $a=1$，$c_2=0$，$c_1 \neq 0$ 时，该流体是 Herschel-Bulkley 流体。

第六节　时变性非牛顿流体的性质及本构模型

一、依时性的概念

在上节中讨论了表观黏度随剪切速率的变化(剪切稀释性、胀流性)，但末涉及表观黏度随剪切时间的变化。在一些复杂的体系中，如多相分散悬浮液体系，在外力的作用下，分散相的变形、取向、排列等虽然对剪切作用可能是敏感的，但体系内部物理结构重新调整的速率则相当缓慢，体系的力学响应受到内部结构变化过程的影响，也就是说，在恒定剪切速率下测定体系的剪切应力时，会观察到剪切应力随剪切作用时间而连续变化，直至体系内部结构达到动平衡状态，剪切应力基本上不再随时间而变化。变化过程所需的时间可以度量，则此类流体的流变性与时间有依赖关系，因此，常称此类流体为与时间有关的流体，或称有时效流体、依时性。依时性的主要表现有触变性、反触变性、震凝性、黏弹性。

二、触变性

触变性概念是 1927 年由 Peterfi 提出的，当时是用来描述等温过程中机械扰动下物料胶凝-溶胶的转变现象。流变学家在近代流变学开展研究的开始就注意到了触变现象，而且已经发现许多物料表现出这种效应并已用于工业生产，使触变性的研究在流变学领域中受到了较多的重视。1975 年英国标准协会经修订后的触变性定义是：在剪切应力作用下，表观黏度随时间连续下降，并在应力消除后表观黏度又随时间逐渐恢复。

触变性是一种较为常见的非牛顿流体性质，触变性物料在实际生产和生活中占有重要地位。例如：油墨、油漆的质量常取决于是否有良好的触变性。我们在刷油漆时，希望油漆的流动性能好，不仅刷时省力，还可以刷得光滑明亮，但当刷子一离开后，就要求油漆的表观黏度很快升高，油漆不至从被刷的物体上流失，造成薄厚不均匀的现象。当含蜡原油温度下降至接近凝点时，表现出触变性。在管道输送中(例如含蜡原油管道停输再启动过程中)，只要维持一定的流量，随着流动时间的延长，流动的压力梯度会逐渐下降。

1. 触变性流体的特征

由于触变性流体的行为特征极为复杂，要全面、深入地理解和掌握其触变性，仅依靠定义是不够的，还必须研究触变性流体的一些典型特征。实践及实验的结果表明，触变性流体的触变行为特征，基本上可归纳为以下几方面：

(1) 经过较长时间恒温且静置的触变性流体，在恒定剪切速率加载条件下，剪切应力(或表观黏度)随时间而连续衰减。如图 5-10 所示。

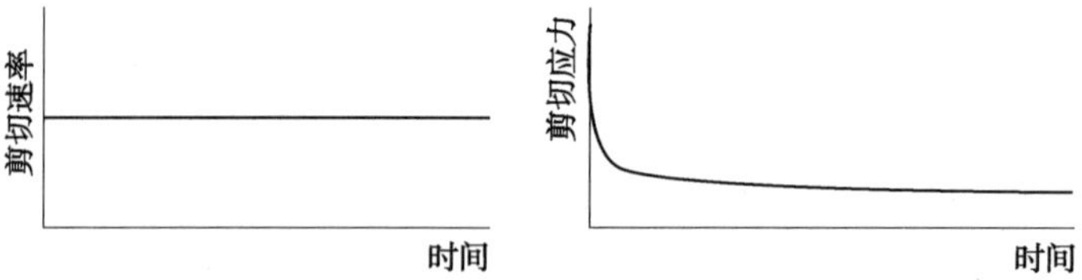

图 5-10 恒定剪切速率加载条件下的触变特征图

(2) 经过较长时间恒温且静置的触变性流体，在恒定剪切速率作用下表观黏度下降，以及剪切速率阶跃增大后、在恒定剪切速率作用下表观黏度继续随时间而连续下降。如图 5-11 所示。

(3) 经过剪切的流体，恒温且静置后，其表观黏度将随静置时间而上升。如图 5-12 所示。

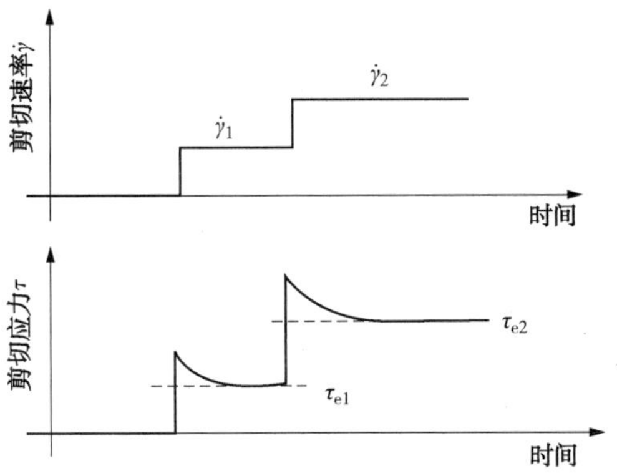

图 5-11　剪切速率增加加载条件下的触变特征图

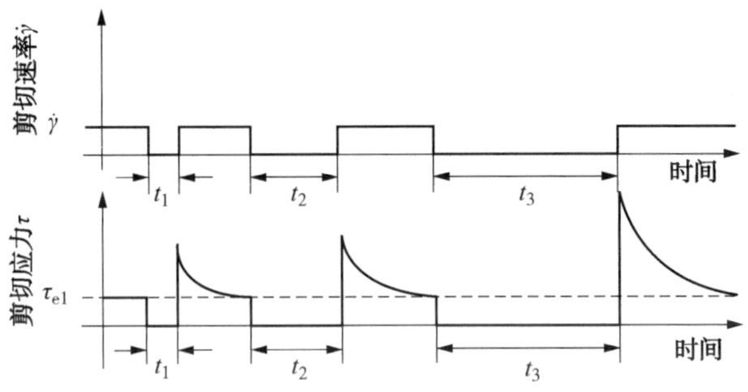

图 5-12　触变性流体结构静态恢复特征

（4）在恒温下，触变性流体已产生与特定高剪切速率相应的剪切流动，当改换为恒定低剪切速率时，其表观黏度也会随剪切时间而连续上升。如图 5-13 所示。

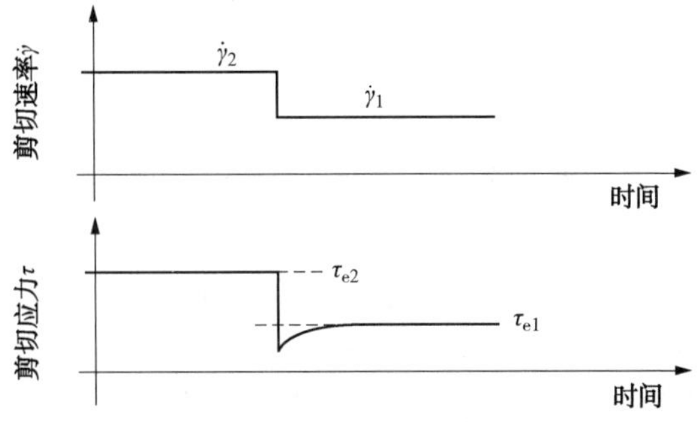

图 5-13　触变性流体结构动态恢复特征

（5）经过较长时间恒温且静置的触变性流体，在剪切速率逐渐增大然后又逐渐减小的加载条件下，其剪切应力与剪切速率曲线不重合，形成滞回环。如图 5-14 所示。

此外，恒温下，保持剪切速率恒定，流体的剪切应力随所用时间连续变化，直至达到与剪切速率相对应的动平衡状态，剪切应力不再变化，称此值为动平衡剪切应力。把各剪切速率和所对应的动平衡剪切应力描绘在图上，可求得一条动平衡态流变曲线，表征流体达到动平衡态时的流变行为，如图 5-15 所示。

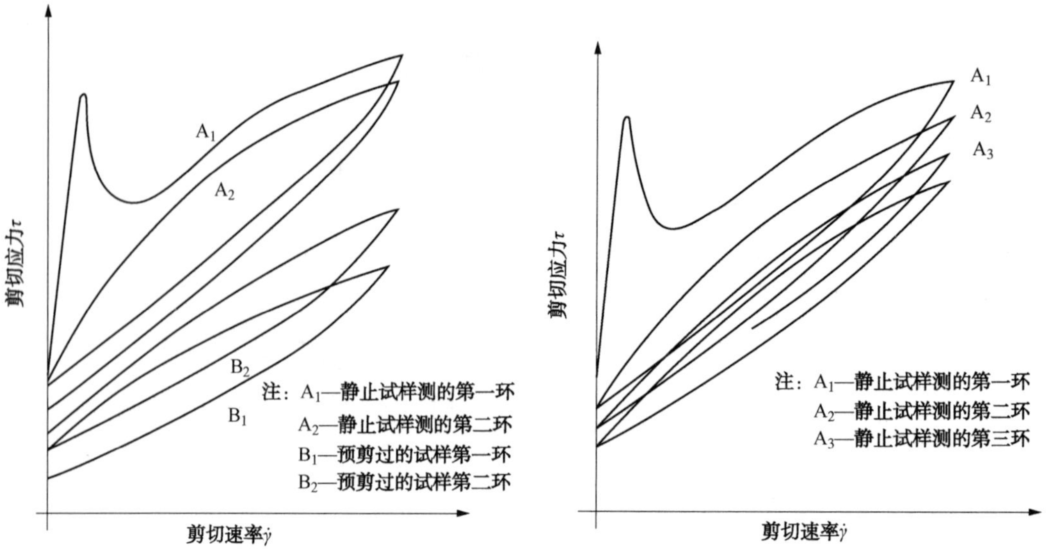

图 5-14　触变性流体的滞回环

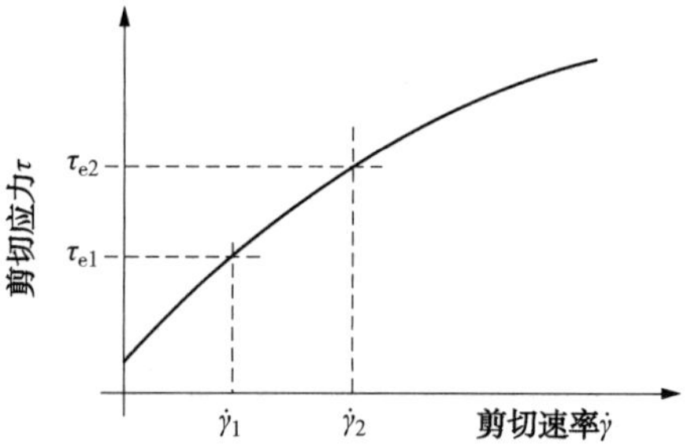

图 5-15　流体动平衡流变曲线

2. 触变性机理

物料表现出触变性一般需要具备两个条件：①内部的粒子趋于形成结构，如含蜡原油中的蜡晶结构。②剪切作用下的结构被破坏。

对结构已形成的流体，在剪切作用下，结构首先遭到破坏。随着破坏结构的增多，以及由于粒子趋于聚集的特性，使得破坏结构的粒子重新相遇(进而重新形成结构)的几率增大。在剪切作用的初期，结构的破坏速率大于结构重建的速率，故体现出表观黏度下降。随着结构破坏程度的增大，粒子重新聚集形成结构的速率增大。最终两个速率相等，即结构的破坏与重建达到动态平衡，体现为表观黏度趋于平衡值，如图 5-16 所示。

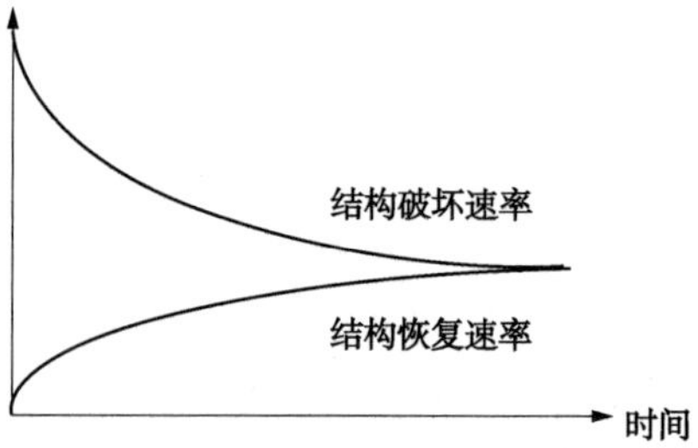

图 5-16　物料触变机理示意图

3. 触变性的表征

对触变性完整描述的数学模型应是表征剪切应力(或表观黏度)与剪切速率、剪切时间关系的数学关系式。

（1）直接结构模式。

该类模型是根据流体网络结构中节点的数目来描述流体结构的强度，进而建立节点数目随时间的状态方程和变化速率方程。这种触变模型已用于描述聚合物熔体、聚合物溶液和含水淀粉溶液等体系的触变行为。

（2）间接结构模式。

该类模式的基本思想是用一个结构参数来描述物料的结构状态，用状态方程来描述一定结构状态下剪切应力与剪切速率的关系。结构参数定义为 0~1 之间变化的相对值，结构充分建立时取为 1，结构完全破坏时取为 0。基于此种思想，学者们先后研究提出了若干触变模型。

Cheng 给出了这类流体的本构方程的一般形式为：

$$\begin{cases} \tau = \eta(\lambda, \dot{\gamma})\dot{\gamma} \\ \dfrac{d\lambda}{dt} = g(\lambda, \dot{\gamma}) \end{cases} \tag{5-32}$$

其中最典型的是 Moore 模型：

$$\begin{cases} \tau = (\eta_\infty + c\lambda)\dot{\gamma} \\ \dfrac{d\lambda}{dt} = a(1-\lambda) - b\dot{\gamma}\lambda \end{cases} \tag{5-33}$$

式中，τ 为剪切应力，Pa；$\dot{\gamma}$ 为剪切速率，s^{-1}；t 为剪切时间，s；λ 为结构参数，无因次；a 为结构恢复速率常数，s^{-1}；b 为结构裂降速率常数，无因次；η_∞ 为表征剪切无限时间（即达到动态平衡）时的表观黏度，Pa·s；c 为模型参数，Pa·s。

Cross 模型

$$\begin{cases} \tau = (\eta_\infty + c\lambda)\dot{\gamma} \\ \dfrac{d\lambda}{dt} = a(1-\lambda) - b\lambda\dot{\gamma}^n \end{cases} \tag{5-34}$$

式中，n 为模型参数，无因次。

以上模型形式简单，不能描述具有屈服应力的情形。

很多触变性流体具有屈服力学行为，其本构方程中的状态方程可写为：

$$\tau = \tau_y(\lambda, \dot{\gamma}) + \eta(\lambda, \dot{\gamma})\dot{\gamma} \tag{5-35}$$

具有此力学性质的一些本构模型有：

Worrall-Tuliani 模型

$$\begin{cases} \tau = \tau_0 + (\eta_\infty + c\lambda)\dot{\gamma} \\ \dfrac{d\lambda}{dt} = a(1-\lambda) - b\dot{\gamma}\lambda \end{cases} \tag{5-36}$$

式中，τ_0为屈服应力，Pa。

双线性模型

$$\begin{cases} \tau = (\tau_0 + \tau_1\lambda) + (\eta_\infty + c\lambda)\dot{\gamma} \\ \dfrac{d\lambda}{dt} = a(1-\lambda) - b\dot{\gamma}\lambda \end{cases} \tag{5-37}$$

式中，τ_1为可触变的屈服应力，Pa。

幂律模型

$$\begin{cases} \tau = \tau_0 + (\eta_\infty + c\lambda)\dot{\gamma}^n(\tau \geq \tau_0) \\ \dot{\gamma} = 0(\tau < \tau_0) \\ \dfrac{d\lambda}{dt} = a(1-\lambda) - b\dot{\gamma}\lambda \end{cases} \tag{5-38}$$

若已知式(5-38)中 $\dot{\gamma}$ 的函数形式，则可求得结构系数

$$\lambda(t) = \lambda_0 e^{-\int b(a+b\dot{\gamma})d\tau} + a\int_0^t e^{\int(a+b\dot{\gamma})d\xi}d\tau$$

式中，λ_0 为 $t=0$ 时刻的结构参数值。

目前广泛应用于含蜡原油管道停输再启动过程水力分析的触变性数学模型，是由捷克学者 Houska 于 1981 年在其博士论文中针对固体物料的浆体提出的

$$\begin{cases} \dfrac{d\lambda}{dt} = a(1-\lambda) - b\dot{\gamma}^m\lambda \\ \tau = \tau_{y0} + \tau_{y1}\lambda + (k + \Delta k\lambda)\dot{\gamma}^n \end{cases} \tag{5-39}$$

式中，τ_{y0}为结构充分裂降后的屈服应力，Pa；τ_{y1}为可触变的屈服应力，Pa；a 为结构恢复速率常数，s^{-1}；b 为结构裂降速率常数，s^{m-1}；k、Δk、m、n 为模型参数，其中前两者的单位为 $Pa\cdot s^n$，后两者无因次。此模型考虑屈服应力和稠度系数的裂降，但没有考虑结构的不完全可逆性。另外，由于模型的数学形式太复杂，用在管道停输再启动数值模拟计算时，数值特性不令人满意。

三、反触变性

反触变性与触变性相反，在恒定剪切应力或剪切速率作用下，其表观黏度随剪切作用时间逐渐增加，最终趋于平衡。与触变性相比，反触变性较不常见。

四、震凝性(流凝性)

目前关于震凝性的定义不一致，有两种观点：观点 1，震凝性就是反触变性；观点 2，震凝性流体是触变性流体的一种，其特点是对震凝性流体，低速剪切可以帮助结构重建。

触变性、反触变性、震凝性三种物料状态及结构形成速率的比较如表 5-2 所示。

表 5-2　三种物料状态及结构形成速率的比较

物料	状态		结构形成速度	
	静止	高速	静止	低速
触变	凝胶	溶胶	快	慢
震凝	凝胶	溶胶	慢	快
反触	溶胶	凝胶		

五、黏弹性

黏弹性流体就是既具有黏性又具有弹性的一类流体，它是处于纯黏性流体和纯弹性固体之间的一类物料。在定常剪切流场中，在外力作用下发生形变或流动，当外力消除时，

它的形变会回复或部分回复到原来的状态，所以黏弹性流体既具有与时间有关的非牛顿流体的全部流变性质又具有部分弹性回复效应的物料的性质。某些高分子聚合物的流变性就呈现出既有黏性又有弹性，属黏弹性物料。

1. 黏弹性流体的流动现象

（1）爬杆现象。

又称韦森堡(Weissenberg)效应，因为是 Weissenberg 于 1946 年首先解释了这种现象。将 2 根旋转着的杆子分别插入盛有物料的 2 个烧杯内，其中一个烧杯内盛放牛顿流体(如水)，另一个烧杯盛放高分子聚合物浓溶液，如图 5-17 所示。当杆子都以相同的速度旋转时，注意观察 2 个烧杯中液体的自由液面会发现，牛顿流体的自由液面内低外高，而高分子聚合物液体的自由面却相反，自由液面内高外低，即液体沿着旋转的杆子向上爬，即为爬杆现象。而且就液体内压力来说，在牛顿流体中发现 $p_B > p_A$，在具有黏弹性的高分子聚合物中则 $p_B < p_A$，这是因为在剪切流场中，黏弹性流体内产生了法向应力差。

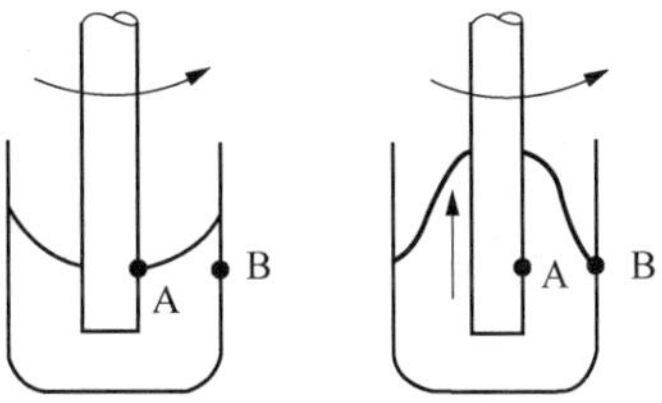

(a)牛顿流体　(b)黏弹性流体

图 5-17　黏弹性流体爬杆现象

（2）挤出胀大现象。

当牛顿流体和黏弹性高分子聚合物溶液分别从一个大容器通过直径为 D 的细管流出时，我们可以看到如图 5-18 所示的现象。牛顿流体(如水)通过短管流出的直径与 D 差不多相等，而黏弹性高分子聚合物溶液通过短管挤出的直径 D_e 要比 D 大，即 $D_e > D$，这种现象称为挤出膨胀。某些高分子聚合物溶液被挤出时的 D_e 为 D 的 4~5 倍，对于这种现象至今尚未解释清楚。有一种说法，认为黏弹性物料有记忆效应，它会记住自己从一个大容器内流出的历史，所以 $D_e > D$。

（3）无管虹吸现象。

牛顿流体和黏弹性流体的虹吸现象有很大差别。当虹吸管离开液面时，牛顿流体马上断流，虹吸作用停止，如图 5-19 所示。而对于黏弹性液体，当虹吸管慢慢离开液面时，黏弹性液体仍然继续向上流进虹吸管，继续经虹吸管流出，见图 5-19(b)。如果用手指在高分子聚合物溶液中蘸一下(如质量分数为 1%~2%聚氧乙烯溶液)，从溶液中带出一条液体丝越过烧杯顶部拉向地板，于是杯中的溶液就会顺着液体丝继续流到地板上，形成真正的无管虹吸现象，用这种方法可将烧杯中接近 3/4 的溶液虹吸出来。显然，若烧杯中盛的是水，则根本不会出现无管虹吸现象。

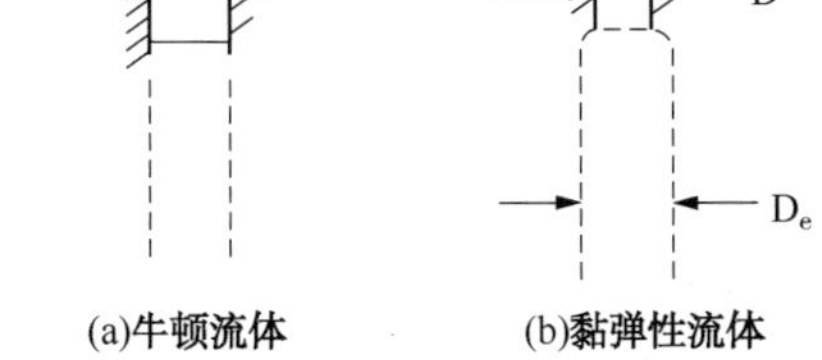

(a)牛顿流体　(b)黏弹性流体

图 5-18　黏弹性流体挤出胀大现象

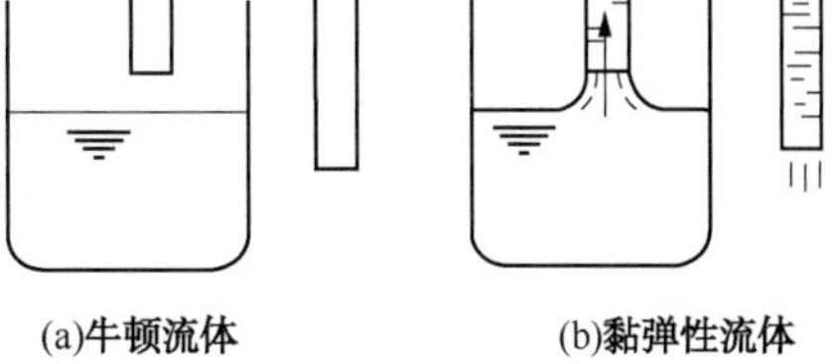
(a)牛顿流体　(b)黏弹性流体

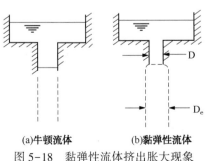

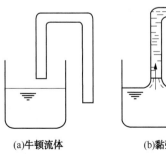

图 5-19　黏弹性流体无管虹吸现象

2. 黏弹性体的力学响应特征

（1）弹性体。

应力与应变的关系方程服从虎克定律：$\tau = G\gamma$。

对其施加一个有限的应力，则物料相应地立即产生一个有限的应变。应力保持不变，则应变也为恒定值。卸载后，应变立即消失。应力、应变与时间的关系如图 5-20 所示。

（2）黏性体。

受力与流动服从牛顿内摩擦定律：$\tau = \mu\dot{\gamma} = \mu\dfrac{\mathrm{d}\gamma}{\mathrm{d}t}$。

物料没有瞬时应变，在有限恒定应力的作用下，物料相应产生一个恒定的应变率（剪切应力对应剪切率）。变形可以无限增大，只要应力保持不变，物料的应变率亦为恒定值，即物料以恒定的速率连续不断地变形。变形不能恢复，因为卸载后，应变率立即为零。这意味着流体变形立即停止，既不继续增大，也不减小。应力、应变与时间的关系如图 5-21 所示。

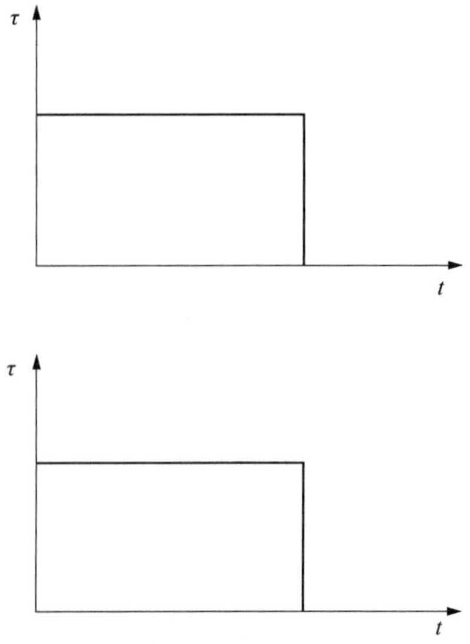

图 5-20　弹性体的力学相应特征

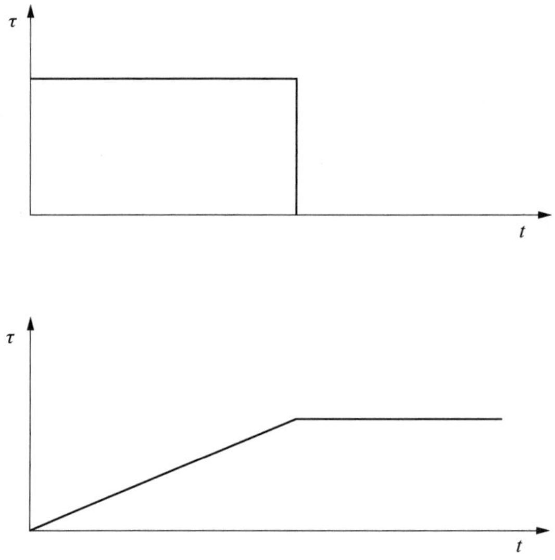

图 5-21　黏性体的力学相应特征

（3）黏弹性。

① 法向应力与法向应力差：

当力 F 作用于物体时，物体内部体积元所受的总应力 τ 可以分为 9 个分力 τ_{ij}（i 代表应力分量作用的平面法线方向；j 代表应力分力的方向），如图 6-19，可用张量表示如下：

$$\tau = \begin{bmatrix} \tau_{11} & \tau_{12} & \tau_{13} \\ \tau_{21} & \tau_{22} & \tau_{23} \\ \tau_{31} & \tau_{32} & \tau_{33} \end{bmatrix} \qquad (5-40)$$

式中，τ_{11}，τ_{22}，τ_{33} 为法向应力，其他 6 个为剪切应力，而且 $\tau_{ij} = \tau_{ji}(i \neq j)$，即 $\tau_{12} = \tau_{21}$，$\tau_{13} = \tau_{31}$，$\tau_{23} = \tau_{32}$。通常 τ_{13} 与 τ_{23} 为 0，故剪切应力只有 τ_{12} 起作用。

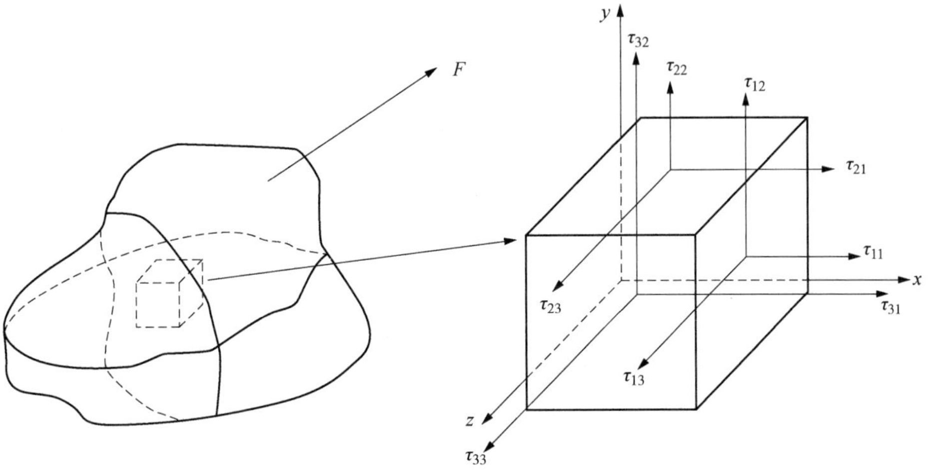

图 5-22　作用于微元立方体上的应力分量

$\tau_{11}-\tau_{22}=N_1$ 为第一法向应力差，产生轴向压力，引起韦森堡效应与挤出物胀大。

$\tau_{22}-\tau_{33}=N_2$ 为第二法向应力差，产生径向压力，是半径的函数，通常很小。

为描述剪切流场中流体流变特性随剪切速率变化的情况，需要下面 3 个函数：

(1) $\mu(\dot{\gamma})=\tau_{12}/\dot{\gamma}$ 为黏度；

(2) $\Psi_1(\dot{\gamma})=(\tau_{11}-\tau_{22})/\dot{\gamma}^2=N_1/\dot{\gamma}^2$ 为第一法向应力系数；

(3) $\Psi_2(\dot{\gamma})=(\tau_{22}-\tau_{33})/\dot{\gamma}^2=N_2/\dot{\gamma}^2$ 为第二法向应力系数。

对于牛顿流体，$\Psi_1(\dot{\gamma})$ 与 $\Psi_2(\dot{\gamma})$ 都为零。

② 应力松弛：

当对黏弹性体施加外力使其变形并保持应变一定时如图 5-23 曲线 a，应力会随时间而逐渐减小，这种特性称应力松弛。

当 $t\to\infty$时，$\tau>0$，称部分松弛，如图 5-23 曲线 b 所示；

当 $t\to\infty$时，$\tau\to 0$，称完全松弛，如图 5-23 曲线 c 所示。

③ 弹性滞后：

理想固体的应力-应变曲线为通过原点的直线，而且应力上升与下降对应的应力-应变曲线完全重合，如图 5-24 曲线 a 所示，也就是说应力是应变的单值函数(与牛顿流体的剪切应力-剪切速率曲线相似)。而黏弹性体的应力-应变曲线不是直线，而且其应力上升与下降对应的应力-应变曲线不重合，如曲线 b (与触变性流体的剪切应力-剪切速率曲线相似)所示，这种特性称弹性滞后。滞后环的面积与应变速率 $\dot{\gamma}$ 有关，也就是说应力是应变与时间的函数。

4. 蠕变与回复

首先比较一下理想固体与牛顿流体的行为。当用力敲打一块硫化橡胶时，橡胶表面立刻凹陷，力很快除去时，橡胶表面立即复原如初。因为对其施加应力使其变形时，其变形能量以弹性能的形式储存起来，外力一旦消失，其能量完全释放，形变完全回复如初。如果以应变对时间作图，可以得到图 5-25 的曲线 b (曲线 a 是突然施加突然去除的应力)。

而如果将水倒在玻璃板上，它会逐渐向外平流展开并无限变薄，形变的能量全部转换成热能，外力去除时也不会复原，如曲线 c 所示。

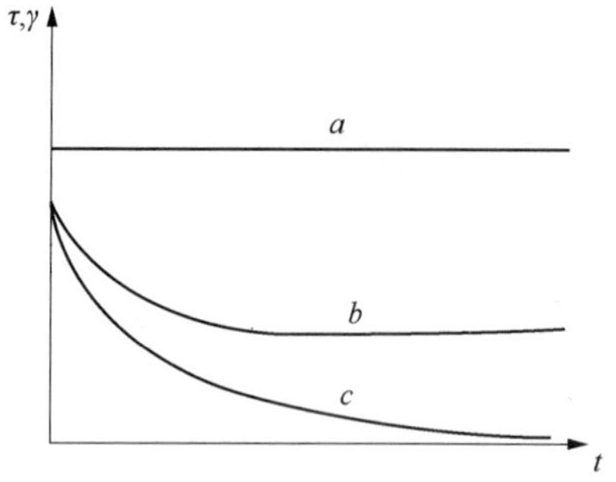

图 5-23　应力松弛曲线

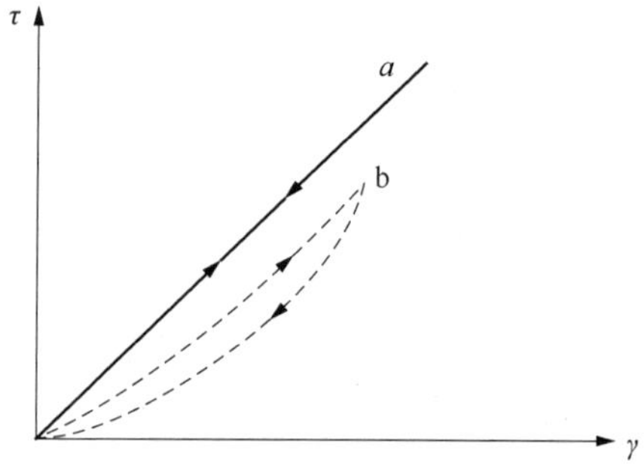

图 5-24　弹性滞后曲线

黏弹性体对于外力的突然施加与突然去除，得到的是介于固体与牛顿流体之间的独特的应变-时间曲线，如图 5-25 的曲线 d 所示。这是因为突然加力时，分子的缠结(绕)链朝力的方向拉长，表现出弹簧的特性，随后弹簧链节及瞬时节点之间的网络逐渐发生变形，最终分子链解缠，发生连续流动，即发生了从突然变形到连续流动的蠕变过程。当外力突然去除时，变形弹簧部分的能量释放，变形回复，但回复受黏壶的阻力而推迟，最终因黏性能的耗散而无法完全回复。

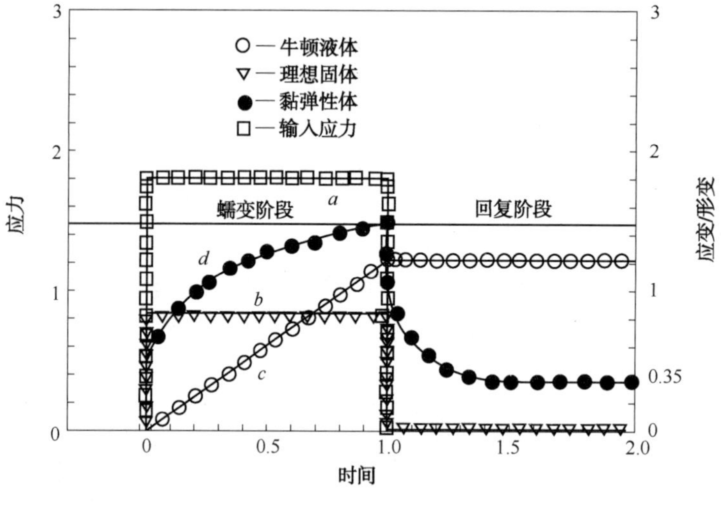

图 5-25　蠕变与回复曲线

5. 线性黏弹性体本构模型

线性黏弹性体模型以叠加原理为基础，这意味着应变、应变速率与应力成正比。线性黏弹性体的本构方程往往取微分方程的形式，即方程中存在应力或应变的时间导数项，且微分方程都是线性的，各变量的系数均为常数，这些常数是材料(性质)的函数，如黏度系数、弹性模量等。上述限制的结果使得线性弹性模型仅适用于弹性应变不大的情况。

用简单的原件组合成表示实际物料流变力学性能的模型称流变力学模型。流变力学模型有 3 种：一是元件型，二是简单组合型，三是复杂组合型。

(1) 元件模型。

常用的元件模型有 2 种，即弹性元件和黏性元件。

① 弹性元件：

用弹簧表示弹性元件，如图 5-26 所示。其基本特点是：

应力与应变关系方程服从虎克定律：

$$\tau = G\gamma(\text{或}\ \sigma = E\varepsilon) \tag{5-41}$$

应力和应变一一对应，与时间无关。

弹簧的应变瞬间时可以发生，应力消除后，应变立即消除。

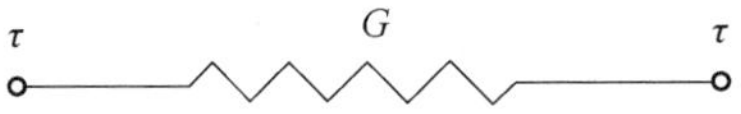

图 5-26　弹性元件示意图

② 黏性元件：

黏性元件用如图 5-27 所示的黏壶表示，其基本特点为：

受力与流动服从牛顿内摩擦定律：

$$\tau = \mu\dot{\gamma} = \mu\frac{\mathrm{d}\gamma}{\mathrm{d}t} \tag{5-42}$$

没有瞬时应变(黏性阻滞所致)，即在 $t=0$ 时刻，开始施加剪切应力时，应变为零，但应变速率不为零。

由 $\tau = \mu\frac{\mathrm{d}\gamma}{\mathrm{d}t}$ 得 $\gamma = \frac{\tau}{\mu}t + c$，又 $t=0$ 时，得 $\gamma = 0$，则

$$\gamma = \frac{\tau}{\mu}t \tag{5-43}$$

因此，在恒应力作用下，应变可无限增加。

应力消除后，应变不能回复。

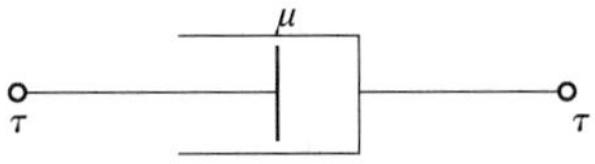

图 5-27　黏性元件示意图

(2) 二元模型。

① 麦克斯韦(Maxwell)模型：

如图 5-28 所示，一个弹性元件和一个黏性元件串联即构成麦克斯韦模型。下面推导其本构方程。

在串联方式下，弹性元件和黏性元件上的剪切应力 τ_E，τ_V 相等，并等于整个麦克斯

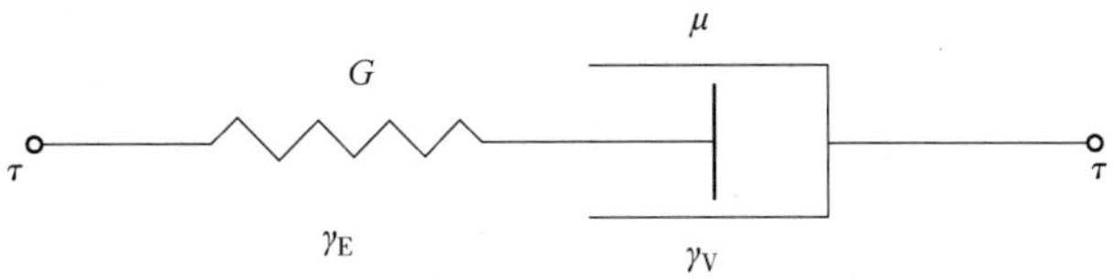

图 5-28　麦克斯韦模型

韦模型的剪切应力，即

$$\tau_E = \tau_V = \tau \qquad (5-44)$$

而整个麦克斯韦模型的剪切应变等于各元件应变之和，即

$$\gamma_E + \gamma_V = \gamma \qquad (5-45)$$

将式(5-45)应变对时间求导，得：

$$\frac{d\gamma_E}{dt} + \frac{d\gamma_V}{dt} = \frac{d\gamma}{dt} \qquad (5-46)$$

而

$$\frac{d\gamma_E}{dt} = \frac{1}{G}\frac{d\tau_E}{dt}$$

且

$$\frac{d\gamma_V}{dt} = \frac{\tau_V}{\mu}$$

故有

$$\frac{1}{G}\frac{d\tau}{dt} + \frac{\tau}{\mu} = \frac{d\gamma}{dt} \qquad (5-47a)$$

或

$$\frac{\mu}{G}\dot{\tau} + \tau = \mu\dot{\gamma} \qquad (5-47b)$$

式(5-47)即为麦克斯韦模型的本构方程。其特点是本构方程中的应力、应变和应变速率都设法用模型总的应力、应变和应变速率表示。

麦克斯韦的流变特点：

力学响应特性：有瞬时应变，即瞬间承受外力时，弹簧产生瞬时应变；

恒定剪切应力作用下的应变变化特性(蠕变/回复特性)。

设 $t=0$ 时，对麦克斯韦体施加一恒定的应力 τ，即 $\dot{\tau}=0$，本构方程变为：

$$\tau = \mu\dot{\gamma}$$

积分有

$$\gamma = \frac{\tau}{\mu}t + c$$

又由初始条件，$t=0$ 时，仅弹簧产生瞬时应变，即 $\gamma_0 = \frac{\tau}{G}$，则 $c = \frac{\tau}{G}$

最终有

$$\gamma = \frac{\tau}{\mu}t + \frac{\tau}{G} \qquad (5-48)$$

可见，在恒 τ 条件下，γ 随时间无限增大，故麦克斯韦模型描述的是黏弹性流体，其无弹性应变延迟性质。

若在 $t=t_1$ 时，去除施加的剪切应力，即 $\tau=0$，那么在产生的总应变 $\gamma = \frac{\tau}{\mu}t_1 + \frac{\tau}{G}$ 中，$\frac{\tau}{G}$ 部分可瞬态回复，而 $\frac{\tau}{\mu}t_1$ 为不可回复部分。这种在应力施加前后，应变的变化如

图5-29 所示。

恒应变作用下的应力变化特点(应力松弛特性)：

麦克斯韦膜性能较形象的反映应力松弛过程。如图 5-30 所示，当模型一端受力被拉伸时，弹簧可在瞬间产生应变 γ_0，而黏壶尽管受力，但由于黏滞作用来不及移动，则弹簧首先被拉开(γ_0)。保持麦克斯韦体的应变为 γ_0 不变，那么在弹簧回缩力作用下，黏壶随时间渐渐被拉开，弹簧受到的拉力(因而也是整个麦克斯韦体的拉力)逐渐减小，整个模型中产生的应力最后松弛到零。相应应力变化过程的公式推导如下：

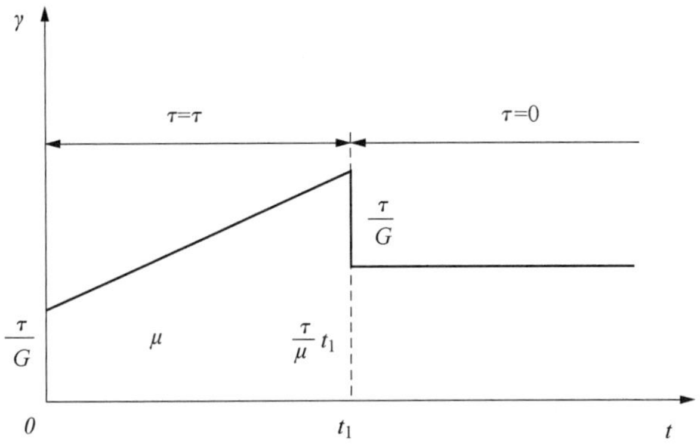

图 5-29　麦克斯韦体的蠕变/回复曲线

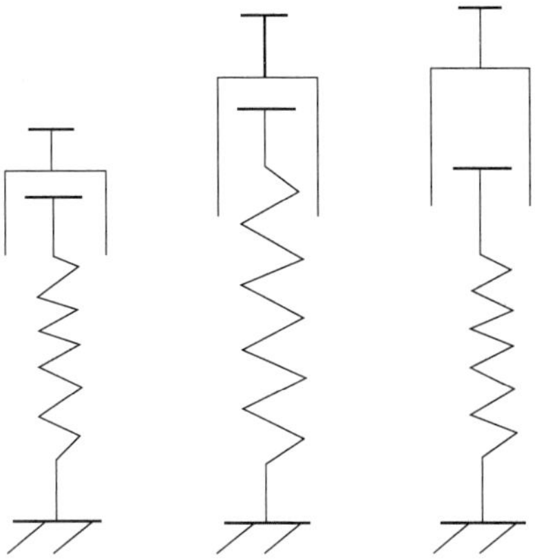

图 5-30　麦克斯韦体的应力松弛特性示意图

在 $\gamma = \gamma_0$ 条件下，麦克斯韦模型的本构方程变为：

$$\frac{\mu}{G}\frac{\mathrm{d}\tau}{\mathrm{d}t} + \tau = 0$$

则有

$$\frac{\mathrm{d}\tau}{\tau} = -\frac{G}{\mu}\mathrm{d}t$$

积分得

$$\int_{\tau_0}^{\tau}\frac{\mathrm{d}\tau}{\tau} = -\frac{G}{\mu}\int_0^t \mathrm{d}t$$

故

$$\mathrm{In}\frac{\tau}{\tau_0} = -\frac{G}{\mu}t$$

最后得

$$\tau = \tau_0 \mathrm{e}^{-\frac{G}{\mu}t} \tag{5 - 49a}$$

其中，$\tau_0 = G\gamma_0$。

式(5-49a)中，$\frac{\mu}{G}$ 是具有时间的量纲。定义 $\alpha = \frac{\mu}{G}$ 为麦克斯韦模型的应力松弛时间，则

$$\tau = \tau_0 e^{-t/\alpha} \tag{5-49b}$$

可以看到，$t=\alpha$ 时，$\tau=\tau_0/e$。因此，麦克斯韦模型松弛时间的物理意义是：服从麦克斯韦模型的流体在恒定的应变条件下，其剪切应力减小至初始值的 1/e（即 36.97 % τ_0）所经历的时间。

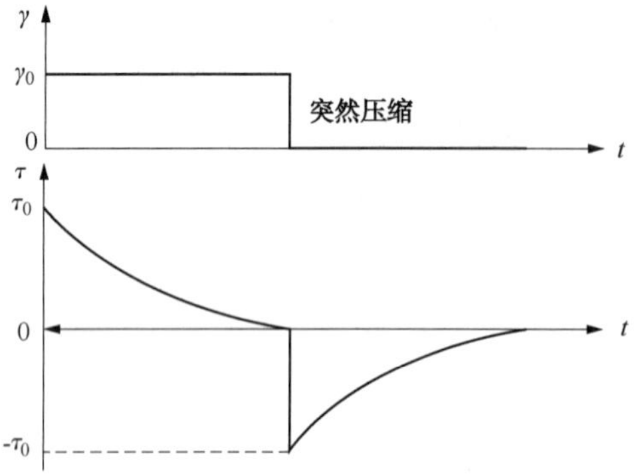

图 5-31　麦克斯韦体的应力松弛曲线

由松弛时间的定义可知，松弛时间的产生是由于模型中黏性和弹性同时存在而引起的。α 反映了应力随时间衰减的快慢，α 越大，应力衰减越慢。从德博拉数的意义上讲，松弛时间可以认为是物质的特征时间，α 越大，物质的弹性越强。上述应力松弛特性曲线如图 5-31。

恒 $\dot{\gamma}$ 特性：

当 $\dot{\gamma}=\dot{\gamma}_0$（常数）时，本构方程为：

$$\alpha\dot{\tau} + \tau = \mu\dot{\gamma}_0$$

对方程求解，并带入初始条件，$t=0$ 时，$\tau=0$，得

$$\tau = \mu\dot{\gamma}_0(1 - e^{-t/\alpha}) \tag{5-50}$$

可见，当 $\dfrac{t}{\alpha}\to\infty$ 时，$\tau\to\mu\dot{\gamma}_0$。这再次说明麦克斯韦体在极端的情况下，反映出黏性流体特性。

若初始条件变为 $t=0$ 时，$\tau=\tau_0$，则方程的解为：$\tau=\mu\dot{\gamma}_0-(\mu\dot{\gamma}_0-\tau_0)e^{-t/\alpha}$，仍当有 $\dfrac{t}{\alpha}\to\infty$ 时，$\tau\to\mu\dot{\gamma}_0$ 的结论。

γ_E 和 γ_V 的相对大小比较：

由于 $\alpha=\dfrac{\mu}{G}$，$\tau=\mu\dfrac{\gamma_V}{t}=\alpha G\dfrac{\gamma_V}{t}$

则

$$\gamma_E = \frac{\tau}{G} = \alpha\frac{\gamma_V}{t}$$

$$t\gamma_E = \alpha\gamma_V$$

那么

$$\frac{t}{\alpha} = \frac{\gamma_V}{\gamma_E} \tag{5-51}$$

因此，当 $t<\alpha$ 时，$\gamma_V<\gamma_E$，以弹性变形为主；

当 $t>\alpha$ 时，$\gamma_V>\gamma_E$，以黏性流体特性为主；

当 $t=\alpha$ 时，$\gamma_V=\gamma_E$，处于黏弹性转变点。

② 沃伊特-开尔文（Voight-Kelvin）模型（见图 5-32）：

沃伊特-开尔文（Voight-Kelvin）模型，简称 V-K 模型。它由一个弹性元件和一个黏性元件并联组成。V-K 模型的本构方程推导过程如下：

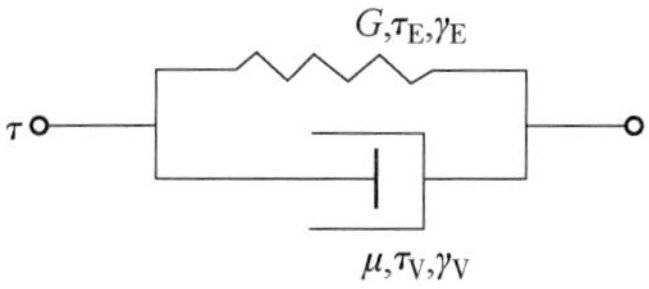

图 5-32 沃伊特-开尔文模型

在并联条件下

$$\gamma_V = \gamma_E = \gamma \tag{5-52}$$

$$\tau_V + \tau_E = \tau \tag{5-53}$$

则

$$\tau = G\gamma + \mu \frac{d\gamma}{dt} \tag{5-54a}$$

或

$$\tau = G\gamma + \mu\dot{\gamma} \tag{5-54b}$$

式(5-54b)即为 V - K 模型的本构方程。

力学响应：在瞬变应力作用下，由于黏壶影响，不可能有瞬时应变；而在恒外力作用下，由于弹簧影响也不可能有无限变形。

蠕变特性：V - K 模型能较形象地反应材料的蠕变过程。当瞬间施加一恒定的应力 τ 时，由于黏壶作用，只能徐徐发生改变；当外力去掉后，在弹簧回复力和黏壶阻尼作用下，变形又逐渐回复。

在恒力 $\tau = \tau_0$ 作用下，本构方程为：

$$\tau_0 = G\gamma + \mu\dot{\gamma}$$

其为一阶线性微分方程，通解为：

$$\gamma = \frac{\tau_0}{G} + Ce^{-\frac{G}{\mu}t}$$

由初始条件，$t = 0$ 时，$\gamma = 0$，则 $C = -\frac{\tau_0}{G}$，那么

$$\gamma = \frac{\tau_0}{G}\left(1 - e^{-\frac{G}{\mu}t}\right) \tag{5-55a}$$

此即在恒力 τ_0 作用下，V - K 模型的蠕变方程。如图 5-33 为相应的蠕变曲线。可见，当 $t \to \infty$时，$\gamma = \frac{\tau_0}{G} = \gamma(\infty)$ 。

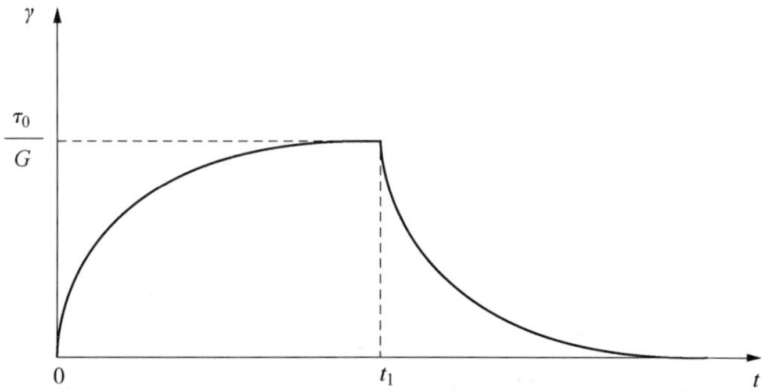

图 5-33 V-K 体的蠕变/回复示意图

可以看到，由于黏壶的存在，变形被推迟了。因此定义：$\alpha = \dfrac{\mu}{G}$ 为延迟时间，则

$$\gamma = \frac{\tau_0}{G}(1 - e^{-\frac{t}{\alpha}}) = \gamma(\infty)\ (1 - e^{-\frac{t}{\alpha}}) \tag{5-56b}$$

当 $t = a$ 时，$\gamma = \gamma(\infty)\left(1 - \dfrac{1}{e}\right) = 63.21\%\gamma(\infty)$ 。

所以，延迟时间的物理意义为 V－K 模型的形变随时间增大到平衡值的 63. 21%时所需的时间。

由于 V－K 模型中弹簧的存在限制了黏壶的无限变形，因此这种模型描述的一种理想的黏弹性固体。

变形回复特性：

在一定外力作用下，产生一定变形 γ_0 的 V－K 模型，在 $t=0$ 时刻，施加的应力被去除，则本构方程变为：

$$G\gamma + \mu\dot{\gamma} = 0$$

即

$$\frac{\mathrm{d}\gamma}{\gamma} = -\frac{G}{\mu}\mathrm{d}t$$

$$\int_{\gamma_0}^{\gamma}\frac{\mathrm{d}\gamma}{\gamma} = -\frac{G}{\mu}\int_0^t \mathrm{d}t$$

故

$$\gamma = \gamma_0 e^{-\frac{t}{\alpha}} \tag{5-57}$$

在这种情况下，α 反映了 γ 随时间衰减的快慢，α 越大，γ 衰减越慢。当 $t=a$ 时 $\gamma = \dfrac{\gamma_0}{e} = 36.79\%\gamma_0$。因此，延迟时间的物理意义也可以表示为：服从 V－K 模型的材料，在消除应力后，其应变值减小至初始值的 $\dfrac{1}{e}$ 所需要的时间。变形回复特性曲线如图 5-33 中 $t > t_1$ 部分。

恒 γ 特性：

当 γ = 常数时，$\dot{\gamma} = 0$，则本构方程变为：

$$\tau = G\gamma$$

故 V－K 模型是一种非应力松弛模型。

③ 多元模型：

尽管二元模型可以反应一些实际物料的流变行为，但从精确的角度看仍很不够。为此，人们又提出了三元模型、四元模型以及无限个单元组合的模型。

如图 5-34 为一个四元模型，即伯格斯（Burgers）模型，它是由沃伊特—开尔文模型和麦克斯韦模型串联而成的模型。在一定的外力作用下，其总形变由 3 个部分组成，即 γ_1，γ_2 和 γ_3。其中，γ_1 是由模量为 G_1 的弹簧产生的普通弹性变形，是瞬间完成的；γ_2 是模量 G_2 的弹簧和黏度为 μ_2 的黏壶以并联模型产生的形变，与时间有关；γ_3 是由黏度为 μ_1 的黏

壶产生的不可逆变形。因此，总变形为：

$$\gamma = \gamma_1 + \gamma_2 + \gamma_3 \tag{5-58}$$

将前面介绍的有关元件模型和二元模型的应变公式带入式(5-50)，得一定应力作用下的蠕变公式为：

$$\gamma = \frac{\tau}{G_1} + \frac{\tau}{G_2}\left(1 - e^{-\frac{G_2}{\mu_1}t}\right) + \frac{\tau}{\mu_1}t \tag{5-59}$$

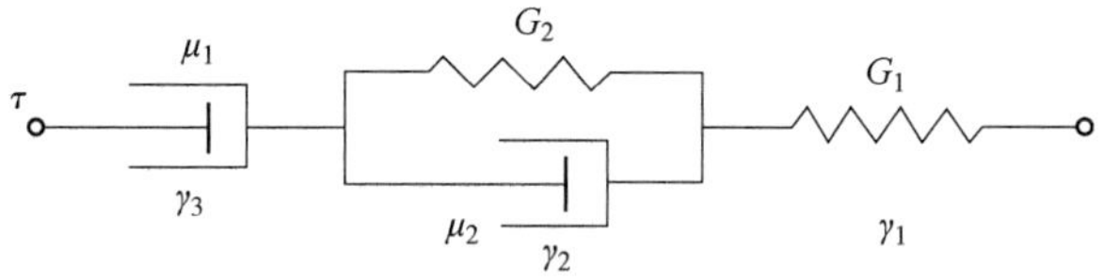

图 5-34　伯格斯(Burgers)模型

相应的蠕变与回复曲线如图 5-35 所示。其中 γ_1 为元件 G_1 产生的瞬态可回复弹性应变；γ_2 是元件 G_2 和 μ_2 并联模型产生的可回复的黏弹性应变；γ_3 是元件 μ_1 产生的不可逆应变。(注意：蠕变曲线的曲线部分由 V - K 模型的应变和黏壶元件的应变加和组成。)

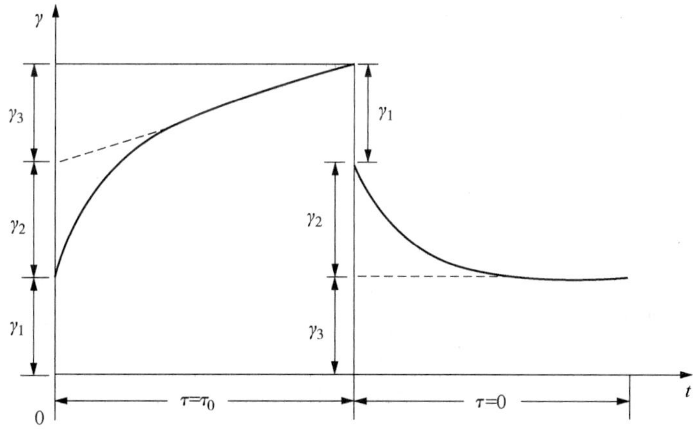

图 5-35　伯格斯模型体的蠕变/回复曲线

第六章　非牛顿流体力学基本方程

非牛顿流体力学是连续介质力学的一个重要的分支，其基本理论完全是建立在连续介质力学理论基础之上的。在研究非牛顿流体流动之前，首先简单地介绍一下有关连续介质力学的一些基本概念和原理。

第一节　连续介质力学的基本概念

大家知道，任何实际的流体都是由大量微小的分子构成的，而且每个分子都在不断地作无规则的热运动。但是，连续介质力学的任务是采用宏观方法来研究连续介质的运动规律。所以，在连续介质力学的研究范畴中，一般不考虑流体的微观结构，而是采用一种简化的模型来代替流体的真实微观结构。按照这种假设，连续介质充满着一个空间时是不留任何空隙的——连续介质假设。由连续介质假设所带来的最大简化是：我们不必研究大量分子的瞬间运动状态，而只要研究描述连续介质质点的宏观状态物理量，如密度、速度、变形和应力等就行了。

连续介质力学主要研究质量连续分布的可变形物体的运动规律，讨论一切连续介质普遍遵从的力学规律。例如，质量守恒、动量和角动量定理、能量守恒等。流体力学和弹性体力学均属于连续介质力学。

在连续介质力学中，可以把这些物理量看作是空间坐标和时间的连续函数。因此，就可以把一个本来是大量的离散分子或原子的运动问题近似为连续充满整个空间的质点的运动问题。而且每个空间点和每个时刻都有确定的物理量，它们都是空间坐标和时间的连续函数，从而可以利用数学分析中连续函数的理论分析流体的流动。

连续介质力学的主要目的在于建立各种物质的力学模型和把各种物质的本构关系用数学形式确定下来，并在给定的初始条件和边界条件下求出问题的解答。通常包括下述基本内容：①变形几何学，研究连续介质变形的几何性质，确定变形所引起物体各部分空间位置和方向的变化以及各邻近点相互距离的变化，这里包括诸如运动、应变张量、变形的基本定理等重要概念；②运动学，主要研究连续介质力学中各种量的时间率，这里包括诸如速度梯度，变形速率和旋转速率；③本构关系，在某些假定条件下连续介质力学行为的数学描述；④基本方程，根据适用于所有物质的守恒定律建立的方程，例如，连续性方程、运动方程、能量方程等；⑤复杂条件下基本方程的求解。

第二节　应 力 张 量

作用在流体上的力可以分为两类，即质量力和表面力两大类。作用在连续介质表面上

的表面力通常用作用在单位面积上的表面力——应力来表示，如图 6-1 所示，即

$$\boldsymbol{p}_n=\lim_{\Delta A\to 0}\frac{\Delta \boldsymbol{P}}{\Delta A} \tag{6-1}$$

式中　$\boldsymbol{n}$——表面积 ΔA 的外法线方向；

$\Delta \boldsymbol{P}$——作用在表面积 ΔA 上的表面力，N。

$\boldsymbol{p}_n$除了与空间位置和时间有关外，还与作用面的取向有关。因此，有

$$\boldsymbol{p}_n=\boldsymbol{p}_n(M,\ t,\ \boldsymbol{n})$$

需要特别指出，①应力 $\boldsymbol{p}_n$ 表示的是作用在以 $\boldsymbol{n}$ 为外法线方向的作用面上应力，其下标 $\boldsymbol{n}$ 并不表示应力的方向，而是受力面的外法线方向，如图 6-1；②一般来说，应力 $\boldsymbol{p}_n$ 的方向并不与作用面的外法线 $\boldsymbol{n}$ 一致，$\boldsymbol{p}_n$ 除了有 $\boldsymbol{n}$ 方向的分量 p_{nn} 外，还有 $\boldsymbol{n}$ 方向的分量 $p_{n\tau}$。只有当 $p_{n\tau}=0$ 时 $\boldsymbol{p}_n$ 才与 $\boldsymbol{n}$ 的方向一致；③图中 ΔA 右侧的流体通过 ΔA 作用在左侧流体上的力为 $\Delta \boldsymbol{P}=\boldsymbol{p}_n\Delta A$，而 ΔA 左侧的流体通过 ΔA 作用在右侧流体上的力为 $\Delta \boldsymbol{P}=\boldsymbol{p}_{-n}\Delta A$，这两个力互为作用力和反作用力，所以有

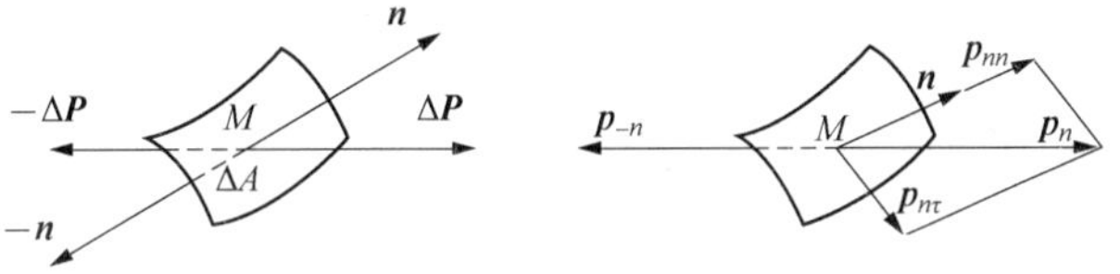

图 6-1　$\boldsymbol{p}_n$ 与 $\boldsymbol{n}$ 的关系

$$\boldsymbol{p}_n\Delta A=-\boldsymbol{p}_{-n}\Delta A$$

可得

$$\boldsymbol{p}_n=-\boldsymbol{p}_{-n} \tag{6-2}$$

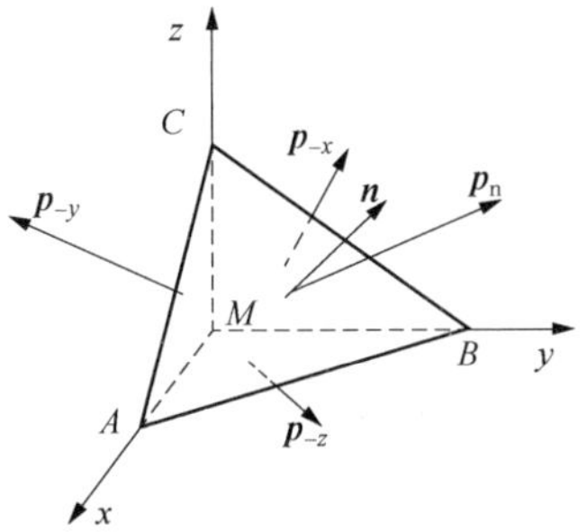

图 6-2　一点处的应力状态

为了研究一点处微元面积上的表面力，先在流体中以 M 为顶点取一个微四面体，如图 6-2 所示。

设 $MA=\Delta x$，$MB=\Delta y$，$MC=\Delta z$，ΔABC 的法向单位矢量为 $\boldsymbol{n}$，则

$$\boldsymbol{n}=\cos(\boldsymbol{n},\ x)\boldsymbol{i}+\cos(\boldsymbol{n},\ y)\boldsymbol{j}+\cos(\boldsymbol{n},\ z)\boldsymbol{k}$$

或简写为：

$$\boldsymbol{n}=n_x\boldsymbol{i}+n_y\boldsymbol{j}+n_z\boldsymbol{k} \tag{6-3}$$

设 ΔABC 的面积为 ΔS，于是 ΔMBC、ΔMCA、ΔMAB 的面积可分别以 ΔS_x、ΔS_y、ΔS_z 表示为：

$$\begin{cases}\Delta S_x=\Delta S n_x\\ \Delta S_y=\Delta S n_y\\ \Delta S_z=\Delta S n_z\end{cases} \tag{6-4}$$

四面体的体积可表示为：

$$\Delta V=\frac{1}{3}\Delta S h$$

式中 h 为 M 点到 ΔABC 的距离。根据达朗贝尔原理，可给出四面体受力的平衡方程为：

$$\boldsymbol{p}_{-x}\Delta S_x+\boldsymbol{p}_{-y}\Delta S_y+\boldsymbol{p}_{-z}\Delta S_z+\boldsymbol{p}_n\Delta S+\boldsymbol{f}\Delta V=0$$

当四面体趋近于 M 点时，h 为一阶小量，ΔS 为二阶小量，ΔV 为三阶小量，略去高阶小量后可得：

$$\boldsymbol{p}_{-x}\Delta S_x+\boldsymbol{p}_{-y}\Delta S_y+\boldsymbol{p}_{-z}\Delta S_z+\boldsymbol{p}_n\Delta S=0$$

再考虑式(6-2)和式(6-4)可得

$$\boldsymbol{p}_n=\boldsymbol{p}_x n_x+\boldsymbol{p}_y n_y+\boldsymbol{p}_z n_z \tag{6-5}$$

式(6-5)在直角坐标系中的投影可表示为：

$$\begin{aligned}p_{nx}&=n_x p_{xx}+n_y p_{yx}+n_z p_{zx}\\ p_{ny}&=n_x p_{xy}+n_y p_{yy}+n_z p_{zy}\\ p_{nz}&=n_x p_{xz}+n_y p_{yz}+n_z p_{zz}\end{aligned} \tag{6-6}$$

式(6-6)也可以用矩阵形式表示为：

$$\begin{bmatrix}p_{nx} & p_{ny} & p_{nz}\end{bmatrix}=\begin{bmatrix}n_x & n_y & n_z\end{bmatrix}\begin{bmatrix}p_{xx} & p_{xy} & p_{xz}\\ p_{yx} & p_{yy} & p_{yz}\\ p_{zx} & p_{zy} & p_{zz}\end{bmatrix} \tag{6-7}$$

也可以表示为：

$$\boldsymbol{p}_n=n\cdot\boldsymbol{P}$$

其中

$$\boldsymbol{P}=\begin{bmatrix}p_{xx} & p_{xy} & p_{xz}\\ p_{yx} & p_{yy} & p_{yz}\\ p_{zx} & p_{zy} & p_{zz}\end{bmatrix} \tag{6-8}$$

称为应力张量。这里需要着重指出的是，应力张量各分量的两个下标中，第一个下标表示的是该应力作用面的法线方向；第二个下标表示的是该应力的投影方向，例如 p_{xy} 表示它是作用于外法线为 x 轴正向的面积元上的应力 $\boldsymbol{p}_x$ 在 y 轴上的投影分量。

应力张量 $\boldsymbol{P}$ 描述的是某一点处的应力状态，过该点的任意一个曲面上的应力 $\boldsymbol{p}_n$ 均可由式(6-7)确定。与矢量相似，张量也是客观的，正如矢量确定以后，它的大小和方向不会随着坐标系的改变而改变，所改变的只是在不同坐标系下其分量的大小。

无黏流体或静止流场中，由于不存在切向应力，即 $p_{ij}=0(i\neq j)$，此时有

$$\boldsymbol{P}=\begin{bmatrix}p_{xx} & 0 & 0\\ 0 & p_{yy} & 0\\ 0 & 0 & p_{zz}\end{bmatrix}=\begin{bmatrix}-p & 0 & 0\\ 0 & -p & 0\\ 0 & 0 & -p\end{bmatrix}=-p\begin{bmatrix}1 & 0 & 0\\ 0 & 1 & 0\\ 0 & 0 & 1\end{bmatrix}=-p\boldsymbol{I}$$

式中，$\boldsymbol{I}$ 为单位张量。

流体力学中，常将应力张量表示为：

$$\boldsymbol{P}=-p\boldsymbol{I}+\mathrm{T} \tag{6-9}$$

式中，p 为静压力或平均压力，由于其作用方向与应力定义的方向相反，所以取负值；$\boldsymbol{T}$ 称为偏应力张量

$$T=\begin{bmatrix}\tau_{xx} & \tau_{xy} & \tau_{xz}\\ \tau_{yx} & \tau_{yy} & \tau_{yz}\\ \tau_{zx} & \tau_{zy} & \tau_{zz}\end{bmatrix} \tag{6-10}$$

偏应力张量的分量与应力张量各分量的关系为：$i=j$ 时 p_{ij} 为法向应力，$\tau_{ii}=p_{ij}-p$；当 $i\neq j$ 时 p_{ij} 为黏性剪切应力，$\tau_{ij}=p_{ij}$。

第三节　应变张量

与刚体相比，连续介质运动过程中还有可能发生变形，因此连续介质的运动比刚体的运动要复杂得多。在这里，首先回顾一下刚体运动速度分解定理。刚体的运动可以分解为随质心的平动和绕质心的转动，即

$$\boldsymbol{u}=\boldsymbol{u}_0+\boldsymbol{\omega}\times\delta\boldsymbol{r}$$

式中，$\boldsymbol{u}_0$ 为刚体质心的平动速度；$\boldsymbol{u}$ 为刚体内部任意一点处的运动速度；$\boldsymbol{\omega}$ 为刚体绕质心的旋转角速度；$\delta\boldsymbol{r}$ 为质心至某点的微元矢量。

在 t 时刻的连续介质中取出包括点 $M_0(x, y, z)$ 的任意微元体积，同时取微元体积内的另一点 $M(x+\delta x, y+\delta y, z+\delta z)$，如图 6-3 所示。

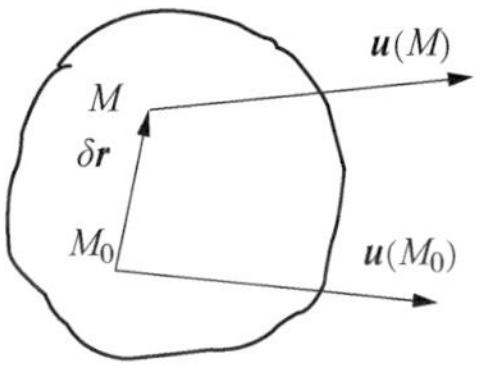

图 6-3　一点邻域的速度

假设点 M_0 的速度为 $\boldsymbol{u}(x, y, z)$，当 $\delta\boldsymbol{r}=(\delta x, \delta y, \delta z)$ 为小量时，M 点的速度可用 M_0 的速度的泰勒展开式来表示，即

$$\boldsymbol{u}(M)=\boldsymbol{u}(M_0)+\delta\boldsymbol{u}=\boldsymbol{u}(M_0)+\frac{\partial\boldsymbol{u}}{\partial x}\mathrm{d}x+\frac{\partial\boldsymbol{u}}{\partial y}\mathrm{d}y+\frac{\partial\boldsymbol{u}}{\partial z}\mathrm{d}z \tag{6-11}$$

或分量形式

$$u(M)=u(M_0)+\delta u=u(M_0)+\frac{\partial u}{\partial x}\mathrm{d}x+\frac{\partial u}{\partial y}\mathrm{d}y+\frac{\partial u}{\partial z}\mathrm{d}z$$

$$v(M)=v(M_0)+\delta v=v(M_0)+\frac{\partial v}{\partial x}\mathrm{d}x+\frac{\partial v}{\partial y}\mathrm{d}y+\frac{\partial v}{\partial z}\mathrm{d}z$$

$$w(M)=w(M_0)+\delta w=w(M_0)+\frac{\partial w}{\partial x}\mathrm{d}x+\frac{\partial w}{\partial y}\mathrm{d}y+\frac{\partial w}{\partial z}\mathrm{d}z$$

显然，$\delta\boldsymbol{u}$ 或 $(\delta u, \delta v, \delta w)$ 是 M 点相对于 M_0 点的相对运动速度，它可以用矩阵的形式表示为：

$$\begin{bmatrix}\delta u\\ \delta v\\ \delta w\end{bmatrix}=\begin{bmatrix}\frac{\partial u}{\partial x} & \frac{\partial u}{\partial y} & \frac{\partial u}{\partial z}\\ \frac{\partial v}{\partial x} & \frac{\partial v}{\partial y} & \frac{\partial v}{\partial z}\\ \frac{\partial w}{\partial x} & \frac{\partial w}{\partial y} & \frac{\partial w}{\partial z}\end{bmatrix}\begin{bmatrix}\delta x\\ \delta y\\ \delta z\end{bmatrix} \tag{6-12}$$

式(6-12)中的方形矩阵可分解为：

$$
\begin{bmatrix}
\frac{\partial u}{\partial x} & \frac{\partial u}{\partial y} & \frac{\partial u}{\partial z} \\
\frac{\partial v}{\partial x} & \frac{\partial v}{\partial y} & \frac{\partial v}{\partial z} \\
\frac{\partial w}{\partial x} & \frac{\partial w}{\partial y} & \frac{\partial w}{\partial z}
\end{bmatrix}
=
\begin{bmatrix}
0 & \frac{1}{2}\left(\frac{\partial u}{\partial y}-\frac{\partial v}{\partial x}\right) & \frac{1}{2}\left(\frac{\partial u}{\partial z}-\frac{\partial w}{\partial x}\right) \\
\frac{1}{2}\left(\frac{\partial v}{\partial x}-\frac{\partial u}{\partial y}\right) & 0 & \frac{1}{2}\left(\frac{\partial v}{\partial z}-\frac{\partial w}{\partial y}\right) \\
\frac{1}{2}\left(\frac{\partial w}{\partial x}-\frac{\partial u}{\partial z}\right) & \frac{1}{2}\left(\frac{\partial w}{\partial y}-\frac{\partial v}{\partial z}\right) & 0
\end{bmatrix}
$$

$$
+\begin{bmatrix}
\frac{\partial u}{\partial x} & \frac{1}{2}\left(\frac{\partial u}{\partial y}+\frac{\partial v}{\partial x}\right) & \frac{1}{2}\left(\frac{\partial u}{\partial z}+\frac{\partial w}{\partial x}\right) \\
\frac{1}{2}\left(\frac{\partial u}{\partial y}+\frac{\partial v}{\partial x}\right) & \frac{\partial v}{\partial y} & \frac{1}{2}\left(\frac{\partial v}{\partial z}+\frac{\partial w}{\partial y}\right) \\
\frac{1}{2}\left(\frac{\partial u}{\partial z}+\frac{\partial w}{\partial x}\right) & \frac{1}{2}\left(\frac{\partial v}{\partial z}+\frac{\partial w}{\partial y}\right) & \frac{\partial w}{\partial z}
\end{bmatrix}
\tag{6-13}
$$

$$
=\boldsymbol{R}+\boldsymbol{D}
$$

式(6-13)中第一个矩阵 $\boldsymbol{D}$ 是反对称的，第二个矩阵 $\boldsymbol{D}$ 是对称的，这两个矩阵在流体力学中也称为二阶张量，下面就来具体分析这两个张量的物理意义。

反对称矩阵 $\boldsymbol{R}$ 中的九个分量中只有三个独立分量，即

$$
\omega_1=\frac{1}{2}\left(\frac{\partial w}{\partial y}-\frac{\partial v}{\partial z}\right),\ \omega_2=\frac{1}{2}\left(\frac{\partial u}{\partial z}-\frac{\partial w}{\partial x}\right),\ \omega_3=\frac{1}{2}\left(\frac{\partial v}{\partial x}-\frac{\partial u}{\partial y}\right)
\tag{6-14}
$$

这三个分量恰好就是流体微团旋转角速度矢量的三个分量，同时 $\boldsymbol{\omega}=\omega_1\boldsymbol{i}+\omega_2\boldsymbol{j}+\omega_3\boldsymbol{k}$ 也就是速度矢量的旋度的一半，即

$$
\boldsymbol{\omega}=\frac{1}{2}\nabla\times\boldsymbol{u}
\tag{6-15}
$$

对称矩阵 $\boldsymbol{D}$ 中的九个分量中只有六个独立分量，即

$$
\begin{aligned}
&D_{xx}=\frac{\partial u}{\partial x},\ D_{xx}=\frac{\partial u}{\partial x},\ D_{xx}=\frac{\partial u}{\partial x},\ D_{xy}=D_{yx}=\frac{1}{2}\left(\frac{\partial u}{\partial y}+\frac{\partial v}{\partial x}\right)\\
&D_{yz}=D_{zy}=\frac{1}{2}\left(\frac{\partial v}{\partial z}+\frac{\partial w}{\partial y}\right),\ D_{xz}=D_{zx}=\frac{1}{2}\left(\frac{\partial u}{\partial z}+\frac{\partial w}{\partial x}\right)
\end{aligned}
\tag{6-16}
$$

$D_{ii}(i=x，y，z)$和恰好是流体力学中研究过的流体微团在三个坐标轴方向上的线应变速率，而 $D_{ij}(i=x，y，z；j=x，y，z$ 且 $i\neq j)$也恰好是其角变形速度。因此，连续介质力学中将张量 $\boldsymbol{D}$ 称为应变速率张量，或简称为应变张量，将 $\boldsymbol{S}$ 称为旋转张量，将 $\boldsymbol{R}+\boldsymbol{D}$ 称为速度梯度张量。

在非牛顿流体力学中，也常用一阶 Rivlin-Ericksen 张量 $\boldsymbol{A}$ 来表述应变速率的大小，它与 $\boldsymbol{D}$ 的关系为：

$$
\boldsymbol{A}=2\boldsymbol{D}
\tag{6-17}
$$

一阶 Rivlin-Ericksen 张量 $\boldsymbol{A}$ 的分量直角坐标系中的表达式可由式(6-16)和式(6-17)得出，其在柱坐标系和球坐标系中的表达式的推导比较复杂，其结果见表 6-1。

表 6-1　一阶 Rivlin-Ericksen 张量 A 的分量在柱坐标系和球坐标系中的表达式

柱坐标系(r, θ, z)	柱坐标系(r, θ, φ)
$A_{\theta\theta}=\frac{2}{r}\left(\frac{\partial v}{\partial\theta}+u\right)$	$A_{rr}=2\frac{\partial u}{\partial r}$
$A_{zz}=2\frac{\partial w}{\partial z}$	$A_{\theta\theta}=\frac{2}{r}\left(\frac{\partial v}{\partial\theta}+ru\right)$
$A_{r\theta}=\frac{\partial u}{r\partial\theta}+\frac{\partial v}{\partial r}-\frac{v}{r}$	$A_{\varphi\varphi}=\frac{2}{r\sin\theta}\left(\frac{\partial w}{\partial\varphi}+u\sin\theta+v\cos\theta\right)$
$A_{rz}=\frac{\partial u}{\partial z}+\frac{\partial w}{\partial r}$	$A_{r\theta}=\frac{1}{r}\left(\frac{\partial u}{\partial\theta}+\frac{\partial rv}{\partial r}-2v\right)$
$A_{\theta z}=\frac{\partial v}{\partial z}+\frac{\partial w}{r\partial\theta}$	$A_{r\varphi}=\frac{1}{r\sin\theta}\left(\frac{\partial u}{\partial\varphi}+r\sin\theta\frac{\partial w}{\partial r}-w\sin\theta\right)$
	$A_{\theta\varphi}=\frac{1}{r\sin\theta}\left(\frac{\partial v}{\partial\varphi}+\frac{\partial w\sin\theta}{\partial\theta}-2w\cos\theta\right)$

由矩阵分析可知，对称张量 $\boldsymbol{A}$ 有三个不变量，即

$$
\begin{aligned}
&\mathrm{I}=\mathrm{tr}\boldsymbol{A}=A_{ii}\\
&\mathrm{II}=\left(\frac{1}{2}\mathrm{tr}\boldsymbol{A}^2\right)^{\frac{1}{2}}=\left(\frac{1}{2}A_{ij}A_{ij}\right)^{\frac{1}{2}}\\
&\mathrm{III}=\det\boldsymbol{A}=|A_{ij}|
\end{aligned}
\tag{6-18}
$$

其中最常用的是第二不变量。

例 6-1　试分析下板不动上板做匀速运动的两个无限大平板间的简单剪切流动(图 6-4)

$$u=ky,\quad v=0,\quad w=0$$

式中，k 为常数，且 $k=u_0/b$。

解：由速度分布和式(6-14)、式(6-16)、式(6-17)可得

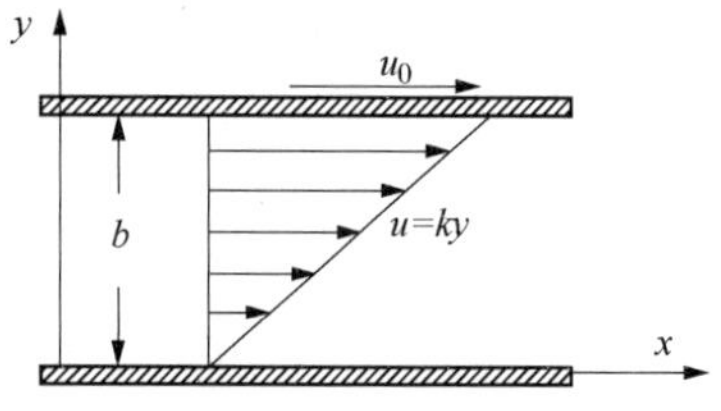

图 6-4　简单剪切流动

$$\boldsymbol{R}=\begin{bmatrix}0 & k/2 & 0\\ -k/2 & 0 & 0\\ 0 & 0 & 0\end{bmatrix}$$

$$\boldsymbol{A}=2D=\begin{bmatrix}0 & k & 0\\ k & 0 & 0\\ 0 & 0 & 0\end{bmatrix}$$

再由式(6-18)可得

$$\mathrm{I}=\mathrm{tr}\boldsymbol{A}=A_{ii}=A_{xx}+A_{yy}+A_{zz}=0$$

$$\mathrm{II}=\left(\frac{1}{2}trA^2\right)^{\frac{1}{2}}=\left(\frac{1}{2}tr\left(\begin{vmatrix}0 & k & 0\\ k & 0 & 0\\ 0 & 0 & 0\end{vmatrix}\begin{vmatrix}0 & k & 0\\ k & 0 & 0\\ 0 & 0 & 0\end{vmatrix}\right)\right)^{\frac{1}{2}}=\left(\frac{1}{2}tr\begin{vmatrix}k^2 & 0 & 0\\ 0 & k^2 & 0\\ 0 & 0 & 0\end{vmatrix}\right)^{\frac{1}{2}}=k=\frac{u_0}{b}$$

所以 $\mathrm{II}=k=u_0/b$。

$$Ⅲ=\det \boldsymbol{A}=\begin{vmatrix}0 & k & 0\\ k & 0 & 0\\ 0 & 0 & 0\end{vmatrix}=0$$

流动的旋转张量 $\boldsymbol{R}$ 的分量不全为零说明流动有旋流动，$\mathrm{I}=\mathrm{tr}\boldsymbol{A}=0$ 表明流动为不可压缩流动，$\mathrm{II}=k$ 表明了流场的剪切速率为常数。

第四节　连续性方程和运动方程

一、连续性方程

连续性方程是将质量守恒定律改写为适用于控制体的形式后所得到的数学表达式。

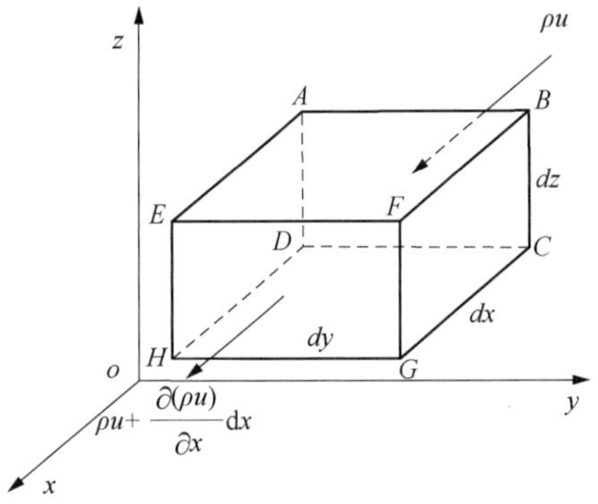

图 6-5　微小六面空间体

为了建立连续性方程，在流场中取图 6-5 所示的微元正六面体为控制体，其棱长分别为 dx，dy，dz，并建立图示的坐标系。

首先来分析流体流入与流出微元六面体的质量。令 u，v，w，代表速度在三个坐标方向的分量，那么在 dt 时间内从控制体侧面 $ABCD$ 流入的质量是 $\rho u\mathrm{d}y\mathrm{d}z\mathrm{d}t$

由于 $ABCD$ 与 $EFGH$ 之间仅仅是 x 坐标变化了 dx，所以在 dt 时间内从控制体侧面 $EFGH$ 流出的流体质量可以表示为：

$$\rho u\mathrm{d}y\mathrm{d}z\mathrm{d}t+\frac{\partial(\rho u\mathrm{d}y\mathrm{d}z\mathrm{d}t)}{\partial x}\mathrm{d}x=\left[\rho u+\frac{\partial}{\partial x}(\rho u)\right]\mathrm{d}y\mathrm{d}z\mathrm{d}t$$

所以，dt 时间内沿 x 方向从六面体侧面流出与流入的质量差，称为 x 方向的净流量。即

$$\left[\rho u+\frac{\partial(\rho u)}{\partial x}\mathrm{d}x\right]\mathrm{d}y\mathrm{d}z\mathrm{d}t-\rho u\mathrm{d}y\mathrm{d}z\mathrm{d}t=\frac{\partial(\rho u)}{\partial x}\mathrm{d}x\mathrm{d}y\mathrm{d}z\mathrm{d}t$$

同理，沿 y，z 两方向 dt 时间内的净流量可分别表示为：

$$\frac{\partial(\rho v)}{\partial y}\mathrm{d}x\mathrm{d}z\mathrm{d}y\mathrm{d}t、\frac{\partial(\rho w)}{\partial z}\mathrm{d}x\mathrm{d}z\mathrm{d}y\mathrm{d}t$$

因此，dt 时间内整个六面体总的净流量应为：

$$\left[\frac{\partial(\rho u)}{\partial x}+\frac{\partial(\rho v)}{\partial y}+\frac{\partial(\rho w)}{\partial z}\right]\mathrm{d}x\mathrm{d}z\mathrm{d}y\mathrm{d}t \tag{6-19}$$

下面分析 dt 时间前后微元六面体的流体质量变化。dt 时间开始时流体的密度为 ρ，则 dt 时间后密度为 $\rho+\frac{\partial\rho}{\partial t}\mathrm{d}t$。这样，$dt$ 时间内六面体内流体密度变化而引起的质量变化值为：

$$\left(\rho+\frac{\partial\rho}{\partial t}\mathrm{d}t\right)\mathrm{d}x\mathrm{d}z\mathrm{d}y-\rho\mathrm{d}x\mathrm{d}z\mathrm{d}y=\frac{\partial\rho}{\partial t}\mathrm{d}x\mathrm{d}z\mathrm{d}y\mathrm{d}t$$

按质量守恒定律，净流量应与控制体内流体质量的变化值的代数和为0，即

$$\left[\frac{\partial(\rho u)}{\partial x}+\frac{\partial(\rho v)}{\partial y}+\frac{\partial(\rho w)}{\partial z}\right]\mathrm{d}x\mathrm{d}z\mathrm{d}y\mathrm{d}t+\frac{\partial\rho}{\partial t}\mathrm{d}x\mathrm{d}z\mathrm{d}y\mathrm{d}t=0$$

或

$$\frac{\partial\rho}{\partial t}+\frac{\partial(\rho u_x)}{\partial x}+\frac{\partial(\rho u_y)}{\partial y}+\frac{\partial(\rho u_z)}{\partial z}=0 \tag{6-20a}$$

式(6-20a)也可以改写为：

$$\frac{\partial\rho}{\partial t}+u_x\frac{\partial\rho}{\partial x}+u_y\frac{\partial\rho}{\partial y}+u_z\frac{\partial\rho}{\partial z}+\rho\left(\frac{\partial u_x}{\partial x}+\frac{\partial u_y}{\partial y}+\frac{\partial u_z}{\partial z}\right)=0$$

再由

$$\frac{\mathrm{d}\rho}{\mathrm{d}t}=\frac{\partial\rho}{\partial t}+u_x\frac{\partial\rho}{\partial x}+u_y\frac{\partial\rho}{\partial y}+u_z\frac{\partial\rho}{\partial z}$$

及

$$\mathrm{div}\boldsymbol{u}=\nabla\cdot\boldsymbol{u}=\frac{\partial u_x}{\partial x}+\frac{\partial u_y}{\partial y}+\frac{\partial u_z}{\partial z}$$

式(6-20a)可写为：

$$\frac{\mathrm{d}\rho}{\mathrm{d}t}+\rho\mathrm{div}\boldsymbol{u}=0 \tag{6-20b}$$

式(6-20)便是流体空间运动的连续性方程，适用于所有的流动。下面考虑几种特殊情况：

(1) 对于稳定流动，流体的密度不随时间变化，即 $\partial\rho/\partial t=0$。则式(6-20a)变为：

$$\frac{\partial(\rho u_x)}{\partial x}+\frac{\partial(\rho u_y)}{\partial y}+\frac{\partial(\rho u_z)}{\partial z}=0 \tag{6-21a}$$

或

$$\mathrm{div}(\rho\boldsymbol{u})=0 \tag{6-21b}$$

(2) 对不可压缩流体，流体的密度为常数，即 $\mathrm{d}\rho/\mathrm{d}t=0$。则式(6-20a)可表达为：

$$\frac{\partial u_x}{\partial x}+\frac{\partial u_y}{\partial y}+\frac{\partial u_z}{\partial z}=0 \tag{6-22a}$$

或

$$\mathrm{div}\boldsymbol{u}=0 \tag{6-22b}$$

二、运动方程

与连续性方程相似，以应力表示的运动方程是将动量定理改写为适用于控制体的形式后所得到的数学表达式。

在连续介质中取一个如图6-6所示微元体。假设微元体中心处的应力张量为：

$$\boldsymbol{P}=\begin{bmatrix}p_{xx} & p_{xy} & p_{xz}\\ p_{yx} & p_{yy} & p_{yz}\\ p_{zx} & p_{zy} & p_{zz}\end{bmatrix}$$

则作用在图中右、前和上三个侧面上的应力分量如图所示。作用在微元体上的所有表

面力在 x 方向上的合力为：

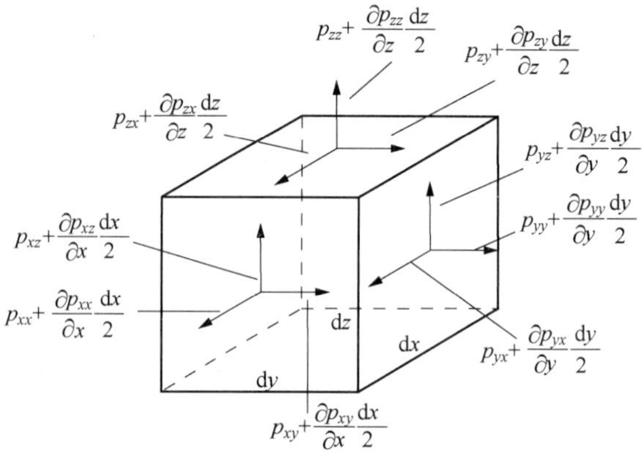

图 6-6　微元体受力示意图

$$\left[\left(p_{xx}+\frac{\partial p_{xx}}{\partial x}\frac{\mathrm{d}x}{2}\right)-\left(p_{xx}-\frac{\partial p_{xx}}{\partial x}\frac{\mathrm{d}x}{2}\right)\right]\mathrm{d}y\mathrm{d}z\text{（在垂直于 } x \text{ 轴的面上的合力）}$$

$$\left[\left(p_{yx}+\frac{\partial p_{yx}}{\partial z}\frac{\mathrm{d}y}{2}\right)-\left(p_{yx}-\frac{\partial p_{yx}}{\partial z}\frac{\mathrm{d}y}{2}\right)\right]\mathrm{d}x\mathrm{d}z\text{（在垂直于 } y \text{ 轴的面上的合力）}$$

$$\left[\left(p_{zx}+\frac{\partial p_{zx}}{\partial z}\frac{\mathrm{d}z}{2}\right)-\left(p_{zx}-\frac{\partial p_{zx}}{\partial z}\frac{\mathrm{d}z}{2}\right)\right]\mathrm{d}x\mathrm{d}y\text{（在垂直于 } z \text{ 轴的面上的合力）}$$

简化后可得控制体内的流体所受的表面力的合力在 x 方向的分量为：

$$F_x=\left(\frac{\partial p_{xx}}{\partial x}+\frac{\partial p_{yx}}{\partial y}+\frac{\partial p_{zx}}{\partial z}\right)\mathrm{d}x\mathrm{d}y\mathrm{d}z$$

作用在微元体上的动量变化率在 x 方向上的分量为：

$$\frac{\mathrm{d}M_x}{\mathrm{d}t}=\frac{\mathrm{d}mu}{\mathrm{d}t}=\rho\mathrm{d}x\mathrm{d}y\mathrm{d}z\frac{\mathrm{d}u}{\mathrm{d}t}$$

代入动量定理后两端同除以微元体内流体的质量 $\rho\mathrm{d}x\mathrm{d}y\mathrm{d}z$ 后，可得

$$X+\frac{1}{\rho}\left(\frac{\partial p_{xx}}{\partial x}+\frac{\partial p_{yx}}{\partial y}+\frac{\partial p_{zx}}{\partial z}\right)=\frac{\mathrm{d}u}{\mathrm{d}t} \tag{6-23a}$$

同理，利用 y、z 两个方向上的动量定理可得

$$Y+\frac{1}{\rho}\left(\frac{\partial p_{xy}}{\partial x}+\frac{\partial p_{yy}}{\partial y}+\frac{\partial p_{zy}}{\partial z}\right)=\frac{\mathrm{d}v}{\mathrm{d}t} \tag{6-23b}$$

$$Z+\frac{1}{\rho}\left(\frac{\partial p_{xz}}{\partial x}+\frac{\partial p_{yz}}{\partial y}+\frac{\partial p_{zz}}{\partial z}\right)=\frac{\mathrm{d}w}{\mathrm{d}t} \tag{6-23c}$$

式中的 X，Y 和 Z 分别是作用在单位质量流体上的质量力在 x，y 和 z 三个坐标轴方向上的分量。这便是以应力表示的黏性流体运动方程，也称为柯西应力方程，其矢量形式为：

$$\frac{\mathrm{d}\boldsymbol{u}}{\mathrm{d}t}=\boldsymbol{f}+\frac{1}{\rho}\nabla\cdot\boldsymbol{P} \tag{6-24}$$

式中，$\nabla \cdot \boldsymbol{P}$ 为拉普拉斯算符与应力张量的内积。式(6–23)是柯西应力方程在直角坐标系中的表达式，它们在柱坐标系中的表达式见表 6–2。

表 6–2　柱坐标系中的连续方程和运动方程

连续方程$\frac{1}{r}\frac{\partial}{\partial r}(ru_r)\frac{1}{r}\frac{\partial u_\theta}{\partial\theta}+\frac{\partial u_z}{\partial z}=0$
运动方程
r 分量：$\frac{\partial u_r}{\partial t}+u_r\frac{\partial u_r}{\partial x}+\frac{u_\theta}{r}\frac{\partial u_r}{\partial\theta}-\frac{u_\theta^2}{r}+u_z\frac{\partial u_z}{\partial z}=f_r+\frac{1}{\rho}\left(\frac{\partial(rT_{rr})}{r\partial r}+\frac{\partial T_{r\theta}}{r\partial\theta}+\frac{T_{\theta\theta}}{r}+\frac{\partial T_{rz}}{\partial z}\right)$
θ 分量：$\frac{\partial u_\theta}{\partial t}+u_r\frac{\partial u_\theta}{\partial x}+\frac{u_\theta}{r}\frac{\partial u_\theta}{\partial\theta}-\frac{u_r u_\theta}{r}+u_z\frac{\partial u_\theta}{\partial z}=f_\theta+\frac{1}{\rho}\left(\frac{\partial(r^2T_{r\theta})}{r^2\partial r}+\frac{\partial T_{\theta\theta}}{r\partial\theta}+\frac{\partial T_{\theta x}}{\partial z}\right)$
z 分量：$\frac{\partial u_z}{\partial t}+u_r\frac{\partial u_z}{\partial x}+\frac{u_\theta}{r}\frac{\partial u_z}{\partial\theta}+u_z\frac{\partial u_z}{\partial z}=f_z+\frac{1}{\rho}\left(\frac{\partial(rT_{rz})}{r\partial r}+\frac{\partial T_{\theta z}}{r\partial\theta}+\frac{\partial T_{zz}}{\partial z}\right)$

注：表 6–2 的公式中的 f_r，f_θ，和 f_z 分别是作用在单位质量流体上的质量力在 r，θ 和 z 三个坐标轴方向上的分量。

柯西应力方程对任何黏性流体、任何运动状态都适用。很容易看出，柯西应力方程只包含 3 个方程，加上一个连续性方程也不过 4 个方程，而其中未知变量却有 9 个(6 个应力分量和三个速度分量)，所以，这组方程是不封闭的。为使该方程组在理论上可解，必须进一步考虑应力和应变率之间的关系——本构方程，作为补充方程以获得封闭的方程组。

第七章　非牛顿流体在圆管和环形空间中的轴向流动

第一节　均匀流动方程式

讨论圆管和环形空间内非牛顿流体的流动，首先需要建立流动中压降和切应力的关系，即均匀流动方程式。

取圆管和环行空间的柱面坐标分别如图 7-1、图 7-2 所示，流体流速分量为：

$$u_\theta = u_r = 0 \qquad u_z = u_z(r) \tag{7-1}$$

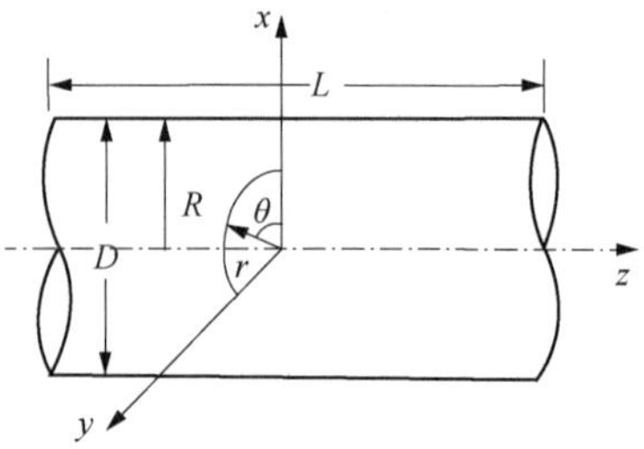

图 7-1　圆管的柱面坐标

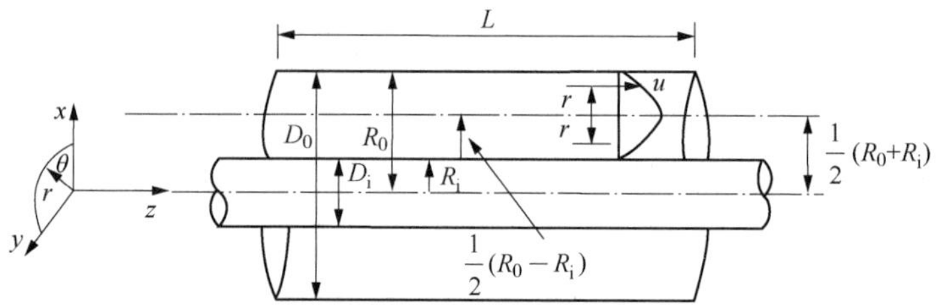

图 7-2　环形空间的柱面坐标

由于不论是圆管还是环形空间内的流动都是轴对称流动，所有变量都与 θ 无关，根据以上条件，柱面坐标的运动方程式可简化为：

$$\left.\begin{aligned}
0 &= -\frac{\partial p}{\partial r}+\frac{1}{r}\frac{\partial}{\partial r}(r\tau_{rr})-\frac{\tau_{\theta\theta}}{r}+\rho g_r \\
0 &= -\frac{1}{r}\frac{\partial p}{\partial \theta}+\rho g_\theta \\
0 &= -\frac{\partial p}{\partial z}+\frac{1}{r}\frac{\partial}{\partial r}(r\tau_{rz})+\rho g_z
\end{aligned}\right\} \tag{7-2}$$

经整理后得

$$\left.\begin{aligned}
&\frac{\partial p}{\partial r}-\rho g_r = \frac{d\tau_{rr}}{dr}-\frac{\tau_{rr}-\tau_{\theta\theta}}{r} \\
&\frac{1}{r}\frac{\partial p}{\partial \theta}-\rho g_\theta = 0 \\
&\frac{\partial p}{\partial z} = \frac{1}{r}\frac{d}{dr}(r\tau_{rz})+\rho g_z
\end{aligned}\right\} \tag{7-3}$$

式(7-3)中等号右侧与 z 无关，因$\frac{\partial p}{\partial z}$沿 z 方向是常数，于是$\frac{\partial p}{\partial z}=\frac{\Delta p}{L}$同时，$\tau=\tau_{rz}$。

对式(7-3)积分得：

$$\tau=\frac{\Delta pr}{2L} \tag{7-4}$$

在圆管的管壁处

$$\tau_{w}=\frac{\Delta pR}{2L} \tag{7-5}$$

式(7-4)、式(7-5)为圆管中均匀流动方程式，也可根据均匀流中力的平衡关系十分简单地推导得同样的结果。均匀流动方程式只是运动微分方程组中式(7-3)的积分，它只与切应力 τ 有关，亦即只与流体的黏性有关。

利用均匀流中力的平衡关系同样可得出环形空间中均匀方程式。如图 7-2 所示，在环形空间中取长度为 L，内径为$\frac{1}{2}(R_0+R_i)-r$、外径为$\frac{1}{2}(R_0+R_i)+r$ 的环形液流来分析。根据压力与切力的平衡关系，得

$$\Delta p\pi\left\{\left[\frac{1}{2}(R_0+R_i)+r\right]^2-\left[\frac{1}{2}(R_0+R_i)-r\right]^2\right\}$$

$$=2\pi\left\{\left[\frac{1}{2}(R_0+R_i)+r\right]+\left[\frac{1}{2}(R_0+R_i)-r\right]\right\}L\tau$$

即

$$\Delta p\left\{\left[\frac{1}{2}(R_0+R_i)+r\right]-\left[\frac{1}{2}(R_0+R_i)-r\right]\right\}=2L\tau$$

$$2\Delta pr=2L\tau$$

所以

$$\tau=\frac{\Delta pr}{L} \tag{7-6}$$

在环形空间的内外管壁处

$$\tau_{w}=\frac{\Delta p(R_0-R_i)}{2L} \tag{7-7}$$

在推导圆管和环形空间中均匀流方程式时，并没有涉及流体的性质和流动状态。所以均匀流动方程适用于所有的流体和不同的流动状态(层流和紊流)。

第二节　圆管和环形空间中牛顿流体的层流

均匀流动方程式和流体一元层流的本构方程联立，就可得圆管和环形空间中层流的流速分布、流量和压降的计算公式。

一、圆管中牛顿流体的层流

考虑式(7-4)，有

$$\tau=\frac{\Delta pr}{2L}$$

$$\tau=-\mu\frac{\mathrm{d}u}{\mathrm{d}r}$$

在柱坐标系中，由于流速沿 r 的正方向是减少的，故上式右侧为负号，以使 τ 为正值。

联立以上两式：

$$-\mu\frac{\mathrm{d}u}{\mathrm{d}r}=\frac{\Delta pr}{2L}$$

对该式积分，其边界条件为 $r=R$，$u=0$，则断面上的流速分布为：

$$u=\frac{\Delta p}{4L\mu}(R^2-r^2) \tag{7-8}$$

在管轴流速最大，以 $r=0$，$u=u_{\max}$代入式(7-8)，则

$$u_{\max}=\frac{\Delta p}{4L\mu}R^2 \tag{7-9}$$

断面平均流速为：

$$v=\frac{Q}{A}=\frac{\int_0^R 2u\pi r\mathrm{d}r}{A}$$

式中 Q 为流量，A 为圆管断面积，以式(7-8)代入该式，经整理后得：

$$v=\frac{\Delta pR^2}{8\mu L} \tag{7-10}$$

通过断面的总流量为：

$$Q=vA=\frac{\pi R^4\Delta p}{8\mu L} \tag{7-11}$$

式(7-11)即哈根-泊肃(Hagen-Poiseuills)方程，其变换形式为：

$$\Delta p=\frac{8\mu LQ}{\pi R^4}=\frac{8\mu vL}{R^2} \tag{7-12}$$

牛顿流体的应变速度

$$\dot{\gamma}=\frac{\tau}{\mu}$$

切应力在断面上成线性分布，由式(7-4)和式(7-5)可得：

$$\frac{\tau}{\tau_{\bar{u}}}=\frac{r}{R}$$

故
$$\tau=\tau_w\frac{r}{R}$$

代入上式后得：

$$\dot{\gamma}=\frac{\tau_{\bar{u}}r}{\mu R} \tag{7-13}$$

应变速度 $\dot{\gamma}$ 在断面上也成线性分布。断面上的平均应变速度定义为：

$$\bar{\dot{\gamma}}=\int_0^R \frac{\dot{\gamma}2\pi r\mathrm{d}r}{\pi R^2}=\frac{2}{3}\frac{\tau_w}{\mu} \tag{7-14}$$

由于管壁处的应变速度为 $\dot{\gamma}_w=\frac{\tau_w}{\mu}$，因此式(7-14)表明：

$$\bar{\dot{\gamma}}=\frac{2}{3}\dot{\gamma} \tag{7-15}$$

式(7-11)可写成：

$$\frac{\Delta pR}{2L}=\mu\left(\frac{4Q}{\pi R^3}\right)=\mu\frac{8v}{D} \tag{7-16}$$

等式左侧为牛顿流体的管壁切应力 τ_w，对比式(7-14)则 $\frac{8v}{D}$ 就是牛顿流体的管壁应变速度：

$$\dot{\gamma}_w=\frac{4Q}{\pi R^3}=\frac{8v}{D} \tag{7-17}$$

对一定的管道而言，牛顿流体的管壁应变速度 $\frac{8v}{D}$ 只决定于流量，而管壁切应力 $\frac{\Delta pR}{2L}$ 决定于压降。

二、环形空间中牛顿流体的层流

考虑式(7-6)和牛顿内摩擦定律有：

$$-\mu\frac{\mathrm{d}u}{\mathrm{d}r}=\frac{\Delta pr}{L}$$

对该式积分，其边界条件为 $r=\frac{1}{2}(R_0-R_i)$，$u=0$，如图(7-2)所示，则断面上的流速分布为：

$$u=\frac{\Delta p}{2\mu L}\left\{\left[\frac{1}{2}(R_0-R_i)\right]^2-r^2\right\} \tag{7-18}$$

在图 7-2 中的环形空间过流断面上取两个薄环：一个薄环的半径为 $\frac{1}{2}(R_0+R_i)+r$；另一个薄环的半径为 $\frac{1}{2}(R_0+R_i)-r$，两个薄环的厚度均为 dr，通过的微小流量为：

$$\begin{aligned}\mathrm{d}Q&=u\times2\pi\left[\frac{1}{2}(R_0+R_i)+r\right]\mathrm{d}r+u\times2\pi\left[\frac{1}{2}(R_0+R_i)+r\right]\mathrm{d}r\\&=u\times2\pi(R_0+R_i)\mathrm{d}r\end{aligned} \tag{7-19}$$

将式(7-18)代入式(7-19)，得

$$\mathrm{d}Q=\frac{\Delta p\pi}{\mu L}\left\{\left[\frac{1}{2}(R_0-R_i)\right]^2-r^2\right\}(R_0+R_i)\mathrm{d}r$$

因此，环形空间内牛顿流体层流时的总流量为：

$$Q = \int \mathrm{d}Q = \frac{\Delta p \pi}{\mu L}(R_0 + R_i) \int_0^{\frac{1}{2}(R_0 - R_i)} \left\{ \left[\frac{1}{2}(R_0 - R_i) \right]^2 - r^2 \right\} \mathrm{d}r$$

$$= \frac{\pi \Delta p}{12\mu L}(R_0 + R_i)(R_0 - R_i)^3 \tag{7-20}$$

根据平均流速 v 与流量 Q 的关系，利用式(7-20)，可以求得环形空间内牛顿流体层流的平均流速为：

$$v = \frac{Q}{\pi(R_0^2 - R_i^2)} = \frac{\Delta p}{12\mu L}(R_0 - R_i)^2 \tag{7-21}$$

由式(7-20)和式(7-21)经变换后可得压降计算公式为：

$$\Delta p = \frac{48\mu L v}{(D_0 - D_i)^2} = \frac{192\mu L Q}{\pi(D_0 + D_i)(D_0 - D_i)^3} \tag{7-22}$$

牛顿流体在环空中的壁面应变速度为：

$$\dot{\gamma}_w = \frac{\tau_w}{\mu} = \frac{\Delta p(R_0 - R_i)}{2\mu L}$$

把压降公式(7-22)代入式(7-23)可得：

$$\dot{\gamma}_w = \frac{12v}{D_0 - D_i} \tag{7-23}$$

过流断面上平均应变速度为：

$$\bar{\dot{\gamma}} = \int_0^{\frac{1}{2}(R_0 - R_i)} \frac{\dot{\gamma} \times 2\pi \left[\frac{1}{2}(R_0 + R_i) + r \right] \mathrm{d}r}{\pi(R_0^2 - R_i^2)} + \int_0^{\frac{1}{2}(R_0 - R_i)} \frac{\dot{\gamma} \times 2\pi \left[\frac{1}{2}(R_0 + R_i) - r \right] \mathrm{d}r}{\pi(R_0^2 - R_i^2)}$$

$$= \int_0^{\frac{1}{2}(R_0 - R_i)} \frac{2\dot{\gamma}}{R_0 - R_i} \mathrm{d}r$$

由式(7-6)、式(7-7)和牛顿内摩擦定律有：

$$\dot{\gamma} = \frac{2\tau_w r}{\mu(R_0 - R_i)}$$

代入上式后，经积分得：

$$\bar{\dot{\gamma}} = \frac{\tau_w}{2\mu} = \frac{1}{2}\dot{\gamma}_w \tag{7-24}$$

第三节　圆管中黏性流体层流的基本方程

对于非时变性黏性流体，其本构方程的一般形式为：

$$\dot{\gamma} = f(\tau) \text{ 或 } -\frac{\mathrm{d}u}{\mathrm{d}r} = f(\tau) \tag{7-25}$$

不同流体具有不同的 $f(\tau)$ 形式，例如：

牛顿流体

$$\dot{\gamma} = \frac{\tau}{\mu}$$

幂律流体

$$\dot{\gamma}=\left(\frac{\tau}{k}\right)^{\frac{1}{n}}$$

宾汉流体

$$\dot{\gamma}=\frac{1}{\eta_{\mathrm{p}}}(\tau-\tau_0)$$

卡森流体

$$\dot{\gamma}=\frac{1}{\eta_{\mathrm{c}}}(\sqrt{\tau}-\sqrt{\tau_{\mathrm{c}}})^2$$

带屈服值的幂律流体

$$\dot{\gamma}=\left(\frac{\tau-\tau_0}{k}\right)^{\frac{1}{n}}$$

罗宾逊流体

$$\dot{\gamma}=\left(\frac{\tau}{A}\right)^{\frac{1}{B}}-C$$

现把黏性流体一元流动的本构方程式(7-25)和均匀流动方程式联立，求解圆管层流参数的一般表达式如下：

一、速度分布

由式(7-25)得

$$u=-\int_0^r f(\tau)\,\mathrm{d}r+C$$

根据管壁上流速为零($r=R$，$u=0$)的边界条件，可得积分常数：

$$C=\int_0^R f(\tau)\,\mathrm{d}r \tag{7-26}$$

由式(7-4)、式(7-5)得 $\tau=\frac{\tau_{\mathrm{w}}}{R}r$ 或 $r=\frac{R}{\tau_{\mathrm{w}}}\tau$，代入式(7-26)，更换积分变量可得：

$$u=\frac{R}{\tau_{\mathrm{w}}}\int_{\tau}^{\tau_{\mathrm{w}}} f(\tau)\,\mathrm{d}\tau \tag{7-27}$$

这就是黏性流体流速分布的一般形式。只要黏性流体的本构方程 $\dot{\gamma}=f(\tau)$ 的具体形式已知，代入式(7-27)，就可得流速分布的具体表达式。

二、流量

$$Q=\int_0^R 2\pi ru\mathrm{d}r=2\pi\int_0^R ru\mathrm{d}r \tag{7-28}$$

进行分部积分，式(7-28)可写成：

$$Q=\pi r^2u\Big|_0^R+\int_0^R \pi r^2\left(-\frac{\mathrm{d}u}{\mathrm{d}r}\right)\mathrm{d}r$$

$$Q=\pi r^2 u\,|_0^R=0$$

于是

$$Q=\int_0^R \pi r^2 f(\tau)\,\mathrm{d}r$$

以 $r=\frac{R}{\tau_w}\tau$ 代入，则该式成为：

$$Q=\frac{\pi R^3}{\tau_w^3}\int_0^{\tau_w} f(\tau)\,\tau^2\mathrm{d}\tau \tag{7-29}$$

只要 $f(\tau)$ 已知，代入式(7-29)即可求出流量公式的具体形式。以 $\tau_w=\frac{\Delta pR}{2L}$ 代入后，式(7-29)就表示压降和流量的关系。

三、平均流速

$$v=\frac{Q}{\pi R^2}$$

将式(7-29)代入该式，则

$$v=\frac{R}{\tau_w^3}\int_0^{\tau_w} f(\tau)\,\tau^2\mathrm{d}\tau \tag{7-30}$$

四、平均应变速度

由于

$$\bar{\dot{\gamma}}=\int_0^R \frac{\dot{\gamma}2\pi r\mathrm{d}r}{\pi R^2}$$

以 $\dot{\gamma}=f(\tau)$ 和 $r=\frac{R}{\tau_w}\tau$ 代入，经整理后可得：

$$\bar{\dot{\gamma}}=\frac{2}{\tau_w^2}\int_0^{\tau} f(\tau)\,\tau\mathrm{d}\tau \tag{7-31}$$

以上各式对所有非时变性黏性流体都成立，若把牛顿流体 $f(\tau)=\frac{\tau}{\mu}$ 代入，则由式(7-27)、式(7-29)、式(7-30)、式(7-31)就可得到式(7-8)、式(7-11)、式(7-10)、式(7-14)完全一致的结果。

第四节　环形空间中黏性流体的基本方程

现将黏性流体一元流动的本构方程式(7-25)和均匀流动方程联立，求解环空层流参数的一般表达式如下。

一、速度分布

由式(7-25)得

$$u=-\int_0^r f(\tau)\,d\tau+C$$

利用边界条件 $r=\frac{1}{2}(R_0+R_i)$，$u=0$，可得积分常数：

$$C=\int_0^{\frac{1}{2}(R_0-R_i)} f(\tau)\,dr$$

因此

$$u=\int_0^{\frac{1}{2}(R_0-R_i)} f(\tau)\,dr \tag{7-32}$$

由环形空间中均匀流方程式(7-6)和式(7-7)得：

$$\tau=\tau_w\frac{2r}{R_0-R_i}\text{或}\ r=\frac{R_0-R_i}{2}\frac{\tau}{\tau_w} \tag{7-33}$$

积分变量代换后，式(7-32)变为：

$$u=\frac{R_0-R_i}{2\tau_w}\int_\tau^{\tau_w} f(\tau)\,d\tau \tag{7-34}$$

二、流量

根据式(7-19)可得环形空间内通过的流量为：

$$Q=2\pi(R_0+R_i)\int_0^{\frac{1}{2}(R_0-R_i)} u\,dr$$

进行分部积分，上式可写为：

$$Q=2\pi(R_0+R_i)\left[ru\Big|_0^{\frac{1}{2}(R_0-R_i)}+\int_0^{\frac{1}{2}(R_0-R_i)} r\left(-\frac{du}{dr}\right)dr\right]$$

在管壁处 $r=\frac{1}{2}(R_0-R_i)$，则 $u=0$，因此

$$ru\Big|_0^{\frac{1}{2}(R_0-R_i)}=0$$

于是

$$Q=2\pi(R_0+R_i)\int_0^{\frac{1}{2}(R_0-R_i)} rf(\tau)\,dr$$

将式(7-33)代入该式，并进行变量代换，则

$$Q=\frac{\pi(R_0-R_i)^2(R_0+R_i)}{2\tau_w^2}\int_0^{\tau_w} f(\tau)\,\tau d\tau \tag{7-35}$$

三、平均流速

$$v=\frac{Q}{\pi(R_0^2-R_i^2)}$$

将式(7-35)代入式(7-36)，则

$$v\frac{(R_0-R_i)}{2\tau_w}\int_0^{\tau_w}f(\tau)\,\tau\mathrm{d}\tau \tag{7-36}$$

四、平均应变速度

参考式(7-19)的推导方法，可以得出环空内的平均应变速度：

$$\bar{\dot{\gamma}}=\int_0^{\frac{1}{2}(R_0-R_i)}\frac{\dot{\gamma}\times 2\pi(R_0+R_i)\,\mathrm{d}r}{\pi(R_0^2-R_i^2)}=\frac{2}{R_0-R_i}\int_0^{\frac{1}{2}(R_0-R_i)}\dot{\gamma}\mathrm{d}r$$

利用式(7-33)经变量代换后得：

$$\bar{\dot{\gamma}}=\frac{1}{\tau_w}\int_0^{\tau_w}f(\tau)\,\mathrm{d}\tau \tag{7-37}$$

以上各式对所有非时变性黏性流体都成立，若把牛顿流体的$f(\tau)=\dfrac{\tau}{\mu}$代入，则由式(7-34)、式(7-35)、式(7-36)、式(7-37)，就可得到式(7-18)、式(7-20)、式(7-21)、式(7-23)完全一致的结果。

第五节　圆管和环形空间中幂律流体的层流

幂律流体是指切应力和应变速度的关系满足幂律方程的流体，包括剪切稀化和剪切稠化流体。非牛顿流体的黏度往往较大，流动中的雷诺数较小，因此圆管和环形空间中幂律流体层流的讨论在工程上有实用意义。同时层流理论又是流变测量的理论基础。

一、圆管中幂律流体的层流

1. 流速分布

以幂律流体的应变速度：

$$f(\tau)=\left(\frac{\tau}{k}\right)^{\frac{1}{n}}$$

代入式(7-21)，则：

$$u=\frac{R}{\tau_w}\int_\tau^{\tau_w}\left(\frac{\tau}{k}\right)^{\frac{1}{n}}\mathrm{d}\tau=\frac{R}{\tau_w}\left(\frac{1}{\tau_w}\right)^{\frac{1}{n}}\frac{n}{n+1}\left(\tau_w^{\frac{n+1}{n}}-\tau^{\frac{n+1}{n}}\right)$$

式中τ和τ_w分别以式(7-4)和式(7-5)代入，经整理后得：

$$u=\frac{n}{n+1}\left(\frac{\Delta p}{2kL}\right)^{\frac{1}{n}}\left(R^{\frac{n+1}{n}}-r^{\frac{n+1}{n}}\right) \tag{7-38}$$

式(7-38)为幂律流体圆管层流的流速分布公式，若$n=1$，$k=\mu$，则式(7-38)就成为牛顿流体的圆管层流速度分布公式，即式(7-8)。

幂律流体在管轴处的最大流速为：

$$u_{max}=\frac{n}{n+1}\left(\frac{\Delta p}{2kL}\right)^{\frac{1}{n}}R^{\frac{n+1}{n}} \tag{7-39}$$

对比式(7-38)和式(7-39)，可得：

$$\frac{u}{u_{\max}}=1-\left(\frac{r}{R}\right)^{\frac{n+1}{n}} \tag{7-40}$$

2. 流量

以$f(\tau)=\left(\frac{\tau}{k}\right)^{\frac{1}{n}}$代入式(7-29)，则

$$Q=\frac{\pi R^3}{\tau_w^3}\int_0^{\tau_w}\left(\frac{\tau}{k}\right)^{\frac{1}{n}}\tau^2\mathrm{d}\tau=\frac{n}{3n+1}\left(\frac{\tau_w}{k}\right)^{\frac{1}{n}}\pi R^3$$

以$\tau_w=\frac{\Delta pR}{2L}$代入，则

$$Q=\pi\left(\frac{\Delta p}{2kL}\right)^{\frac{1}{n}}\frac{n}{1+3n}R^{\frac{1+3n}{n}} \tag{7-41}$$

若以$n=1$，$k=\mu$代入，式(7-41)就成为牛顿流体的流量计算式

$$Q=\frac{\pi R^4\Delta p}{8\mu\ L}$$

现在对幂律流体的流量计算公式进行分析，若为剪切稀化流体，取$n=0.5$，则

$$Q=\frac{\pi}{5}\left(\frac{\Delta p}{2Lk}\right)^2R^5 \tag{7-42}$$

把以上公式和牛顿流体流量公式相比，对比式(7-42)和式(7-11)可见，若压降增加一倍，由Δp_0增至$2\Delta p_0$，其他条件不变，则牛顿流体流量由Q_0增到$2Q_0$，而剪切稀化流体的流量由Q_0增至$4Q_0$。这说明，增大压降后，剪切稀化流体流量增大的幅度比牛顿流体要大的多。由于牛顿流体与幂律流体的压降与流量的关系不同，因此不能把以牛顿流体压降原理设计的流量计应用于幂律流体。同时由于剪切稀化流体其压降对流量变化的反应是不灵敏的，对高度非牛顿性流体也不宜以压降原理设计流量计。

3. 平均流速

平均流速$v=\frac{Q}{\pi R^2}$，以流量式(7-41)代入，经整理后可得：

$$v=\left(\frac{\Delta p}{2kL}\right)^{\frac{1}{n}}\frac{n}{1+3n}R^{\frac{n+1}{n}} \tag{7-43}$$

对比式(7-34)和式(7-39)可得：

$$\frac{u_{\max}}{v}=\frac{1+3n}{1+n} \tag{7-44}$$

当　$n=0$，$\frac{u_{\max}}{v}=1$；

$n=1$，$\frac{u_{\max}}{v}=2$；

$n=\infty$，$\frac{u_{\max}}{v}=3$。

图 7-3 是根据式(7-44)绘制的，它表明断面上的流速分布与流变指数 n 的关系。当 $n=0$ 时，在断面上流速分布是完全均匀的。

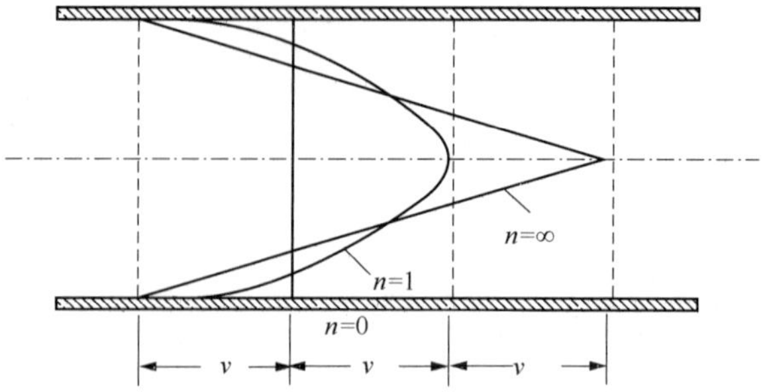

图 7-3 速度分布与流性指数的关系

对于 $n<1$ 的剪切稀化液体，其流速分布曲线比牛顿流体扁平，流速梯度小，因而在其他条件相同的情况下，剪切稀化流体的阻力和能量损失比牛顿流体的小。对于 $n>1$ 的剪切稠化流体，其流速分布曲线较牛顿流体陡峭，流速梯度大，因而其阻力和能量损失较牛顿流体大。

4. 幂律流体的压降

由式(7-41)经变换后可得压降计算公式为：

$$\Delta p = Q^2\left(\frac{1+3n}{\pi n}\right)^n \frac{2kL}{R^{1+3n}} \tag{7-45}$$

牛顿流体($n=1$)在一定的流量下，Δp 与 R^4 成反比，管径稍有变化，就引起压降大幅度的改变。压降对管径变化的反应是极为灵敏的。因此，在实际工程中，用调整管径来改变压降的方法是极为有效的。然而对剪切稀化液体，假设 $n=0.5$，则 Δp 与 $R^{0.25}$ 成反比，用调整管径来改变压降就不像牛顿流体那么灵敏了。

5. 幂律流体的平均应变速度

由式(7-31)可得幂律流体的平均应变速度，以 $f(\tau)=\left(\frac{\tau}{k}\right)^{\frac{1}{n}}$ 代入式(7-31)，经简化后可得：

$$\bar{\dot{\gamma}} = \frac{2n}{2n+1}\left(\frac{\tau_w}{k}\right)^{\frac{1}{n}} \tag{7-46}$$

幂律流体的管壁应变速度为：

$$\dot{\gamma}_w = \left(\frac{\tau}{k}\right)^{\frac{1}{n}} = \left(\frac{\Delta pR}{2kL}\right)^{\frac{1}{n}}$$

把压降式(7-45)代入可得：

$$\dot{\gamma}_w = \frac{3n+1}{n}\frac{Q}{\pi R^3} = \left(\frac{3n+1}{4n}\right)\frac{8v}{D} \tag{7-47}$$

由式(7-47)可见，牛顿流体($n=1$)的管壁应变速度只和流量有关，而幂律流体的管壁应变速度不仅和流量有关，还与表征流体性质的流变指数 n 有关。

以上关于幂律流体的所有公式，当 $n=1$ 时，都成为牛顿流体相应的计算公式。

二、环形空间中幂律流体的层流

1. 流速分布

将幂律流体的应变速度

$$f(\tau)=\left(\frac{\tau}{k}\right)^{\frac{1}{n}}$$

代入式(7-34)，则：

$$u=\frac{R_0-R_i}{2\tau_w}\int_{\tau}^{\tau_w}\left(\frac{\tau}{k}\right)^{\frac{1}{n}}d\tau=\frac{R_0-R_i}{2\tau_w}\left(\frac{1}{k}\right)^{\frac{1}{n}}\frac{n}{n+1}\left(\tau_w^{\frac{n+1}{n}}-\tau^{\frac{n+1}{n}}\right)$$

式中，τ 和 τ_w 分别以式(7-6)和式(7-7)代入，经整理可得：

$$u=\frac{n}{n+1}\left(\frac{\Delta p}{kL}\right)^{\frac{1}{n}}\left\{\left[\frac{1}{2}(R_0-R_i)\right]^{\frac{n+1}{n}}-r^{\frac{n+1}{n}}\right\} \tag{7-48}$$

式(7-48)为幂律流体在环形空间中层流速度分布公式，若 $n=1$，$k=\mu$，则式(7-48)就成为牛顿流体在环形空间中层流的流速分布公式，即式(7-18)。

2. 流量

以幂律流体变形速度表达式代入式(7-35)则

$$Q=\frac{\pi(R_0-R_i)^2(R_0+R_i)}{2\tau_w^2}\int_0^{\tau_w}\left(\frac{\tau}{k}\right)^{\frac{1}{n}}\tau d\tau=\frac{\pi(R_0-R_i)^2(R_0+R_i)}{2\tau_w^2k^{\frac{1}{n}}}\cdot\frac{n}{2n+1}\tau_w^{\frac{2n+1}{n}}$$

$$=\frac{\pi(R_0-R_i)^2(R_0+R_i)}{2k^{\frac{1}{n}}}\frac{n}{2n+1}\tau_w^{\frac{1}{n}}$$

以 $\tau_w=\dfrac{\Delta p(R_0-R_i)}{2L}$ 代入该式，则

$$Q=\pi(R_0^2-R_i^2)\left(\frac{n}{2n+1}\right)\left(\frac{\Delta p}{kL}\right)^{\frac{1}{n}}\left(\frac{R_0-R_i}{2}\right)^{\frac{n+1}{n}} \tag{7-49}$$

若将 $n=1$，$k=\mu$ 代入，式(7-49)就成为牛顿流体在环形空间中层流的流量计算式。

$$Q=\frac{\pi\Delta p}{12\mu L}(R_0+R_i)(R_0-R_i)^3$$

3. 平均流速

平均流速 $v=\dfrac{Q}{\pi(R_0^2-R_i^2)}$，将流量公式(7-49)代入，或将幂律流体应变速度代入式(7-36)，经整理后均可得：

$$v=\frac{n}{2n+1}\left(\frac{\Delta p}{kL}\right)^{\frac{1}{n}}\left(\frac{R_0-R_i}{2}\right)^{\frac{n+1}{n}} \tag{7-50}$$

4. 幂律流体的压降

由式(7-50)，得：

$$\left(\frac{\Delta p}{kL}\right)^{\frac{1}{n}}=\frac{2n+1}{n}\frac{v}{\left(\frac{R_0-R_i}{2}\right)^{\frac{n+1}{n}}}$$

$$\frac{\Delta p}{kL}=v^n\left(\frac{2n+1}{n}\right)^n\left(\frac{4}{D_0-D_i}\right)^{n+1}$$

$$\Delta p=\left(\frac{2n+1}{n}\right)^n\left(\frac{4kL}{D_0-D_i}\right)\left(\frac{4v}{D_0-D_i}\right)^n \tag{7-51}$$

由式(7-49)也可得出

$$\Delta p=\left[\frac{16Q}{\pi\ (D_0-D_i)^2(D_0+D_i)}\frac{2n+1}{n}\right]^n\frac{4kL}{D_0-D_i} \tag{7-52}$$

5. 幂律流体的平均应变速度

由式(7-37)可得幂律流体在环形空间中层流的平均应变速度。以 $f(\tau)=\left(\frac{\tau}{k}\right)^{\frac{1}{n}}$ 代入式(7-37)

$$\bar{\dot{\gamma}}=\frac{1}{\tau_w}\int_0^{\tau_w}\left(\frac{\tau}{k}\right)^{\frac{1}{n}}d\tau=\frac{n}{n+1}\left(\frac{\tau_w}{k}\right)^{\frac{1}{n}} \tag{7-53}$$

幂律流体在环形空间管壁处的应变速度为：

$$\dot{\gamma}_w=\left(\frac{r_w}{k}\right)^{\frac{1}{n}}=\left[\frac{\Delta p(R_0-R_i)}{2kL}\right]^{\frac{1}{n}}=\left[\frac{\Delta p(D_0-D_i)}{4kL}\right]^{\frac{1}{n}}$$

把压降式(7-51)代入该式，得：

$$\dot{\gamma}_w=\frac{4v}{D_0-D_i}\frac{2n+1}{n} \tag{7-54}$$

以上关于环形空间幂律流体层流的所有公式，当 $n=1$，$k=\mu$ 时，都成为牛顿流体在环形空间中层流相应的计算公式。

第六节　圆管和环形空间中宾汉流体的结构流

宾汉模式是描述塑性流体流变特性的本构方程。下面将以宾汉流体在圆管中的流动为例，说明其流动状态。由均匀方程式(7-4)可知，切应力在管轴处为零，在管壁处最大，在断面上切应力成直线分布。在切应力小于屈服值 τ_0 的区域内，流体将不发生相对运动。如果管壁切应力小于屈服值，则整个断面上的流速都等于零，因此宾汉体在管内产生流动的条件为 $\tau_w>\tau_0$，即

$$\frac{\Delta pR}{2L}>\tau_0\ 或\ \frac{\Delta p}{L}>\frac{2\tau_0}{R} \tag{7-55}$$

设在半径为 r_0 处的切应力等于宾汉体的屈服值 τ_0，这样在 $r \geqslant r_0$ 的区域内，其切应力大于屈服值，即 $\tau > \tau_0$，因此能产生流动，而区域内，切应力小于屈服值，因 $r \leqslant r_0$ 而不能产生相对运动，只能像固体一样随着半径为 r_0 处的液体向前滑动。这样管内固液两态并存，流动就分为两个区域，流体质点间无相对运动的部分称流核区，流核以外的称速梯区，如图 7-4 所示。

屈服应力发生在两区的交界面上，当 $r = r_0$ 时 $\tau = \tau_0$ 代入均匀流动方程式(7-4)，即可得

$$r_0 = \frac{2\tau_0 L}{\Delta p} \tag{7-56}$$

随着压差 Δp 的增大，流核半径 r_0 逐渐缩小，速梯区的范围逐渐扩大，最后流核消失，这种具有流核的流动状态叫做结构流。当速度再增大时，则流动状态由结构流转变为紊流。

宾汉流体的整个流动状态转变过程如图 7-5 所示。

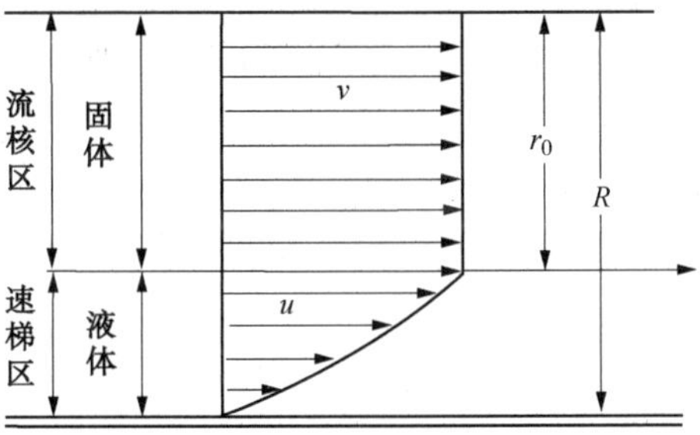

图 7-4　宾汉体的流速分布

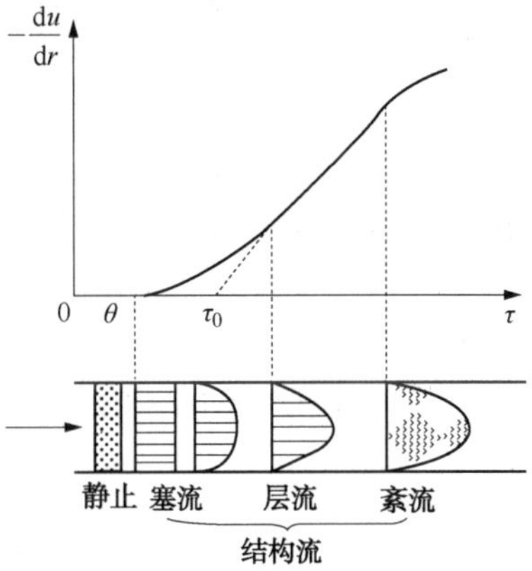

图 7-5　宾汉流体流态转变过程

假如将结构流状态再细分的话，若初期的流核很大，几乎占据整个流体断面，好像一个塞子，所以又叫做塞流；其末期的流核很小，类似于牛顿流体的层流，所以也有人把它叫做层流。

一、圆管中宾汉流体的结构流

1. 速度分布

对于速梯区宾汉流体有：

$$f(\tau) = \frac{1}{\eta_p}(\tau - \tau_0)$$

代入式(7-27)

$$u = \frac{R}{\tau_w}\int_{\tau}^{\tau_w} f(\tau)\,d\tau = \frac{R}{\tau_w}\int_{\tau}^{\tau_w}\frac{\tau - \tau_0}{\eta_p}d\tau = \frac{R}{2\eta_p \tau_w}\left[\tau_w^2 - \tau^2 - 2\tau_0(\tau_w - \tau)\right]$$

将式(7-4)和式(7-5)代入，经整理可得：

$$u = \frac{\Delta p}{4L\eta_p}(R^2 - r^2) - \frac{\tau_0}{\eta_p}(R - r) \tag{7-57}$$

对于速度均匀的流核区，其速度为 v_0，以 $r=r_0$ 代入上式，得：

$$v_0=\frac{\Delta p}{4L\eta_p}(R^2-r_0^2)-\frac{\tau_0}{\eta_p}(R-r_0) \tag{7-58}$$

2. 流量

将式(7-57)、式(7-58)代入下式

$$Q=\int_{r_0}^{R}u2\pi r\mathrm{d}r+v_0\pi r_0^2$$

进行积分，并经整理后可得：

$$Q=\frac{\pi\Delta pR^4}{8L\eta_p}\left[1-\frac{4}{3}\frac{r_0}{R}+\frac{1}{3}\left(\frac{r_0}{R}\right)^4\right] \tag{7-59}$$

式(7-59)就是著名的布金汉(Buckingham)方程，它是布金汉在1921年首先推导出来的。在流量较大时，流核半径 $r_0\leqslant R$，式(7-59)右端的四次方项可略去不计，这样式(7-59)可近似写成：

$$Q=\frac{\pi\Delta pR^4}{8L\eta_p}\left(1-\frac{4}{3}\frac{r_0}{R}\right) \tag{7-60}$$

根据均匀流动方程式，设当管壁处切应力等于屈服值时的管压降为 Δp_0，则

$$\tau_0=\frac{\Delta p_0R}{2L} \tag{7-61}$$

宾汉流体在管路中的流动条件是 $\Delta p>\Delta p_0$，将式(7-55)、式(7-56)、式(7-61)加以对比后可得：

$$\frac{\tau_0}{\tau_w}=\frac{\Delta p_0}{\Delta p}=\frac{r_0}{R} \tag{7-62}$$

将式(7-62)代入式(7-60)可得：

$$Q=\frac{\pi R^4}{8L\eta_p}\left(\Delta p-\frac{4}{3}\Delta p_0\right) \tag{7-63}$$

如果把式(7-62) $\frac{r_0}{R}=\frac{\Delta p_0}{\Delta p}$ 代入式(7-59)，则宾汉流体的流量和压降为非线性关系。当流量较大时，式(7-63)就成为式(7-59)的近似式，它表明 Q 与 Δp 成直线关系，该直线与 Δp 轴的交点为 $\frac{4}{3}\Delta p_0$，如图7-6所示。

流量较小时，式(7-63)就不适用了，此时 Δp 与 Q 成曲线关系，该曲线与 Δp 轴的交点为 $(0,\ \Delta p_0)$。

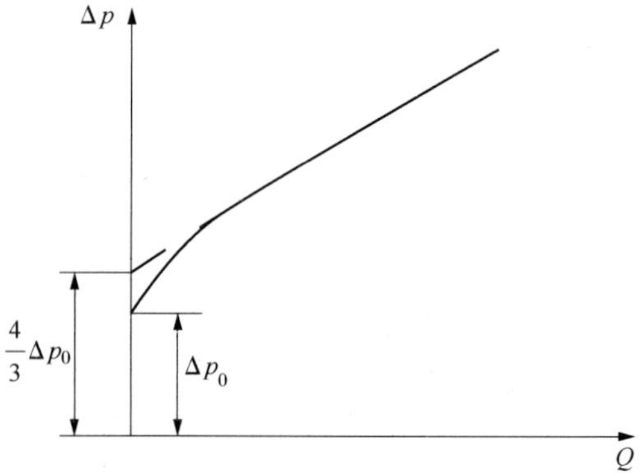

图7-6　宾汉体的压降流量关系图

3. 平均流速

由式(7-63)即可求得宾汉体层流状态下的平均流速：

$$v=\frac{Q}{\pi R^2}=\frac{\Delta pR^2}{8L\eta_p}\left(1-\frac{4}{3}\frac{r_0}{R}\right)$$

再将式(7-56) $r_0=\dfrac{2\tau_0 L}{\Delta p}$ 代入，于是

$$v=\frac{R^2}{8L\eta_p}\left(\Delta p-\frac{8}{3}\frac{\tau_0 L}{R}\right) \tag{7-64}$$

4. 宾汉流体的压降

由式(7-64)可得出宾汉流体的圆管结构流压降计算公式：

$$\Delta p=\frac{32\eta_p L v}{D^2}+\frac{16}{3}\frac{\tau_0 L}{D} \tag{7-65}$$

式中等号右侧的第一项就是塑性黏度和牛顿黏度相等时牛顿流体的压降。第二项是由于宾汉流体存在屈服值 τ_0 所引起的压降。

5. 平均应变速度

由式(7-31)可得宾汉流体的平均应变速度，将 $f(\tau)=\dfrac{1}{\eta_p}(\tau-\tau_0)$ 代入式(7-31)，经简化后可得：

$$\bar{\dot{\gamma}}=\frac{2}{\tau_w^2}\int_0^{r_w}\frac{1}{\eta_p}(\tau-\tau_0)\tau\mathrm{d}\tau=\frac{2\tau_w}{3\eta_p}-\frac{\tau_0}{\eta_p} \tag{7-66}$$

宾汉流体的管壁应变速度为：

$$\dot{\gamma}=\frac{1}{\eta_p}(\tau_w-\tau_0)=\frac{1}{\eta_p}\left(\frac{\Delta pR}{2L}-\tau_0\right)$$

把压降计算式(7-65)代入可得：

$$\dot{\gamma}_w=\frac{8v}{D}+\frac{\tau_0}{2\eta_p} \tag{7-67}$$

由式(7-67)可知，当 $\tau_0=0$ 时，为牛顿流体圆管层流时壁面处的应变速度。

二、环形空间中宾汉流体的结构流

宾汉流体在环形空间中流动时，由于屈服应力的存在，同样会产生二个区域，一个是流体质点无相对运动的液环区，另一个是液环以外的速梯区，如图 7-7 所示。

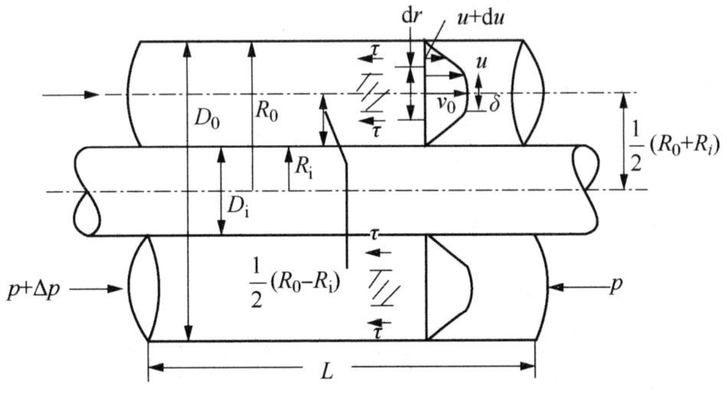

图 7-7　环形空间中宾汉流体的结构流

设液环厚度为 δ，并根据环形空间黏性流体的基本方程式，得出宾汉流体在环形空间

中流动参量的变化规律。

1. 速度分布

将宾汉流体的本构方程代入式(7-34)，得

$$u=\frac{R_0-R_i}{2\tau_w}\int_{\tau}^{\tau_w}\frac{1}{\eta_p}(\tau-\tau_0)\,d\tau$$
$$=\frac{\Delta p}{2\eta_p L}\left\{\left[\frac{1}{2}(R_0-R_i)\right]^2-r^2\right\}-\frac{\tau_0}{\eta_p}\left[\frac{1}{2}(R_0-R_i)-r\right] \tag{7-68}$$

式(7-68)描述了宾汉流体在环形空间结构流时速梯区的速度分布规律。

当 $r=\frac{1}{2}\delta$ 时，可以得出流核的速度：

$$v_0=\frac{\Delta p}{2\eta_p L}\left\{\left[\frac{1}{2}(R_0-R_i)\right]^2-\left(\frac{1}{2}\delta\right)^2\right\}-\frac{\tau_0}{\eta_p}\left[\frac{1}{2}(R_0-R_i)-\frac{1}{2}\delta\right] \tag{7-69}$$

2. 流量

整个过流断面的流量可以分为两部分来考虑，设流核部分的流量为 Q_0，流核以外的速梯区部分的流量为 Q_1。则总的流量

$$Q=Q_0+Q_1 \tag{7-70}$$

其中

$$Q_0=2\pi\left[\frac{1}{2}(R_0+R_i)\right]\delta v_0$$
$$=\frac{\pi\Delta p(R_0+R_i)\delta}{8L\eta_p}[(R_0-R_i)^2-\delta^2]$$
$$-\frac{\pi(R_0+R_i)}{2\eta_p}[(R_0-R_i)-\delta] \tag{7-71}$$

另外，在环形空间过流断面的速梯区内，取两个薄环：一个圆环的半径为 $\frac{1}{2}(R_0+R_i)+r$，厚度为 dr；另一个薄环的半径为 $\frac{1}{2}(R_0+R_i)-r$，厚度为 dr。通过两个薄环的微小流量为：

$$dQ=2\pi\left[\frac{1}{2}(R_0+R_i)+r\right]dr\times u+2\pi\left[\frac{1}{2}(R_0+R_i)-r\right]dr\times u$$
$$=2\pi(R_0+R_i)\,dr\times u$$

所以

$$Q_1=\int dQ=\int_{\frac{1}{2}\delta}^{\frac{1}{2}(R_0-R_i)}2\pi(R_0+R_i)\,dr\times u$$
$$=\int_{\frac{1}{2}\delta}^{\frac{1}{2}(R_0-R_i)}2\pi(R_0+R_i)\,dr\times\frac{\Delta p}{2L\eta_p}\left\{\left[\frac{1}{2}(R_0-R_i)\right]^2-r^2\right\}$$
$$=\int_{\frac{1}{2}\delta}^{\frac{1}{2}(R_0-R_i)}2\pi(R_0+R_i)\,dr\times\frac{\Delta p}{\eta_p}\left\{\left[\frac{1}{2}(R_0-R_i)\right]^2-r\right\}$$

$$= \int_{\frac{1}{2}\delta}^{\frac{1}{2}(R_0-R_i)} \pi(R_0 + R_i) \times \frac{\Delta p}{L\eta_p}\left\{\left[\frac{1}{2}(R_0 - R_i)\right]^2 - r^2\right\} dr$$

$$- \int_{\frac{1}{2}\delta}^{\frac{1}{2}(R_0-R_i)} 2\pi(R_0 + R_i) \times \frac{\tau_0}{\eta_p}\left\{\left[\frac{1}{2}(R_0 - R_i)\right] - r\right\} dr$$

$$= \frac{\pi\Delta p(R_0 + R_i)}{12L\eta_p}\left[(R_0 - R_i) - \delta\right]^2\left[(R_0 - R_i) + \frac{1}{2}\delta\right]$$

$$- \frac{\pi(R_0 + R_i)\tau_0}{4\eta_p}\left[(R_0 + R_i) - \delta\right]^2 \tag{7-72}$$

将式(7-71)和式(7-72)代入式(7-70)，整理后得：

$$Q=\frac{\pi\Delta p(R_0+R_i)(R_0-R_i)^3}{12L\eta_p}\left[1-\frac{\delta^3}{(R_0-R_i)^3}\right]-\frac{\pi\tau_0(R_0+R_i)(R_0-R_i)^2}{4\eta_p}\left[1-\frac{\delta^2}{(R_0-R_i)^2}\right] \tag{7-73}$$

令

$$\frac{\delta}{R_0-R_i}=\alpha \tag{7-74}$$

则

$$Q=\frac{\pi\Delta p(R_0+R_i)(R_0-R_i)^3}{12\eta_p}(1-\alpha^3)$$

$$-\frac{\pi\tau_0(R_0+R_i)(R_0-R_i)^2}{4\eta_p}(1-\alpha^2) \tag{7-75a}$$

当流核很小时，α 很小，式(7-75a)可以简化为：

$$Q=\frac{\pi\Delta p(R_0+R_i)(R_0-R_i)^3}{12\eta_p}-\frac{\pi\tau_0(R_0+R_i)(R_0-R_i)^2}{4\eta_p} \tag{7-75b}$$

3. 平均流速

将流量 Q 被过流断面面积 $\pi(R_0^2-R_i^2)$ 除，就可以得出平均流速

$$v=\frac{Q}{\pi(R_0^2-R_i^2)}$$

$$=\frac{\Delta p\ (R_0-R_i)^2}{12L\eta_p}(1-\alpha^3)-\frac{\tau_0(R_0-R_i)}{4\eta_p}(1-\alpha^2) \tag{7-76}$$

可知流核表面处的切应力为：

$$\tau_0=\frac{\Delta p\delta}{2L} \tag{7-77}$$

将式(7-77)代入式(7-76)，得

$$v=\frac{\Delta p\ (R_0-R_i)^2}{12L\eta_p}(1-\alpha^3)-\frac{\Delta p\delta(R_0-R_i)}{8L\eta_p}(1-\alpha^2)$$

$$=\frac{\Delta p\ (R_0-R_i)^2}{12L\eta_p}\left(1-\frac{3}{2}\alpha+\frac{1}{2}\alpha^3\right)$$

$$=\frac{\Delta p(D_0-D_i)^2}{48L\eta_p}\left(1-\frac{3}{2}\alpha+\frac{1}{2}\alpha^3\right) \tag{7-78a}$$

同样，当流核很小时，α 很小，式(7-78a)可以简化为：

$$v=\frac{\Delta p\ (D_0-D_i)^2}{48L\eta_p}\left(1-\frac{3}{2}\alpha\right) \tag{7-78b}$$

4. 宾汉流体的压降

由式(7-78b)可得宾汉流体在环形空间中结构流的压降为：

$$\Delta p=\frac{48L\eta_p v}{(D_0+D_i)^2}+\frac{3}{2}\alpha\Delta p$$

将式(7-74)和式(7-76)代入该式，得：

$$\begin{aligned}\Delta p &=\frac{48L\eta_p v}{(D_0+D_i)^2}+\frac{3}{2}\frac{2L\tau_0}{(R_0-R_i)\Delta p}\Delta p\\ &=\frac{48L\eta_p v}{(D_0+D_i)^2}+\frac{6L\tau_0}{D_0-D_i}\end{aligned} \tag{7-79}$$

当取 $\tau_0=0$ 时，式(7-79)将还原为牛顿流体层流状态时的压降计算公式(7-22)

$$\Delta p=\frac{48L\eta_p v}{(D_0-D_i)^2}$$

5. 管壁处的变形速度

由宾汉流体的本构方程，可以得出管壁处的应变速度为：

$$\dot{\gamma}_w=\frac{1}{\eta_p}(\tau_w-\tau_0)$$

把式(7-7)代入该式，得：

$$\dot{\gamma}_w=\frac{1}{\eta_p}\left[\frac{\Delta p(R_0-R_i)}{2L}-\tau_0\right]$$

把压降计算式(7-79)代入该式，得：

$$\dot{\gamma}_w=\frac{12v}{D_0-D_i}+\frac{\tau_0}{2\eta_p} \tag{7-80}$$

按照上述方法同样可以得出不同模式的非牛顿流体在环形空间和圆管内流动的参数变化关系。现将牛顿流体和石油工业中常见的五种模式的非牛顿流体在环形空间和圆管中的管流公式进行整理列于附录 A 中。

第七节　罗宾诺维奇–莫纳方程

以上分别对牛顿流体和各种非牛顿流体的圆管和环形空间层流建立了流速，流量和压降的计算公式。不同的流体公式各异，无疑这样是不方便的。现在的问题是如何把非牛顿流体的研究统一起来，建立共同性的相似准则，以便对所有的非时变性黏性流体使用统一的方法，统一的坐标系统，使实验数据可以大幅度地推广。

式(7-5)给出了管壁切应力和压降的关系，即

$$\tau_w=\frac{\Delta pR}{2L}=\frac{\Delta pD}{4L}$$

该式适用于所有的流体。

式(7-17)给出了牛顿流体的管壁应变速度

$$\dot{\gamma}_w = \frac{8\nu}{D}$$

对牛顿流体来说，建立 $\frac{\Delta pD}{4L}$ 和 $\frac{8\nu}{D}$ 之间的关系，就可以找出牛顿流体的本构关系，画出流动曲线。式中 Δp、D、L、ν 都是管流中容易测量的物理量。但是对非牛顿流体来说，是否也可以建立 $\frac{\Delta pD}{4L}$ 和 $\frac{8\nu}{D}$ 之间的关系呢？是可以而且是必要的。因为 $\frac{8\nu}{D}$ 虽然只是牛顿流体的管壁应变速度，同时它也和非牛顿流体的管壁应变速度有关，我们称 $\frac{8\nu}{D}$ 为流动特征值。

式(7-30)

$$\nu = \frac{R}{\tau_w^3} \int_0^{\tau_w} f(\tau) \tau^2 \mathrm{d}\tau$$

可改写成

$$\frac{8\nu}{D} = \frac{4}{\tau_w^3} \int_0^{\tau_w} \tau^2 f(\tau) \, \mathrm{d}\tau \tag{7-81}$$

式(7-81)适用于所有的黏性流体。它说明不论 $f(\tau)$ 取什么形式，只要流量一定，τ_w 就一定，切应力的分布也一定。这样，等式右侧仅为 τ_w 的函数，即

$$\frac{8\nu}{D} = F(\tau_w)$$

或写成

$$\frac{8\nu}{D} = F\left(\frac{\Delta pD}{4L}\right) \tag{7-82}$$

对于非时变性黏性流体，$\frac{8\nu}{D}$ 和 $\frac{\Delta pD}{4L}$ 之间存在函数关系，亦即在层流条件下，在 $\frac{\Delta pD}{4L}$ 和 $\frac{8\nu}{D}$ 的坐标系统中，对同一种流体，实验点将落在同一条直线上。

现设法找出它们之间具体的函数关系。

将式(7-81)写成

$$\frac{8Q}{\pi D^3} \cdot \tau_w^3 = \int_0^{\tau_w} \tau^2 f(\tau) \, \mathrm{d}\tau$$

等号两侧对 τ_w 求导

$$\frac{\mathrm{d}\left(\frac{8Q}{\pi D^3}\right)}{\mathrm{d}\tau_w} \tau_w^3 + \frac{8Q}{\pi D^3} \cdot \frac{\mathrm{d}\tau_w^3}{\mathrm{d}\tau_w} = \tau^2 f(\tau_w)$$

$$\frac{1}{4} \frac{\mathrm{d}\ln\left(\frac{8\nu}{D}\right)}{\mathrm{d}\ln\tau_w} \cdot \frac{8\nu}{D} + \frac{3}{4} \frac{8\nu}{D} = f(\tau_w)$$

令
$$n'=\frac{\mathrm{d}\ln\tau_{\mathrm{w}}}{\mathrm{d}\ln\left(\frac{8v}{D}\right)} \tag{7-83}$$

$$f(\tau_{\mathrm{w}})=\left(-\frac{\mathrm{d}u}{\mathrm{d}r}\right)_{\mathrm{w}}=\frac{1+3n'}{4n'}\frac{8v}{D} \tag{7-84}$$

式(7-84)就是罗宾诺维奇-莫纳方程，它是非时变性黏性流体管壁应变速度的一般表达式。若 n'是常数，则式(7-83)积分后可得：

$$\tau_{\mathrm{w}}=k'\left(\frac{8v}{D}\right)^{n'} \tag{7-85}$$

或写成

$$\frac{\Delta pD}{4L}=k'\left(\frac{8v}{D}\right)^{n'}$$

式中　k'——流变系数；

n'——流变指数。

k'和 n'可通过管式流变仪实验测出。

式(7-85)适用于不同流体，只是 k'和 n'不同而已。这种形式的方程用作管流计算时十分方便。方程直接给出了压降 Δp 和流量 Q 的关系，而不像 $\tau=f\left(-\frac{\mathrm{d}u}{\mathrm{d}r}\right)$形式的方程那样，需通过积分才能求出 Δp 和 Q 的关系。

对牛顿流体，对比式(7-85)和式(7-16)可知

$$n'=1,\ k'=\mu$$

对幂律流体，有

$$\tau_{\mathrm{w}}=k\ (\dot{\gamma}_{\mathrm{w}})^{n}$$

将式(7-47)代入该式，则

$$\tau_{\mathrm{w}}=k\left(\frac{1+3n}{4n}\right)^{n}\left(\frac{8v}{D}\right)^{n}$$

对比式(7-85)，则

$$n'=n,\ k'=k\left(\frac{1+3n}{4n}\right)^{n} \tag{7-86}$$

第八节　非牛顿流体广义雷诺数的计算

目前关于非牛顿流体在圆管和环形空间中流动的雷诺数的计算，多是仿照牛顿流体近似地按照视黏度或对比牛顿流体压降公式计算其广义雷诺数。变换式(7-85)的形式，可得

$$\Delta p=k'\frac{4L}{D}\left(\frac{8v}{D}\right)^{n'}=\frac{64}{Re'}\frac{L}{D}\frac{\rho v^{2}}{2}$$

式中

$$Re'=\frac{\rho D^{n'}v^{2-n'}}{k'8^{n'-1}} \tag{7-87}$$

Re'称为广义雷诺数。

对牛顿流体，$n'=1$，$k'=\mu$ 代入式(7-87)后，即可得

$$Re=\frac{\rho v D}{\mu}$$

这就是牛顿流体的雷诺数。

有了广义雷诺数，就能把非牛顿流体层流计算公式和牛顿流体统一起来。大量实验资料证实，非牛顿流体和牛顿流体在层流区的摩阻系数完全满足 $f=\frac{16}{Re'}$，即 $\lambda=\frac{64}{Re'}$。f 为范宁(Fanning)摩阻系数，$\lambda=4f$。

在以广义雷诺数 Re' 为横坐标，以摩阻系数 f 为纵坐标的双对数图上，所有的实验点均落在同一条直线上，如图 7-8 所示。

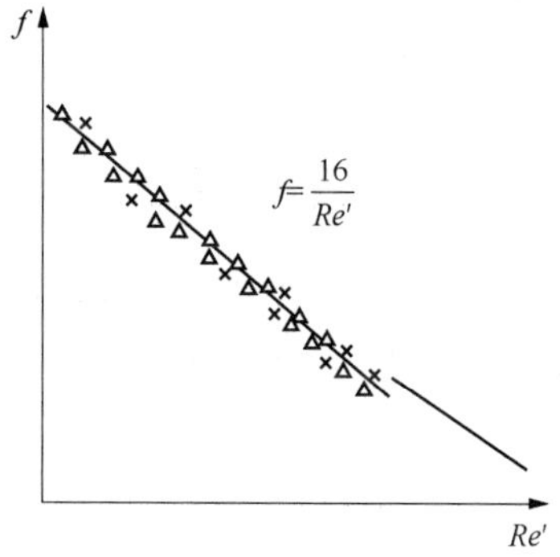

图 7-8　非牛顿流体的 f-Re' 的关系

一、幂律流体管流的雷诺数

由式(7-87)定义的广义雷诺数适用于非时变性非牛顿流体。对于幂律流体来说，$n'=n$，$k'=k\left(\frac{3n+1}{4n}\right)^n$。所以，根据式(7-87)可以得出幂律流体管流的广义雷诺数。

$$Re=\frac{\rho D^n v^{2-n}}{8^{n-1}k\left(\frac{3n+1}{4n}\right)^n}=\frac{\rho D^n v^{2-n}}{\frac{k}{8}\left(\frac{6n+2}{n}\right)^n}$$

二、幂律流体环空流的雷诺数

由环形空间中幂律流体层流压降计算公式(7-51)

$$\Delta p=\left(\frac{2n+1}{n}\right)^n\left(\frac{4kL}{D_0-D_i}\right)\left(\frac{4v}{D_0-D_i}\right)^n$$

与环形空间中牛顿流体压降计算的达西公式

$$\Delta p=\lambda\frac{L}{D_0-D_i}\frac{\rho v^2}{2}$$

进行比较，得：

$$\lambda\frac{L}{D_0-D_i}\frac{\rho v^2}{2}=\left(\frac{2n+1}{n}\right)^n\left(\frac{4kL}{D_0-D_i}\right)\left(\frac{4v}{D_0-D_i}\right)^n$$

$$\lambda=\frac{96}{\dfrac{\rho\ (D_0-D_i)^n v^{2-n}}{12^{n-1}k\left(\dfrac{2n+1}{3n}\right)^n}} \tag{7-88}$$

将式(7-88)与环形空间中牛顿流体层流的 $\lambda=\dfrac{96}{Re}$进行比较后，明显可以看出环形空间中幂律流体流动时的广义雷诺数可以表示为：

$$Re=\frac{\rho\ (D_0-D_i)^n v^{2-n}}{12^{n-1}k\left(\dfrac{2n+1}{3n}\right)^n} \tag{7-89}$$

三、宾汉流体管流的雷诺数

注意到宾汉流体结构流状态与牛顿流体层流状态之间的类似性，将圆管中宾汉流体结构流的压降计算公式(7-65)

$$\Delta p=\frac{32\eta_p Lv}{D^2}+\frac{16\tau_0 L}{3\ D}$$

用来与牛顿流体管流的压降计算公式

$$\Delta p=\lambda\ \frac{L}{D}\frac{\rho v^2}{2}$$

进行相互比较，并且参考牛顿流体层流时 $\lambda=\dfrac{64}{Re}$的关系，即可得出判别宾汉流体流动状态的雷诺数。

现将以上二式进行比较，以求得宾汉流体结构流状态下的 λ 值。

$$\lambda\ \frac{L}{D}\frac{\rho v^2}{2}=\frac{32\eta_p Lv}{D^2}+\frac{16\tau_0 L}{3\ D}=\frac{32vL}{D}\left(\frac{\eta_p}{D}+\frac{\tau_0}{6v}\right)$$

所以

$$\begin{aligned}\lambda&=\frac{64}{\rho v}\left(\frac{\eta_p}{D}+\frac{\tau_0}{6v}\right)=\frac{64}{\rho v}\left(\frac{\eta_p}{D}\right)\left(1+\frac{\tau_0 D}{6\eta_p v}\right)\\&=64\left(\frac{\eta_p}{\rho Dv}\right)\left(1+\frac{\tau_0 D}{6\eta_p v}\right)\\&=\frac{64}{\dfrac{\rho Dv}{\eta_p\left(1+\dfrac{\tau_0 D}{6\eta_p v}\right)}}\end{aligned} \tag{7-90}$$

将式(7-90)与牛顿流体层流时的

$$\lambda=\frac{64}{Re}=\frac{64}{\dfrac{\rho Dv}{\mu}}$$

进行比较，可以得出判别宾汉流体流动状态的广义雷诺数

$$Re=\frac{\rho D\nu}{\eta_{p}\left(1+\frac{\tau_{0}D}{6\eta_{p}\nu}\right)} \tag{7-91}$$

四、宾汉流体环空流的雷诺数

宾汉流体在环形空间中结构流的压降计算公式(7-79)经整理可以表示为：

$$\begin{aligned}\Delta p&=\frac{96}{\dfrac{\rho(D_{0}-D_{i})\nu}{\eta_{p}\left[1+\dfrac{\tau_{0}(D_{0}-D_{i})}{8\eta_{p}\nu}\right]}}\frac{L}{(D_{0}-D_{i})}\frac{\rho\nu^{2}}{2}\\&=\lambda\frac{L}{D_{0}-D_{i}}\frac{\rho\nu^{2}}{2}\end{aligned} \tag{7-92}$$

其中

$$\lambda=\frac{96}{\dfrac{\rho(D_{0}-D_{i})\nu}{\eta_{p}\left[1+\dfrac{\tau_{0}(D_{0}-D_{i})}{8\eta_{p}\nu}\right]}} \tag{7-93}$$

式(7-93)与牛顿流体在环形空间中层流的沿程阻力系数

$$\lambda=\frac{96}{\dfrac{\rho(D_{0}-D_{i})\nu}{\mu}} \tag{7-94}$$

进行比较，不难发现对于宾汉流体在环形空间中的流动来说，其广义雷诺数可以表示为：

$$Re=\frac{\rho(D_{0}-D_{i})\nu}{\eta_{p}\left[1+\dfrac{\tau_{0}(D_{0}-D_{i})}{8\eta_{p}\nu}\right]} \tag{7-95}$$

第九节　非牛顿流体的圆管紊流压降计算

非牛顿流体的圆管紊流计算，目前还没有成熟的计算方法，20 世纪 50 年代以后虽有一些研究也只限于光滑区。由于非牛顿流体的黏度较大，在管路中流动的雷诺数较小，因此光滑区的计算公式一般能满足工程上的要求。

一、布拉修斯型经验公式

$$\lambda=\frac{a}{Re'^{b}} \tag{7-96}$$

式中，a、b 都是流动指数 n' 的函数，对应于不同 n' 值的 a、b 见表 7-1。

表 7-1　布拉修斯型经验公式中的 a 和 b

n'	a	b
0. 2	0. 2584	0. 349
0. 3	0. 2740	0. 325
0. 4	0. 2848	0. 307
0. 6	0. 2960	0. 281
0. 8	0. 3044	0. 263
1. 0	0. 3116	0. 250
1. 4	0. 3212	0. 231
2. 0	0. 3304	0. 213

应用数学回归分析方法可得出表 7-1 中 a、b 值的计算表达式为：

$$a=0.2343+0.1533n'-0.097n'^2+0.022n'^3 \tag{7-97}$$

$$b=0.3955-0.2762n'+0.1652n'^2-3.6402\times10^{-2}n'^2 \tag{7-98}$$

压降计算公式采用

$$\Delta p=\lambda\ \frac{L}{D}\frac{\rho v^2}{2}$$

这就是说，对非牛顿流体紊流光滑区的计算也可以通过广义雷诺数，使计算公式和牛顿流体统一起来。

二、半经验公式

$$\frac{1}{\sqrt{\dfrac{\lambda}{4}}}=\frac{4.0}{n'^{0.75}}\lg\left\{Re'\left(\frac{\lambda}{4}\right)^{\left[1-\left(\frac{n'}{2}\right)\right]}\right\}-\frac{0.4}{(n')^{1.2}} \tag{7-99}$$

式(7-99)是根据卡门(Karman)公式和有关实验资料整理出来的。当 $n'=1$ 时，式(7-99)就转化为牛顿流体的光滑区尼古拉兹公式，即

$$\frac{1}{\sqrt{\lambda}}=2\lg\left(Re\sqrt{\lambda}\right)-0.8$$

图 7-9 是式(7-99)的图解，理论计算结果和实验数据取得了基本一致，实验数据范围为 $n'=0.36\sim1.0$，$Re'=2900\sim36000$。

三、宾汉流体紊流的沿程阻力计算公式

希辛柯根据钻井泥浆的实验得出了宾汉流体紊流状态下的沿程阻力计算公式：

$$\lambda=\frac{0.125}{\sqrt{Re}} \tag{7-100}$$

根据式(7-100)和宾汉流体层流的沿程阻力计算公式 $\lambda=\dfrac{64}{Re}$可以绘成曲线图，如图 7-10 所示，便于用来查得不同雷诺数下的 λ 值，进行沿程水头损失的计算。

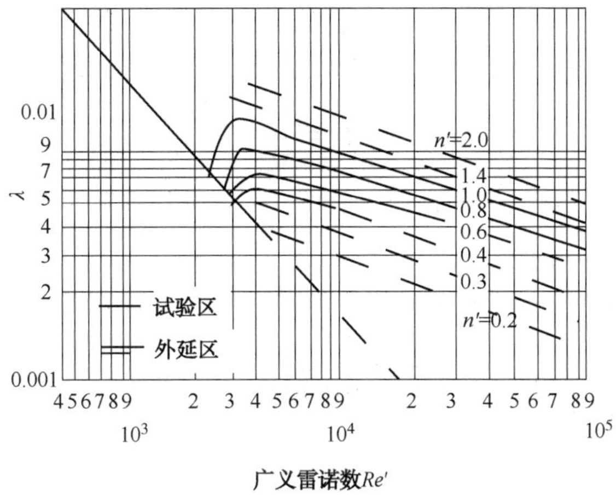

图 7-9　牛顿与非牛顿流体的阻力系数

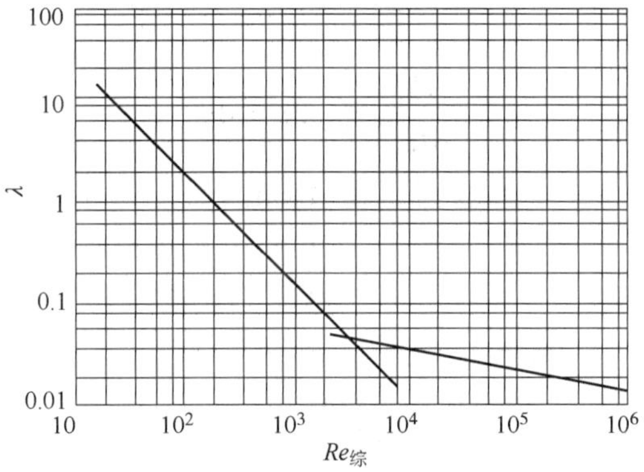

图 7-10　宾汉流体 λ-Re 的关系曲线

第十节　非牛顿流体流态判别准则

临界雷诺数 Re_c 是牛顿流体的流态判别准则，当 $Re_c=2100$ 时，流动由层流进入紊流。牛顿流体的临界雷诺数是常数。对于不同的非牛顿流体，由层流向紊流过渡时广义雷诺数是不同的。广义雷诺数虽然可以统一层流的计算公式，却不能做统一的流态判别准则，幂律流体和宾汉流体通常的流态判别方法如下：

一、幂律流体判别流态的稳定性参数 Z

从层流到紊流的过渡，并不是在整个断面上同时实现的。通常在牛顿雷诺数 $Re=1225$ 时，紊动性最大的一层流体的流线首先发生弯曲，随着雷诺数的增大，流线的波动幅度以及断面上产生的波动范围也增大，牛顿流体在 $Re=1500\sim2100$ 的范围内，流体由波动而成螺旋运动最终出现旋涡。$Re>2100$ 时，旋涡产生加快，直至 $Re>3000$，临近管壁的区域，全部成为紊流。这就是说断面上由层流至紊流的整个过渡是在 $Re=2100\sim3000$

的范围内完成的。主要变化发生在紊流性最大的半径为 r 的某一层流体中，我们用该层流体的雷诺数 $(Re_r)_m$ 来代替整个断面上的牛顿雷诺数，作为判别流态的准则。

$$Re_r=\frac{\rho ur}{\eta} \tag{7-101}$$

式中，u 是半径为 r 处的流速；η 为表观黏度。Re_r 在管轴$(r=0)$和管壁处$(u=0)$均为零，其最大值必然在管轴与壁之间。

对牛顿流体 $\eta=\mu$，以式(7-8)代入式(7-101)

$$Re_r=\frac{\Delta p\rho}{4L\mu^2}(R^2r-r^3)$$

求 Re_r 的最大值

令

$$\frac{\mathrm{d}\,Re_r}{\mathrm{d}r}=0$$

则有

$$\frac{\rho\Delta p}{4L\mu^2}(R^2-3r^2)=0$$

解此方程得出紊动最大的流层位置，即紊动起始于

$$r=\frac{1}{\sqrt{3}}R \tag{7-102}$$

将式(7-102)代入式(7-8)，得

$$u=\frac{\Delta p}{6L\mu}R^2 \tag{7-103}$$

将式(7-102)和式(7-103)代入式(7-104)，可得

$$(Re_r)_{\max}=\frac{\Delta pR^3\rho}{6\sqrt{3}L\mu} \tag{7-104}$$

由式(7-10)知牛顿流体的平均流速为：

$$v=\frac{\Delta pR^2}{8L\mu}$$

因此

$$(Re)_{\max}=\frac{4}{3\sqrt{3}}\frac{\rho vR}{\mu}=0.3849Re$$

令 $$Z=(Re_r)_{\max}$$

则 $$Z=0.3849Re \tag{7-105}$$

Z 值称为稳定性参数，是判别幂律流体流动状态的一个准则。

对牛顿流体来说，临界雷诺数 $Re=2100$，则

$$Z_c=0.3849\times2100=808$$

实验表明，幂律流体的 Z_c 仍为 808。因此当

$Z<808$ 时为层流；

$Z>808$ 时为紊流。

对牛顿流体来说，用 Re_c 或 Z_c 值来判别流态并没有区别，但对幂律流体就不一样了。以下推导幂律流体的 Z 值表达式。

半径为 r 处的雷诺数为：

$$Re_r=\frac{\rho ur}{\eta} \tag{7-106}$$

式中

$$\eta=k\dot{\gamma}^{n-1}=k\left(\frac{\tau}{k}\right)^{\frac{n-1}{n}}=k\left(\frac{\Delta pr}{2kL}\right)^{\frac{n-1}{n}} \tag{7-107}$$

将式(7-107)、式(7-38)代入式(7-106)，经整理后得

$$Re_r=\frac{1}{n+1}\frac{\rho}{k}\left(\frac{\Delta p}{2kL}\right)^{\frac{2-n}{n}}\left(R^{\frac{n+1}{n}}r^{\frac{1}{n}}-r^{\frac{n+2}{n}}\right) \tag{7-108}$$

求 Re_r 的最大值，即 Z 值

令

$$\frac{\mathrm{d}\,Re_r}{\mathrm{d}r}=0$$

即可得

$$r=\left(\frac{1}{n+2}\right)^{\frac{n}{n+1}}R \tag{7-109}$$

将式(7-109)代入式(7-108)

$$Z=(Re_r)_{\max}=\frac{n}{n+1}\frac{\rho}{k}\left(\frac{\Delta d}{2kL}\right)^{\frac{2-n}{n}}r^{\frac{1}{n}}\left(R^{\frac{n+1}{n}}-r^{\frac{n+1}{n}}\right)$$

$$=\frac{n}{n+1}\frac{\rho}{k}\left(\frac{\Delta p}{2kL}\right)^{\frac{2-n}{n}}\left[\left(\frac{n}{n+2}\right)^{\frac{n}{n+1}}R\right]^{\frac{1}{n}}\left[R^{\frac{n+1}{n}}-\frac{1}{n+2}R^{\frac{n+1}{n}}\right]$$

将该式整理简化后得

$$Z=(Re_r)_{\max}=n\left(\frac{1}{n+2}\right)^{\frac{n+2}{n+1}}\frac{\rho}{k}\left(\frac{\Delta p}{2kL}\right)^{\frac{2-n}{n}}R^{\frac{n+2}{n}} \tag{7-110}$$

由幂律流体的平均流速式(7-43)

$$v=\left(\frac{\Delta p}{2kL}\right)^{\frac{1}{n}}\frac{n}{1+3n}R^{\frac{1+n}{n}}$$

于是

$$Z=\frac{\rho v^2}{\frac{\Delta pR}{2L}}n\left(\frac{3n+1}{n}\right)^2\left(\frac{1}{n+2}\right)^{\frac{n+2}{n+1}} \tag{7-111}$$

式(7-111)写成

$$Z=\frac{\rho v^2}{\tau_w}\varphi(n) \tag{7-112}$$

式中
$$\varphi(n)=n\left(\frac{3+n}{n}\right)\left(\frac{1}{n+2}\right)^{\frac{n+2}{n+1}} \tag{7-113}$$

由于摩阻系数$f=\frac{\tau_w}{\frac{\rho v^2}{2}}$，因此$Z=\frac{2\varphi(n)}{f}$

当处于层流至紊流的临界状态时，$Z=808$，于是
$$f_c=\frac{2\varphi(n)}{808}=\frac{\varphi(n)}{404} \tag{7-114}$$

这样，只要知道幂律流体的n值，就可以计算f_c。同时根据层流的阻力系数公式
$$f_c=\frac{16}{(Re')_c}\text{或}(Re')_c=\frac{16}{f_c} \tag{7-115}$$

于是幂律流体的临界广义雷诺数也可以计算出来，在求得临界广义雷诺数$(Re')_c$后，即可计算出临界流速。

图7-11为幂律流体临界广义雷诺数和流动指数n的关系曲线。由图中可见，理论计算曲线和试验数据(包括牛顿流体、剪切稀化流体)符合较好。

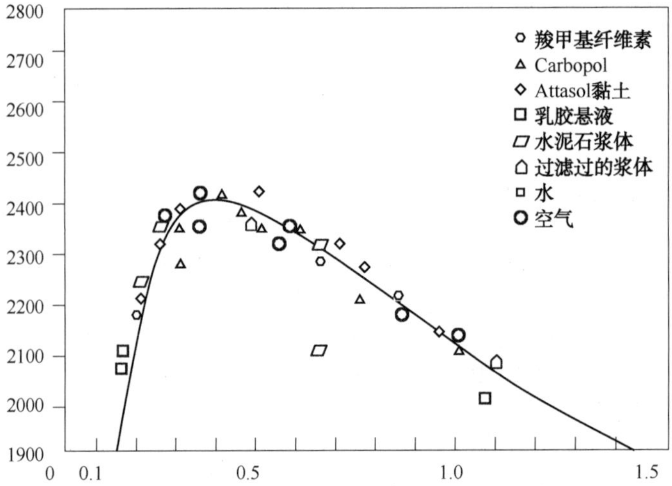

图7-11　幂律流体临界雷诺数计算值与实测值比较

二、宾汉流体的流态判别

1. 使用广义雷诺数估算临界流速的近似方法

以式(7-62)$\frac{r_0}{R}=\frac{\tau}{\tau_w}$代入式(7-60)可得：

$$Q=\frac{\pi R^4\Delta p}{8L\eta_p}\left(1-\frac{4}{3}\frac{\tau_0}{\tau_w}\right)$$

经整理后可得：

$$\tau_{w}=\eta_{p}\left(\frac{8v}{D}\right)+\frac{4}{3}\tau_{0} \tag{7-116}$$

根据有效黏度的定义：

$$\eta_{e}=\frac{\tau_{w}}{\frac{8v}{D}}$$

将式(7-116)代入该式，于是

$$\eta_{e}=\frac{\left(\eta_{p}\frac{8v}{D}+\frac{4}{3}\tau_{0}\right)}{\frac{8v}{D}}=\eta_{p}\left(1+\frac{1}{6}\frac{\tau_{0}D}{\eta_{p}v}\right)$$

括号内第一项比第二项要小得多，故可略去不计，于是

$$\eta_{e}=\frac{\tau_{0}D}{6v} \tag{7-117}$$

宾汉流体的广义雷诺数可写成：

$$Re'=\frac{\rho vD}{\eta_{e}}=\frac{\rho vD}{\frac{\tau_{0}D}{6v}}=\frac{6\rho v^{2}}{\tau_{0}}$$

其临界流速

$$v_{e}=\sqrt{\frac{(Re')_{c}\tau_{0}}{6\rho}}=A\sqrt{\frac{\tau_{0}}{\rho}} \tag{7-118}$$

式中$(Re')_{c}$为临界广义雷诺数，A为决定于$(Re')_{c}$的常数。当$(Re')_{c}=2100$时，$A=19$。当$(Re')_{c}=3000$时，$A=22$。

根据式(7-118)只要宾汉流体的屈服值已知，就可计算出近似的临界流速。

2. 赫斯特罗姆(Hedstorm)准数 *He*

以上估算临界流速的方法虽然简单，但误差较大，故还必须寻求比较准确的方法。

汉克斯(Hanks)提出，宾汉流体由层流向紊流过渡的临界值取决于汉克斯罗姆数He。

$$He=\frac{\rho\tau_{0}D^{2}}{\eta_{p}{}^{2}}=\left(\frac{Dv\rho}{\eta_{p}}\right)\left(\frac{\tau_{0}D}{v\eta_{p}}\right) \tag{7-119}$$

$$He=Re_{B}Y \tag{7-120}$$

式中，Re_{B}为宾汉雷诺数，$Re_{B}=\frac{\rho Dv}{\eta_{p}}$；$Y$为屈服数，$Y=\frac{\tau_{0}D}{v\eta_{p}}$。

式(7-119)表明He数即为宾汉雷诺数和屈服值的乘积。

汉克斯在1663年提出了从层流过渡到紊流的宾汉雷诺数的一个临界值，这个临界值可由式(7-121)计算

$$(Re_{B})_{c}=\frac{1-\frac{4}{3}a_{c}+\frac{1}{3}a_{c}^{4}}{a_{c}}He \tag{7-121}$$

式中$(Re_B)_c$为临界宾汉雷诺数。

$$a_c = \frac{\tau_0}{(\tau_w)_c} \tag{7-122}$$

图 7-12 中的实线是根据式(7-121)绘制的，不同宾汉体的实验点和理论值符合较好。

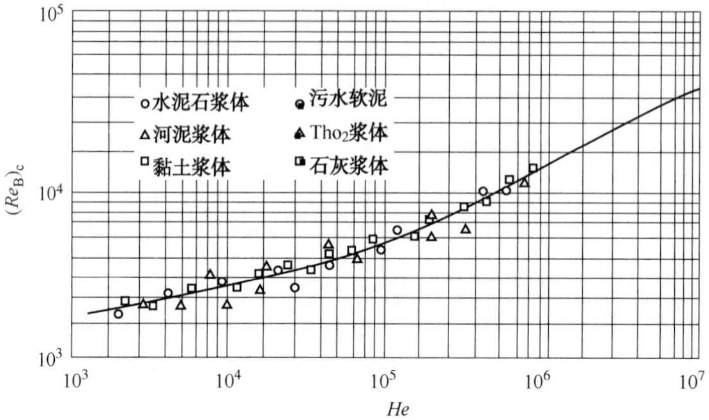

图 7-12　宾汉体$(Re_B)_c$和 He 的关系

第八章　流变性测量基础

第一节　概　　述

一、流变测量的分类

从流变学的观点来讲，对任何一种流体，必须首先要搞清楚它属于什么类型的流体，是牛顿流体还是非牛顿流体力学，在非牛顿流体中它属于哪一类，是纯黏性体还是纯弹性体等。这就要准确测量各种物料函数，确定其流变模式和流变参数，而研究如何测定物料函数和流变参数的技术属于流变测量学的内容。测量流变学是流变学的一个重要分支。

具有复杂流变性的物料，在外力作用下，力学响应随形变(流动)方式和形变(流动)历史而异。从严格意义上讲，流变测量是选择简单流动方式来测定在特定历史下流体的物料函数，即应力、应变、应变速率及黏度、模量等流变响应特性。

在简单流动中，流体流动的描述有 3 个主要方向，即流动方向、速度梯度方向和中性方向。在剪切流动中，这三个方向是相互垂直的；在拉伸流动中，流动方向和速度梯度方向平行。因此，流动按流动方向可分为剪切流动和拉伸流动。剪切流动按照其流动的边界条件可进一步分为拖动流动和压力流动。拖动流动是运动边界所造成的流动；而压力流动是边界静止，由压力梯度产生的流动。

按形变历史，即流动速度随时间的变化特点，流动又可分为稳态流动，即形变速度不随时间改变的流动；瞬时流动，即应力或应变速率发生阶段性变化的流动；动态流动，即流体经受交变的应力和应变，通常是小振幅正弦振动的流动。

稳态剪切流动是纯黏性流体流变性测量中最常用的流动，也是工业应用中较普遍的流动。稳态剪切流动有如下特点：

(1) 在稳态剪切流动中，液面刚性地平移，其中任意 2 个液层微元之间的距离保持不变。液面是物质面。常称剪切面；

(2) 每个液体微元在流动中保持体积不变，任意 2 个相邻剪切面之间的距离为常数；

(3) 对稳态剪切流动，剪切线实际上是液体微元运动的轨迹。

另外，对流体施加瞬态或动态的剪切，在小变形或小振幅条件下，可测量黏弹性体系的黏弹性，或其他固体弹性特征；用稳态剪切流动可以测定流动条件下黏弹性体的黏弹性，如法向应力等。

二、流变测量的任务与内容

流变测量的任务包括理论研究和实验技术 2 个方面。理论研究主要是建立在各种边界条件下的直接测量量(压力、扭矩、转速、流量等)与不能直接测量的物料流变响应(应力、应变、应变速率等)的关系，分析各种流变测量实验的含义及其引入的误差。实验技术方面主要在很宽的测量范围内，实现从稀溶液到固体等不同状态体积的测定，并使测量的量尽可能准确地反映物料本身的流变性和工程应用条件，这就要求研制出测量范围广，功能多，精确度高的流变仪。

从实验观点出发，流变测量可分为：测定材料或流体的基本性质，测定工业过程应用所需的流变性质；几种材料相对性质的比较；探讨现象的起因和潜在效应。根据所测材料的响应情况，可分为：对稳态响应的剪切黏度、拉伸黏度、第一法向应力差和第二法向应力差的测量；对瞬态响应的阶跃应变下的应力松弛、阶跃应力下的蠕变与回复的测量；对动态响应的动态黏度或动态模量的测量等。所用测量仪器大致包括：测量稳态剪切黏度的仪器、测量动态黏度或动态模量的仪器、测量拉伸黏度的仪器、测量法向应力的仪器。随着科技的进步，目前许多流变仪具有多种测量功能，像德国 HAAKE 公司生产的 RS 系列流变仪具有测量稳态剪切黏度、动态黏度和法向应力差的功能。

对一个具体的流变测量，其测量过程可归纳为：①设计和选用合适工程或工艺要求的流变仪，建立物料的流变响应与测量系统的关系，即寻求流变仪的测量原理；②提供反映工程或工艺性质的流变测量方法；③寻求物料的流变方程，发展和检验本构方程。

流变测量学涉及的内容是非常广泛的，在此不能一一介绍。本章作为测量原油流变性的基础，仅介绍与原油黏度测量和线性黏弹性测量有关的剪切方式、剪切流场，以及有关测量原理，测量技术等。

第二节　细管法测定流变性

用细管法测定液体的流动性能已有悠久的历史，现在已广泛应用于各种流体流变性的测量。细管法的测黏原理虽然相同，但根据不同的测定目的、测黏范围和测定条件，设计使用了不同的流变仪或黏度计。当进行较高的黏度测定或考虑到非牛顿流体的流变性测定时，可用加压细管流变仪或管路模型；在工厂、生产现场做简单的黏度测量时，则可用短管黏度计或玻璃毛细管黏度计。

一、细管法测黏的基本原理

液体流经细小的管子时，黏性小的液体在单位时间内流出的液量多，这是人们的经验。可想而知，在一定条件下，比较其流量的大小，就可以知道黏度的大小。

现在考查一下流体缓慢流经一个半径为 R 的细长圆管的情况，并假定能满足下述条件：

(1) 细管十分长，并呈直线状，且内径均等；

(2) 流体的流动状态为充分发展的稳定的层流，流体内任一点的流速仅是其半径 r 的函数；

(3) 流体是不可压缩的均质流体；

(4) 与细管内壁相接处的流体没有滑移；

(5) 流体流变性质与时间无关，其剪切应力与剪切速率之间存在一一对应的关系；

（6）流体是等温的。

如图 8-1 所示的稳态管流，当流体流速限定时，流体沿管道产生层层流动，此时剪切面为同心圆柱面，剪切线为平行于管轴的直线。

在柱坐标中，流速分布可表示为：

$$u_r=0,\ u_\theta=0,\ u_z=u_z(r)$$

流体微元的运动轨迹与剪切线重合。随半径 r 的增加，流体微元运动的速度减小，因此管流的剪切速率表示为：

$$\dot{\gamma}=-\frac{\mathrm{d}u}{\mathrm{d}r} \tag{8-1}$$

如图 8-2 所示的细管段，长为 L，半径为 R，两端压差为 Δp。在以管轴心线为中心，半径为 r 的圆柱体上，存在着 2 个方向相反的力，一是细管 L 两端的压差作用于圆柱端面上的力 F_1，$F_1=\pi r^2\Delta p$；二是流体流动过程中，在圆柱壁面上的黏滞阻力 F_2，若圆柱面上的剪切应力为 τ，则 $F_2=2\pi rL\tau$。

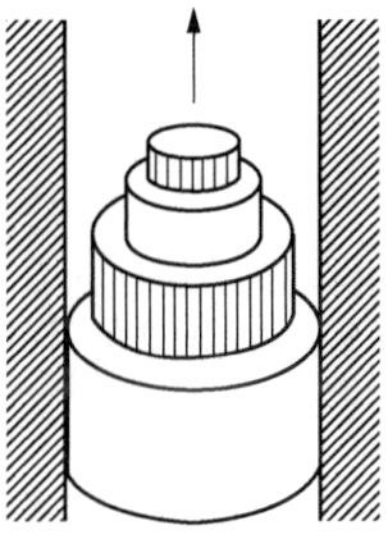

图 8-1　流体稳态层流管流示意图

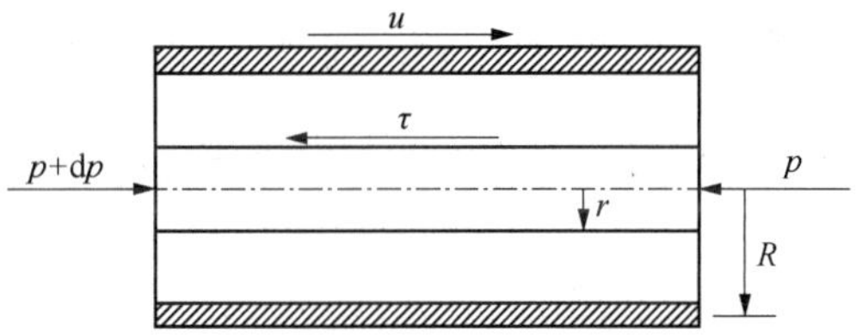

图 8-2　层流管流受力分析示意图

若满足稳定流动的条件，根据力平衡原理，$F_1-F_2=0$，由此得如下关系式：

$$\tau=\frac{\Delta pr}{2L} \tag{8-2}$$

可见，剪切应力与距管中心的距离 r 成正比。在 $r=R$ 处，剪切应力最大，若以 τ_b 表示之，则

$$\tau_b=\frac{\Delta pR}{2L} \tag{8-3a}$$

或

$$\tau_b=\frac{\Delta pD}{4L} \tag{8-3b}$$

式中，D 为细管直径。在管中心处，$r=0$，$\tau=0$。比较式(8-2)和式(8-3a)得：

$$\frac{\tau}{\tau_b}=\frac{r}{R} \tag{8-4}$$

式(8-1)、式(8-2)、式(8-4)适用于稳态流动的任何与时间无关的流体。

对动力黏度为 μ 的牛顿流体，由式(8-2)和式(8-1)以及牛顿流体方程

$$\tau=\mu\dot{\gamma}=\mu\left(-\frac{\mathrm{d}u}{\mathrm{d}r}\right)$$

得

$$du = -\frac{\Delta p}{2\mu L} r dr \tag{8-5}$$

积分得
$$\int_0^u du = \int_R^r -\frac{\Delta p}{2\mu L} r dr$$

那么，距中心 r 处的流体流速 u 为：

$$u = \frac{\Delta p}{4\mu L}(R^2 - r^2) \tag{8-6}$$

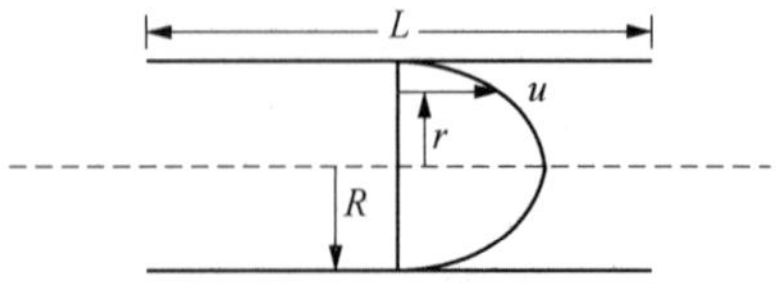

图 8-3　牛顿流体层流流速分布图

可见，在 $r=R$ 处，$u=0$；在 $r=0$ 处，流速最大，流速呈抛物线分布如图 8-3 所示，这种流动称为泊肃叶（Poiseuille）流动。

通过细管断面的流体体积流量 Q 为：

$$Q = \int_0^R u \cdot 2\pi r dr \tag{8-7}$$

将式(8-6)代入式(8-7)积分得到如下结果：

$$Q = \frac{\pi R^4 \Delta p}{8\mu L} \tag{8-8}$$

若在一定时间 t 内流体流经细管的体积为 $\bar{V}$，即 $Q=\bar{V}/t$，则式(8-8)变成如下形式：

$$\bar{V}/t = \frac{\pi R^4 \Delta p}{8\mu L} \tag{8-9}$$

可见，流过细管的流量与细管半径的 4 次方成正比，而与流体的黏度成反比。这一关系式被称为哈根-泊肃叶（Hagen-Poideuille）定律。若测得压差 Δp 与对应的流量 Q，则可由下式求得牛顿流体的动力黏度：

$$\mu = \frac{\pi R^4 \Delta p}{8QL} \tag{8-10a}$$

或

$$\mu = \frac{\pi R^4 \Delta p t}{8\bar{V}L} \tag{8-10b}$$

这就是用细管法测定牛顿流体黏度的原理。通过确定细管的几何尺寸 R 和 L，实验测取 L 两端的压差 Δp 和相应的流量 Q（或 $\bar{V}/t$），就可求得流体的动力黏度 μ。

二、细管法测定非牛顿流体流变性原理

1. 管流基本方程

哈根-泊肃叶定律仅能用于确定牛顿流体的动力黏度，对与时间无关的非牛顿流体来说，该定律不适用，但仍可用细管法测定其流变性。

对牛顿流体来说，由哈根-泊肃叶方程得

$$Q = \frac{\pi R^4 \Delta p}{8\mu L} = \frac{\pi D^4 \Delta p}{128\mu L}$$

该式整理后有

$$\frac{\Delta pD}{4L}=\mu\frac{32Q}{\pi D^3} \tag{8-11}$$

而

$$Q=\frac{\pi D^2}{4}\cdot V$$

其中，V 为流动断面的平均流速。那么

$$\frac{32Q}{\pi D^3}=\frac{8V}{D} \tag{8-12}$$

把式(8-3b)和式(8-12)代入式(8-11)得

$$\tau_b=\mu\frac{8V}{D} \tag{8-13}$$

根据牛顿流体的流变方程，有

$$\tau_b=\mu\left(-\frac{du}{dr}\right)_b \tag{8-14}$$

式中，$\left(-\frac{du}{dr}\right)_b$ 是流体在管壁处的剪切速率。

比较式(8-13)和式(8-14)，不难看出

$$\left(-\frac{du}{dr}\right)_b=\frac{8V}{D} \tag{8-15}$$

式(8-15)说明，当牛顿流体沿圆管做层流流动时，其在管壁处的剪切速率等于$\frac{8V}{D}$。在后面的推导中将可以看到，无论哪一类流体，管流中任一处的剪切速率都可以表示为$\frac{8V}{D}$的函数，所以$\frac{8V}{D}$称为管流的流动特征值。

从上述分析可知，为了确定牛顿流体的流变性（或动力黏度），只要测得一系列的压差 Δp 与相应的流量 Q，将 Δp 换算为 τ_b（其中，$\tau_b=\Delta pD/4L$），将 Q 换算为 $(-du/dr)_b$，即 $8V/D=32Q/\pi D^3$，然后以 τ_b 为纵坐标，以 $(-du/dr)_b$ 为横坐标，将实验点作图，就可以得到如图 8-4 所示的牛顿流体的流变曲线。此流变曲线为通过原点的直线，其斜率就是所测流体的动力黏度。

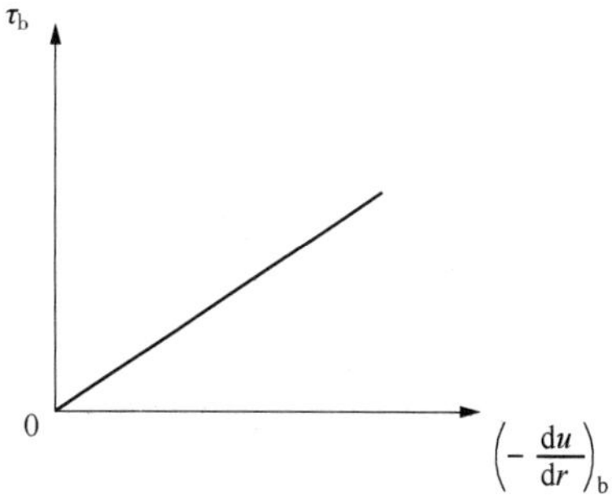

图 8-4　牛顿流体流变曲线

从测定牛顿流体的流变曲线得到启发：为求得与时间无关的非牛顿流体的流变性，只要设法求得非牛顿流体沿细管流动时的剪切应力 τ_b 和对应的剪切速率 $(-du/dr)_b$，同样可以作出其流变曲线，确定其流变性。前面已推导的剪切应力 τ 的计算式(8-2)，适用于与时间无关的任何流体，因此问题的关键是求出剪切速率 $(-du/dr)$。

为此，下面从流量的积分表达式出发，进行适当的换算推导。

已知 $$Q = \int_0^R u \cdot 2\pi r \mathrm{d}r$$

流速 u 是半径 r 的函数。分部积分该式：

设 $y=u$，则 $\mathrm{d}y=\mathrm{d}u$；

$z=\pi r^2$，则 $\mathrm{d}z=2\pi r\mathrm{d}r$。

又 $$\int_a^b y\mathrm{d}z = [yz]_a^b - \int_a^b z\mathrm{d}y$$

则 $$Q = \int_0^R u2\pi r\mathrm{d}r = [u\pi r^2]_0^R - \int_0^R \pi r^2 \frac{\mathrm{d}u}{\mathrm{d}r} \cdot \mathrm{d}r$$

当 $r=R$ 时，$u=0$，则该式右边的第一项为零，故

$$Q = \int_0^R \pi r^2 \left(-\frac{\mathrm{d}u}{\mathrm{d}r}\right) \cdot \mathrm{d}r \tag{8-16}$$

因 $$Q=(\pi D^2/4)V,\ R=D/2$$

则 $$\frac{\pi D^2}{4} \cdot V = \int_0^{D/2} r^2\left(-\frac{\mathrm{d}u}{\mathrm{d}r}\right)\mathrm{d}r$$

该式两边同时乘以 $32/\pi D^3$，得：

$$\frac{8V}{D} = \frac{32}{D^3}\int_0^{D/2} r^2\left(-\frac{\mathrm{d}u}{\mathrm{d}r}\right)\mathrm{d}r \tag{8-17}$$

由于与时间无关的非牛顿流体的剪切速率与剪切应力之间存在一一对应关系，其流变方程可用一般形式表示为：

$$\left(-\frac{\mathrm{d}u}{\mathrm{d}r}\right)_{\mathrm{b}} = f(\tau) \tag{8-18}$$

另外，由前面推导的式(8-4)得：

$$r = \frac{D}{2} \cdot \frac{\tau}{\tau_{\mathrm{b}}} \tag{8-19}$$

则

$$\mathrm{d}r = \frac{D}{2\tau_{\mathrm{b}}} \cdot \mathrm{d}\tau \tag{8-20}$$

将式(8-18)、式(8-19)和式(8-20)代入式(8-17)，并整理得

$$\frac{8V}{D} = \frac{4}{\tau_{\mathrm{b}}^3}\int_0^{\tau_{\mathrm{b}}} \tau^2 f(\tau)\mathrm{d}\tau \tag{8-21}$$

式(8-17)和式(8-21)都称为管流的基本方程，说明不管是哪一种与时间无关的流体，管流中任一处的剪切速率和剪切应力都与$\frac{8V}{D}$有一定的函数关系，故$\frac{8V}{D}$也与流体在管壁处的剪切应力 τ_{b} 有一定的函数关系。

对存在屈服值的流体，在圆管内流动时，存在半径为 R' 的圆柱塞，在 R' 处流体的剪切应力正好等于流体的屈服值 τ_{y}。那么，存在式(8-7)基础上进行推导后，式(8-17)变为：

$$\frac{8V}{D} = \frac{32}{D^3}\int_{R'}^{D/2} r^2\left(-\frac{\mathrm{d}u}{\mathrm{d}r}\right)\mathrm{d}r \tag{8-22}$$

同理，式(8-21)变为：

$$\frac{8V}{D}=\frac{4}{\tau_b^3}\int_{\tau_y}^{\tau_b}\tau^2 f(\tau)\,d\tau \tag{8-23}$$

下面是管流基本方程式的具体应用。

2. 管流基本方程式的应用——已知流变模式

式(8-21)可变换为：

$$Q=\frac{\pi R^3}{\tau_b^3}\int_0^{\tau_b}\tau^2 f(\tau)\,d\tau \tag{8-24}$$

对与时间无关的任何流体，若已知其流变方程 $\dot{\gamma}=f(\tau)$ 的具体类型，可代入方程(8-24)，利用所测压差和流量的实验数据，求出流变方程中的流变参数。

(1) 牛顿流体：

$$f(\tau)=\frac{\tau}{\mu} \tag{8-25}$$

代入式(8-24)，并积分、整理，即得前述的哈根-泊肃叶定律：

$$Q=\frac{\pi R^4\Delta p}{8\mu L} \tag{8-26}$$

(2) 幂律流体：

$$f(\tau)=\left(\frac{\tau}{K}\right)^{1/n} \tag{8-27}$$

代入式(8-24)，并积分、整理，可得：

$$Q=\frac{n\pi R^3}{3n+1}\left(\frac{R\Delta p}{2LK}\right)^{1/n} \tag{8-28}$$

(3) 宾汉姆流体：

$$f(\tau)=\frac{\tau-\tau_B}{\mu_B} \tag{8-29}$$

代入式(8-23)，并积分、整理，可得：

$$Q=\frac{\pi R^4\Delta p}{8\mu_B L}\left[1-\frac{4}{3}\left(\frac{2\tau_B L}{R\Delta p}\right)+\frac{1}{3}\left(\frac{2\tau_B L}{R\Delta p}\right)^4\right] \tag{8-30}$$

(4) 卡森流体：

$$f(\tau)=\frac{1}{\mu_C}(\sqrt{\tau}-\sqrt{\tau_C})^2 \tag{8-31}$$

代入式(8-23)，积分并整理得

$$Q=\frac{\pi R^3\tau_C}{4\mu_C}\left[a-\frac{16}{7}a^{1/2}+\frac{4}{3}-\frac{1}{2}\left(\frac{1}{a}\right)^3\right] \tag{8-32}$$

式中，$a=\frac{\Delta pR}{2L\tau_C}$。

(5) 屈服-假塑性流体：

$$f(\tau)=\left(\frac{\tau-\tau_y}{K}\right)^{1/n} \tag{8-33}$$

代入式(8−23)，并积分、整理，则有

$$Q=\frac{n\pi R^3}{3n+1}\left(\frac{\Delta pR}{2KL}\right)^{1/n}\left[(1-b)^{\left(\frac{3n+1}{n}\right)}+2\frac{3n+1}{2n+1}b(1-b)^{\left(\frac{2n+1}{n}\right)}+\frac{3n+1}{n+1}b^2(1-b)^{\left(\frac{n+1}{n}\right)}\right] \tag{8-34}$$

其中，$b=\dfrac{2L\tau_y}{\Delta pR}$。

式(8−34)方程中的流变参数可用作图或数值方法求解。对一些比较复杂的流变方程，其求解将是比较繁琐的。

反过来讲，若已知流变参数，则可利用上面推导的公式求出稳定层流条件下圆管中的压降或流量。

3. 管流基本方程的应用——未知流变模式

前面已提到 $8V/D$ 与管壁剪切应力 τ_b 有一定的函数关系，那么这里假设：

$$\frac{8V}{D}=\Phi(\tau_b) \tag{8-35}$$

将式(8−25)代入式(8−21)和式(8−23)得：

$$\tau_b^3\Phi(\tau_b)=4\int_0^{\tau_b}\tau^2 f(\tau)\,d\tau$$

$$\tau_b^3\Phi(\tau_b)=4\int_{\tau_y}^{\tau_b}\tau^2 f(\tau)\,d\tau$$

分别将以上 2 式两边对 τ_b 求导，并利用对积分上限的导数定理，得如下相同的推导过程公式及结果：

$$3\tau_b^2\Phi(\tau_b)+\tau_b^3\Phi'(\tau_b)=4\tau_b^2 f(\tau_b)$$

两边消去 τ_b^2 得：

$$3\Phi(\tau_b)+\tau_b\Phi'(\tau_b)=4f(\tau_b)$$

作进一步变换得：

$$4f(\tau_b)=3\Phi(\tau_b)+\frac{\tau_b}{d\tau_b}d\tau_b\cdot\frac{\Phi'(\tau_b)}{\Phi(\tau_b)}\cdot\Phi(\tau_b) \tag{8-36}$$

由于$\dfrac{d\tau_b}{\tau_b}=d(\ln\tau_b)$，$\dfrac{\Phi'(\tau_b)}{\Phi(\tau_b)}d\tau_b=d[\ln\Phi(\tau_b)]$，代入式(8−36)，得

$$4f(\tau_b)=3\Phi(\tau_b)+\frac{d[\ln\Phi(\tau_b)]}{d(\ln\tau_b)}\cdot\Phi(\tau_b) \tag{8-37}$$

因为已知

$$f(\tau_b)=\left(-\frac{du}{dr}\right)_b$$

$$\Phi(\tau_b)=\frac{8V}{D}$$

则式(8−37)可表示为：

$$4\left(-\frac{du}{dr}\right)_b=3\left(\frac{8V}{D}\right)+\frac{d\left(\ln\dfrac{8V}{D}\right)}{d(\ln\tau_b)}\cdot\left(\frac{8V}{D}\right)$$

令
$$n' = \frac{\mathrm{d}(\ln\tau_b)}{\mathrm{d}\left(\ln\frac{8V}{D}\right)} \tag{8-38}$$

则有：
$$4\left(-\frac{\mathrm{d}u}{\mathrm{d}r}\right)_b = \frac{8V}{D}\left(3+\frac{1}{n'}\right)$$

整理得：
$$\left(-\frac{\mathrm{d}u}{\mathrm{d}r}\right)_b = \frac{8V}{D}\left(\frac{3n'+1}{4n'}\right) \tag{8-39}$$

式(8-39)为与时间无关的非牛顿流体(也包括牛顿流体)在管壁处剪切速率的计算式，只要能确定 n'，$\left(-\frac{\mathrm{d}u}{\mathrm{d}r}\right)_b$ 就可求了。

下面对 n'进行讨论：

(1) 设 $n'=1$，那么式(8-39)变为：
$$\left(-\frac{\mathrm{d}u}{\mathrm{d}r}\right)_b = \frac{8V}{D}$$
这正好是牛顿流体在管壁处的剪切速率表达式，因此，$n'=1$ 反映了牛顿流体的性质。

(2) 由定义式(8-38)得
$$n' = \frac{\mathrm{d}\left[\ln\left(\frac{\Delta pD}{4L}\right)\right]}{\mathrm{d}\left[\ln\left(\frac{8V}{D}\right)\right]}$$

n'为 $\ln\left(\frac{\Delta pD}{4L}\right)$的变化率与 $\ln\left(\frac{8V}{D}\right)$变化率的比值，或者说是变量 $\ln\left(\frac{\Delta pD}{4L}\right)$对变化量$\ln\left(\frac{8V}{D}\right)$的导数值。以$\frac{\Delta pD}{4L}$为纵坐标，$\frac{8V}{D}$为横坐标，在双对数坐标上作图，得如图 8-5 所示的曲线，n'就是曲线上对应点的切线斜率，这就是 n'的几何意义，它取决于流体的流变性质。

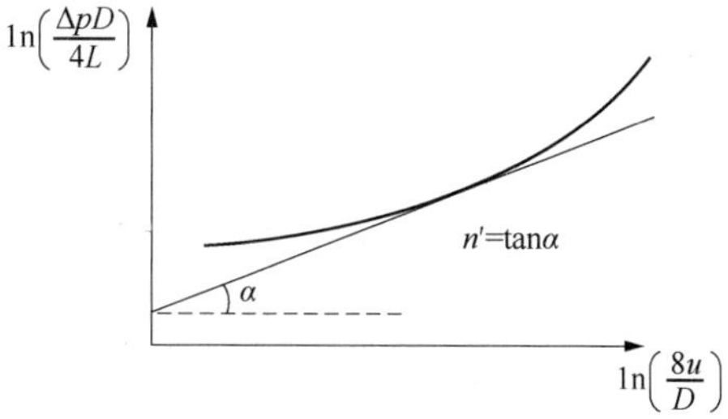

图 8-5　n'的几何意义示意图

根据 n'的意义，可由实验数据求出 n'。用管式流变仪测取一系列的 Δp 和对应的 Q 值，把相应的各组值$\left(\frac{\Delta pD}{4L},\ \frac{8V}{D}\right)$描绘在双对数坐标上并连成曲线。对曲线上的每一点，都可以作出该点的切线，求出每一点的切线斜率，或用数学公式对曲线进行拟合后，用数学求导方法求出每一点的斜率，即是 n'值。

另外，对一定的测量系统，其测量管段的几何尺寸 L 和 D 都是已知的，因此

$$n'=\frac{\mathrm{d}\left[\ln\left(\frac{\Delta pD}{4L}\right)\right]}{\mathrm{d}\left[\ln\left(\frac{8V}{D}\right)\right]}=\frac{\mathrm{d}\left[\ln\left(\frac{\Delta pD}{4L}\right)\right]}{\mathrm{d}\left[\ln\left(\frac{32Q}{\pi D^3}\right)\right]}=\frac{\mathrm{d}(\ln\Delta p)}{\mathrm{d}(\ln Q)}$$

因此，也可以根据 Δp 和 Q 的关系直接求解 n'。

(3) 若在双对数坐标上，$\frac{\Delta pD}{4L}$ 和 $\frac{8V}{D}$ 的关系呈一条直线，表明 n' 不随 $\frac{8V}{D}$ 和 $\frac{\Delta pD}{4L}$ 而变化，即

$$n'=\frac{\mathrm{d}\left[\ln\left(\frac{\Delta pD}{4L}\right)\right]}{\mathrm{d}\left[\ln\left(\frac{8V}{D}\right)\right]}=\text{常数}$$

积分该式，有

$$\ln\left(\frac{\Delta pD}{4L}\right)=n'\ln\left(\frac{8V}{D}\right)+\ln K'_{\mathrm{p}}$$

故

$$\frac{\Delta pD}{4L}=K'_{\mathrm{p}}\left(\frac{8V}{D}\right)^{n'} \tag{8-40}$$

式中，K'_{p} 是积分常数。在坐标图上 K'_{p} 表现为在 $\ln\left(\frac{\Delta pD}{4L}\right)$ 轴$\left(\text{对应}\frac{8V}{D}=1\right)$上的截距。

(4) 若流体的流变性符合幂律方程，则

$$\tau_{\mathrm{b}}=K\left(-\frac{\mathrm{d}u}{\mathrm{d}r}\right)_{\mathrm{b}}^{n} \tag{8-41}$$

可见，式(8-40)和式(8-41)有相同的形式，下面分析这 2 个公式中有关参数之间的关系。

由式(8-3b)和式(8-39)知：

$$\tau_{\mathrm{b}}=\frac{\Delta pD}{4L}$$

$$\left(-\frac{\mathrm{d}u}{\mathrm{d}r}\right)_{\mathrm{b}}=\left(\frac{8V}{D}\right)\left(\frac{3n'+1}{4n'}\right)$$

将上述二式代入式(8-41)，有：

$$\frac{\Delta pD}{4L}=K\left[\left(\frac{8V}{D}\right)\left(\frac{3n'+1}{4n'}\right)\right]^{n} \tag{8-42}$$

对式(8-39)两边取自然对数，然后对变量 $\ln\tau_{\mathrm{b}}$ 求导，得：

$$\frac{\mathrm{d}\left[\ln\left(-\frac{\mathrm{d}u}{\mathrm{d}r}\right)_{\mathrm{b}}\right]}{\mathrm{d}(\ln\tau_{\mathrm{b}})}=\frac{\mathrm{d}\left[\ln\left(\frac{3n'+1}{4n'}\right)\right]}{\mathrm{d}(\ln\tau_{\mathrm{b}})}+\frac{\mathrm{d}\left(\ln\frac{8V}{D}\right)}{\mathrm{d}(\ln\tau_{\mathrm{b}})} \tag{8-43}$$

又由式(8-41)得

$$\ln\tau_b = \ln K + n\ln\left(-\frac{du}{dr}\right)_b$$

该式两边对 $\ln\left(-\frac{du}{dr}\right)_b$ 求导，注意到 K 是常数，因此，有：

$$n = \frac{d(\ln\tau_b)}{d\left[\ln\left(-\frac{du}{dr}\right)_b\right]} \tag{8-44}$$

由式(8-38)知：

$$n' = \frac{d(\ln\tau_b)}{d\left[\ln\left(\frac{8V}{D}\right)\right]}$$

将式(8-38)和式(8-44)代入式(8-43)得：

$$\frac{1}{n} = \frac{1}{n'} + \frac{d\left[\ln\left(\frac{3n'+1}{4n'}\right)\right]}{d(\ln\tau_b)}$$

整理得：

$$n = \frac{n'}{1 - \frac{1}{3n'+1}\left[\frac{dn'}{d(\ln\tau_b)}\right]} \tag{8-45}$$

由式(8-45)可以看出，如果 n' 不随剪切应力变化，即双对数坐标上的 $\frac{\Delta pD}{4L}$ 和 $\frac{8V}{D}$ 关系曲线是一条直线，n'=常数，则 $n=n'$，则比较式(8-40)和式(8-42)，考虑到 $n=n'$，则

$$K'_p\left(\frac{8V}{D}\right)^n = K\left(\frac{8V}{D}\right)^n\left(\frac{3n+1}{4n}\right)^n$$

故

$$K'_p = K\left(\frac{3n+1}{4n}\right)^n \tag{8-46}$$

从上面的分析可见，用细管法测量液体的流变性时，可由式(8-3)直接建立剪切应力与可测量 Δp 的关系。对牛顿流体，可由式(8-15)直接建立剪切速率与可测流量 Q 的关系；但对非牛顿流体，由式(8-39)知，其剪切速率不仅与可测流量 Q 有关，还与 $\Delta p-Q$ 之间的变化关系有关，即与 n' 有关。

总之，用上述原理测定非牛顿流体的流变性时，首先测得一系列 Δp 和对应的 Q 值，通过图解或代数方法求得 n' 后，再由式(8-39)求得管壁处流体的剪切速率 $\left(-\frac{du}{dr}\right)_b$，然后作出 $\tau_b-\left(-\frac{du}{dr}\right)_b$ 关系曲线，即流体的流变曲线，从而判定流体的流变类型。通过选择适当的流变方程，对实验数据进行拟合，确定流变参数。

4. 用普适值方法测流变性

流体在细管中流动时，在不同半径 r 处，其流速 u、剪切速率 $\dot{\gamma}$、剪切应力 τ 都不同，它们都是半径 r 的函数。而非牛顿流体的 u，$\dot{\gamma}$ 和 τ 在管中的分布与牛顿流体也不同，即

流场不同。幂律流体在圆管中的流速分布公式为：

$$u(r)=\frac{3n+1}{n+1}\frac{Q}{\pi R^2}\left[1-\left(\frac{r}{R}\right)^{\frac{n+1}{n}}\right] \tag{8-47}$$

由 $\dot{\gamma}=\left(-\frac{\mathrm{d}u}{\mathrm{d}r}\right)$ 计算出圆管的中剪切速率的分布公式：

$$\dot{\gamma}(r)=\frac{Q}{\pi R^3}\frac{3n+1}{n}\left(\frac{r}{R}\right)^{\frac{1}{n}} \tag{8-48}$$

当流变指数 $n=1$ 时，式(8-48)变为牛顿流体的公式，即

$$\dot{\gamma}_{牛}=\frac{4Q}{\pi R^3}\frac{r}{R} \tag{8-49}$$

在 Q，R 一定的条件下，令式(8-48)和式(8-49)相等，可得到：

$$\frac{r}{R}=\left(\frac{3n+1}{4n}\right)^{\frac{n}{n-1}} \tag{8-50}$$

计算表明，在 $0.3\leqslant n<\infty$ 的较广范围内，有 $\frac{r}{R}=\left(\frac{3n+1}{4n}\right)^{\frac{n}{n-1}}\approx\frac{\pi}{4}$，其误差变化在5%以内，而 n 值很小的流体并不多见。另外，许多非牛顿流体均可按局部幂律流体的方法处理，因此，可以说在圆管中的 $r=\frac{\pi}{4}R$ 处，非牛顿流体的剪切速率与牛顿流体的相同，而与流体的非牛顿性质无关。这一特点对诸多非牛顿流体具有普遍适用性。$r=\frac{\pi}{4}R$ 处的剪切应力 τ_{m} 和剪切速率 $\dot{\gamma}_{\mathrm{m}}$ 可称为普适剪切应力和普适剪切速率。

根据上述特点，在进行非牛顿流体的流变性测量时，首先测定 Δp 和相应的 Q，然后按照牛顿流体特点计算出 $r=\frac{\pi}{4}R$ 处的剪切应力 τ_{m} 和剪切速率 $\dot{\gamma}_{\mathrm{m}}$。剪切应力在圆管中随半径线性分布，因此

$$\tau_{\mathrm{m}}=\frac{\pi}{4}\frac{\Delta pD}{4L} \tag{8-51}$$

牛顿流体的剪切速率随半径的变化也是呈线性分布的，并且前面已知牛顿流体在管壁处的剪切速率为$\frac{8V}{D}$或$\frac{32Q}{\pi D^3}$，那么

$$\dot{\gamma}_{\mathrm{m}}=\frac{\pi}{4}\frac{32Q}{\pi D^3} \tag{8-52}$$

对非牛顿流体来说，与 τ_{m} 对应的剪切速率 $\dot{\gamma}_{\mathrm{m}}$ 就是其真实剪切速率，因此可根据 τ_{m}-$\dot{\gamma}_{\mathrm{m}}$ 变化关系，作流变曲线，求出流变方程。

一般管式流变仪或管路模型由5个基本部分组成：①盛实验流体的容器；②已知管长和管径的实验管段；③压力调节和测量系统；④流量调节和测量系统；⑤温度控制系统。

三、测量误差分析

前面的分析推导都是在假定理想实验条件下进行的，实际测量中有许多条件偏离理想情况，从而造成测量误差。严格地讲，影响测量误差的因素不少，但流变仪的类型不同、流体的黏稠程度不同，影响测量结果的因素不尽相同。另外，不同的测量目的，对测量误差的容许程度也不同。有些造成测量误差的因素是不可避免的，但可以通过适当的实验技术和修正方案将误差减小到实验结果精度允许的程度。下面介绍一些常见的(或主要的)影响测量误差的因素及修正办法。

1. 紊流流动

根据前面的假定条件，流变测量要求流体在试验管道中严格处于稳定层流状态。这一实验条件可由雷诺数 Re 来判断。

对牛顿流体：

$$Re=\frac{VD\rho}{\mu} \tag{8-53}$$

式中，ρ 为流体密度。当 $Re<2100$ 时，流体为层流；当 $Re\geqslant 2100$ 时，流体为紊流。

对非牛顿流体：

$$Re_{\mathrm{MR}}=\frac{VD\rho}{K'_{\mathrm{p}}\left(\frac{8V}{D}\right)^{n'-1}}$$

即

$$Re_{\mathrm{MR}}=\frac{D^{n'}V^{2-n'}\rho}{8^{n'-1}K'_{\mathrm{p}}} \tag{8-54}$$

划分非牛顿流体层流与紊流的临界雷诺数在目前还没有统一的标准。实际上，非牛顿流体层流与紊流之间的临界雷诺数与流体的非牛顿性质有关。道奇和密兹纳的实验证明，临界雷诺数可从 $n'=1$ 时的 2100 增加到 $n'=0.38$ 时的 3100。

另外，郑忠训提出，对幂律流体满足层流条件的雷诺数限制条件为：

$$Re_{\mathrm{MR}}=\frac{D^{n'}V^{2-n}\rho}{8^{n-1}K\left(\frac{3n+1}{4n}\right)^{n}}<\frac{404}{n}(n+2)^{\frac{n+2}{n+1}}\left(\frac{4n}{3n+1}\right)^{2} \tag{8-55}$$

2. 测量管段的几何尺寸误差

理想的实验条件要求测量管段直径且管径处处相等，否则会造成测量误差。

若将细管如图 8-6 弯成半径为 R_0 的弧状，沿细管内流动的流体为牛顿流体，L 两端的压差为 Δp，则

$$\Delta p=\frac{8\mu LQ}{\pi R^4\left[1-\frac{1}{48}\left(\frac{R}{R_0}\right)^2+\cdots\right]} \tag{8-56}$$

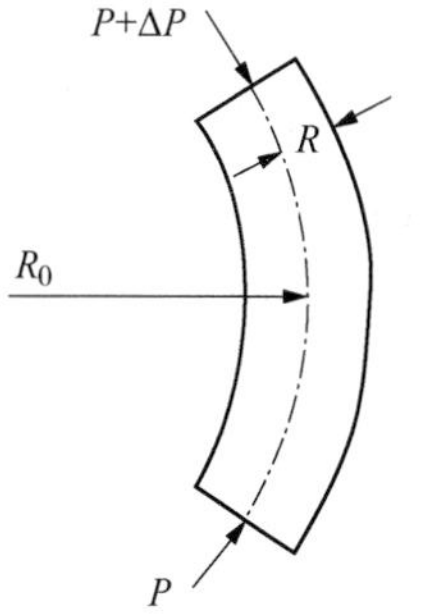

图 8-6　弯曲测量管段示意图

如果$\frac{1}{48}\left(\frac{R}{R_0}\right)^2 << 1$，则式(8-56)与哈根-泊肃叶方程相似，因此，$R_0$ 足够大时，可忽略细管弯曲产生的误差。例如，半径为 1mm 的细管，即使将它弯成 $R_0 = 1\text{cm}$ 的圆弧，这时细管弯曲所需做的修正也只不过 0.02%左右。

若细管断面为椭圆，设长轴半径为 a，短轴半径为 b，则管长为 L 的细管的两端压差 ΔP 可由式(8-57)得：

$$\Delta p = \frac{4(a^2+b^2)\mu LQ}{\pi a^3 b^3} \tag{8-57}$$

当 $a=b$ 时，上式变成哈根-泊肃叶方程。若把$\frac{2a^3b^3}{a^2+b^2}$变成细管的表观半径的 4 次方，则式(8-57)可变成与哈根-泊肃叶方程相同的形式。

从上述分析可知，若细管有弯曲和管截面变形，用它来测量流体流变性时，会产生测量误差，因此应注意修正。一般不可能测量每个断面尺寸而进行修正，常用的办法是用标准黏度的液体进行全测量的标定，即已知标准液体的黏度 μ，测得 L 长管段上的压差 Δp 和对应的流量 Q，利用哈根-泊肃叶方程求得表观半径 R。当 R 确定后，就可用来测定待测流体的流变性。对测量管段较短的流变仪，也可用已知密度、不易与管壁黏附的液体(如水银)进行测量管内的体积标定，而后计算出测量管段的几何平均直径。

3. 动能修正

对短管式流变仪，当流体从毛细管高速地直接排向大气时，流体携带可观的动能，在一定的操作条件下，这部分动能占施加总压力的相当大比例，对此应当加以修正。

以压差值表示的动能修正为：

$$\Delta p_K = m\rho V^2 = m\,\frac{\rho Q^2}{\pi^2 R^4} \tag{8-58}$$

式中，m 为动能修正系数。

m 取决于管内部的流速分布，对具有抛物线速度分布的牛顿流体层流状态，$m=1$；而对幂律流体

$$m = \frac{3\,(1+3n)^2}{(2+4n)(3+5n)} \tag{8-59}$$

可见，当 $n<1$ 时，$m<1$；当 $n=0$ 时，$m=0.5$；当 $n>1$ 时，$m>1$；当 $n\to\infty$时，$m=1.35$。

考虑了动能修正后，牛顿流体的黏度为：

$$\mu = \frac{\pi R^4(\Delta p - \Delta p_K)}{8LQ}$$

即

$$\mu = \frac{\pi R^4 \Delta p}{8LQ} - \frac{m\rho Q}{8\pi L} \tag{8-60}$$

动能修正一般对低黏流体高度流动的情况比较重要，如低黏牛顿流体的黏度测定。对高黏流体，动能修正几乎不起什么作用，因为动能修正与总压差相比很小。对非牛顿流体，一般把动能修正综合考虑在端部效应中。

4. 端部效应

在管式流变仪中，储罐内的液体以收敛型的流场进入测量管段入口，而在测量管段的出口又以扩张型的流场排出，在这些收敛与扩张的流场中，相邻流线间的任何速度差异都将消耗能量来克服流体的黏滞力。而管式流变仪测量的前提条件是要求流线与管轴线平行。这种由于测量管段进出口流线的收缩与扩张造成额外压力损失的现象称为端部效应。

对于纯黏性流体，常用细管入口长度 L_0 定量描述这种现象。L_0 定义为从入口到管中心流速达到充分发展流动时流速的99%截面间的距离。对牛顿流体层流，入口长度为 $L_0=0.057DRe$。在模型管路中，应避免在入口长度内设置取压点。

但由于入口和出口处速度分布非常复杂，常用于计算 L_0 的模型并不完善，特别是对非牛顿流体。在管式流变仪中，人们常用端部修正的方法，使端部效应造成的这部分压力损失用等效的管子修正长度 βD(β 为修正系数)来表示。这样毛细管的计算长度将为($L+\beta D$)，其中 L 为几何长度。对牛顿流体，考虑到动能修正和端部修正后，哈根-泊肃叶方程变成

$$\mu=\frac{\pi R^4\Delta p}{8(L+\beta D)Q}-\frac{m\rho Q}{8\pi(L+\beta D)} \tag{8-61}$$

修正长度 βD 可用内径相同而长度不同的几支细管做实验求得，方法如下：

首先用不同长径比 L/D 的测量管段，分别测量各自的 $\Delta p-Q$ 关系曲线，如图 8-7 所示。

由图 8-7 作出不同流量下的 $\Delta p-L/D$ 关系曲线，一般为直线，如图 8-8 所示。该直线在横坐标上的截距即为 $-\beta$。流量不同，端部效应的大小也不同，或者说，给定不同的 $\frac{8V}{D}$，就对应不同的修正后的管壁剪切应力 $\tau_b=\frac{\Delta pD}{4(L+\beta D)}$，从而可以得出 $\ln\left(\frac{8V}{D}\right)-\ln\tau_b$ 关系曲线，并最终测定出流体的流变性。

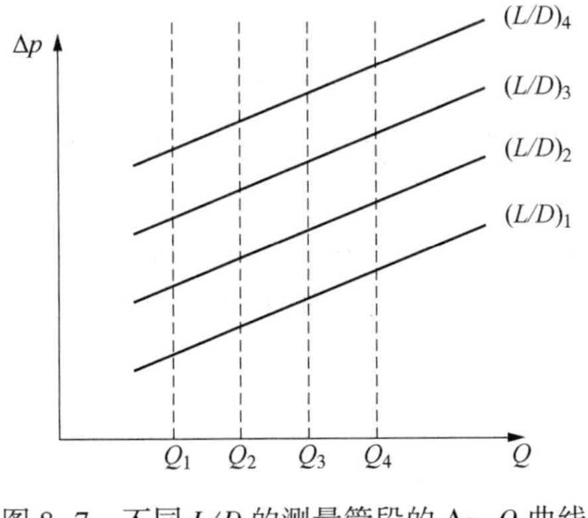

图 8-7　不同 L/D 的测量管段的 $\Delta p-Q$ 曲线

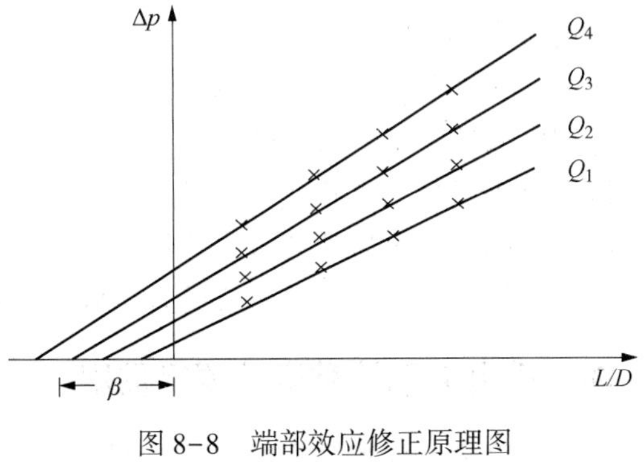

图 8-8　端部效应修正原理图

端部修正长度的确定尽管可行，但实验工作量较大。如果使用较大长径比的毛细管，端部效应与毛细管内充分发展流动的压降相比可以忽略不计，就可以不进行端部效应的修

正。有文献报道，当 $L/D>100$ 时，即可忽略端部效应的影响，但对黏弹性较强的高聚物流体，即使在较大的 L/D 下，其端部效应的影响仍然很大。

5. 壁面滑移

在细管测黏原理中，曾假定流体在管内壁上没有滑移，即紧贴壁面的流体流速为零。人们在对悬浮液等分散体系进行流变测试中，发现流体在壁面没有滑移现象。滑移产生的机理目前仍处在研究中，有人把它分为 3 类：①在壁面有一低黏的润滑液层；②由于聚合物分子或伸长的粒子在管壁附近的定向排列，改善了管壁附近的流动状态；③由于受到不均匀剪切，分散粒子向管中心方向迁移，而在管壁处形成仅有连续相，而几乎不存在分散相的滑移层。

由于管壁滑移，将使克服流体黏性摩擦所需要的压力降低，如果不进行修正，就不能由测得的 Δp 及 Q 关系来正确确定被测流体的流变性，因为这种情况下测定的 $\Delta p-Q$ 关系不仅取决于流体的流变性质，也取决于流体在壁面的滑移程度。目前，人们常用等效的壁面滑移速度 V_S 来表示滑移现象，而忽略滑移层的厚度，即管壁条件为 $r=R$ 时，$u=V_S$。这等价于在流体与壁面之间存在一个有限的速度跳跃。当考虑壁面滑移时，管流的基本方程变为：

$$Q=\pi R^2 V_S+\frac{\pi R^3}{\tau_b^3}\int_0^{\tau_b}\tau^2 f(\tau)\,d\tau \tag{8-62}$$

或

$$\frac{8V}{D}=\frac{8V_S}{D}+\frac{4}{\tau_b^3}\int_0^{\tau_b}\tau^2 f(\tau)\,d\tau \tag{8-63}$$

要判别在测量中是否存在滑移问题，可用几根不同内径的细管进行测量，并作出每个管径下的 $\tau_b-\frac{8V}{D}$ 曲线。若 $\tau_b-\frac{8V}{D}$ 曲线随管径而改变，且在不同的剪切应力下，管径越小，相应的管流流动特征值即 $\frac{8V}{D}$ 越大，则可初步判明测量中存在滑移现象。否则，各管径下的 $\tau_b-\frac{8V}{D}$ 曲线重合，表明无滑移问题。

一般认为，在凝胶、浓悬浮液、泡沫、黏弹性介质及聚合物等的测量中，可能产生壁面滑移。但在工业应用中，滑移能起减阻作用，还可以增强传热效果。目前对滑移问题的研究是国内外流变学界研究的热点之一。

以上分析讨论了细管法测定流体流变性时可能产生的几种误差及有关修正方法。另外，高黏流体的摩擦生热效应、流体本身的特殊性质如触变性等在某些测量条件下，都可能造成较大的测量误差，对此应结合实际情况进行分析。

四、重力毛细管黏度计测定黏度

常用的重力毛细管黏度计是指用玻璃制成的、靠重力流动的、结构比较简单的黏度计，但能够对流体的黏度进行精确的测定。因此，很早以前就用于测定各种液体的黏度，直到现在仍被广泛应用。

玻璃毛细管黏度计有多种类型，常用的有如图 8-9 所示的 4 种。其一般尺寸为：测定球的体积为 3~5cm^2，毛细管内径约为 0.2~3mm，长度为 70~100mm。

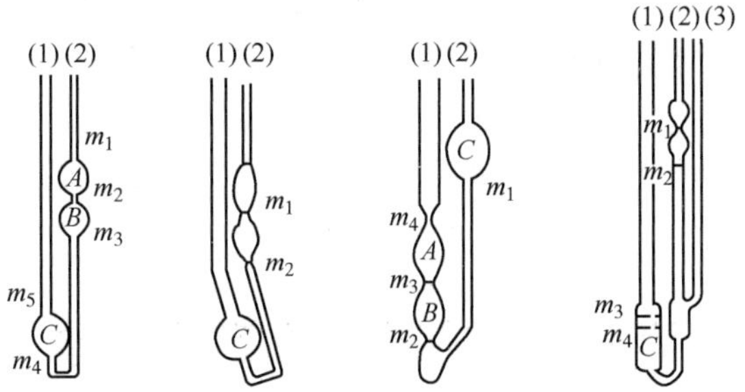

图 8-9 毛细管黏度计示意图

这类黏度计靠毛细管入口与出口液面高度差 h，或者说靠试样的位能使液体流过毛细管，测定一定量的流体通过毛细管所需的时间，即可确定液体的黏度。

由式(8-60)和 $Q=\overline{V}/t$ 得

$$\mu = \frac{\pi R^4 \Delta p t}{8(L+\beta D)\overline{V}} - \frac{m\rho\overline{V}}{8\pi(L+\beta D)t} \tag{8-64}$$

式中，$\Delta p=\rho gh$(ρ 为液体的密度，g 为重力加速度)。如图 8-10 所示，在测定过程中，随着试样的下流，试样液面逐渐下降，h 逐渐减小。开始流动时，$\Delta p_1=\rho gh_1$；当液面降至界限 m_2 时，$\Delta p_2=\rho gh_2$。由于流动压差逐渐减小，毛细管内的流量也随之变化，因此，流体实际上属于非稳定流动，从理论上讲，不能应用式(8-64)。但这个流量变化一般非常缓慢，其不稳定性影响可以忽略。一般以毛细管中液体的流量等于平均流量时的液面高度差 $\overline{h}$ 作为液柱的平均计算高度，即 $\Delta p=\rho g\overline{h}$，代入式(8-64)并以运动黏度 $\nu=\mu/\rho$ 表示，则

$$\nu = \frac{\pi R^4 g\overline{h}t}{8(L+\beta D)\overline{V}} - \frac{m\overline{V}}{8\pi(L+\beta D)t} \tag{8-65}$$

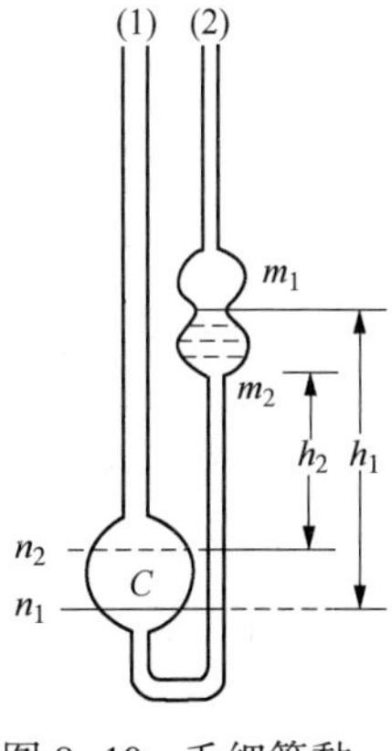

图 8-10 毛细管黏度计测量原理图

对于已选定了的毛细管黏度计，L，$\overline{V}$，R 或 D 均为定值，装样也有规定，所以 $\overline{h}$ 也视为定值，因此可令：

$$\frac{\pi R^4 g\overline{h}}{8(L+\beta D)\overline{V}} = c_1,\quad \frac{m\overline{V}}{8\pi(L+\beta D)} = c_2$$

对同一支毛细管黏度计，c_1，c_2 均为定值，则式(8-26)可表示为：

$$\nu = c_1 t - c_2\frac{1}{t} \tag{8-86}$$

式中，c_1 为黏度计常数；c_2 为黏度计系数。因此，只需测定球内试样的下流时间，就可由式(8-66)计算出液体黏度。由于 c_1，c_2 只依赖于毛细管黏度计的几何尺寸，而与测试何种牛顿流体无关，因而可选用 2 种标准液(已知黏度)，分别测出相应的时间 t，从而推算出此黏度

计的 c_1 和 c_2。

用玻璃毛细管黏度计测定液体的黏度时，常选用测定球内液体的下流时间在 200～1000s 之间的黏度计，为此，一般备有内径不同的一套毛细管黏度计，以供选用。当被测液体的运动黏度大于 $10mm^2/s$ 时，动能修正项可以忽略，式(8-66)变为：

$$\nu = c_1 t \tag{8-67}$$

我国用于测定液体黏度的毛细管黏度计，国家标准规定可用于测定 $10^5 mm^2/s$ 以下的牛顿流体，允许最短流出时间为 200s，测量精度达±(0.1～0.5)%。

第三节　旋转法测定流变性

使圆筒、圆板等在流体中旋转，或使这些物体静止，而使周围的流体做同心状旋转流动，这些物体将受到基于流体的黏滞阻力而产生力矩作用。若旋转速度等条件相同，这个力矩的大小将随流体的黏稠程度而变化，流体的黏度越大，力矩就越大，因此测定力矩可确定流体的黏度。旋转法测定流体流变性时，流体通常处于物体与容器的间隙中。根据物体与容器的几何形状，测量系统可分为同轴圆筒式，锥-板式、锥-锥式，板-板式等结构。

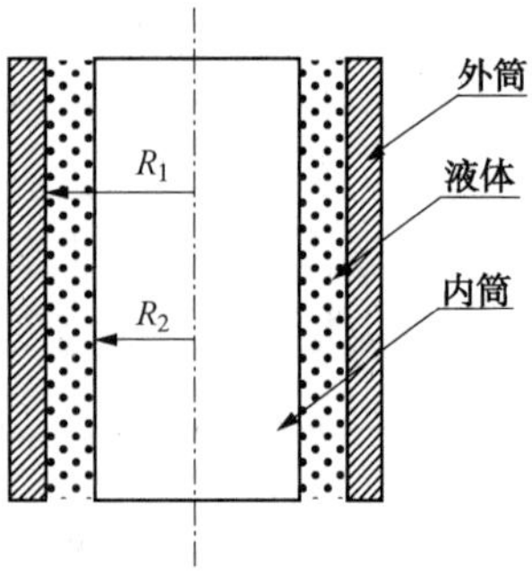

图 8-11　同轴圆筒测量系统原理图

一、同轴圆筒式

同轴圆筒式流变仪是旋转式流变仪的一种，它是以拖动流为基础进行流体流变性测量的。

1. 测量原理

如图 8-11 所示，在半径为 R_1 的外筒里，同轴的安装了半径为 R_2 的内圆筒，在两个圆筒之间的间隙间装了黏性液体。现在来考察一下内圆筒(或外圆筒)以一定角速度旋转的情况。首先假定满足以下条件：

(1) 2 个圆筒为同轴无限长；

(2) 液体在流动中保持稳态层流；

(3) 液体为不可压缩的均质流体；

(4) 液体在壁面无滑移；

(5) 液体性质与时间无关，其剪切应力与剪切速率之间存在一一对应的关系；

(6) 液体是等温的。

设在半径 R_1 和 R_2 之间，任意半径 r 处流体的线速度为 u，旋转角速度为 ω，则

$$u = r\omega \tag{8-68}$$

速度梯度为：

$$\frac{du}{dr} = r\frac{d\omega}{dr} + \omega \tag{8-69}$$

在这个速度梯度内，ω 是刚性旋转体的角速度，它不产生任何剪切运动，是不产生黏性阻力的，即若内筒和外筒以同一角速度 ω 旋转，则 2 个圆筒间的液体也以同一角速度

旋转，离中心轴越远，液体的线速度越大，其速度梯度为 ω，但液层间并无相对运动。因此，剪切运动仅由 $r\frac{\mathrm{d}\omega}{\mathrm{d}r}$等引起，即此项表示剪切速率。所以，对同轴圆筒旋转流变仪，其剪切速率公式为：

$$\dot{\gamma}=r\frac{\mathrm{d}\omega}{\mathrm{d}r} \tag{8-70}$$

这也说明，速度梯度和剪切速率是 2 个不同的物理概念。对旋转运动，流体内的速度梯度等于剪切速率加刚性旋转体的旋转角速度；而在流体直线流动的场合，二者量值相等，如管道层流就是这种情况。

旋转流动的剪切速率还可以从应变速率的分析得到，如图 8-12 所示。

对于半径为 r(即 OA)及 r+dr(即 OB)的 2 个相邻液层，经过时间 dt 后，径向线段 AB 移到了 $A'B'$的位置，而如果是刚性体，AB 应移到 $A'B''$的位置。

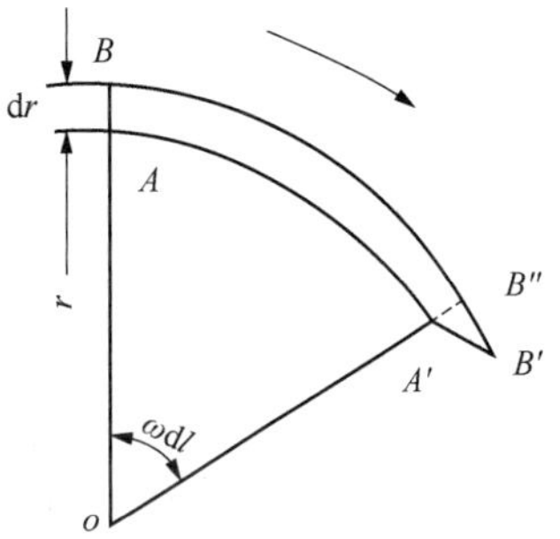

图 8-12　液体旋转流动示意图

由于　　$BB'=(r+\mathrm{d}r)(\omega+\mathrm{d}\omega)\mathrm{d}t$

$$BB''=(r+\mathrm{d}r)\omega\mathrm{d}t$$

则　　$B'B''=BB'-BB''=(r+\mathrm{d}r)\mathrm{d}\omega\mathrm{d}t$

剪切应变为：

$$\mathrm{d}\gamma=\frac{B'B''}{A'B''}=\frac{(r+\mathrm{d}r)\mathrm{d}\omega\mathrm{d}t}{\mathrm{d}r}$$

剪切速率(即应变速率)为：

$$\dot{\gamma}=\frac{\mathrm{d}\gamma}{\mathrm{d}t}=(r+\mathrm{d}r)\frac{\mathrm{d}\omega}{\mathrm{d}t}$$

当 dr→0 时

$$\dot{\gamma}=r\frac{\mathrm{d}\omega}{\mathrm{d}r}$$

设作用于液体中半径为 r、高为 h 的圆筒液层上的剪切应力为 τ，它产生的黏滞阻力矩为 $2\pi rh\cdot\tau\cdot r=2\pi hr^2\tau$，如果作用在内圆筒(或外圆筒)上的外力矩为 M，由于是稳态转动，则

$$M=2\pi hr^2\tau$$

那么

$$\tau=\frac{M}{2\pi hr^2} \tag{8-71}$$

当外力矩一定时，$\frac{M}{2\pi h}$为常数，表明在一定的力矩 M 作用下，液体内的剪切应力 τ 与半径 r 的平方成反比。式(8-71)适用于任何做稳态层流旋转流动的不可压缩流体。

对黏度为 μ 的牛顿流体，有：

$$\tau=\mu\dot{\gamma}=\mu\gamma\frac{\mathrm{d}\omega}{\mathrm{d}r}$$

将其代入式(8-71)，得：

$$\mu r\frac{\mathrm{d}\omega}{\mathrm{d}r}=\frac{M}{2\pi h}\frac{1}{r^2}$$

即

$$\mathrm{d}\omega=\frac{M}{2\pi h\mu}\frac{\mathrm{d}r}{r^3} \tag{8-72}$$

如果外圆筒以 ω_1 的角速度旋转，内圆筒以 ω_2 的角速度旋转（内圆筒旋转方向与外圆筒相同时为正，否则为负），对式(8-72)从 R_2 到 r 积分，有：

$$\int_{\omega_2}^{\omega}\mathrm{d}\omega=\frac{M}{2\pi h\mu}\int_{R_2}^{r}\frac{\mathrm{d}r}{r^3}$$

故

$$\omega-\omega_2=\frac{M}{4\pi h\mu}\left(\frac{1}{R_2^2}-\frac{1}{r^2}\right) \tag{8-73}$$

当 $r=R_1$ 时，$\omega=\omega_1$，则

$$\omega_1-\omega_2=\frac{M}{4\pi h\mu}\left(\frac{1}{R_2^2}-\frac{1}{R_1^2}\right) \tag{8-74}$$

联立求解式(8-73)和式(8-74)，并整理得：

$$\omega=\frac{\omega_1R_1^2-\omega_2R_2^2}{R_1^2-R_2^2}+\frac{R_1^2R_2^2(\omega_2-\omega_1)}{R_1^2-R_2^2}\cdot\frac{1}{r^2} \tag{8-75}$$

式(8-75)表明，同轴圆筒旋转流变仪中牛顿流体的旋转角速度与内外圆筒的半径和旋转角速度以及流体的径向位置 r 有关。根据基本公式(8-69)，可由式(8-74)求出流体内的剪切速率随半径 r 的分布公式，即

$$\dot{\gamma}=\frac{2R_1^2R_2^2}{R_1^2-R_2^2}(\omega_1-\omega_2)\frac{1}{r^2} \tag{8-76}$$

可见，当圆筒的几何尺寸和旋转角速度一定时，牛顿流体的剪切速率 $\dot{\gamma}$ 也与半径 r 的平方成反比。

由式(8-70)、式(8-75)和 $\tau=\mu\dot{\gamma}$ 得：

$$\frac{M}{2\pi h}=\mu\frac{2R_1^2R_2^2}{R_1^2-R_2^2}(\omega_1-\omega_2) \tag{8-77}$$

从式(8-77)可见，当 ω_1 和 ω_2 大小相等、方向相同，即 $\omega_1=\omega_2$ 时，$M=0$，这时流体不受剪切，黏滞阻力矩为零；当 ω_1 和 ω_2 有方向差别或有大小差别时，$M\neq0$。那么，只要测定出内外圆筒的相对角速度($\omega_1-\omega_2$)和外力矩 M，就可求出牛顿流体的动力黏度 μ。

$$\mu=\frac{M(R_1^2-R_2^2)}{4\pi hR_1^2R_2^2(\omega_1-\omega_2)} \tag{8-78}$$

通常所用的同轴圆筒旋转流变仪，只是使内圆筒和外圆筒其中的一个旋转。如果内圆筒固定，外圆筒以一定的角速度 Ω 旋转，即 $\omega_1=\Omega$，$\omega_2=0$ 则

$$\mu = \frac{M(R_1^2 - R_2^2)}{4\pi h R_1^2 R_2^2 \Omega} \tag{8-79}$$

若外圆筒固定，内圆筒以一定的角速度 Ω 旋转，即 $\omega_1=0$，$\omega_2=\Omega$，则

$$\mu = \frac{-M(R_1^2 - R_2^2)}{4\pi h R_1^2 R_2^2 \Omega}$$

该式中的负号意味着内圆筒旋转方向与阻力矩方向相反，并不表明计算的黏度为负值。总之，不管哪一个圆筒旋转，都可用同一关系式表示为：

$$\mu = A\frac{M}{\Omega} \tag{8-80}$$

其中
$$A = \frac{R_1^2 - R_2^2}{4\pi h R_1^2 R_2^2}$$

由此说明，当选定旋转流变仪的型号和内外圆筒系统后，R_1，R_2和 h 为已知，则 A 为已知的常数，只要测取圆筒的旋转角速度 Ω 和力矩 M，就能确定被测牛顿流体的黏度。

2. 非牛顿流体的流变性测定

（1）同轴圆筒系统的基本方程。

同轴圆筒旋转流变仪广泛地用于测定非牛顿流体的流变性。下面首先推导同轴圆筒测量系统的基本方程。

假定内圆筒以一定的角速度 Ω 旋转，外圆筒固定，2 个圆筒间隙内流体的剪切速率为：

$$\dot{\gamma} = -r\frac{\mathrm{d}\omega}{\mathrm{d}r} \tag{8-81}$$

由于 ω 随 r 的增大而减小，即$\frac{\mathrm{d}\omega}{\mathrm{d}r}<0$，故式(8-81)中有一负号，以使 $\dot{\gamma}$ 为正数。

设与时间无关的黏性流体流变方程的一般形式为：

$$\dot{\gamma} = f(\tau) \tag{8-82}$$

将其代入式(8-81)得：

$$-r\frac{\mathrm{d}\omega}{\mathrm{d}r} = f(\tau) \tag{8-83}$$

前面已推导出液体内的剪切应力为：

$$\tau = \frac{M}{2\pi h r^2}$$

对该式两边微分，有

$$\mathrm{d}\tau = -\frac{2M}{2\pi h r^3}\mathrm{d}r$$

所以
$$\frac{r}{\mathrm{d}r} = -\frac{2M}{2\pi h r^2}\frac{1}{\mathrm{d}\tau} = -2\frac{\tau}{\mathrm{d}\tau}$$

代入式(8-83)得：

$$2\tau \frac{\mathrm{d}\omega}{\mathrm{d}\tau} = f(\tau)$$

整理得：

$$\mathrm{d}\omega = \frac{1}{2}\frac{f(\tau)}{\tau}\mathrm{d}\tau \tag{8-84}$$

根据假设条件，液体在圆筒表面无滑移，可确定如下边界条件：

$$r = R_1 \text{ 时，} \omega = 0，\tau = \tau_1$$
$$r = R_2 \text{ 时，} \omega = \Omega，\tau = \tau_2$$

对式(8-84)积分得：

$$\omega = \frac{1}{2}\int \frac{f(\tau)}{\tau}\mathrm{d}\tau + \text{常数} \tag{8-85}$$

代入边界条件，可得：

$$\Omega = \frac{1}{2}\int_{\tau_1}^{\tau_2} \frac{f(\tau)}{\tau}\mathrm{d}\tau \tag{8-86}$$

对于内圆筒固定，外圆筒以一定角速度 Ω 旋转的情况，同样可得到式(8-86)，但在这种情况下，式(8-84)右边要添加一个负号。

式(8-84)表示了液层内的旋转角速度与剪切应力之间的微分关系，而式(8-86)则表示了圆筒的旋转角速度与圆筒壁面剪切应力的关系，它们是同轴圆筒旋转测量系统的基本方程。

下面分 2 种情况讨论同轴圆筒旋转测量系统的基本方程在流变性测量中的应用。

(2) 基本方程的应用——已知流变模式。

① 牛顿流体。

假设被测液体为符合牛顿内摩擦定律的液体，其流变方程为 $\tau=\mu\dot{\gamma}$，则

$$f(\tau) = \frac{\tau}{\mu}$$

将该式代入式(8-86)，得

$$\Omega = \frac{1}{2\mu}\int_{\tau_1}^{\tau_2} \frac{1}{\tau}\mathrm{d}\tau = \frac{1}{2\mu}(\tau_2 - \tau_1)$$

由式(8-71)可得内外圆筒壁面的剪切应力为：

$$\tau_1 = \frac{M}{2\pi h R_1^2} \tag{8-87a}$$

$$\tau_2 = \frac{M}{2\pi h R_2^2} \tag{8-87b}$$

故

$$\Omega = \frac{1}{2\mu}\left(\frac{M}{2\pi h R_2^2} - \frac{M}{2\pi h R_1^2}\right)$$

即

$$\Omega = \frac{1}{4\pi h}\left(\frac{R_1^2 - R_2^2}{R_1^2 R_2^2}\right)\frac{M}{\mu} \tag{8-88}$$

式(8-88)称为 Mavgutes 公式，它同细管测黏推导的哈根—泊肃叶公式相对应。在应用中，测定 M 和 Ω 即可确定 μ。从式(8-88)可见，对牛顿流体测定时，Ω 与 M 成正比。Ω-M 的关系曲线在直角坐标上为通过原点的直线，但它仅是一种转速-转矩关系曲线，不是流变曲线，为此还须建立剪切速率 $\dot{\gamma}$，与旋转角速度 Ω 的关系，以及剪切应力 τ 与转矩 M 的关系。

式(8-87a)和式(8-87b)分别求出了内外圆筒壁面上的剪切应力，如果两个圆筒的间隙很窄，可近似认为 $R_1 \approx R_2$，则可用 τ_1 和 τ_2 的算术平均值 τ_v 作为整个液层的平均剪切应力。

$$\tau_v = \frac{M}{4\pi h}\left(\frac{1}{R_1^2} + \frac{1}{R_2^2}\right) \approx \frac{M}{2\pi h R_2^2} \tag{8-89}$$

也可将内圆筒壁面的剪切应力作为平均剪切应力。

参照式(8-76)，可写出内圆筒旋转时牛顿流体内的剪切速率公式为：

$$\dot{\gamma} = \frac{2R_1^2 R_2^2 \Omega}{R_1^2 - R_2^2} \cdot \frac{1}{r^2}$$

则内圆筒壁面的剪切速率为：

$$\dot{\gamma}_2 = \frac{2R_1^2}{R_1^2 - R_2^2} \cdot \Omega$$

外圆筒壁面的剪切速率为：

$$\dot{\gamma}_1 = \frac{2R_2^2}{R_1^2 - R_2^2} \cdot \Omega$$

对比上述两式可知，$\dot{\gamma}_2 > \dot{\gamma}_1$。如果两个圆筒的间隙很窄，可用 $\dot{\gamma}_1$ 和 $\dot{\gamma}_2$ 的算术平均值 $\dot{\gamma}_v$ 作为整个液层的平均剪切速率，即

$$\dot{\gamma}_v = \frac{R_1^2 + R_2^2}{R_1^2 - R_2^2} \cdot \Omega \approx \frac{2R_1^2}{R_1^2 - R_2^2} \cdot \Omega \tag{8-90}$$

也可将内圆筒壁面的剪切速率作为平均剪切速率。

目前常用的许多同轴圆筒旋转流变仪就是以式(8-89)和式(8-90)分别计算剪切应力和剪切速率的。如果测量多个对应的 M，Ω 值，并计算出相应的 τ 和 $\dot{\gamma}$，在直角坐标上作 τ-$\dot{\gamma}$ 曲线，若得一条通过原点的直线，可以肯定被测液体为牛顿流体，其动力黏度值等于直线的斜率。

② 幂律流体。

若被测液体为符合幂律方程的流体，其流变方程为 $\tau = K\dot{\gamma}^n$，则

$$f(\tau) = \left(\frac{\tau}{K}\right)^{1/n}$$

将该式代入式(8-85)得：

$$\omega = \frac{1}{2}\int \left(\frac{1}{K}\right)^{1/n} \tau^{\left(\frac{1}{n}-1\right)} \mathrm{d}\tau + 常数$$

积分得：

$$\omega = \frac{n}{2}\int\left(\frac{M}{2\pi hK}\right)^{1/n}\frac{1}{r^{2/n}} + 常数$$

由边界条件，$r=R_1$ 时，$\omega=0$，代入该式，整理得：

$$\omega = \frac{n}{2}\int\left(\frac{M}{2\pi hK}\right)^{1/n}\left(\frac{1}{r^{2/n}} - \frac{1}{R_1^{2/n}}\right) \tag{8-91}$$

又当 $f=R_2$ 时，$\omega=\Omega$ 则

$$\Omega = \frac{n}{2}\int\left(\frac{M}{2\pi hK}\right)^{1/n}\left(\frac{1}{R_2^{2/n}} - \frac{1}{R_1^{2/n}}\right) \tag{8-92}$$

对式(8-92)两边取对数，得：

$$\lg\Omega = \frac{1}{n}\lg M + C_1 \tag{8-93}$$

式中，C_1 为常数。

$$C_1 = \lg\left[\frac{n}{2}\left(\frac{1}{2\pi hK}\right)^{1/n}\left(\frac{1}{R_2^{2/n}} - \frac{1}{R_1^{2/n}}\right)\right]$$

显然，由于 K，n 为常数，$\lg\Omega-\lg M$ 关系曲线为直线，该直线的斜率为$\frac{1}{n}$，其在 $\lg\Omega$ 轴(对应 $\lg M=0$)上的截距为 C_1，由 C_1 可求出 K，从而确定出方程中的流变参数 K 和 n。

下面再分析一下符合幂律方程的流体在同轴圆筒旋转流变仪中的角速度 ω 和切团速率 $\dot{\gamma}$ 随半径 r 的变化情况。

用式(8-91)除以式(8-92)，并整理得：

$$\omega = \frac{1}{\dfrac{1}{R_2^{2/n}} - \dfrac{1}{R_1^{2/n}}}\left(\frac{1}{r^{2/n}} - \frac{1}{R_1^{2/n}}\right)\Omega \tag{8-94}$$

再把式(8-94)代入 $\dot{\gamma}=-r\dfrac{d\omega}{dr}$，整理得

$$\dot{\gamma} = \frac{2/n}{\dfrac{1}{R_2^{2/n}} - \dfrac{1}{R_1^{2/n}}}\frac{1}{r^{2/n}}\Omega \tag{8-95}$$

当 $n=1$ 时，式(8-94)、式(8-95)分别变成牛顿流体的旋转角速度和剪切速率公式。

对内外圆筒壁面处，由式(8-95)可得出：

$$\dot{\gamma}_2 = \frac{2/n}{1 - \delta^{2/n}}\Omega \tag{8-96}$$

$$\dot{\gamma}_1 = \frac{(2/n)\cdot\delta^{2/n}}{1 - \delta^{2/n}}\Omega \tag{8-97}$$

式中，$\delta=R_2/R_1$。

当 $n<1$ 时，即假塑性流体在内圆筒壁面处的剪切速率比相应的牛顿流体的剪切速率要大，而在外圆筒壁面处的剪切速率比相应的牛顿流体的剪切速率要小。

当 $n>1$ 时，即胀流型流体在内圆筒壁面处的剪切速率比相应的牛顿流体的剪切速率要小，而在外圆筒壁面处的剪切速率比相应的牛顿流体的剪切速率要大。

③ 宾汉姆流体。

假设实验流体为符合宾汉姆方程的塑性流体，流变方程形式为 $\tau=\tau_B+\mu_B\dot{\gamma}$，则

$$f(\tau)=(\tau-\tau_B)/\mu_B$$

将该式代入式(8-84)即可求得圆筒的旋转角速度 Ω 与黏性阻力矩 M 的关系。但根据内外圆筒壁面处的剪切应力与 τ_B 的相对大小，存在以下 3 种情况。

a. 当 $\tau_2<\tau_B$，即 $M<2\pi hR_2^2\tau_B$ 时，内圆筒不转动，即 $\Omega=0$，圆筒间隙内的液体不被剪切。

b. 当 $\tau_2\geqslant\tau_B$ 时，在内圆筒表面的液层开始运动，随着 τ_2 的进一步增大，流动部分向外侧扩大。在流动还未扩展到整个间隙前，即 $\tau_2>\tau_B>\tau_1$ 的条件下，由式(8-86)得

$$\Omega=\frac{1}{2}\int_{\tau_B}^{\tau_2}\frac{\tau-\tau_B}{\mu_B\tau}d\tau$$

所以

$$\Omega=\frac{M}{4\pi hR_2^2\mu_B}-\frac{\tau_B}{2\mu_B}\left[1+\ln\left(\frac{M}{2\pi hR_2^2\mu_B}\right)\right] \tag{8-98}$$

如果在半径 r 处的剪切应力与屈服值 τ_B 相等，则在 r 外侧的那部分试样由于结构未屈服而不流动，这时 Ω 与 M 的关系呈复杂的非线性关系。

c. 当 $\tau_1>\tau_B$ 时，整个圆筒间隙内的试样全部屈服而呈流动状态，则

$$\Omega=\frac{1}{2}\int_{\tau_1}^{\tau_2}\frac{\tau-\tau_B}{\mu_B\tau}d\tau$$

所以

$$\Omega=\frac{M}{4\pi hR_2^2\mu_B}\left(\frac{1}{R_2^2}-\frac{1}{R_1^2}\right)-\frac{\tau_B}{\mu_B}\ln\left(\frac{R_1}{R_2}\right) \tag{8-99}$$

在这种情况下，Ω 与 M 的关系是线性的。

上述 3 种情况可用图 8-13 所示的 Ω~M 关系曲线来表示。

可见，对宾汉姆这类有屈服值的流体进行流变性测定时要慎重。如果实验只测出了图中的曲线部分，则不易判明实验流体的流型，且流变参数也不易确定。因此，实验中要尽量使圆筒间隙内的流体全部屈服而受剪流动，并综合考虑上述 3 种情况，以正确判明实验流体的类型及确定流变参数。

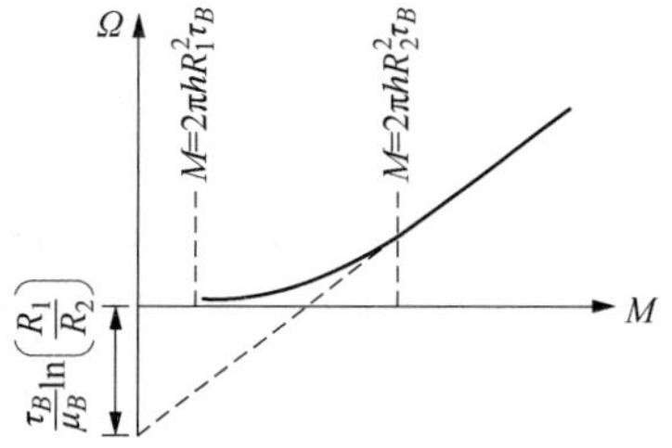

图 8-13　宾汉流体的 Ω~M 关系曲线

在上述第 3 种情况下，直角坐标上的 Ω~M 关系曲线为直线，直线的斜率为 $\frac{1}{4\pi h\mu_B}\left(\frac{1}{R_2^2}-\frac{1}{R_1^2}\right)$，该直线在 Ω

轴上的截距$\frac{\tau_B}{\mu_B}\ln\left(\frac{R_1}{R_2}\right)$，作图求出斜率和截距后，使可确定流变参数$\mu_B$和$\tau_B$。

(3)基本方程的应用—未知流变模式。

实验前，一般情况下被测液体的流变方程形式是未知的，或是不能完全判明的。从式(8-86)可见，同轴圆筒基本方程的积分上下限都是随力矩变化的，而管流基本方程中只有积分上限随压差变化，其积分下限是定值。因此，对同轴圆筒旋转系统不可能采用像处理管流基本方程求管壁剪切速率的方法。在这种情况下，要准确确定非牛顿流体在圆筒间隙内的剪切速率是比较困难的。

最简单的处理方法就是使内外圆筒间的环状间隙(R_1-R_2)与R_1相比很小，即内外圆筒半径比较相近，这样可近似地看成$R_1\approx R_2$，那么，液体内的剪切应力就可认为是相同的，并可近似为：

$$\tau=\frac{M}{2\pi hR_1^2}\approx\frac{M}{2\pi hR_2^2}\tag{8-100}$$

类似地，剪切速率也看成近似相同，即

$$\dot{\gamma}\approx\frac{R_1\Omega}{R_1-R_2}\approx\frac{R_2\Omega}{R_1-R_2}\tag{8-101}$$

或由式(8-90)计算。

在这种条件下，不管流体的性质如何，都可测量出剪切速率和相应的剪切应力，从而可确定被测液体的流变性。

在目前的实际测量中，当估计实验液体的非牛顿性质不是很强时，往往选用内外筒间隙较窄的圆筒系统，直接选用旋转流变仪给出的剪切速率(根据牛顿流体特性确定的剪切速率)，测出对应的剪切应力值。作$\tau-\dot{\gamma}$曲线，从曲线的变化趋势来评判实验液体的流变性，显然这与理论分析相比存在一定的误差。例如，对$R_1/R_2=1.02$的同轴圆筒测量系统，测非牛顿流体时的壁面剪切速率与测牛顿流体时的壁面剪切速率的相对偏差为1%的数量级。

环形间隙很窄的流变仪，要求间隙宽度是圆筒半径的1%或更小，要做到这一点，实际上有许多困难。首先，要满足间隙是圆筒半径的1%，就要求圆筒加工的精密度达到圆筒半径的10^{-4}；其次，在用于像悬浮液这类分散体系的测试中，分散粒子质点与环形间隙相比，可能大到足以使被测液体不能被看作是均质体系的程度，从而给测量带来新的问题。因此，大多数这类旋转流变仪具有圆筒半径10%量级的间隙宽度。

当被测流体的非牛顿流体特性明显，并要选用间隙较宽的圆筒系统测量时，上述处理方法将产生较大的误差。下面介绍一种近似确定剪切速率的方法。

假设$R_1/R_2=a$，则根据式(8-87a)和式(8-87b)得：

$$a^2=\tau_2/\tau_1$$

把该式代入式(8-86)得：

$$\Omega=\frac{1}{2}\int_{\tau_1}^{a^2\tau_1}\frac{f(\tau)}{\tau}\mathrm{d}\tau\tag{8-102}$$

若使外圆筒壁面的剪切应力 τ_1 始终保持一定，内圆筒旋转，把式(8-102)看做 a 的函数，并对其微分，得：

$$\left(\frac{\partial\Omega}{\partial a}\right)_{\tau_1}=\frac{1}{2}\frac{f(a^2\tau_1)}{a^2\tau_1}\cdot\frac{\mathrm{d}(a^2\tau_1)}{\mathrm{d}a}=\frac{f(a^2\tau_1)}{a}=\frac{f(\tau_2)}{a}$$

所以，具体方法如下：

① 选用相同直径的外圆筒和两个不同直径的内圆筒系统，求得 $R_1/R_2=a$ 和 $R_1/R'_2=a'$，则

$$\Delta a=a'-a$$

② 在一定的力矩 M 作用下，使内圆筒旋转，不同直径的内圆筒旋转角速度分别为 Ω 和 Ω'，则

$$\Delta\Omega=\Omega'-\Omega$$

③ 求 $\left(\frac{\partial\Omega}{\partial a}\right)_{\tau_1}\approx\frac{\Delta\Omega}{\Delta a}$ 的值；

④ 求 $\tau_2=\frac{M}{2\pi hR_2^2}$，及选用内圆筒 R_2 对应的 a 值；

⑤ 计算 $\dot{\gamma}=a\left(\frac{\partial\Omega}{\partial a}\right)_{\tau_1}$

⑥ 作 $\dot{\gamma}-\tau_2$ 关系曲线，即该液体的流变曲线，从曲线的形状判断流体的流变类型，选用方程进行拟合，求出流变方程。

由于用差分代替微分，这种方法显然是一种近似的方法。

(4) 用普适值法测流变性。

从前面幂律流体的流场和剪切速率分布可以看出，在相同的圆筒旋转角速度和同一测量系统下，幂律流体的剪切速率随半径分布曲线必然会与牛顿流体的分布曲线相交，或者说在测量间隙内必然在某一半径位置非牛顿流体的剪切速率与牛顿流体的剪切速率相等。计算分析表明，这一半径位置仅与内外圆筒的半径大小有关，而与流体的非牛顿性质基本无关。

这一特定的半径计算公式为：

$$r_{\mathrm{m}}=R_2\sqrt{\frac{2}{1+\delta^2}} \tag{8-103}$$

式中，$\delta=R_2/R_1$。

根据上述特点，在进行非牛顿流体流变性测量时，首先测定内圆筒壁面的剪切应力 τ_{B} 和牛顿流体的剪切速率 $\dot{\gamma}_{2牛}$。再按照牛顿流体的剪切应力和剪切速率随半径的分布特点，计算出 r_{m} 处的剪切应力和剪切速率，即

$$\tau_{\mathrm{m}}=\left(\frac{R_2}{r_{\mathrm{m}}}\right)^2\tau_2 \tag{8-104}$$

$$\dot{\gamma}_{\mathrm{m}}=\left(\frac{R_2}{r_{\mathrm{m}}}\right)^2\dot{\gamma}_{2牛} \tag{8-105}$$

对非牛顿流体来说，与 τ_m 对应的剪切速率 $\dot{\gamma}_m$ 就是其真实剪切速率，因此可根据 τ_m-$\dot{\gamma}_m$ 的变化关系，作流变曲线，求流变方程。

对于没有外圆筒，而只有内圆筒的叫筒系统，可认为 $R_1=\infty$，$\tau_1=0$，式(8-86)改写为：

$$\Omega=\frac{1}{2}\int_0^{\tau_2}\frac{f(\tau)}{\tau}\mathrm{d}\tau \tag{8-106}$$

式(8-106)两边对 τ_2 求导得：

$$\frac{\mathrm{d}\Omega}{\mathrm{d}\tau_2}=\frac{1}{2}\frac{f(\tau_2)}{\tau_2}$$

所以

$$f(\tau_2)=2\tau_2\frac{\mathrm{d}\Omega}{\mathrm{d}\tau_2} \tag{8-107}$$

或者

$$\dot{\gamma}=2\frac{\mathrm{d}(\ln\Omega)}{\mathrm{d}(\ln\tau_2)}\cdot\Omega \tag{8-108}$$

因此，实验中先测定一系列圆筒的旋转角速度 Ω 和对应的力矩 M。由式(8-87b)计算 τ_2，作出 $\ln\Omega$-$\ln\tau_2$ 关系曲线，并用适当的公式回归，然后就可由式(8-108)求出各剪切应力 τ_2 对应的剪切速率。

3. 测量误差分析

在用同轴圆筒旋转流变仪进行实际测量时，有许多实验条件与假定的理想条件不符，从而产生测量误差。下面对主要的几种误差因素进行讨论。

(1) 紊流流动。

在前面的分析中，假设条件之一就是圆筒间隙内的液体处于层流状态，如圆筒的旋转角速度较小，则能够满足这一条件。但当旋转角速度旋转到超过某一界限时，就会出现紊流，前面推导的公式将不能应用。因此，旋转流变仪内液体的流动必须处于层流状态。

就同轴圆筒系统而言，外筒旋转与内筒旋转的场合，其层流转化为紊流的临界雷诺数不同。内圆筒旋转时，内侧流体因受离心力的作用，易产生径向流动，因而易产生紊流；外筒旋转时，由于向心力的作用而使流动稳定。

关于这个问题，首先由库特对牛顿流体进行了研究，根据他的报告可用式(8-109)计算雷诺数：

$$Re=\frac{\Omega R(R_1-R_2)\rho}{\mu} \tag{8-109}$$

式中，R 为旋转圆筒的半径；ΩR 为线速度。

库特认为上述 Re 大于 1900 时，液体处于紊流状态。但后来许多学者通过实验证明 Re 大于 1900 时还不产生紊流。

另外，泰勒(Taylor)指出：

在内圆筒旋转的场合：开始出现泰勒紊流的临界雷诺数为：

$$Re > 41.3\sqrt{\frac{R_1}{R_1 - R_2}} \tag{8-110}$$

可见，测量系统的间隙越大，临界雷诺数越小，越容易产生紊流。

外圆筒旋转的场合：情况正相反，间隙越大，临界雷诺数越大，即越不易产生紊流，在这种情况下，临界雷诺数与$(R_1-R_2)/R_1$成正比。

设计制造这类流变仪的厂家，设计了各种类型的圆筒系统，根据圆筒间隙，限制了最高转速。另外，当外圆筒固定、内圆筒旋转时，在内侧的液体因受离心力而产生径向流动，更容易产生紊流，其最高转速的限制更要低些。例如 RV-Ⅱ型旋转流变仪，其最高转速为 243r/min，相应的最大剪切速率为 $1312s^{-1}$。在选用内外圆筒系统时，应注意它的测黏范围，尽量选用间隙窄的系统，这样既减小了液层内速度分布的非线性程度，又降低了雷诺数，使之不易出现紊流。图 8-14 给出了圆筒间隙内液体流动分别为层流和紊流时的速度分布情况。

对于同轴圆筒结构，要避免紊流往往是比较容易的，但端面紊流也要引起重视。当转速较高时，惯性力将引起断面紊流，如图 8-15 所示。转速越高，惯性力越扩展，紊流进入测量间隙越深，如图 8-15 虚线所示。

为避免端面紊流，必须使按式(8-111)算得的 $Re \leqslant 1$。

$$Re = \frac{\rho\Omega(R_1^2 - R_2^2)}{2\mu} \tag{8-111}$$

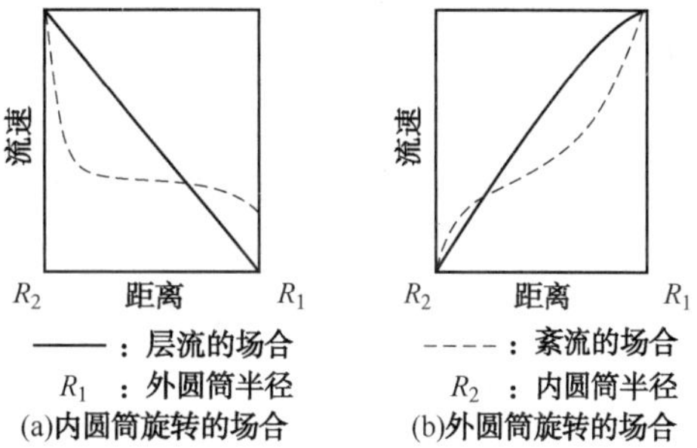

图 8-14　内外圆筒之间的流速分布

(2) 端部影响。

前面假定内外圆筒无限长，所测的力矩全部由环形空间内液体的剪切应力产生。但实际的测量系统如图 8-16 所示，外圆筒做成桶形的容器，内圆筒同轴地安装在外圆筒里，在内外筒间隙中加入实验液体。内圆筒旋转产生的黏性力矩不仅由圆筒侧面产生，也由上下 2 个端面产生，其中底面部分的影响最大。这种内筒上下端面产生额外附加黏性力矩的现象称端部效应。影响端部效应的因素较多，如内筒的浸没深度、内外筒底部间的距离、内筒直径、内外筒间隙、液体的黏度、端面紊流、流体的非牛顿性质等。

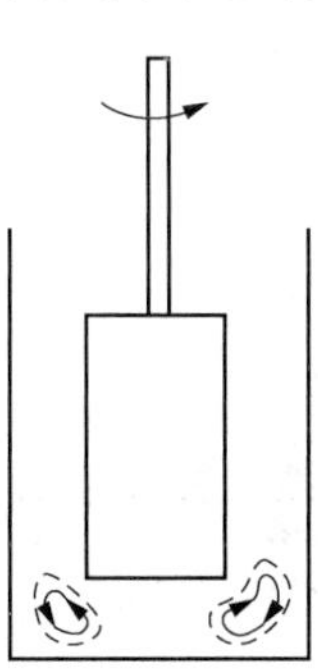

图 8-15　端面紊流不意图

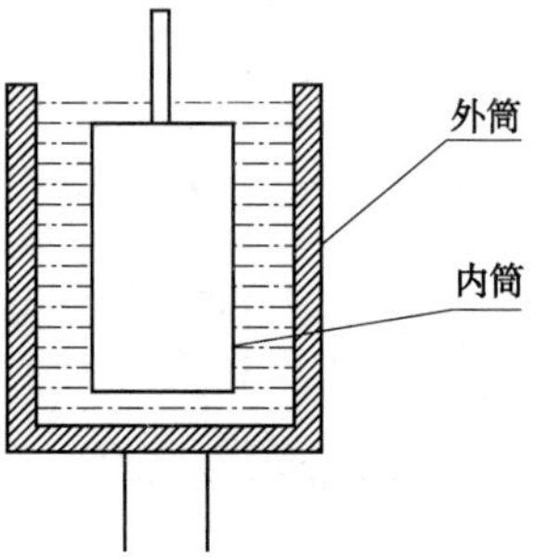

图 8-16　同轴圆筒测量系统基本结构

对内外圆筒的几何形状和尺寸进行适当设计，可使测量系统的端部影响造成的测量误差减小到容许的程度。下面介绍几种减小端部效应的措施。

① 内外筒之间具有很窄的间隙。

如果内外圆筒之间的环形间隙宽度做得很小（$R_1/R_2 \approx 1.01$），且内圆筒底面至外圆筒底面的距离比环形间隙大 100 倍左右，那么端部影响就可以忽略不计。

② 双间隙测量系统。

如图 8-17 所示，双间隙测量系统的转子有很好的形状，实验液体在间隙的内外两面接触转子，使圆筒表面积加倍，而 2 个端面均为几乎无端面效应的薄圆环，从而大大减小了端面效应。

③ 标准型测量系统。

如图 8-17 所示，这种设计使内筒的两端做成凹形。当与盛有试样的内外筒装备时，可以在底部的凹陷处形成一空气垫，它能基本消除底面的附加力矩。而内圆筒顶部的凹陷可使超加的试样溢出，以使转动的内圆筒仅对上端的空气剪切，从而减少了上端面的影响。

④ Mooney-Ewart 测量系统。

如图 8-17 所示，这种设计使内外圆筒的底端都做成圆锥形，并对两个锥面之间的夹角有一定要求，以使圆锥间隙中的平均剪切应力等于内外圆筒侧面之间的平均剪切应力，从而使每个剪切面产生的力矩都能计算出来。

⑤ DIN 测量系统。

如图 8-17 所示，这种设计使对应于内圆筒半径的半径比率和长度比率标准化，也使内筒底部与外筒底部之间的距离比率标准化，这些比率的标准化意味着端面影响产生的误差百分比对于大小同轴圆筒测量系统都不变。

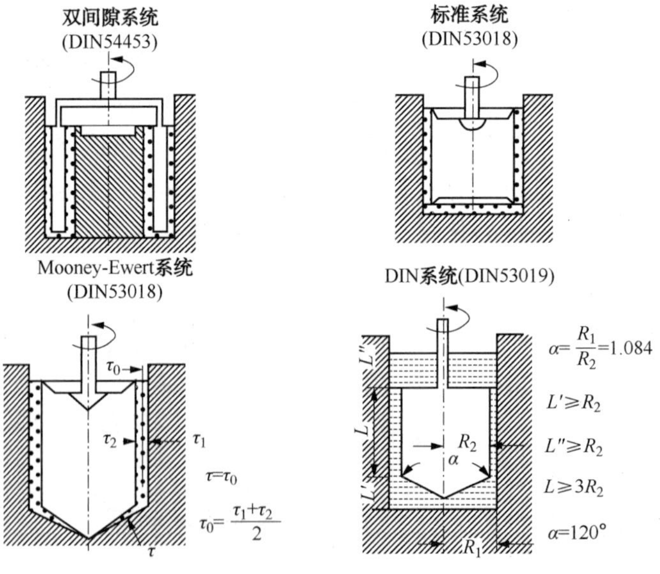

图 8-17　几种形式的同轴圆筒测量系统

(3) 剪切发热问题。

黏性流体在剪切过程中，不可避免地发热而引起温度的升高。对毛细管流变仪或黏度计，这个问题对一般测量影响不大，因为流动产生的热量大部分随液体带出毛细管。但用旋转流变仪测黏时，由于试样是连续被剪切的，在试样黏度高、剪切速率大时产生的热量不能很快地向内外圆筒传导，将导致试样温度升高，使测得的黏度偏小，造成误差。

对剪切发热引起温度升高的分析计算已有不少的报道，但一般公式应用比较复杂，因而未能得到普遍采用。在理想的绝热条件下，对同轴圆筒旋转流变仪测量系统，单位时间内的温度升高为：

$$\frac{\Delta T}{t}=\frac{\mu\gamma^2}{c\rho a^2} \tag{8-112}$$

式中　t——剪切时间；

ΔT——t 时间内的温升；

μ——液体黏度；

c——液体比热容；

ρ——液体密度；

a——外圆筒半径与内圆筒半径的比值。

当然，在实际测量中并没有绝热的情况，但从式(8-112)可以定性地分析有关因素对剪切温升的影响及应采取的应对措施。一般情况下，只要不是对高黏流体进行长时间的连续高速剪切，剪切发热引起的误差不大。

(4) 壁面滑移。

类似于毛细管流变仪的测量，在用旋转流变仪测量悬浮液、乳状液等有关物料时，也可能在内外圆筒壁面产生滑移。如果不对此加以修正，将造成黏度的测量值偏低。

同样用等效的滑移线速度 V_S 来表示液体在壁面的滑移。若假设内外圆筒壁面处的滑移线速度分别为 V_{S2} 和 V_{S1}，它们分别是壁面剪切应力 τ_2 和 τ_1 的函数，则液体运动的边界如下：

$$r=R_1\ \text{时},\ \omega=\frac{V_{S1}}{R_1},\ \tau=\tau_1$$

$$r=R_2\ \text{时},\ \omega=\Omega-\frac{V_{S2}}{R_2},\ \tau=\tau_2$$

对式(8-84)积分，得：

$$\int_{V_{S1}/R_1}^{\Omega-V_{S2}/R_2}\mathrm{d}\omega=\frac{1}{2}\int_{\tau_1}^{\tau_2}\frac{f(\tau)}{\tau}\mathrm{d}\tau$$

整理得：

$$\Omega=\frac{1}{2}\int_{\tau_1}^{\tau_2}\frac{f(\tau)}{\tau}\mathrm{d}\tau+\frac{V_{S1}}{R_1}+\frac{V_{S2}}{R_2} \tag{8-113}$$

此为存在壁面滑移情况下，同轴圆筒旋转流变仪的基本方程。

在测量过程中，判断是否存在滑移的方法是：选用两个或两个以上间隙不同的测量系统，在其他条件都相同的情况下进行测量，若这些系统测得的实验结果一致，说明不存在滑移；否则，圆筒间隙越小，测得的黏度(或表观黏度)越小，则表明存在滑移。对测量中的壁面滑移问题，目前大致有两种处理方法，一是增大测量系统内外圆筒壁面的粗糙度，例如在壁面刻划痕，以消除壁面滑移；二是按照一定的理论，计算测量条件下的壁面滑移速度，对滑移实验结果进行修正。但这些方法都没有完满地解决滑移问题。

以上从 4 个方面分析了同轴圆筒旋转流变仪测量中可能出现的测量误差因素。此外，圆筒旋转角速度的变动、内外圆筒的同心度不好，以及试样的非牛顿性质造成的剪切速率的不确定性等，也都会影响实验结果的准确性，应结合具体的实验条件进行分析评价。

二、锥-板式

锥-板式旋转测量系统是以测量非牛顿流体的流变性为目的而设计的一种旋转式结构，如图 8-18。圆锥轴与平板垂直安装，锥板之间的夹角 α 很小，小到可以看做 $\alpha \approx \sin\alpha \approx \tan\alpha$ 的程度。

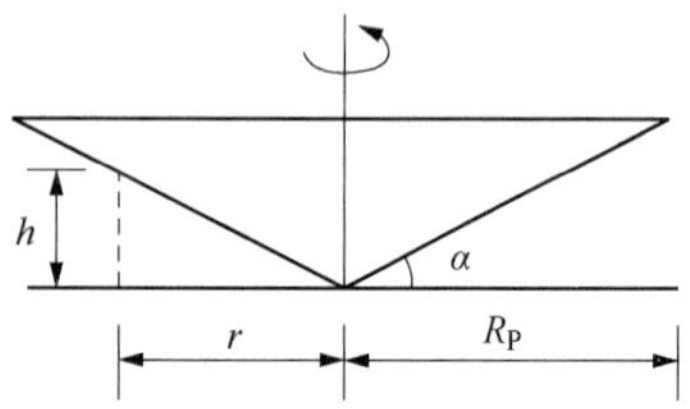

图 8-18　锥-板式结构示意图

若圆锥以一定的角速度 Ω 旋转，在半径 r 处且与锥面相接触的流体以 $r\Omega$ 的线速度运动，该狭缝处的试样厚度为 $h = r\tan\alpha \approx r\alpha$，则该处的流体剪切速率为：

$$\dot{\gamma} = \frac{r\Omega}{h} \approx \frac{r\Omega}{r\alpha}$$

即

$$\dot{\gamma} = \frac{\Omega}{\alpha} \tag{8-114}$$

式(8-114)表明：锥-板间流体的剪切速率处处相等，与流体位置无关，也与流体是否为非牛顿流体无关，这是锥-板流变仪的一个重要特点。

对牛顿流体来说，距离转轴 r 和 $r+\mathrm{d}r$ 之间的圆环部分的流体作用在圆锥上的黏性力矩：

$$\mathrm{d}M = \tau \cdot (2\pi r \mathrm{d}r) \cdot r = \mu r 2\pi r^2 \mathrm{d}r$$

所以

$$\mathrm{d}M = \frac{2\pi\mu\Omega}{\alpha} r^2 \mathrm{d}r \tag{8-115}$$

积分后有：

$$M = \frac{2\pi\mu\Omega R_P^3}{3\alpha} \tag{8-116}$$

所以

$$\mu = \frac{3\alpha M}{2\pi\Omega R_P^3} \tag{8-117}$$

那么，只要测得 Ω 和 M，即可由式(8-117)求得实验流体的黏度。

对非牛顿流体，式(8-117)求得的是 $\dot{\gamma} = \frac{\Omega}{\alpha}$ 对应的表观黏度 μ_{ap}，则剪切应力为：

$$\tau = \mu_{ap}\dot{\gamma} = \frac{3\alpha M}{2\pi\Omega R_P^3}\frac{\Omega}{\alpha}$$

所以

$$\tau = \frac{3M}{2\pi R_{\mathrm{P}}^{3}} \tag{8-118}$$

式(8-118)表明，在锥-板系统内，液体内的剪切应力也处处相同。

精度较高的锥-板系统的夹角 α 值很小，一般为 0.5°~2°，但用于测定颗粒较大的分散体系时，使用的锥-板夹角可达 4°。R_{P} 目前约为 2~6cm。圆锥的顶角稍稍切平，以免锥角与平板接触。

因此，锥-板式旋转流变仪有以下优点：①试样少；②剪切速率及剪切应力处处相等；③操作方便。

测量误差因素：

（1）几何因素——锥角的加工精度及截锥顶的精度；

（2）安装时，轴同心度的精度，其影响锥-板夹角的均匀性；

（3）边缘效应——离心力作用可能引起“断流”；

（4）壁面滑移；

（5）黏性发热；

（6）产生次级流。

三、平行圆板式

如图 8-19，在这种流变仪中，流体在两个半径为 R、同轴安装的平行圆板间被剪切。两个圆板绕其共同轴旋转，通常一个板固定，另一个板以角速度 Ω 旋转。

也许读者认为，锥-板流变仪有如此突出的优点，那么平行圆板流变仪是不必要的，但实际并非如此，平行圆板流变仪有某些特定的优点。

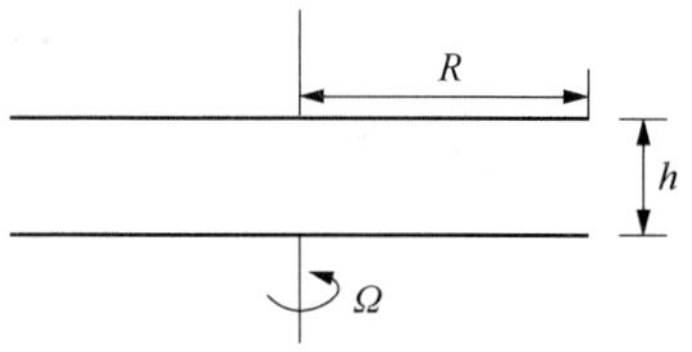

图 8-19　平行圆板式结构示意图

1. 稳态剪切的基本公式

与锥-板流变仪不同，平行圆板中流体的剪切速率与所处的半径位置成正比：

$$\dot{\gamma} = \frac{\Omega r}{h} \tag{8-119}$$

圆板边缘：

$$\dot{\gamma}_R = \frac{R}{h}\Omega \tag{8-120}$$

式(8-120)适用于牛顿流体和非牛顿流体。

（1）牛顿流体：

$$\mathrm{d}M = \tau \cdot (2\pi r\mathrm{d}r) \cdot r = \mu r 2\pi r^2 \mathrm{d}r = 2\pi\mu \frac{\Omega}{h} r^3 \mathrm{d}r$$

所以

$$M = 2\pi\mu \frac{\Omega}{h}\int_0^R r^3 \mathrm{d}r = \frac{\pi\mu}{2}\frac{\Omega}{h}R^4 = \frac{\pi}{2}R^3\mu\frac{\Omega}{h}R = \frac{\pi}{2}R^3\tau_R$$

则

$$\tau_R - \frac{2M}{\pi R^3}(\tau_R \text{ 为圆板边缘的剪切应力}) \tag{8-121}$$

（2）非牛顿流体：

$$M = 2\pi\int_0^R \tau_r r^2 \mathrm{d}r = 2\pi\int_0^R \dot{\gamma}\mu_r r^2 \mathrm{d}r$$

把 $r=\dfrac{h}{\Omega}\dot{\gamma}$ 和 $\mathrm{d}r=\dfrac{h}{\Omega}\mathrm{d}\dot{\gamma}$ 代入该式，注意变换积分上下限，则

$$M = 2\pi\int_0^{\dot{\gamma}R} \mu_r \dot{\gamma}\left(\frac{h}{\Omega}\right) r^2 \ \frac{h}{\Omega}\left(\frac{R^3}{R^3}\right) \mathrm{d}r = 2\pi\frac{R^3}{\dot{\gamma}_R^3}\int_0^{\dot{\gamma}_R} \mu_r \dot{\gamma}^3 \mathrm{d}r$$

该式两端对 $\dot{\gamma}_R$ 求导，得：

$$\frac{\mathrm{d}M}{\mathrm{d}\dot{\gamma}_R} = 2\pi\frac{R^3}{\dot{\gamma}_R^3}\mu_R\dot{\gamma}_R^3 - 2\pi R^3 \cdot \frac{3}{\dot{\gamma}_R^4}\int_0^{\dot{\gamma}_R}\mu_r\dot{\gamma}^3\mathrm{d}r$$

所以

$$\frac{\mathrm{d}M}{\mathrm{d}\dot{\gamma}_R} = 2\pi R^3\mu_R - 3\frac{M}{\dot{\gamma}_R}$$

两边同乘以$\dfrac{\dot{\gamma}_R}{M}$，并注意到 $\tau_R=\mu_R\dot{\gamma}_R$，则

$$\tau_R = \frac{M}{2\pi R^3}\left[3 + \frac{\mathrm{d}(\ln M)}{\mathrm{d}(\ln\dot{\gamma}_R)}\right] \tag{8-122}$$

式(8-122)即为测非牛顿流体时的圆板边缘处的剪切应力计算式。当流体为牛顿流体时，$\dfrac{\mathrm{d}(\ln M)}{\mathrm{d}(\ln\dot{\gamma}_R)}=1$，式(8-122)转化为牛顿流体的计算公式(8-121)。

2. 平行圆板测量系统的特点

（1）两个平行平板间的距离可以进行调节。例如对高浓度、大颗粒的悬浮体系，在窄间隙及锥-板间测试时，经常在剪切面上产生液体不连续现象，而调节加大平板间的距离，则可以解决这一问题；

（2）平行圆板流变仪的另一个突出优点是可以方便、精确地进行振荡实验和法向应力差的测定；

（3）平行圆板流变仪可以被打开，以检查是否出现凝胶体系的滑移现象。

当然平行圆板流变仪的一个最大缺点就是间隙内的流体经受的剪切速率和剪切应力都不均匀。

四、单圆板式

以单圆板式结构为主要测量系统的旋转流变仪是一类在工业中广泛采用的便携式旋转黏度计，如 Brookfield 黏度计。单圆板式结构如图 8-20 所示。它是使圆板在“无界”液体中旋转，以测定液体的黏度的仪器。该流变仪最初只用于测定牛顿流体的黏度，后来，也大量用于非牛顿流体流变性的测定。对此，需要解决剪切应力和剪切速率的计算问题。由于这种测量造成流场的非均匀性，所以增加了计算的难度。下面只介绍一些计算公式。

1. 牛顿流体

对牛顿流体，扭矩的计算公式为：

$$M=\frac{32}{3}R^3\Omega\mu \tag{8-123}$$

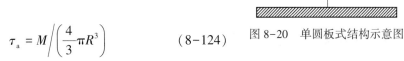

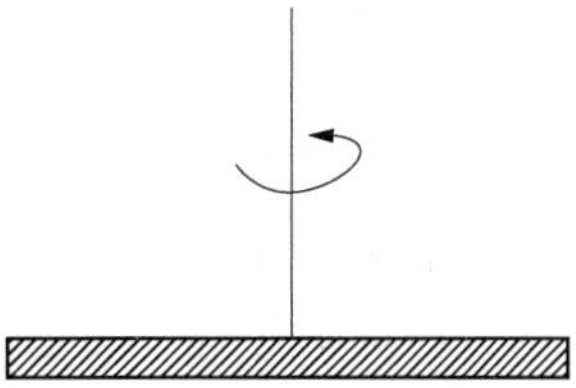

图 8-20　单圆板式结构示意图

定义

$$\tau_a=M\Big/\left(\frac{4}{3}\pi R^3\right) \tag{8-124}$$

那么

$$\tau_a=\frac{8\mu\Omega}{\pi}$$

又因

$$\tau=\mu\dot{\gamma}$$

所以

$$\dot{\gamma}_a=\frac{8}{\pi}\Omega \tag{8-125}$$

式中，τ 为大容器中旋转圆板边缘附近的平均剪切应力；$\dot{\gamma}_a$ 为大容器中旋转圆板边缘附近的平均剪切速率。

2. 符合幂律方程的假塑性流体

力矩公式

$$M=\frac{16}{3}f(n)R^3\Omega^n\mu \tag{8-126}$$

式中，K，n 分别为 $\tau=K\dot{\gamma}^n$ 中的常数；$f(n)$ 为 n 的函数。

定义

$$\tau_a=M\Big/\left(\frac{4}{3}\pi R^3\right) \tag{8-127}$$

则

$$\tau_a=K\frac{4}{\pi}f(n)\Omega^n$$

代入流变方程，得

$$\dot{\gamma}_a=g(n)\Omega \tag{8-128}$$

式中

$$g(n)=\left[\frac{4}{\pi}f(n)\right]^{1/n}$$

这是 Wein 于 1976 年，Williams 于 1979 年求解的结果，其中，n 与 $g(n)$ 的对应关系见表 8-1。

表 8-1　$g(n)-n$ 的关系数据

n	0.3	0.5	0.7	0.9	1.0
$g(n)$	5.508	4.198	3.306	2.750	2.550

回归出对应关系式：$g(n)=2.622n^{-0.626}$。

对于一般的非牛顿流体，可采用局部幂律方程的分段方法求解。

3. 影响测量误差的因素

(1) 边缘效应(设计时是以很薄的圆板计算的)；

(2) 容器壁效应。实际上液体是有界的，当容器半径 R_C 与旋转圆板半径 R 之比(R_C/R)大于 3.6 时，测量误差在 1%以内；

(3) 旋转杆效应和保护架的影响；

(4) 次级流动。圆板旋转时，由于惯性效应和法向应力效应造成次级流；

(5) 高速旋转时，圆板边缘的局部发热造成测量误差。

五、旋转流变仪结构特点

从理论和测量原理上，旋转流变仪多按测量系统的结构分类，如同轴圆筒旋转流变仪(或黏度计)、锥-板流变仪等，但越来越多的旋转流变仪都带有不同结构的测量系统，所以，在实际应用中这种分类的意义不大。从流变仪的设计及实用角度，可按其受控物理量(应力或速率)及旋转体来分类。如按受控物理量分为控制应力式(CS 式)、控制速率式(CR 式)；按旋转体分为内旋式(Searle 式)、外旋式(Couette 式)。

图 8-21 以图形的形式说明这 2 种分类。图中的(A)为 CS-Searle 式，(B-a)为 CR-Searle 式，(B-b)为 CR-Couette 式。

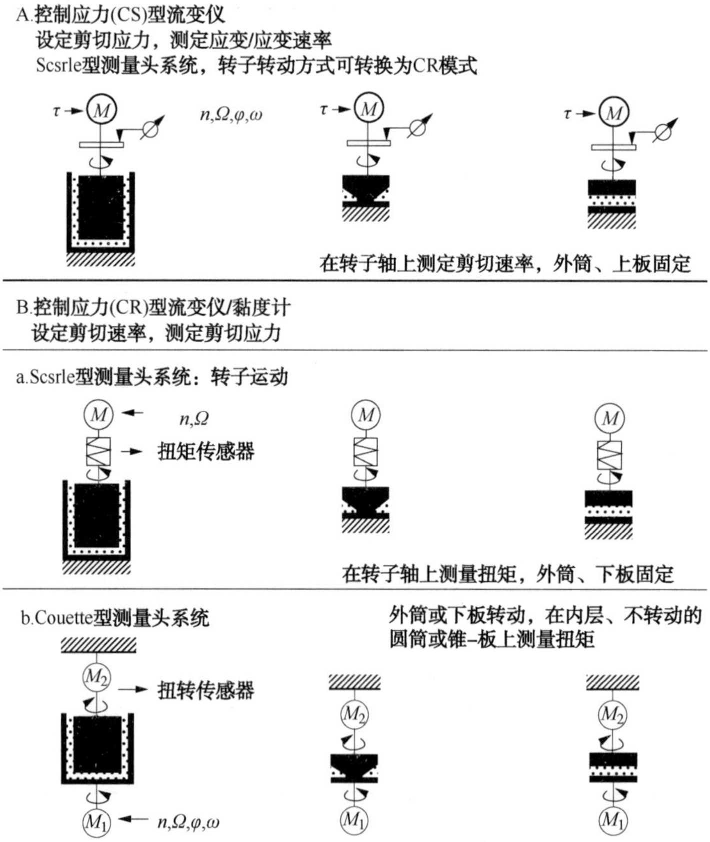

图 8-21　旋转流变仪类型

CS(控制应力)方式：控制转子的力矩，对被测试流体施加恒定的剪切应力，测量所产生的剪切应变和剪切速率。对转子的应力控制通常由特种电机来完成，通过对马达输入恒定电流控制其力矩，并且输入的电流与马达轴力矩成线性关系。借助控制转子的转矩，实现对剪切应力的控制。试样对施加的扭矩或剪切应力产生阻力，使转子仅以一定的速度转动。转子速度以及应变位置的测量借助于一个将 360°的圆周分为 1×10^6 个刻度的光学传感器，因而能够检测转子极小的角度偏转，测量转子的转速，可计算样品的剪切应变和剪切速率。因此，控制剪切应力方式流变仪可实现非常低的剪切应变和剪切速率的剪切流动的控制与测量。按控制应力方式设计制造的流变仪能测试软固体和流体的黏弹性。

CR(控制速率)方式：控制转子的转速，使流体产生剪切变形或流动，测量产生的剪切应力。即通过控制马达的转速，实现对转子转动的控制，使试样产生剪切运动，由转子或定子的偏转角度，测量样品的黏性力矩，从而测定出剪切应力。对 CR 方式流变仪，力矩检测器——通常是一个施加力矩可使其扭转的弹簧——放置在驱动马达与内圆筒轴之间。扭矩弹簧的扭转角度是样品黏度的直接度量。多年前流变仪安装的是可旋转至 90°的扭转弹簧即软弹簧，而现在的流变仪通常装配扭转角最大仅为 0. 5°的硬弹簧。

某些新型流变仪有能力通过以下 2 种方式工作。

Searle(内旋)式：使内筒或圆锥旋转，通常外筒或底板不动，而在内筒轴上测得流体的黏性力矩。设计的测量系统软件将转矩数值经数学转换变为剪切应力，将转子的速度转换为剪切速率。Searle 型流变仪不能在高剪切速率下测试低黏样品，因为在这种条件下，容易出现紊流。

Couette(外旋)式：使外筒旋转，内筒偏转或使其不动，流体的黏性力矩通常在内筒上被测得。

目前许多高级旋转流变仪的测量系统的结构易于改变，可换为同轴圆筒、锥-板、平行圆板等测量系统，其不仅能测量流体黏度，而且能测量黏弹性，因而这类流变仪具有灵活多变的使用性能和较广泛的测量范围。

第四节　落球黏度计

使固体球体在液体中下落而确定液体黏度的方法称为落球法。它与重力毛细管黏度计测黏一样，是一种使用较早的方法。

一、测定原理

假设球体直径为 d，球体在重力作用下，以速度 V 做匀速运动，并满足以下条件：

(1) 小球运动速度非常小(以保证不产生紊流脉动)；

(2) 球表面和液体之间没有滑移；

(3) 液体为不可压缩的牛顿流体；

(4) 液体处于无界之中；

(5) 小球为均质刚性球。

由斯托克斯黏性阻力定律，小球所受的黏滞阻力为：

$$f_1 = 3\pi\mu Vd$$

若球体是在重力作用下克服浮力向下运动，则运动的总动力为：

$$f_2 = \frac{1}{6}\pi d^3 \rho_0 g - \frac{1}{6}\pi d^3 \rho g$$

式中，ρ_0 为球体密度；ρ 为液体密度。

在均质运动条件下，$f_1=f_2$，那么代入 f_1 和 f_2 的表达式，得

$$\mu = \frac{d^2(\rho_0 - \rho)g}{18V} \tag{8-129}$$

可见，如果测得速度 V，就可以由式(8-129)求得液体的黏度，这就是落球黏度计的最基本原理(以 Stokes 黏性阻力定律为基础，Stokes 定律本身要求雷诺数小于 0.2)。

球体在液体中的运动限制最好用雷诺数来表示：

$$Re = \frac{Vd\rho}{\mu} \tag{8-130}$$

若希望液体黏度的测量相对误差小于 1%，则雷诺数应小于 0.05。

在实际黏度测量中，液体总被装在一定的圆筒容器中，那么容器壁就会对小球的运动产生一定的影响，对此应作相应的修正，即

$$\mu = \frac{d^2(\rho_0 - \rho)g}{18V} f_w \tag{8-131}$$

式中，f_w 为容器壁影响的修正系数。

$$f_w = 1 - 2.104\frac{d}{D} + 2.09\left(\frac{d}{D}\right)^3 - 0.95\left(\frac{d}{D}\right)^5 \text{（}D\text{ 为圆筒直径）}$$

故

$$\mu = \frac{d^2(\rho_0 - \rho)gt}{18L}\left[1 - 2.104\frac{d}{D} + 2.09\left(\frac{d}{D}\right)^3 - 0.95\left(\frac{d}{D}\right)^5\right]$$

式中，L 为球体运动行程中的测量距离；t 为球体经过 L 所需的时间。

对一定的黏度计，为定值，那么

$$\mu = K(\rho_0 - \rho)t \tag{8-132}$$

其中，为 K 常数。

$$K = \frac{d^2 g}{18L}\left[1 - 2.104\frac{d}{D} + 2.09\left(\frac{d}{D}\right)^3 - 0.95\left(\frac{d}{D}\right)^5\right]$$

在实际应用中，用标准黏度液事先标定出 K 值，然后即可用来测定待测液体的黏度。

一般说来，产品落球黏度计配有一套不同直径和密度的小球，供不同的测黏范围选用。小球直径越大或密度越大，其适用的测黏上限就越高。

二、滚动落球黏度计

如图 8-22，盛液的圆筒倾斜一定的角度，小球沿圆筒下侧滚动下落，同样可用来测定液体的黏度，这种黏度计称滚动落球黏度计。通过理论推导和实验修正，有下述计算公式：

$$\mu = \frac{5}{42}K\frac{\pi d g \sin\theta}{V}(\rho_0 - \rho)(D + d) \tag{8-133}$$

其中

$$K = 0.0891\left(\frac{D - d}{D}\right)^{5/2}$$

对一定结构的黏度计，K，D，d，θ 等均为定值，那么

$$\mu = K(\rho_0 - \rho)t \tag{8-134}$$

其中，K 为常数。

$$K = \frac{5k\pi dg(D + d)\sin\theta}{42L}$$

可见式(8-134)与式(8-132)的形式相同，其 K 值一般也是由标准黏度液标定求得的。

滚动落球黏度计的优点是增加测量球运动时的稳定性及减小助跑距离，因此可提高测量精度，减小仪器结构尺寸。落球黏度计一般只适用于透明的牛顿流体的黏度测定。

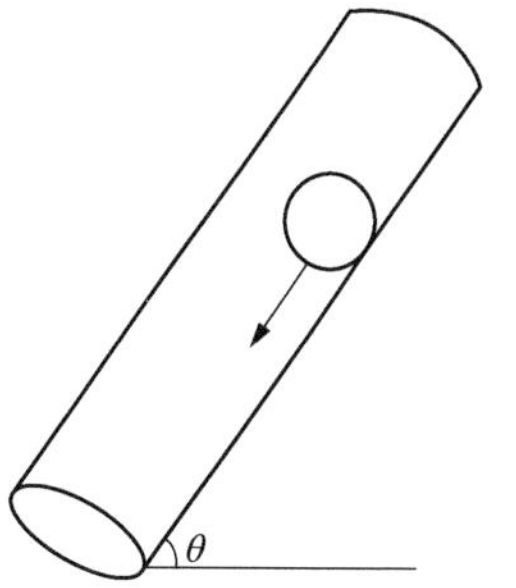

图 8-22　滚动落球黏度计原理图

第五节　现行黏弹性测量

有两类不同的方法可用于测定线性黏弹性流变行为，一是静态方法(或称瞬态方法，static or transient experiment)，二是动态方法(dynamic experiment)，它们都是测定在特定应力或应变条件下的流变响应曲线的方法。静态实验是阶跃应力或应变作用下，观察应变或应变随时间的发展。动态实验则采用谐变的应力或应变，来观察相应的应变或应力的响应。要注意的是，这两类方法都必须保证在线性范围内进行测定。线性黏弹性测定要求施加的应力能产生成比例的应变；应力增大一倍，应变也增大一倍，由线性黏弹性理论导出的线性微分方程，可据此解出物质特性常数。如果选择非常高的应力，产生非线性形变，实验结果将不仅取决于材料的性质，也取决于诸如设置的实验参数及测量系统的几何尺寸等实验条件。这些实验结果可用于比较不同样品，但不是物质的绝对数据。绝对数据在任何适当的流变仪上都能得以重复。对线性程度的判断是看所计算的黏弹性函数是否与施加的应力和应变量无关。

一、静态实验

静态实验也称瞬态实验或弛豫实验，即在瞬间给物料施加一恒定的应力或应变，然后观测物料在恒定应力作用下的蠕变特性或恒定应变下的应力松弛特性。

1. 蠕变/回复(creep/recovery)实验

对以固体特性为主的黏弹性材料，由第二章介绍的蠕变函数来描述其黏弹特性也许是最方便的方法。其实验特点如下：

在控制应力流变仪上，在零时刻对物料施加一个恒应力 τ_0。经 t_1 的时间后，突然卸去 τ_0，测量上述加载和卸载的过程中，材料的应变或柔量随时间的变化曲线。典型的柔量曲线如图 8-23 所示。一般情况下，曲线由以下三部分组成：

① 黏性流动(曲线 1)；

② 瞬态弹性应变(曲线 2)；

③ 延迟弹性应变(曲线 3)。

那么，真正的实测蠕变曲线由曲线 1，2，3 叠加而成。这种分析处理的前提是物料必

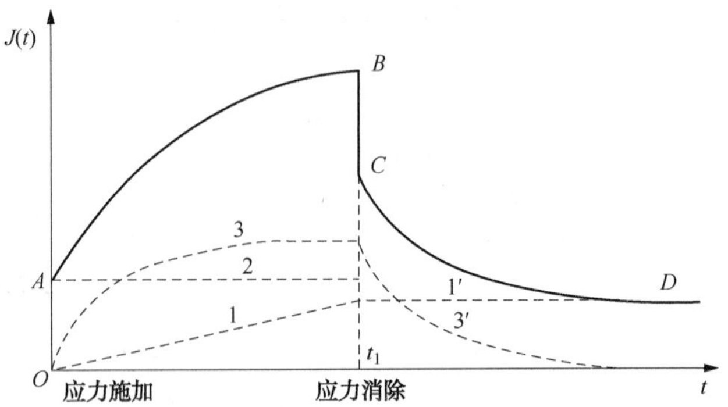

图 8-23　蠕变/回复实验曲线

须是线性黏弹性的(其服从叠加原理)。在线性黏弹性特性范围内，尽管加载应力超过了物料的线性范围。如果加载时间足够长，那么延迟弹性应变曲线(曲线 3)将变化为零斜率曲线，这时蠕变曲线与黏性流动分量曲线(曲线 1)具有相同的斜率。

如果在 t_1 时刻卸去载荷，那么材料的瞬态弹性应变将立刻回复，相应地，BC 等于 OA。延迟弹性应变随时间将逐步回复彻底，但黏性流动变形将是不可回复的。

因而回复曲线 BCD 是曲线 2 和曲线 3 叠加后的镜像。延迟弹性应变分量的回复曲线为曲线 3′，它是曲线 3 的镜像。

上述蠕变曲线的数学模型可用一广义的 V-K 模型再串联一个 Maxwell 模型而得，因此有

$$J(t)=\frac{\gamma(t)}{\tau_0}=J+\frac{t}{\mu}+\int_0^{\infty}J(\alpha)(1-e^{-t/\alpha})\mathrm{d}\alpha \tag{8-135}$$

式中，J 和 μ 分别为 Maxwell 模型中弹簧的柔量和黏壶的黏度。

蠕变及回复阶段的时间依赖性很强，为精确测定上述黏性和弹性的百分比，需要无限长的松弛时间。理想的蠕变曲线 OAB 应该在 0~∞ 的时间范围内实验测定。在大部分流体的实验中，回复曲线持续到恒定在某一与黏性有关的应变值上并保持 5~10min 的足够平行为止。对于相对分子质量很高的聚合物，例如温度低于 100℃的橡胶，回复过程可长达数 10 小时。回复实验的一个主要优点就是能够用于确定弹性的长期作用。

图 8-24 是同一样品进行的一系列蠕变实验，每一次蠕变阶段施加不同的恒应力，得到一系列应变-时间曲线，结果是在线性黏弹性区内，每一时刻的应变值都与施加应力成正比。假定弹性与分子被拉伸或缠绕时的瞬时结点有关，则应力与应变的比例关系可理解为：分子网络能够产生弹性变形但仍能保持网络结构完好如初的能力。这种实验是非破坏性地评价样品流变性能的方法。网路中的应变能量是可逆存力。这种实验是非破坏性的评价样品流变性能的方法。网路中的应变能量是可逆存储的，应力解除时即可回复。将应变值除以施加压力，可得到相应的柔量值数据。如将上述实验的柔量-时间函数关系曲线绘出，则所有线性黏弹区实验的曲线都会重叠在一起。

若施加的应力很高，使上述瞬时结构网络的应变超出其机械限度，分子开始松懈缠结，相互之间的位置发生永久性改变，样品逐渐开始流动并发生剪切稀释，从而高应力导

致低黏度，结果形变大于比例范围。应变-时间曲线的斜率 tanα（标志相应的剪切速率 $\dot{\gamma}=\tan\alpha=\tau/\mu$）变得陡峭；斜率增长表明黏度下降。

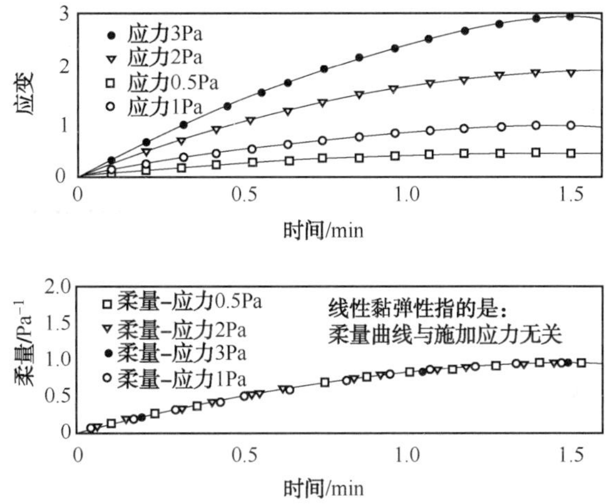

图 8-24　蠕变试验：线性黏弹性范围内的应变和柔量与时间关系曲线

$$\mu\text{ 下降}\rightarrow\dot{\gamma}\text{ 增加}$$

发生这种情况时，柔量曲线开始同其他重叠在一起的曲线分离开，表明选择的实验条件得到的非线性黏弹性数据。这些数据不再是物质的常数，因为数据受到实验设备和所选用试验条件的很大影响。用同一实验条件对同一样品进行第二次实验，得不到重复性数据；样品受强制性剪切后产生稀释流动，其弹性结构受到一定程度的不可逆的破坏。

必须指出，在多数情况下保持样品在线性黏弹性区的应力是很小的，经常是几帕（Pa），并且在多数可接受的情况下所产生的应变小于1%。由此可见，在真实生产工艺条件下黏弹性流体一般主要表现为非线性黏弹性，例如混合器的特点就是有湍流而不仅仅只有层流。因而任何一种流变性材料实验，既然后一结果只能用于几个类似样品在特定应力/应变条件下的直接比较。

有时用静态方法要精确确定物料的短时响应在实验上是很困难的，这表明物料的短时响应特性将显示不出来。例如，若一个 V-K 单元的延迟时间小于实验可观察分析的最小时间（比如说 1s），那么我们就会认为该 V-K 单元为一个纯弹簧元件。因此，蠕变函数仅在较长时间的标尺内才显得有用，即用静态方法对特征时间较长的材料进行黏弹性测定才有意义。

2. 蠕变/回复实验的应用

① 蠕变曲线的斜直线部分，可认为延迟弹性形变过程已结束，因而反映出低应力下物料的纯黏性流动，可求出相应的剪切速率，$\dot{\gamma}=d\gamma/dt$（对应第一牛顿区），那么，零剪切黏度为：$\mu_0=\tau_0/\dot{\gamma}$（$\tau_0$ 为施加的应力）。

对聚合物来说，零剪切黏度能反映其平均相对分子质量的大小，因此，可以由 μ_0 确定其相对分子质量。用蠕变试验方法测定聚合物的平均相对分子质量比用其他方法（如极地剪切速率的稳态流变学方法）要快得多。

② 如果 $\gamma(t)$ 曲线或 $J(t)$ 曲线在蠕变过程达到与时间轴平行的水平，而在回复阶段，两种曲线均可回复至零，则表明被实验物料具有一定的屈服值，在整个实验过程中，物料保持固体特性，但不见得是固体流体模型(可用于确定屈服值)。

③ 蠕变/回复实验可反映出物料的弹性和黏性的大小，它们有与材料的配方、加工过程等条件有关，因此，蠕变/回复实验可为材料的质量控制、过程控制等生产实践提供重要的信息材料。

④ 外延柔量的蠕变曲线的直线部分，其与 J 轴交于 $J_s(0)$。如果 $J_s(0)$ 等于回复阶段的总的弹性回复，则说明实验处于材料的线性黏弹性范围，否则说明超出了线性黏弹性范围，而不符合测量前提条件。

⑤ 可评价油漆、油墨、奶油等的“下落”、沉降功能。在模拟一定的重力产生的剪切应力作用下，若蠕变实验最终能达到恒定的应变值，则说明物料具有抗“下落”、沉降功能。例如，用不同应力测试油漆，可以给出涂刷在垂直墙上而不产生坠落的统一厚度。但如果这种性能太好，对油漆来说，又影响其刷动过程中的流平性能。蠕变/回复实验有助于找到一种适当的折中方案，满足这种既要坠流少又要平流性好的相互矛盾的要求。

3. 应力松弛实验

图 8-25 为应力 τ 对时间作图的典型应力衰减曲线。在 $t=0$ 时刻，对物料施加恒定应变 γ_0，在 $t=t_0$时刻，反方向施加相同大小的应变 γ_0。在线性黏弹性行为中，应力从 0 到 τ_2 和从 τ_2 到 τ_3 这两个瞬间变化相等，即

$$\tau_1 - 0 = |\tau_3 - \tau_2|$$

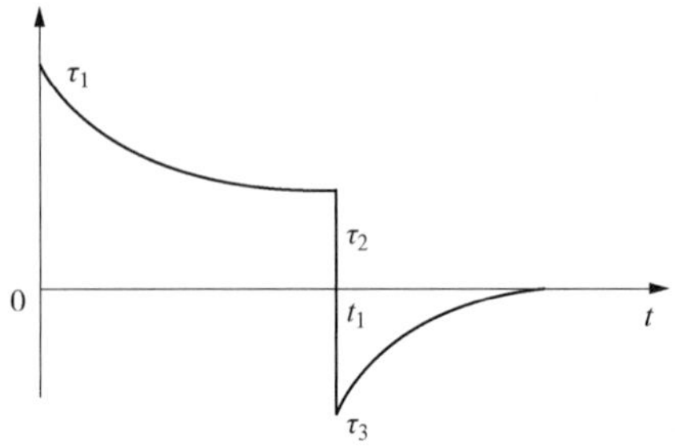

图 8-25　应力松弛实验曲线

瞬态应力与应变之比应与施加的应变无关。在 $t=t_1$ 时的不完全应力松弛可能表明，材料在更长的时间里将发生进一步的应力松弛，或者表明此材料在很小形变中的行为类似于虎克固体，从而保持长期剩余应力。

应力松弛试验对评价黏弹性流体的特性最有用。一般是在同轴圆筒系统或在锥-板系统内以剪切方式进行实验的，可用广义麦克斯韦模型评价。

像蠕变实验那样，应力松弛实验也比较适合于具有较长时间的特性实验，因而需要能进行长时间标尺内流变响应研究的材料。另外，理想的条件是在 0 时刻应变 γ_0 就应该完全施加到物料上去，但实际上，γ 从 0 施加到 γ_0 需要时间，相应的应力响应也要偏离理想状态。这一点在实验中会经常导致令人怀疑的结论。

一般测量微小应变比测量应力容易，因此，蠕变实验比应力松弛实验用得较普遍。例如 RS150 可进行蠕变/回复实验。

二、动态实验

以上介绍的静态实验的主要局限是物料的短期流变响应特性不能在实验中有效地表现出来，而动态实验将能克服这一问题。动态实验是给黏弹性样品施加振荡应力或振荡应

变，例如在 RS150 等流变仪中的 CS 方式中，可以用协变时间函数的方程来施加应力，然后用流变仪测量产生的与时间相关的应变值。动态实验可提供物料与时间响应有关的黏弹性数据。如动态黏度弹性模量等。

动态实验也要在线性黏弹性区进行。

用旋转流变仪进行振荡实验，意味着无论是上平板转子还是上锥-板转子，或是圆筒转子，不再是朝一个方向连续旋转，而是以谐变时间函数的方式左右交替地偏转一个小角度 φ。放入剪切间隙中的样品被强制地以同一个谐变函数方程方式应变，在样品中产生阻抗应力。

1. 动态实验理论

在线性黏弹性范围内(一般要小振幅)，如果对物料施加一谐变应力(或应变)，那么，物料的应变(或应力)也以谐变规律随时间变化，但二者一般将有一个相位的差别。假定一任意物料受一谐变剪切应力的作用：

$$\tau = \tau_0 \cos\omega t \tag{8-136}$$

式中，τ_0 为剪切应力的幅值；ω 为振荡角频率(或者振荡角速度)，rad/s($\omega = 2\pi f$，f 为振荡频率)。

下面来分析由变化的应力引起的物料应变的变化特点。

(1)理想弹性固体($\tau = G\gamma$)：

$$\gamma = \frac{\tau}{G} = \frac{\tau_0}{G}\cos\omega t = \gamma_0 \cos\omega t \tag{8-137}$$

式中，$\gamma_0 = \tau_0/G$，为物料应变的幅值。

可见，对理想的弹性固体，应变与应力具有完全相同的相位变化。

(2) 理想黏性流体($\tau = \mu\dot{\gamma}$)：

$$\dot{\gamma} = \frac{\tau}{\mu} = \frac{\tau_0}{\mu}\cos\omega t \tag{8-138}$$

积分得

$$\gamma = \frac{\tau_0}{\mu\omega}\sin\omega t = \frac{\tau_0}{\mu\omega}\cos\left(\omega t - \frac{\pi}{2}\right)$$

即
$$\gamma = \gamma_0 \cos\left(\omega t - \frac{\pi}{2}\right) \tag{8-139}$$

式中，$\gamma_0 = \dfrac{\tau_0}{\mu\omega}$，为黏性流体的应变幅值。

可见，对牛顿流体，其应变比应力滞后 90°的相位，但其剪切速率与剪切应力同相位。

(3) 黏弹性流体(或黏弹性固体)：

由于黏弹性体的性质分子介于牛顿流体和虎克固体之间，其应变将滞后应力一个 δ 相位，因此

$$\gamma = \gamma_0 \cos(\omega t - \delta) \tag{8-140}$$

其中，$0<\delta<\dfrac{\pi}{2}$。

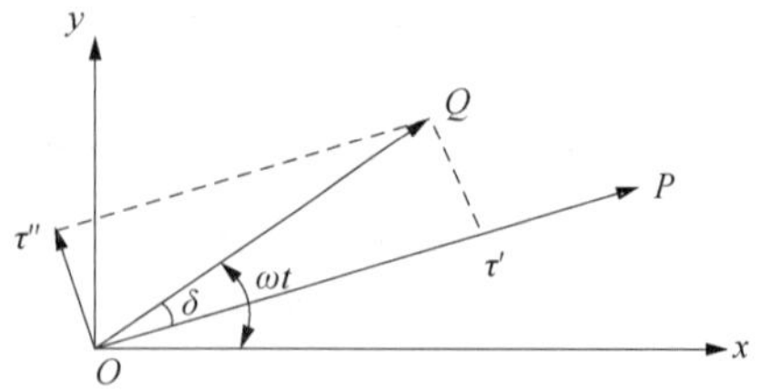

图 8-26 τ，γ 的向量表示法

（4）τ，γ 的向量表示法：

如图 8-26 所示，向量$\overrightarrow{OQ}$和$\overrightarrow{OP}$分别表示应力 τ 矢量和应变 γ 矢量，δ 为两个向量的相位差，则 $|\overrightarrow{OQ}|=\tau_0$，$|\overrightarrow{OP}|=\gamma_0$，$\angle XOQ=\omega t$，$\angle QOP=\delta$

令$\overrightarrow{OQ}$在$\overrightarrow{OP}$方向上的分量为 τ′，在与$\overrightarrow{OP}$垂直方向上的分量为 τ″，那么有

$\tau'=\tau_0\cos\delta$

$\tau''=\tau_0\sin\delta$

τ′与$\overrightarrow{OP}$同相位，因而为弹性分量；τ″与$\overrightarrow{OP}$有 90°的相位差，故为黏性分量。

（5）τ，γ 的复数表示法：

复数应力：

$$\tau^*=\tau_0e^{i\omega t}=\tau_0\cos\omega t+i\tau_0\sin\omega t\text{（欧拉公式）} \tag{8-141}$$

复数应变：

$$\gamma^*=\gamma_0e^{i(\omega t-\delta)}=\gamma_0\cos(\omega t-\delta)+i\gamma_0\sin(\omega t-\delta) \tag{8-142}$$

实际的剪切力和剪切应变应取复数应力和复数应变的实部，所以

$$\tau=\tau_0\cos\omega t=Re(\tau_0e^{i\omega t})$$

$$\gamma=\gamma_0[\cos(\omega t-\delta)]=Re[\tau_0e^{i(\omega t-\delta)}]$$

Re 表示复数的实部。

（6）复数模量（亦称负模量或动态模量）：

定义复数模量 G^* 为复数应力与复数应变之比，即

$$G^*=\frac{\tau^*}{\gamma^*}=\frac{\tau_0e^{i\omega t}}{\gamma_0e^{i(\omega t-\delta)}}=\frac{\tau_0}{\gamma_0}e^{i\delta} \tag{8-143}$$

由欧拉公式：

$$G^*=\frac{\tau_0}{\gamma_0}(\cos\delta+i\sin\delta)=G'+iG'' \tag{8-144}$$

其中，$G'=\dfrac{\tau_0}{\gamma_0}\cos\delta=\dfrac{\tau'}{\gamma_0}$，称之为储能模量（storage modulus），反映弹性性质，表示这部分应力能量在实验中暂时储存，而后可以回复；

$G'=\dfrac{\tau_0}{\gamma_0}\cos\delta=\dfrac{\tau'}{\gamma_0}$，称为储能模量（loss modulus），反映黏性性质，表示这部分流动所用能量是不可逆损耗，转换为剪切热；

$G''=\dfrac{\tau_0}{\gamma_0}\sin\delta=\dfrac{\tau''}{\gamma_0}$，称为损耗模量（loss modulus），反映黏性性质，表示这部分流动所用的能量是不可逆损耗，转换为剪切热；

$G_a^* = \sqrt{G'^2 + G''^2} = \dfrac{\tau_0}{\gamma_0}$，称为绝对动态模量（或绝对复数模量）；

$\delta = \arctan\left(\dfrac{G''}{G'}\right)$，称为损耗角（loss angle）。

（7）复数柔量（complex compliance）：

定义复数柔量：

$$J^* = \frac{\gamma^*}{\tau^*} = \frac{1}{G^*} = \frac{\gamma_0 e^{i(\omega t-\delta)}}{\tau_0 e^{i\omega t}} = \frac{\gamma_0}{\tau_0}e^{-i\delta} = \frac{\gamma_0}{\tau_0}(\cos\delta - i\sin\delta) \tag{8-145}$$

令 $J' = \dfrac{\gamma_0}{\tau_0}\cos\delta$ 为储能柔量，表示弹性性质；$J'' = \dfrac{\gamma_0}{\tau_0}\sin\delta$ 为损耗柔量，表示黏性性质，则

$$J^* = J' - iJ'' \tag{8-146}$$

$J_a^* = \sqrt{J'^2 + J''^2} = \dfrac{\gamma_0}{\tau_0} = \dfrac{1}{G_a^*}$，称为绝对复数柔量。

注意：
$$J' \neq \frac{1}{G'},\ J'' \neq \frac{1}{G''}$$

（8）复数黏度（complex viscosity）：

定义复数黏度 μ^* 为复数应力与复数剪切速率 $\dot{\gamma}^*$ 之比，即

$$\mu^* = \frac{\tau^*}{\dot{\gamma}^*} \tag{8-147}$$

而复数剪切速率 $\dot{\gamma}^*$ 为：

$$\dot{\gamma}^* = \frac{d\gamma^*}{dt} = i\gamma_0\omega e^{it(\omega t-\delta)} \tag{8-148}$$

故
$$\mu^* = \frac{\tau^*}{\dot{\gamma}^*} = \frac{\tau_0 e^{i\omega t}}{\gamma_0 i\omega e^{i(\omega t-\delta)}} = \frac{\tau_0}{\gamma_0 i\omega}e^{i\delta} = \frac{i\tau_0}{\gamma_0\omega}(\cos\delta + i\sin\delta)$$

即
$$\mu^* = \frac{\tau^*}{\dot{\gamma}^*} = \frac{\tau_0}{\gamma_0\omega}(\sin\delta - i\cos\delta)$$

令 $\mu' = \dfrac{\tau_0}{\gamma_0\omega}\sin\delta$，常称之为动态黏度，表示黏性部分；$\mu'' = \dfrac{\tau_0}{\gamma_0\omega}\cos\delta$，常称之为虚黏度，表示弹性部分，则

$$\mu^* = \mu' - i\mu'' \tag{8-149}$$

显然，$\mu' = \dfrac{G''}{\omega}$，$\mu'' = \dfrac{G'}{\omega}$（对牛顿流体 $\mu' = \dfrac{\tau_0}{\omega\gamma_0}$，$\mu''=0$）。

（9）动态参数与角频率的关系：

物料的 μ/G 表示其自身固有的特征时间，$1/\omega$ 表示振荡实验的特征时间，那么

① 当 $\dfrac{\mu}{G} \gg \dfrac{1}{\omega}$，即实验频率很高时，黏性变形来不及发生，物料更多的表现出弹性；

② 当$\frac{\mu}{G} \ll \frac{1}{\omega}$，即实验频率很低时，黏性占主导地位；

③ 当$\frac{\mu}{G} \approx \frac{1}{\omega}$，即实验频率中等水平时，弹性和黏性表现相当，物料具有显著的黏弹性。

(10) 各动态参数的关系：

① $\gamma^* = i\omega\gamma^*$；$G^* = \frac{1}{J^*}$；$G_a^* = \frac{1}{J_a^*}$；$G^* = i\omega\mu^*$。

② 分量间的关系：

$$G' = \frac{J'}{J'^2 + J''^2},\ G'' = \frac{J''}{J'^2 + J''^2};\ J' = \frac{G'}{G'^2 + G''^2},\ J'' = \frac{G''}{G'^2 + G''^2};$$

$$\tan\delta = \frac{G''}{G'} = \frac{J''}{J'}$$

2. 麦克斯韦体和 V-K 体的动态响应

(1) 麦克斯韦体：

对麦克斯韦体施加一交变应力：$\tau^* = \tau_0 e^{i\omega t}$

相应有
$$\frac{d\tau^*}{dt} = \dot{\tau}^* = i\omega\tau^*$$

产生的交变应变：
$$\gamma^* = \gamma_0 e^{i(\omega t - \delta)}$$

相应有
$$\frac{d\gamma^*}{dt} = \dot{\gamma}^* = i\omega\gamma^*$$

又对单独的弹簧元件来说：

$$\dot{\gamma}_E^* = \frac{\dot{\tau}^*}{G} = i\omega\frac{\tau^*}{G}$$

而对黏壶元件来说：

$$\dot{\gamma}_V^* = \frac{\tau^*}{\mu} = \frac{\tau_0}{\mu}e^{i\omega t}$$

故
$$\dot{\gamma}^* = \dot{\gamma}_E^* + \dot{\gamma}_V^* = \frac{\tau^*}{G}\mathrm{i}\omega + \frac{\tau^*}{\mu} = \tau^*\left(\frac{\mathrm{i}\omega}{G} + \frac{1}{\mu}\right)$$

又
$$\mu = \alpha G$$

则
$$\dot{\gamma}^* = \tau^*\left(\frac{i\omega}{G} + \frac{1}{G\alpha}\right) = \tau^*\left(\frac{i\omega\alpha + 1}{G\alpha}\right)$$

又
$$\dot{\gamma}^* = i\omega\gamma^*$$

所以
$$\gamma^* = \frac{\dot{\gamma}^*}{i\omega} = \frac{\tau^*}{G\alpha i\omega}(i\omega\alpha + 1)$$

所以
$$G^* = \frac{\tau^*}{\gamma^*} = \frac{Gi\omega\alpha}{1 + i\omega\alpha} = \frac{Gi\omega\alpha(1 - i\omega\alpha)}{(1 + i\omega\alpha)(1 - i\omega\alpha)} = \frac{G\omega^2\alpha^2}{1 + \omega^2\alpha^2} + i\frac{G\omega\alpha}{1 + \omega^2\alpha^2}$$

而
$$G^* = G' + iG''$$

所以

$$G' = \frac{G\omega^2\alpha^2}{1+\omega^2\alpha^2} = \frac{\mu\alpha\omega^2}{1+\omega^2\alpha^2} \tag{8-150}$$

$$G'' = \frac{G\omega\alpha}{1+\omega^2\alpha^2} = \frac{\mu\omega}{1+\omega^2\alpha^2} \tag{8-151}$$

并且

$$\mu' = \frac{G''}{\omega} = \frac{\mu}{1+\omega^2\alpha^2} \tag{8-152}$$

$$\mu'' = \frac{G'}{\omega} = \frac{\mu\alpha\omega}{1+\omega^2\alpha^2} \tag{8-153}$$

$$\tan\delta = \frac{G''}{G'} = \frac{1}{\alpha\omega}$$

或

$$\alpha = \frac{1}{\omega\tan\delta}$$

即可用动态实验求 Maxwell 体的松弛时间 α，因为 δ 可由实验测得。

由 μ' 的计算公式知，$\omega\to0$ 时，$\mu'\to\mu$，据此可以求出 Maxwell 体的 μ。

由 G' 的计算公式知，$\omega\to\infty$ 时，$G'\to G$，$G''\to0$。

上述 G'，G'' 与 $\omega\alpha$ 的关系可用图 8-27 所示的曲线表示。在低频区，黏性成分 G'' 比弹性成分 G' 大，Maxwell 模型的表现很像牛顿流体，因为黏壶有足够时间达到给定应变；而在高频区，G' 比 G'' 大得多，此时模型表现的像个弹簧，因为黏壶没有充足的时间达到设定的应变。

在双对数坐标系的图 8-27 中，在低频区（$\omega^2\alpha^2\ll1$），储能模量 G' 增加较快，斜率 $\tan\beta=2$；在高频区，储能模量渐近地达到弹簧元件的 G 值。损耗模量 G'' 在低频区内先是以 $\tan\beta=1$ 的斜率增加，在 $\omega\alpha=1$ 处达到最大值，然后以 $\tan\beta=-1$ 的斜率下降。在 $\omega\alpha=1$ 处两个模量相等。

为评价实验结果，应观察两个模量曲线相交时的频率以及两条曲线的斜率，尤其是低频率的情况。

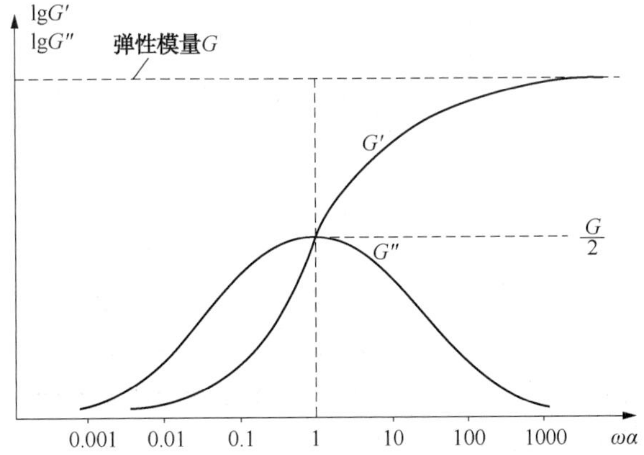

图 8-27　麦克斯韦体的动态实验曲线

（2）Voigt-Krlvin 体：

用复数表示交变应力：　$\tau^* = \tau_0 e^{i\omega t}$

用复数表示交变应变：　$\gamma^* = \gamma_0 e^{i(\omega t-\delta)}$，$\dot{\gamma}^* = i\omega\gamma^*$

由于在并联时　$\gamma_E^* = \gamma_V^* = \gamma^*$

所以　$\tau^* = \tau_E^* + \tau_V^* = G\gamma^* + \mu i\omega\gamma^*$

又 $\mu=\alpha G$，代入该式得：

$$\tau^* = G\gamma^* + \alpha G i\omega\gamma^* = G(1+i\omega\alpha)\gamma^*$$

所以

$$J^* = \frac{\gamma^*}{\tau^*} = \frac{1}{G(1+i\omega\alpha)} = \frac{1-i\omega\alpha}{G(1+i\omega\alpha)(1-i\omega\alpha)}$$

$$= \frac{1}{G(1+\omega^2\alpha^2)} - i\frac{\omega\alpha}{G(1+\omega^2\alpha^2)} = J' - iJ''$$

所以

$$J' = \frac{1}{G(1+\omega^2\alpha^2)} \tag{8-154}$$

$$J'' = \frac{\omega\alpha}{G(1+\omega^2\alpha^2)} \tag{8-155}$$

或

$$G^* = \frac{\tau^*}{\gamma^*} = G + iG\omega\alpha$$

所以

$$G' = G \tag{8-156}$$

$$G'' = G\omega\alpha = \mu\omega \tag{8-157}$$

$$\tan\delta = \frac{G''}{G'} = \omega\alpha \text{ 或 } \alpha = \frac{\tan\delta}{\omega}$$

图 8-28 为 V-K 体 G'和 G''与 $\omega\alpha$ 的关系曲线。G'与 ω 无关，而等于 G；G''与 ω 成正比。在低频区，G'大于 G''，模型物质的性质取决于弹簧特性；在中等 ω 区，G'和 G''相当；在高频区，黏性成分占优势。

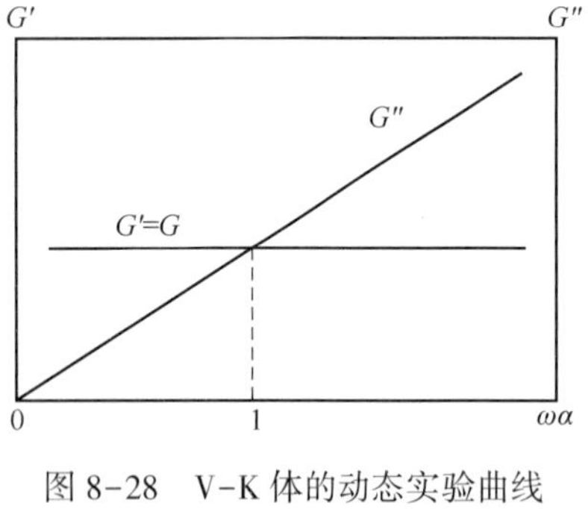

图 8-28　V-K 体的动态实验曲线

一般真实黏弹性体既不是麦克斯韦体也不是 V-K 体，而是这些基本模型的复杂组合。

3. 动态实验测黏弹性特点

随着现代流变仪的不断发展，采用振荡应力或测量物料黏弹性的方法越来越受到广泛的应用。振荡实验的一般优点是一台单独仪器可以包括非常宽的频率范围，假若材料具有宽谱松弛时间，这个优点就较突出了。流变仪典型的频率范围是 $10^{-3} \sim 10^3$ s^{-1}，因此，可以包括 $10^{-3} \sim 10^3$ s 的时间谱。假若希望将此极限扩大到更长的时间，就需要 3h(10^4s)以上持续时间的静态实验。而采用波传导方法则可降低振荡法松弛时间的下限。无论是静态方法还是动态方法，它们都反映了黏弹物质的不同方面的特征，这些方法可以相互补充。

振荡方法可以测得黏弹性物质的不同参数，如 G^*，G'，G''，μ^*，μ'，μ''，δ 等，及其与频率、应力(幅值)、应变(幅值)的关系。RS150 等现代流变仪，均有振荡应力或振荡应变的功能。

实验过程中，必须保证物料处于线性黏弹性范围，因此，仪器转子的偏转角总是很小，经常不超过1°(0.017 4rad)，甚至更小，要视物料的性质而定。所以动态实验中一个重要的方面就是被测物料的内部结构在实验中不被破坏，在流变学上被认为是处于静态结构的。

为了使实验过程中选择的应力(或应变)不至于太大而超过物质的线性黏弹性范围，常用如下简单实验确定物料在实验条件下的弹性范围。即固定振荡频率为1 Hz，测定绝对复模量 G_a^* 随振荡应力(幅值)增大而变化的关系曲线，即应力扫描实验。如图8-29所示，在线性黏弹性范围内。G_a^* 不随 τ_0 而变化，其为定值；而在非线性范围内，较大的应力破坏了物质内部的结构，物质因此常常具有剪切稀释性，大部分能量作为黏性消失掉，并以热量形式损失掉，从而使 G_a^* 下降。

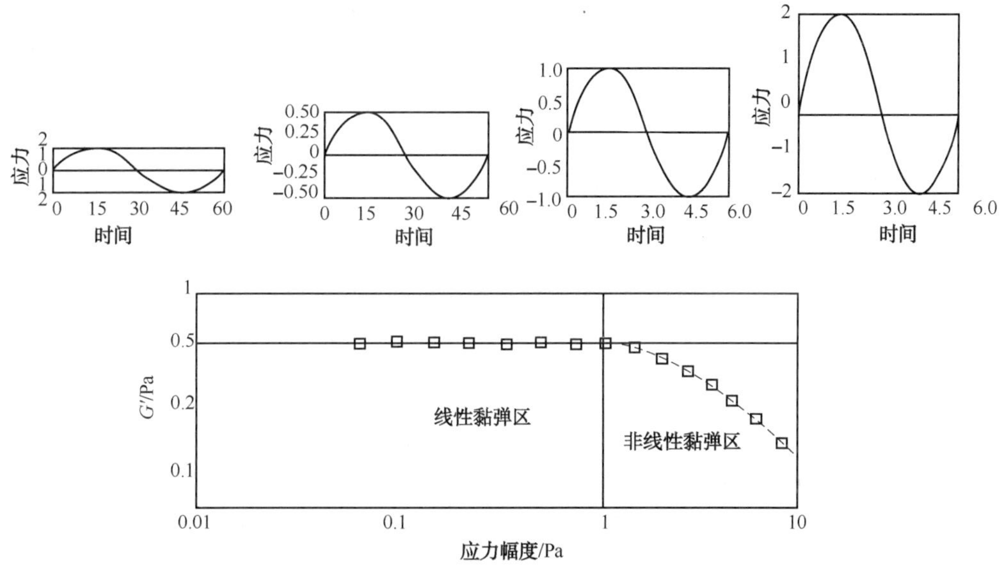

图8-29　动态实验：应力振幅扫描

不同流变仪测得的实验结果所产生的差别往往是由于在非线性黏弹性区进行了实验，此时样品中分子或絮凝体内部的结合遭到破坏，产生剪切稀化，能量不能回复。所以在实验前要做应力扫描，确定线性黏弹性范围后再进行动态实验。在生产实践中，物料经常处于高剪切状态，因此在线性黏弹性区和非线性黏弹性区进行动态或静态实验都有必要，但在非线性黏弹性区进行实验时，要注意实验条件和测量系统的几何条件对实验结果的影响。

4. 测量黏弹性的流变仪性能简介

目前国外许多公司研发了多类用于测量物料黏弹性的流变仪，其中也以旋转流变仪居多，它们不仅能进行静态和动态的黏性测量，还能进行稳态黏度和稳态剪切条件下法向应力差测量。例如德国HAAKE公司的RS100旋转流变仪通过一个惯性极低的转矩马达对试样施加一个受控力矩(控制电机的电流实现控制其转矩)，驱动轴由一个空气轴承定位并将力矩传递给试样。力矩范围为 1×10^{-6} ~0.01N·cm，力矩分辨率为 2×10^{-8} N·cm。试样的变形由一台安装在转轴上的数字编码器检测，它将每转动的一周处理为 10^6 个脉冲。最小偏角及偏角分辨率为 6×10^{-6}rad，转速即转速分辨率为 0.01～500r/min 及 0.001r/min，应变检测的分辨率为 10^{-6}周/1 个脉冲，测试温度为-50～500℃。由于应变检测的分辨率和力矩分辨率均为很高，以及采用无摩擦的空气轴承，因此能测量极低的剪切应力、剪切速率及应变。这种仪器为控制应力——CS 模式，还可以转换为控制剪切速率——CR 模式及振荡——OSC 模式，可以进行各种黏度测量、流线曲线测量、法向应力测量、蠕变/回复实验、动态实验等。有许多测量系统如锥-板、同轴圆筒、平行圆板等，每种测量系统又有多种尺寸的转子等，从而适应各种测量目的。现在 HAAKE 公司又有更新的产品如 RS75，RS150，RS300 等。

国际上有关多功能流变仪的主要性能、规格比较见表 8-2。

表 8-2　某些旋转流变仪性能简况

生产厂	型号、原理	技术指标	功　能
德国 HAAKE	RS 系列旋转流变仪：RS75，RS100，RS150，RS300 CS 模式：CR，OSC 组合空气轴承	RS300： D：0.001～7×10^4 s^{-1} M：10^{-7}～0.15N·m T：-80～500℃ f：1×10^{-4}～100Hz 应变分辨率：6×10^{-6}rad	流变曲线 法相应力 蠕变/回复实验 动态实验
德国 HAAKE	RT10，RT20 旋转流变仪，CR 模式（CS，OSC 组合），滚珠轴承	RT20： $\dot{\gamma}$：0.1～106r/min M：0.08～100mN·m f：0.001～40Hz 应变分辨率：3×10^{-5}rad	流变曲线 法相应力 蠕变/回复实验 动态实验
美国 Rheometrics	Rheometrics 旋转流变仪 SR200，SR500 控制应力	M：0.001～20.50mN·m T：-50～350℃ Amin：0.05mrad 应变分辨率：1μrad	流变曲线 法相应力 蠕变/回复实验 动态实验
英国 Caari-Med	CSL 旋转流变仪 控制应力	μ：2.5×10^{-2}～2.5×10^{12}mPa·s f：10^{-3}～40Hz M：0.1～50mN·m T：-100～500℃	流变曲线 法相应力 蠕变/回复实验 动态实验
英国 Weissenberg	Weissenberg 旋转流变仪 控制速率	μ：10^{-3}～1013mPa·s ω：7×10^{-6}～160rad/s f：0.0001～40Hz T：-100～500℃	流变曲线 法相应力 蠕变/回复实验 动态实验
德国 Bohlin	CS，CVO，ADS，DSR，DSR-F，VOR，V88-CSMELT，VOR MELT	温度控制：±0.02℃ M：-0.12mN·m 偏角分辨率：1μrad	流变曲线 法相应力 蠕变/回复实验 动态实验

续表

生产厂	型号、原理	技术指标	功　能
美国	AR1000 流变仪 控制应力	M：0.1μN·m～100mN·m T：-100～500℃ F：0.000 1～100Hz 最小应变：6×10^{-5}μrad 偏角分辨率：0.62μrad	流变曲线 法相应力 蠕变/回复实验 动态实验
美国	QCR 旋转流变仪 控制应力	T：-100～400℃ f：0.0001～40Hz	流变曲线 法相应力 蠕变/回复实验 动态实验
美国	CSA100 沥青流变仪 控制应力	M：0.1μN·m～50mN·m T：-100～400℃ f：0.0001～40Hz	流变曲线 法相应力 蠕变/回复实验 动态实验
美国	Rheoflixer 毛细管流变仪 LT，MT，HT	ν：0.001～5，10，20mm/s F_{max}：8，10，20kN T：60～400℃	流变曲线 法相应力 蠕变/回复实验 动态实验
美国 CANNON	TE-BBR 型热电子弯梁流变仪	T：-30～±0.03℃ L（样品位移）：可测到 0.155μm F：可测到 0.147mN(0.015gf) W：0～450g	流变曲线 法相应力 蠕变/回复实验 动态实验

附　录

在油气两相管流的计算中，常需要确定工作条件下原油、天然气、水及其混合物的物性参数。严格地讲，确定这些物性参数最根本、最精确的方法是实验测定。然而在工程中所遇到的原油、天然气及水的组成、工作温度和工作压力的范围都非常广泛，完全依赖实验测定油气水及其混合物的物性参数是很困难的。另外，过去曾一度是用的许多物性参数的图版，也都难以适应计算机进行工程计算的要求。因此，为了便于利用计算机进行气液两相流动的计算，现将原油、天然气、水及其混合物物性参数常用的计算公式列于附录 A 至附录 K 中。

A　天然气的压缩因子

一、德兰查克-珀维斯-鲁宾逊公式

1974 年德兰查克(Dranchuk)、珀维斯(Purvis)和鲁宾逊根据本内迪克特(Bennedict)、韦布(Webb)和鲁宾(Rubin)提出的八参数的气体状态方程式，导出了计算天然气压缩因子的公式，即

$$Z = 1 + \left(0.3051 - \frac{1.0467}{T_r} - \frac{0.5783}{T_r^3}\right)\rho_r + \left(0.5353 - \frac{0.6123}{T_r}\right)\rho_r^2 + \frac{0.06423}{T_r}\rho_r^5 + \frac{0.6816\rho_r^2}{T_r^3}(1 + 0.6845\rho_r^2)\exp(-0.6845\rho_r^2) \tag{A-1}$$

后来，人们在天然气压力低于 35MPa 条件下，将其简化为：

$$Z = 1 + \left(0.3051 - \frac{1.0467}{T_r} - \frac{0.5783}{T_r^3}\right)\rho_r + \left(0.5353 - \frac{0.6123}{T_r} + \frac{0.6816}{T_r^3}\right)\rho_r^2 \tag{A-2}$$

其中

$$T_r = \frac{T}{T_c} \tag{A-3}$$

$$p_r = \frac{p}{p_c} \tag{A-4}$$

$$\rho_r = \frac{0.27p_r}{ZT_r} \tag{A-5}$$

式中　Z——天然气的压缩因子，无量纲；

T_r——天然气的对比温度，无量纲；

T——天然气的热力学温度，K；

T_c——天然气的视临界温度，K；

ρ_r——天然气的对比密度，无量纲；

p_r——天然气的对比压力，无量纲；

p——天然气的压力(绝对)，kPa；

p_c——天然气的视临界压力(绝对)，kPa。

天然气的视临界温度 T_c 和视临界压力 p_c，可以分别按式(A-6)和式(A-7)计算：

$$T_c = a_0 + a_1\delta_{ng} \tag{A-6}$$

$$p_c = b_0 + b_1\delta_{ng} \tag{A-7}$$

式中 δ_{ng}——天然气的相对密度；

a_0，a_1，b_0，b_1——与天然气性质有关的系数，其值见表 A-1。

表 A-1　系数 a_0，a_1，b_0，b_1 值

系数	富气(湿气)		贫气(干气)	
a_0	106	132	92	92
a_1	155.22	116.67	176.67	176.67
b_0	4778	5102	4778	4881
b_1	-248.21	-689.48	-248.21	-386.11

利用式(A-2)计算天然气的压缩因子时，需要使用迭代法。一般从设 Z=1 开始，迭代 5 次即可。

二、霍尔亚-亚巴勒公式

1973 年霍尔(Hall)和亚巴勒(Yarborough)根据斯塔林(Starling)和卡纳汉(Carnahan)的真实气体状态方程式，提出了计算天然气压缩因子的公式为：

$$Z = \frac{0.06125 p_r T_r^{-1} \exp[-1.2(1-T_r^{-1})^2]}{Y} \tag{A-8}$$

式中的 Y 值可按式(A-9)，采用牛顿(Newton)-拉夫森(Raphson)迭代法求得：

$$-0.06125 p_r T_r^{-1} \exp[-1.2(1-T_r^{-1})^2] + \frac{Y+Y^2+Y^3+Y^4}{(1-Y)^3}$$
$$-(14.76T_r^{-1} - 9.76T_r^{-2} + 4.58T_r^{-3})Y^2 + (90.7T_r^{-1} - 242.2T_r^{-2} + 42.4T_r^{-3})Y^{(2.18+2.82T_r^{-1})} = 0 \tag{A-9}$$

三、雷德利克-克万公式

此式将适用于天然气储运工艺计算的雷德利克(Redlich)-克万(Kwong)真实气体状态方程式：

$$\left[p + \frac{a}{T^{0.5}V(V+b)}\right](V-b) = RT \tag{A-10}$$

改写成便于求天然气压缩因子 Z 的方程式，即

$$Z^3 - Z^2 + Z(a^2 - b^2 p - b) - a^2 b p^2 = 0 \tag{A-11}$$

其中

$$a^2 = 0.428 T_c^{2.5} / (p_c T^{2.5}) \tag{A-12}$$

$$b = 0.867T_c/(p_cT) \quad (A-13)$$

式中　p——天然气的压力(绝对)，Pa；

T——天然气的温度，K；

p_c——天然气的视临界压力(绝对)，Pa；

T_c——天然气的视临界温度，K。

用式(A-11)计算压缩因子 Z 时，应采用迭代法，其迭代格式为：

$$Z = [Z^2 - Z(a^2 - b^2p - b)p + a^2bp^2]^{\frac{1}{3}} \quad (A-14)$$

四、戈帕尔公式

1977 年戈帕尔(Gopal)将斯坦丁(Standing)和卡茨的天然气压缩因子图版分为 13 个部分，分别进行了拟合，所得相关式为：

当 $5.4<p_r\leqslant15.0$ 且 $1.05\leqslant T_r\leqslant3.0$ 时，

$$Z = \frac{p_r}{(3.66T_r + 0.711)^{-1.4667}} - \frac{1.637}{0.319T_r + 0.522} + 2.071 \quad (A-15)$$

当 $0.2<p_r\leqslant5.4$ 时，

$$Z = p_r(AT_r + B) + CT_r + D \quad (A-16)$$

式中　A，B，C，D——由天然气视对比状态决定的系数，其值见表 A-2。

表 A-2　系数 A，B，C，D

p_r	T_r	A	B	C	D
0.2~1.2	1.05~1.2	1.6643	-2.2114	-0.3647	1.4385
	1.2+~1.4	0.5222	-0.8511	-0.0364	1.0490
	1.4+~2.0	0.1392	-0.2988	0.0007	0.9969
	2.0+~3.0	0.0295	-0.0825	0.0009	0.9967
1.2+~2.8	1.05~1.2	-1.3570	1.4942	4.6315	-4.7006
	1.2+~1.4	0.1717	0.3232	0.5869	0.1229
	1.4+~2.0	0.0984	-0.2053	0.0621	0.8580
	2.0+~3.0	0.0211	-0.0527	0.0127	0.9549
2.8+~5.4	1.05~1.2	-0.3278	0.4752	1.8223	-1.9036
	1.2+~1.4	-0.2521	0.3871	1.6087	-1.6635
	1.4+~2.0	-0.0284	0.0625	0.4714	-0.0011
	2.0+~3.0	0.0041	0.0039	0.0607	0.7927

在中压、低压条件下($p<35$MPa)，德兰查克-珀维斯-鲁宾逊公式所求得的天然气压缩因子 Z 比较准确；在高压条件下($p\geqslant35$MPa)，霍尔-亚巴勒公式所求得的天然气压缩因子 Z 比较准确。雷德利克-克万公式适用于视对比压力和视对比温度都比较高的情况。而戈帕尔公式不需迭代，计算速度较快。在工程计算中，应当根据实际情况选择合适的公式计算天然气压缩因子，以收到事半功倍的效果。

B　溶解气油比

溶解气油比，又称溶解系数。瓦兹奎兹(Vazquez)和贝格斯考虑到早期的相关规律多是基于一定油田的为数不多的数据而得出的，于是收集了世界上许多油田的600多个实验室的*PVT*分析结果，约有6000个以上的数据。他们对数据进行了回归分析，发现天然气的相对密度是一个很重要的影响因素。因此取689.5kPa(表压，由100psi折合而来)作为参照压力。在回归分析中，都以此参照压力下的气体相对密度值作为关联值，使之得到较好的相关规律。以689.5kPa(表压)作为参照压力，是因为此时的原油收缩率最小，而且接近于油井分离器压力的实际情况。因此，在利用他们的方法计算各种物性参数之前，需要首先计算天然气在689.5kPa(表压)下的相对密度，即

$$\delta_{gs} = \delta_{gp'}\left[1 + 5.912 \times 10^{-5}\left(\frac{141.5 - 131.5\delta_o}{\delta_o}\right)\right](1.8t' + 32)\lg(0.001265p') \quad (B-1)$$

式中　δ_{gs}——689.5kPa(表压)下的天然气相对密度；

$\delta_{gp'}$——某已知的压力p'(绝对)和温度t'下的天然气相对密度；

δ_o——标准条件下原油的相对密度；

t'——温度,℃；

p'——压力(绝对)，kPa。

1980年瓦兹奎兹和贝格斯基于以上的工作，给出了四种计算流体物性参数的相关规律。其中，计算溶解气油比的公式为：

$$S_s = C_1\delta_{gs}p^{C_2}\exp\left\{C_3\left[\frac{141.5 - 131.5\delta_o}{\delta_o(1.8t + 492)}\right]\right\} \quad (B-2)$$

式中　S_s——溶解气油比，m^3/m^3；

p——压力(绝对)，kPa；

t——温度,℃；

$C_{1\sim3}$——系数，其值见表B-1。

表B-1　系数$C_{1\sim3}$值

系数	δ_o<0.8762	δ_o≥0.8762
C_1	3.2046×10^{-4}	7.8037×10^{-4}
C_2	1.1807	1.0937
C_3	23.9310	25.7240

C　泡点压力

一、斯坦丁公式

1947年斯坦丁根据美国加利福尼亚油田的22个油气混合物的*PVT*实验室研究结果，以

105 个实验数据，对油气物性参数的相关规律进行了研究。其中，泡点压力的计算公式为：

$$p_{\mathrm{b}} = 2.4746 \times 10^{4}\left(\frac{S_{\mathrm{s}}}{\delta_{\mathrm{ng}}}\right)^{0.83} 10^{0.001638t\frac{1.7688}{\delta_{\mathrm{o}}}} - 175.68 \tag{C-1}$$

式中 p_{b}——泡点压力(绝对)，kPa；

S_{s}——溶解气油比，m^3/m^3。

二、Glasϕ 公式

1980 年 Glasϕ 对北海油田的油气混合物进行了 *PVT* 实验室研究，实验中采用了二级脱气。通过对实验数据的处理，给出了泡点压力的计算公式，即

$$p_{\mathrm{b}} = 10^{m_1} \tag{C-2}$$

其中

$$m_1 = 3.5592 + 1.3752\lg p_{\mathrm{b}}^{*} - 0.30218\ (\lg p_{\mathrm{b}}^{*})^2 \tag{C-3}$$

$$p_{\mathrm{b}}^{*} = \left(\frac{S_{\mathrm{s}}}{\delta_{\mathrm{ng}}}\right)^{0.816} (1.8t + 32)^{0.172}\left(\frac{\delta_{\mathrm{o}}}{141.5 - 131.5\delta_{\mathrm{o}}}\right)^{0.989} \tag{C-4}$$

三、艾尔·马豪恩公式

1988 年艾尔马豪恩(Al-Marhoun)对取自中东油田的 69 个井下油气混合物的样品进行了 *PVT* 实验，通过对实验数据的非线性多重回归分析，得出了泡点压力的计算公式为：

$$p_{\mathrm{b}} = 0.1226 S_{\mathrm{s}}^{0.7151}\delta_{\mathrm{ng}}^{-1.8778}\delta_{\mathrm{o}}^{3.1437}T^{1.3266} \tag{C-5}$$

式中 T——热力学温度，K。

尽管斯坦丁、Glasϕ 和艾尔马豪恩三人所用的油气混合物的性质不同，因此泡点压力的计算公式也不同。但从式(C-1)~式(C-5)中可以看出，泡点压力主要与溶解气油比、原油和天然气的相对密度以及温度有关。

如果已知泡点压力、原油及天然气的相对密度和温度，式(C-1)~式(C-5)也可以用来求溶解气油比。

四、艾尔·沙马西公式

1999 年艾尔沙马西(Al-Shammasi)从前人已发表的 13 篇文献中收集了 1661 个数据，从科威特油田收集了未发表的 48 个数据，经校验剔除重复数据后，用 1243 个数据研究了物性参数间的相关性，通过线性回归分析给出的泡点压力计算公式为：

$$p_{\mathrm{b}} = 26.248707\delta_{\mathrm{o}}^{5.527215}\exp(-1.841408\delta_{\mathrm{o}}\delta_{\mathrm{ng}}) \times \{S_{\mathrm{s}}[492 + 1.8(T - 273.15)\delta_{\mathrm{ng}}]\}^{0.783716} \tag{C-6}$$

D　原油体积系数

一、斯坦丁公式

1947 年斯坦丁曾给出饱和状态($p \leqslant p_{\mathrm{b}}$)下原油体积系数的计算公式为：

$$B_o = 0.972 + 0.000147F^{1.175} + C \tag{D-1}$$

其中

$$F = 5.6146S_s\left(\frac{\delta_{ng}}{\delta_o}\right)^{0.5} + 2.25t + 40 \tag{D-2}$$

式中　B_o——原油体积系数，m^3/m^3；

C——校正系数，当无实测数据可用时，取 $C=0$。

二、瓦兹奎兹-贝格斯公式

（1）当 $p \leqslant p_b$ 时，

$$B_o = 1 + C_1S_s + C_2(1.8t - 28)\left(\frac{141.5 - 131.5\delta_o}{\delta_o\delta_{ng}}\right) + C_3S_s(1.8t - 28)\left(\frac{141.5 - 131.5\delta_o}{\delta_o\delta_{ng}}\right) \tag{D-3}$$

式中　$C_{1\sim3}$——系数，其值见表 D-1。

表 D-1　系数 $C_{1\sim3}$ 值

系数	δ_o<0.8762	$\delta_o \geqslant$0.8762
C_1	2.622×10^{-3}	2.620×10^{-3}
C_2	1.100×10^{-5}	1.751×10^{-5}
C_3	7.507×10^{-9}	-1.062×10^{-7}

（2）当 $p>p_b$ 时，

$$B_o = B_{ob}\exp[-C_0(p - p_b)] \tag{D-4}$$

其中

$$C_0 = \left(a_1 + a_2S_s + a_3t + a_4\delta_{gs} + \frac{a_5}{\delta_o}\right)\bigg/(a_6p) \tag{D-5}$$

式中　B_{ob}——泡点压力为 p_b 下的原油体积系数；

$a_{1\sim6}$——系数，$a_1=-2540.8$，$a_2=28.07$，$a_3=30.96$，$a_4=-1180.0$，$a_5=1784.3$，$a_6=10^5$。

三、Glasϕ 公式

1980 年 Glasϕ 曾给出饱和原油的体积系数计算公式为：

$$B_o = 1 + 10^{m_2} \tag{D-6}$$

其中

$$m_2 = -6.5851 + 2.9133\lg B_o^* - 0.2768(\lg B_o^*)^2 \tag{D-7}$$

$$B_o^* = 5.6146S_s\left(\frac{\delta_{ng}}{\delta_o}\right)^{0.526} + 1.7424t + 30.976 \tag{D-8}$$

四、艾尔·马豪恩公式

1992 年艾尔·马豪恩收集并分析了世界许多油田大约 700 个井下流体样品，其中大部分取自中东和北美地区的的油田。他共测取了 11728 个实验数据，采用最小二乘线性回归方法，得出了下面原油体积系数的计算公式。

（1）当 $p \leqslant p_b$ 时，

$$B_o = 1 + b_1 S_s + b_2 S_s \left(\frac{\delta_{ng}}{\delta_o}\right) + b_3 S_s (1.8t - 28)(1 - \delta_o) + b_4 (1.8t - 28) \tag{D-9}$$

式中，$b_1 = 9.9571 \times 10^{-4}$，$b_2 = 1.2361 \times 10^{-3}$，$b_3 = 2.4101 \times 10^{-5}$，$b_4 = 5.2871 \times 10^{-4}$。

（2）当 $p > p_b$ 时，

$$B_o = B_{ob} \left(\frac{p}{p_b}\right)^C \tag{D-10}$$

其中

$$C = b_5 S_s + b_6 S_s^2 + b_7 \delta_{ng} + b_8 (1.8t + 492)^2 \tag{D-11}$$

式中，$b_5 = -7.6741 \times 10^{-5}$，$b_6 = -6.1687 \times 10^{-7}$，$b_7 = 2.4080 \times 10^{-2}$，$b_8 = -9.2602 \times 10^{-8}$。

此外，艾尔·马豪恩还利用他的实测数据对常见的原油体积系数计算公式进行了评价。按所求得的原油体积系数的精度，由高到低的排列顺序是：当 $p \leqslant p_b$ 时，艾尔·马豪恩公式、斯坦丁公式、Glasϕ 公式、瓦兹奎兹-贝格斯公式；当 $p > p_b$ 时，艾尔·马豪恩公式、瓦兹奎兹-贝格斯公式、卡尔霍恩(Calhoun)公式。

五、艾尔·沙马西公式

1999 年艾尔·沙马西曾给出原油体积系数的计算公式为：

$$B_o = 1 + 3.07 \times 10^{-6} S_s [1.8(T - 273.15) - 28] + 0.001005 \frac{S_s}{\delta_o} + 0.000449 \frac{1.8(T - 273.15) - 28}{\delta_o} + 0.001144 \frac{S_s \delta_{ng}}{\delta_o} \tag{D-12}$$

E 原油的黏度

一、丘-康纳利公式

1959 年丘(Chew)和康纳利(Connally)给出的确定饱和原油黏度的曲线可以回归为：

$$\mu_o = A \mu_{on}^B \tag{E-1}$$

其中，系数 A 和系数 B 可利用丘-康纳利的数据，采用伯格曼(Bergman)-萨顿(Sutton)的模式，回归为：

$$A = \frac{1}{1 + \left(\frac{S_s}{84.5719}\right)^{1.00342}} \tag{E-2}$$

$$B = 0.187460 + \frac{1 - 0.187460}{1 + \left(\frac{S_s}{159.945}\right)^{0.808541}} \tag{E-3}$$

式中　μ_o——管路条件下，饱和原油的黏度，mPa・s；

μ_{on}——与管路温度相同的地面脱气原油的黏度，mPa・s。

二、贝格斯-鲁宾逊公式

1975 年贝格斯和鲁宾逊基于实验结果，给出了地面脱气原油的黏度和饱和原油的黏度计算公式。

（1）地面脱气原油的黏度：

$$\mu_{on}=10^x-1 \tag{E-4}$$

其中

$$x=y\,(1.8t+32)^{-1.163} \tag{E-5}$$

$$y=10^z \tag{E-6}$$

$$z=3.0324-0.02023\left(\frac{141.5-131.5\delta_o}{\delta_o}\right) \tag{E-7}$$

（2）饱和原油的黏度：

$$\mu_o=A\mu_{on}^B \tag{E-8}$$

其中

$$A=10.715\,(5.6146S_s+100)^{-0.515} \tag{E-9}$$

$$B=5.44\,(5.6146S_s+150)^{-0.338} \tag{E-10}$$

三、瓦兹奎兹-贝格斯公式

1980 年瓦兹奎兹和贝格斯还给出了计算不饱和原油黏度的公式，即

$$\mu'_o=\mu_{ob}\left(\frac{p}{p_b}\right)^m \tag{E-11}$$

其中

$$m=C_1p^{C_2}\exp(C_3+C_4p) \tag{E-12}$$

式中　μ'_o——压力 p 下的不饱和原油黏度，mPa・s；

μ_{ob}——泡点压力 p_b 下的原油黏度，mPa・s；

$C_{1\sim4}$——系数，$C_1=0.2628$，$C_2=1.187$，$C_3=-11.513$，$C_4=-1.3024\times10^{-5}$。

四、卡恩公式

1987 年卡恩（Khan）、艾尔・马豪恩、达弗阿（Duffuaa）和阿布・卡姆辛（Abu-Khamsin）对取自沙特阿拉伯 62 个油田的 75 个井下油气混合物样品进行了 *PVT* 测试与分析，共测取不同压力及温度下的原油黏度数据 3344 个，通过非线性多重回归分析，得出了不同条件下原油黏度的计算公式。

（1）当 $p=p_b$ 时，

$$\mu_{on}=\frac{0.05064\sqrt{\delta_{ng}}}{\sqrt[3]{S_s}\left(\frac{1.8t+492}{460}\right)(1-\delta_o)^3} \tag{E-13}$$

（2）当 $p>p_b$ 时，

$$\mu_a = \mu_{ob}\exp[1.3924\times10^{-5}(p-p_b)] \tag{E-14}$$

式中 μ_a——压力高于泡点压力时的原油黏度；

p——压力(绝对)，kPa；

p_b——泡点压力(绝对)，kPa。

（3）当 $p<p_b$ 时，

$$\mu_b = \mu_{on}\left(\frac{p}{p_b}\right)^{-0.14}\exp[-3.626\times10^{-5}(p-p_b)] \tag{E-15}$$

式中 μ_b——压力低于泡点压力时的原油黏度。

五、埃格博加-杰克公式

1990 年埃格博加(Egbogah)和杰克(Jack)利用 394 个油样的试验数据，对贝格斯-鲁宾逊的地面脱气原油黏度公式进行了修正，并将原油凝固点温度引入地面脱气原油黏度公式中，提出了新的地面脱气原油黏度的计算公式。

修正后的贝格斯-鲁宾逊地面脱气原油黏度的计算公式为：

$$\mu_{on} = 10^{x'} - 1 \tag{E-16}$$

其中

$$x' = y'(1.8t+32)^{-0.5644} \tag{E-17}$$

$$y' = 10^{z'} \tag{E-18}$$

$$z' = 1.8653 - 0.02509\left(\frac{141.5-131.5\delta_o}{\delta_o}\right) \tag{E-19}$$

埃格博加和杰克提出的地面脱气原油黏度计算公式为：

$$\mu_{on} = 10^{x_1} - 1 \tag{E-20}$$

其中

$$x_1 = y_1(t+t_p)^{z_2} \tag{E-21}$$

$$y_1 = 10^{z_1} \tag{E-22}$$

$$z_1 = -1.7095 - 0.008792t_p + 2.7523\delta_o \tag{E-23}$$

$$z_2 = -1.2943 - 0.003321t_p + 0.9582\delta_o \tag{E-24}$$

式中 t_p——原油凝固点温度,℃。

埃格博加和杰克用他们建立原油黏度计算公式的 394 个油样的试验数据和他们从有关文献中所收集的 12 个油样的数据，对贝格斯-鲁宾逊、修正的贝格斯-鲁宾逊以他们自己所建立的脱气原油黏度计算公式进行了检验。结果表明：他们自己所建立的含有凝固点温度的计算公式具有最小的平均误差和标准偏差，其次是修正的贝格斯-鲁宾逊计算公式，而贝格斯-鲁宾逊的计算公式更次之。

F 天然气的黏度

一、李氏公式

1965 年李(Lee)等使用大量的实测资料对他们最初提出的天然气黏度计算公式进行了

验证，并做了修改，提出了管路条件下天然气黏度的计算公式：

$$\mu_g = C \times 10^{-3}\exp(x\rho_g^y) \tag{F-1}$$

其中

$$C = \frac{(1.26 + 0.078\delta_{ng})T^{1.5}}{116 + 306\delta_{ng} + T} \tag{F-2}$$

$$x = 3.5 + \frac{548}{T} + 0.29\delta_{ng} \tag{F-3}$$

$$y = 2.4 - 0.2x \tag{F-4}$$

式中　μ_g——管路条件下天然气黏度，mPa·s；

ρ_g——管路条件下天然气密度，g/cm³。

二、登普西公式

1954 年卡尔(Carr)等发表了天然气黏度与温度、压力和密度的关系曲线图版。该图版后来被从事石油、天然气工程的技术人员所使用。1965 年登普西(Dempsey)对卡尔等的曲线图版采用多重回归分析方法进行了处理，得出了适合于计算机使用的计算公式，即

$$\ln\left[\left(\frac{\mu_g}{\mu_{gn}}\right)T_r\right] = a_0 + a_1p_r + a_2p_r^2 + a_3p_r^3 + T_r(a_4 + a_5p_r + a_6p_r^2 + a_7p_r^3) + T_r^2(a_8 + a_9p_r + a_{10}p_r^2 + a_{11}p_r^3) + T_r^3(a_{12} + a_{13}p_r + a_{14}p_r^2 + a_{15}p_r^3) \tag{F-5}$$

其中

$$\mu_{gn} = b_0 + b_1T_F + b_2T_F^2 + b_3U_g + b_4U_gT_F + b_5U_gT_F^2 + b_6U_g^2 + b_7U_g^2T_F + b_8U_g^2T_F^2 \tag{F-6}$$

$$T_r = T/(97.55 + 171.09\delta_{ng}) \tag{F-7}$$

$$p_r = p/(4830.11 - 330.53\delta_{ng}) \tag{F-8}$$

$$T_F = 1.8T - 459.67 \tag{F-9}$$

$$U_g = 28.97\delta_{ng} \tag{F-10}$$

式中　p_r——天然气的对比压力，无量纲；

T——天然气的热力学温度，K；

U_g——天然气的视相对分子质量，kg/mol；

$a_{0\sim15}$，$b_{0\sim8}$——系数，其值见表 F-1。

表 F-1　系数 $a_{0\sim15}$，$b_{0\sim8}$

系数	数值	系数	数值	系数	数值
a_0	−2.46212	a_9	1.39643	b_0	1.11232×10^{-2}
a_1	2.97055	a_{10}	-1.49145×10^{-1}	b_1	1.67727×10^{-5}
a_2	-2.86264×10^{-1}	a_{11}	4.41016×10^{-3}	b_2	2.11360×10^{-9}
a_3	8.05421×10^{-3}	a_{12}	8.39387×10^{-2}	b_3	-1.09485×10^{-4}
a_4	2.80861	a_{13}	-1.86409×10^{-1}	b_4	-6.40316×10^{-8}
a_5	−3.49803	a_{14}	2.03368×10^{-2}	b_5	-8.99375×10^{-11}

续表

系数	数值	系数	数值	系数	数值
a_6	3.60673×10^{-1}	a_{15}	-6.09597×10^{-4}	b_6	4.57735×10^{-7}
a_7	-1.04432×10^{-2}			b_7	2.12903×10^{-10}
a_8	-7.93386×10^{-1}			b_8	3.97732×10^{-13}

登普西的天然气黏度计算公式的使用条件为：$p_r=1.0\sim20.0$，$T_r=1.2\sim3.0$，$U_g=16.0\sim110.0\text{kg/mol}$，$T=277.6\sim477.6\text{K}$。

G 水的黏度

一、宾汉公式

宾汉(Bingham)曾提出在常压下淡水的黏度计算公式：

$$\frac{1}{\mu_w}=0.021482\{(t-8.435)+[(t-8.435)^2+8078.4]^{0.5}\}-1.20 \tag{G-1}$$

式中 μ_w——淡水的黏度，mPa·s。

二、贝格斯-布里尔公式

贝格斯和布里尔根据范·温根(VanWingen)所给的水的黏温曲线，提出了计算水黏度的公式：

$$\mu_w=\exp\{1.003-[1.479\times10^{-2}(1.8t+32)]+[1.982\times10^{-5}(1.8t+32)^2]\} \tag{G-2}$$

式中 μ_w——水的黏度，mPa·s。

压力对水的黏度影响不大。

三、阿诺尼穆斯公式

1967年阿诺尼穆斯(Anonymous)给出了油田水的黏温曲线，当含盐量 $S=50000\sim250000\text{mg/L}$ 时，该黏温曲线可以回归为：

$$\mu'_w=2.2545\exp(1.922\times10^{-6}S)-\frac{\lg t}{0.9601-1.369\times10^{-6}S} \tag{G-3}$$

式中 μ'_w——油田水的黏度，mPa·s；

S——水的含盐量，mg/L。

H 原油-天然气的表面张力

原油-天然气的表面张力可以按式(H-1)计算：

$$\sigma_o = \left[42.7 - 0.047(1.8t + 32) - 0.267\left(\frac{141.5 - 131.5\delta_o}{\delta_o}\right)\right] \times \exp(-0.0001015p) \tag{H-1}$$

式中　σ_o——原油-天然气的表面张力，mN/m；

p——压力(绝对)，kPa。

此外，管路条件下溶解原油-天然气的表面张力也可按式(H-2)计算：

$$\sigma_o = \sigma_{on}\exp(-0.00010327p - 0.018563) \tag{H-2}$$

其中

$$\sigma_{on} = 47.5\delta_o - 0.08427t - 9.1896 \tag{H-3}$$

式中　σ_{on}——大气压力下的脱气原油-天然气的表面张力，mN/m。

I　水-天然气的表面张力

卡茨等总结了霍科特(Hocott)和霍夫(Hough)等的工作，给出了计算水-天然气的表面张力的曲线图。该图可以回归为：

$$\sigma_w = \frac{248 - 1.8t}{206} \times [76\exp(-0.0003625p) - 52.5 + 0.00087p] + 52.5 - 0.00087p \tag{I-1}$$

式中　σ_w——水-天然气的表面张力，mN/m。

当需要计算油水混合物-天然气的表面张力时，可以取

$$\sigma_1 = \sigma_o(1 - f_w) + \sigma_w f_w \tag{I-2}$$

式中　σ_1——油水混合物-天然气的表面张力，mN/m；

f_w——油水混合物的体积含水率，无量纲。

J　油水混合物的流变性参数

原油和水是两种互不相溶的液体，油水混合物在井筒及地面管线的流动过程中常会呈现出一种液体以大小相等的分散颗粒悬浮在另一种液体中的共存情况。因此，人们也常将这种油水混合物称为油水乳状液或油水乳状-悬浮液。由于各油田所产的原油和水的组成和性质不同，混合物所处的压力和温度等条件各异，使得油水混合物的物性十分复杂，它可能是牛顿液体，也可能是非牛顿液体。在进行气液两相流动计算时，对于牛顿型油水混合物，确定其黏度是至关重要的；而对于非牛顿型油水混合物，则需要确定其有关的流变参数。

一、牛顿型油水混合物的黏度

当油水混合物为牛顿液体时，其黏度可以采用乳状液的黏度计算公式进行计算。

(1) 爱因斯坦(Einstein)公式：

爱因斯坦根据流体力学理论推导出了乳状液的黏度计算公式为：

$$\mu = \mu_o(1 + 2.5f_w) \tag{J-1}$$

式中 μ——油水混合物(乳状液)的黏度；

μ_o——油的黏度；

f_w——油水混合物的体积含水率。

式(J-1)使用的范围是$f_w \leq 0.02$，这种情况在油田开发初期以后就很少遇到了。

(2) 理查森公式：

理查森从理论上推导出了一个指数型公式为：

$$\mu = \mu_o e^{kf_w} \tag{J-2}$$

式中 k——系数，由试验确定(与原油的组成、温度等有关)，一般来说$k=3\sim5$。

(3) 古思(Guth)-西姆哈(Simha)公式：

$$\mu = \mu_o(1 + 2.5f_w + 14.1f_w^2) \tag{J-3}$$

(4) 范德(Vand)公式：

$$\mu = \mu_o(1 + 2.5f_w + 7.31f_w^2 + 16.2f_w^3) \tag{J-4}$$

(5) 罗斯科(Roscoe)公式：

$$\mu = \mu_o(1 - f_w)^{-2.5} \tag{J-5}$$

(6) 蒙森(Monsen)公式：

$$\mu = \mu_o(1 + 2.5f_w + 2.19f_w^2 + 27.45f_w^3) \tag{J-6}$$

(7) 莱维顿(Leviton)公式：

$$\mu = \mu_o\left[1 + 2.5\left(\frac{\mu_w + 0.4\mu_o}{\mu_w + \mu_o}\right)\left(f_w + \frac{5}{3}f_w^2 + \frac{11}{3}f_w^3\right)\right] \tag{J-7}$$

式中 μ_w——水的黏度。

值得注意的是，上述计算公式主要是针对油包水型乳状液而言的。

二、非牛顿型油水混合物的流变参数

近年来，国内外许多科研工作者对油水混合物的流变特性进行了研究。结果表明：当温度较低时，油水混合物常呈现出非牛顿液体的特性，其流变性可以近似地用幂律模式表示，即

$$\tau = K\left(\frac{du}{dr}\right)^n \tag{J-8}$$

式中 τ——剪切应力，Pa；

$\frac{du}{dr}$——剪切速率，s^{-1}；

K——稠度系数，$Pa \cdot s^n$；

n——流性指数，无量纲。

于是，油水混合物的流变性可以用稠度系数和流性指数来表示。

研究表明，对于一定物性的原油来说，油水混合物的稠度系数K和流性指数n主要受含水率f_w和温度t影响。文献中给出了油水混合物的稠度系数和流性指数与含水率和温度之间的关系曲线，如图J-1和图J-2所示。

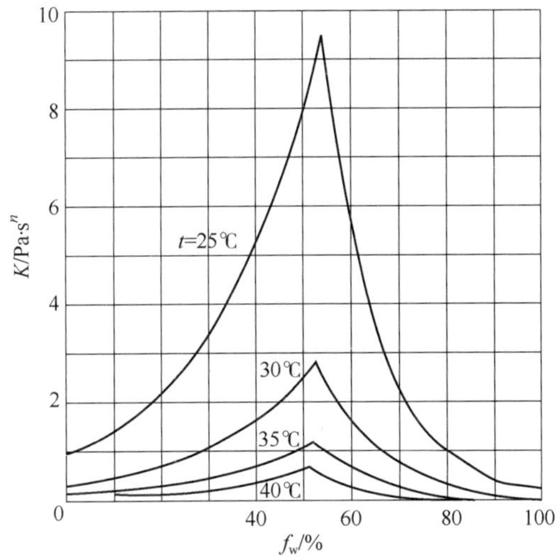

图 J-1 油水混合物的稠度系数变化曲线图

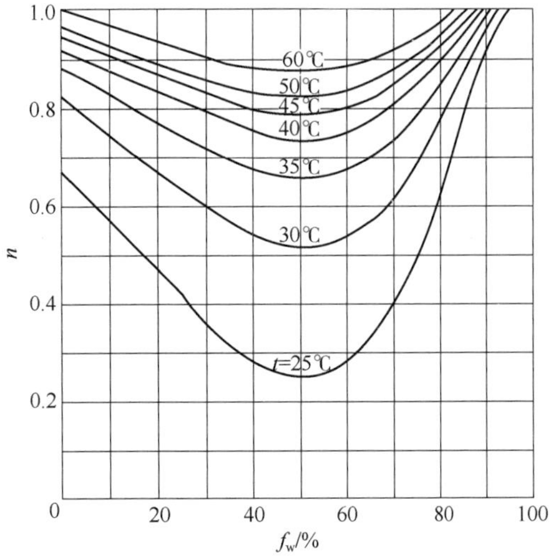

图 J-2 油水混合物的流性指数变化曲线

由图 J-1 和图 J-2 可以看出，当含水率一定时，温度越低，油水混合物的稠度系数越大，流性指数越小，其非牛顿性越强；当温度一定时，在转相点处，油水混合物的稠度系数最大，流性指数最小，其非牛顿性最强。

文献所给的油水混合物的稠度系数与流性指数的回归公式为：

$$K = a\exp\left(\frac{b}{t} + cf_w\right) \tag{J-9}$$

$$n = 1.10 - 3.929\,(1 - f_w)^{2.270}\exp\left[\frac{58.15}{t} - 4.571(1 - f_w)\right],\ (n \leqslant 1) \tag{J-10}$$

式中 K——稠度系数，$Pa \cdot s^n$；

n——流性指数，无量纲；

f_w——体积含水率，m^3/m^3；

t——温度，℃；

a,，b，c——系数，其值见表 J-1。

表 J-1 系数 *a*，*b*，*c* 值

条件	a	b	c
转相点前	6.285×10^{-4}	180.5	4.526
转相点后	0.4316	187.8	-8.203

值得注意的是，式(J-9)和式(J-10)是利用特定的油水混合物流变性测试数据回归而来的，使用时宜慎重。

K 气液混合物的黏度

当按均流模型进行气液两相流动的有关计算时，需要按气液各相的黏度求出气液混合物的平均黏度。平均黏度的求法有多种，常用者包括如下。

（1）按空隙率计算：

$$\mu_m = \phi\mu_g + (1-\phi)\mu_l \tag{K-1}$$

式中　ϕ——空隙率。

（2）按体积含气率计算：

$$\mu_m = \beta\mu_g + (1-\beta)\mu_l \tag{K-2}$$

（3）按质量含气率计算：

按质量含气率计算气液两相混合物平均黏度的方法参见第二章式(2-24)~式(2-27)。

主要符号表

符号	名称	符号	名称
A	管路横截面积	F	切向力
A_g	气相所占横截面积	F_b	漂移力
A_l	液相所占横截面积	F_t	紊流扰动力
A_c	气芯的横截面积	G	气液两相混合物质量流速
A_f	液膜的横截面积	G_g	气相质量流速
c	波浪传播速度	G_l	液相质量流速
C	系数	h_f	沿程水头损失
C_g	气相范宁摩阻系数	h_w	混合物水头损失
C_l	液相范宁摩阻系数	h_l	分层流液相深度
C_f	液膜范宁摩阻系数	H_L	截面含液率(持液率)
C_0	分布系数	H'_L	无滑脱持液率
d	气泡直径	H_{LF}	液膜持液率
dF	气液两相混合物与管道壁面摩擦力	H_{LC}	气芯的持液率
dF_g	气相与管道壁面摩擦力	H_{LS}	段塞体持液率
dF_l	液相与管道壁面摩擦力	H_{lls}	液塞段的持液率
dF_o	全液相流体与管道内壁面摩擦力	H_{ltb}	泰勒气泡段的持液率
dF_{og}	分气相流体与管道内壁面摩擦力	I	气液混合物的射线强度
dF_{ol}	分液相流体与管道内壁面摩擦力	I_g	气体所受到的射线强度
D	管道直径	I_l	液体所受到的射线强度
D_l	单相液流的相当水力直径	I_0	射线初始强度
D_g	单相气流的相当水力直径	J	水力坡度
D_{HL}	液膜当量直径	K	气液质量比
D_{hf}	液膜的水力直径	m	指数
E	能量	M	气液两相混合物质量流量
f	范宁摩阻系数	M_g	气相质量流量
f_i	气液界面的范宁摩阻系数	M_l	液相质量流量
f_g	气体与管壁的范宁摩阻系数	n	指数、指数
f_l	液膜与管壁的范宁摩阻系数	p	压力
f_m	气液混合物的范宁摩阻系数	Q	气液两相混合物体积流量
f_f	液膜的穆迪摩阻系数	Q_g	气相体积流量
f_s	气液混合物与管壁的范宁摩阻系数	Q_l	液相体积流量
f_{ns}	无滑脱范宁摩阻系数	Re	雷诺数
f_{sl}	液相折算摩阻系数	Re_m	气液混合物的雷诺数
f_{sg}	气相折算摩阻系数	Re_g	气相雷诺数
f_{sc}	气芯的折算摩阻系数	Re_l	液相雷诺数

Re_m	气液两相混合物的雷诺数
Re_s	液塞中气液两相混合物的雷诺数
Re_{ns}	无滑脱雷诺数
Re_{sg}	气相折算雷诺数
Re_{sl}	液相折算雷诺数
Re_{tp}	两相雷诺数
Re_{sgs}	液塞区气相的折算雷诺数
Re_{sls}	液塞区液相的折算雷诺数
Re_{slc}	气相的临界折算雷诺数
Re_{sgc}	液相的临界折算雷诺数
s	滑动比：气相速度与液相速度之比
S	屏障系数
S_g	气相湿周
S_l	液相湿周
S_i	气液界面周长
S_p	生产气油比
S_s	溶解气油比
v	径向速度脉动量
υ	比体积(比容)
υ_g	气相比容
υ_l	液相比容
V_B	气泡体积
u	气液两相混合物流速
Δu	滑差
u_D	漂移速度：气相速度与均质混合物速度之差
u_g	气相流速
u_l	液相流速
u_H	均质混合物流速
u_{mg}	气相漂移流速
u_{ml}	液相漂移流速
u_s	气液两相滑脱速度：气相速度与液相速度之差
u_b	气泡的上升速度
u_{sg}	气相折算流速
u_{sl}	液相折算流速
u_{bs}	静态液体中气泡的上升速度
$u_{0\infty}$	单个气泡的极限上升速度
u_T	泰勒气泡的极限上升速度
u_{gtb}	泰勒气泡段的气相速度
u_{gls}	液塞中的气泡速度
u_{ltb}	泰勒气泡段的液膜下落速度
u_{lls}	液塞段的液相速度
u_{tbs}	气泡的上升速度
u_{tbf}	气泡前缘速度(平移速度)
u_{sgs}	液塞中气相的折算速度
u_{sls}	液塞中液相的折算速度
x	质量含气率
X	洛克哈特-马蒂内利参数
Y	无因次变量
α	系数
σ	表面张力
σ_o	油的表面张力
σ_w	水的表面张力
σ_l	油水混合物的表面张力
β	体积含气率
Γ^2	Chisholin 物性参数
δ	液膜厚度
θ	倾角
λ	气液两相混合物沿程摩阻系数
λ_g	气相沿程摩阻系数
λ_l	液相沿程摩阻系数
λ_i	气液分界面的沿程摩阻系数
λ_m	气液混合物的沿程摩阻系数
λ_s	液塞区气液混合物的沿程摩阻系数
λ_{wav}	波状流沿程摩阻系数
μ	气液两相混合物黏度、射线线性吸收系数
μ_w	水的黏度
μ_g	气相的黏度
μ_l	液相的黏度
μ_s	段塞体内气液混合物的黏度
μ_{ns}	无滑脱混合物的黏度
μ_{sc}	气芯的折算黏度
ν	混合物运动黏度
ν_g	气相运动黏度
ν_l	液相运动黏度
ρ	液两相混合物密度
ρ_w	水的密度
ρ_f	流动密度
ρ_H	均质密度
ρ_a	空气的密度
ρ_g	气相的密度
ρ_l	液相的密度

ρ_c	气芯中气液混合物的密度
ρ_u	段塞单元内气液混合物的平均密度
ρ_s	段塞体内气液混合物的密度
ρ_{ls}	液塞的密度
ρ_{ns}	无滑脱混合物密度
τ	切应力
τ_i	气芯与液膜界面上的剪切应力
τ_w	壁面切应力
τ_f	液膜与管壁的剪切应力
τ_{wg}	气相与管壁的剪切应力
τ_{wl}	液相与管壁的剪切应力
ϕ	截面含气率
ϕ	空隙率
ϕ_{su}	段塞单元的总体空隙率
ϕ_{ls}	液塞的空隙率
ϕ_{tb}	泰勒气泡段的空隙率
ϕ^2	折算系数
ϕ_g^2	分气相折算系数
ϕ_l^2	分液相折算系数
$\phi_{l_0}^2$	全液相折算系数
$\phi_{g_0}^2$	全气相折算系数
Δp	压差
Δp_a	加速压降
Δp_{fr}	摩阻压降
Δp_h	重位压降
L	管道的长度
L_B	泡状流界限数
L_M	雾状流界限数
L_s	段塞体的长度
L_f	带液膜的气塞长度
L_{tb}	段塞单元中泰勒气泡的长度
L_{su}	段塞单元的长度
z	标高
Z	界面摩阻与液膜厚度的相关系数
R	气相与液相的体积流量比

参 考 文 献

[1] 李玉星，冯叔初．油气水多相管流．青岛：中国石油大学出版社，2011.

[2] 陈家琅，陈涛平．石油气液两相管流．北京：石油工业出版社，2010.

[3] 国丽萍，刘承婷，刘保君．石油工程多相流体力学．北京：中国石化出版社，2011.

[4] 李传宪．原油流变学．青岛：中国石油大学出版社，2007.

[5] 杨树人，崔海清等．石油工程非牛顿流体力学．北京：石油工业出版社，2013.

[6] 沈仲棠，刘鹤年．非牛顿流体力学及其应用．北京：高等教育出版社，1989.

[7] 陈文芳．非牛顿流体力学．北京：科学出版社，1984.

[8] 袁龙蔚．流变力学．北京：科学出版社，1984.